周　期　表

10	11	12	13	14	15	16	17	18
								4.003 $_{2}$He ヘリウム $1s^2$
□は典型元素 ■は遷移元素 （12族元素は遷移元素に含まれることもある）			10.81 $_{5}$B ホウ素 [He]$2s^2 2p^1$	12.01 $_{6}$C 炭素 [He]$2s^2 2p^2$	14.01 $_{7}$N 窒素 [He]$2s^2 2p^3$	16.00 $_{8}$O 酸素 [He]$2s^2 2p^4$	19.00 $_{9}$F フッ素 [He]$2s^2 2p^5$	20.18 $_{10}$Ne ネオン [He]$2s^2 2p^6$
			26.98 $_{13}$Al アルミニウム [Ne]$3s^2 3p^1$	28.09 $_{14}$Si ケイ素 [Ne]$3s^2 3p^2$	30.97 $_{15}$P リン [Ne]$3s^2 3p^3$	32.07 $_{16}$S 硫黄 [Ne]$3s^2 3p^4$	35.45 $_{17}$Cl 塩素 [Ne]$3s^2 3p^5$	39.95 $_{18}$Ar アルゴン [Ne]$3s^2 3p^6$
58.69 $_{28}$Ni ニッケル [Ar]$3d^8 4s^2$	63.55 $_{29}$Cu 銅 [Ar]$3d^{10} 4s^1$	65.38 $_{30}$Zn 亜鉛 [Ar]$3d^{10} 4s^2$	69.72 $_{31}$Ga ガリウム [Ar]$3d^{10} 4s^2 4p^1$	72.63 $_{32}$Ge ゲルマニウム [Ar]$3d^{10} 4s^2 4p^2$	74.92 $_{33}$As ヒ素 [Ar]$3d^{10} 4s^2 4p^3$	78.96 $_{34}$Se セレン [Ar]$3d^{10} 4s^2 4p^4$	79.90 $_{35}$Br 臭素 [Ar]$3d^{10} 4s^2 4p^5$	83.80 $_{36}$Kr クリプトン [Ar]$3d^{10} 4s^2 4p^6$
106.4 $_{46}$Pd パラジウム [Kr]$4d^{10}$	107.9 $_{47}$Ag 銀 [Kr]$4d^{10} 5s^1$	112.4 $_{48}$Cd カドミウム [Kr]$4d^{10} 5s^2$	114.8 $_{49}$In インジウム [Kr]$4d^{10} 5s^2 5p^1$	118.7 $_{50}$Sn スズ [Kr]$4d^{10} 5s^2 5p^2$	121.8 $_{51}$Sb アンチモン [Kr]$4d^{10} 5s^2 5p^3$	127.6 $_{52}$Te テルル [Kr]$4d^{10} 5s^2 5p^4$	126.9 $_{53}$I ヨウ素 [Kr]$4d^{10} 5s^2 5p^5$	131.3 $_{54}$Xe キセノン [Kr]$4d^{10} 5s^2 5p^6$
195.1 $_{78}$Pt 白金 [Xe]$4f^{14} 5d^9 6s^1$	197.0 $_{79}$Au 金 [Xe]$4f^{14} 5d^{10} 6s^1$	200.6 $_{80}$Hg 水銀 [Xe]$4f^{14} 5d^{10} 6s^2$	204.4 $_{81}$Tl タリウム [Xe]$4f^{14} 5d^{10} 6s^2 6p^1$	207.2 $_{82}$Pb 鉛 [Xe]$4f^{14} 5d^{10} 6s^2 6p^2$	209.0 $_{83}$Bi ビスマス [Xe]$4f^{14} 5d^{10} 6s^2 6p^3$	(210) $_{84}$Po ポロニウム [Xe]$4f^{14} 5d^{10} 6s^2 6p^4$	(210) $_{85}$At アスタチン [Xe]$4f^{14} 5d^{10} 6s^2 6p^5$	(222) $_{86}$Rn ラドン [Xe]$4f^{14} 5d^{10} 6s^2 6p^6$
(281) $_{110}$Ds ダームスタチウム [Rn]$5f^{14} 6d^9 7s^1$	(280) $_{111}$Rg レントゲニウム [Rn]$5f^{14} 6d^{10} 7s^1$	(285) $_{112}$Cn コペルニシウム [Rn]$5f^{14} 6d^{10} 7s^2$	(284) $_{113}$Nh ニホニウム [Rn]$5f^{14} 6d^{10} 7s^2 7p^1$	(289) $_{114}$Fl フレロビウム [Rn]$5f^{14} 6d^{10} 7s^2 7p^2$	(288) $_{115}$Mc モスコビウム [Rn]$5f^{14} 6d^{10} 7s^2 7p^3$	(293) $_{116}$Lv リバモリウム [Rn]$5f^{14} 6d^{10} 7s^2 7p^4$	(293) $_{117}$Ts テネシン [Rn]$5f^{14} 6d^{10} 7s^2 7p^5$	(294) $_{118}$Og オガネソン [Rn]$5f^{14} 6d^{10} 7s^2 7p^6$
			ホウ素族	炭素族	ニクトゲン	カルコゲン	ハロゲン	貴ガス

157.3 $_{64}$Gd ガドリニウム [Xe]$4f^7 5d^1 6s^2$	158.9 $_{65}$Tb テルビウム [Xe]$4f^9 6s^2$	162.5 $_{66}$Dy ジスプロシウム [Xe]$4f^{10} 6s^2$	164.9 $_{67}$Ho ホルミウム [Xe]$4f^{11} 6s^2$	167.3 $_{68}$Er エルビウム [Xe]$4f^{12} 6s^2$	168.9 $_{69}$Tm ツリウム [Xe]$4f^{13} 6s^2$	173.1 $_{70}$Yb イッテルビウム [Xe]$4f^{14} 6s^2$	175.0 $_{71}$Lu ルテチウム [Xe]$4f^{14} 5d^1 6s^2$
(247) $_{96}$Cm キュリウム [Rn]$5f^7 6d^1 7s^2$	(247) $_{97}$Bk バークリウム [Rn]$5f^9 7s^2$	(252) $_{98}$Cf カリホルニウム [Rn]$5f^{10} 7s^2$	(252) $_{99}$Es アインスタイニウム [Rn]$5f^{11} 7s^2$	(257) $_{100}$Fm フェルミウム [Rn]$5f^{12} 7s^2$	(258) $_{101}$Md メンデレビウム [Rn]$5f^{13} 7s^2$	(259) $_{102}$No ノーベリウム [Rn]$5f^{14} 7s^2$	(262) $_{103}$Lr ローレンシウム [Rn]$5f^{14} 6d^1 7s^2$

現代無機化学

modern inorganic chemistry

田所 誠 著

裳華房

Modern Inorganic Chemistry

by

Makoto TADOKORO

SHOKABO

TOKYO

まえがき

この教科書は，東京理科大学理学部第一部化学科の学部 1 年生が学習する無機化学 1 の授業を元にして，幅広い層の学生が無機化学の基礎を学べる教科書としてまとめたものである。後半の非金属元素の各論では，授業で教えないところもある程度，詳細に記述した。また，前半の無機理論では分子結合論として，これまで高校までに教わってきた原子価結合法や新たに大学で教わる分子軌道法のほかに，無機化学で学ぶことになる金属錯体結合論の基礎についてもやや詳しく解説している。学部 1 年生の授業なので，分かりやすく簡潔に示したが，各事柄の理由を説明することに努力した。なるべく正しく説明するように努めたが，学部 1 年生のことを考慮して，複雑なことを避けてあえて分かりやすく表現したため，その解釈にはお叱りを受けるかもしれない。高校の化学では，無機化学は暗記もののように扱われているが，無機化学にもちゃんとした理論が存在し，どのように各元素を理解していくべきなのかを学べるように記述した。周期表の根底に流れる理論を学ぶことによって，族や周期ごとに異なる各元素の性質を予測できるようになるだろう。

無機化学は周期表の全元素を取り扱う学問分野であるが，理科大の 1 年次の過程では無機理論と非金属元素の各論を中心に教えている。通常の教科書では，“周期表ありき”で無機化学の説明を始めるのが定番であるが，この本では，まず第 1 章～第 2 章で各元素が宇宙でどのようにつくられてくるのか学ぶことが特徴である。各種核反応や原子力発電の仕組みについても触れている。第 3 章～第 5 章では，量子化学を使っていかにして周期表を理解していくのか，また電子軌道や元素の性質についても学んでいく。第 I 部後半では分子結合論に焦点を当てる。第 6 章～第 8 章ではルイス構造を取り扱う原子価結合論から，VSEPR モデル，分子軌道法まで取り扱う。そして第 9 章では，金属錯体を取り扱う結晶場の理論・配位子場理論・角重なりモデルなどの基礎を学んでいく。第 II 部の各論では，第 10 章から第 18 章まで，水素，ホウ素，炭素，窒素，リン，酸素，硫黄，ハロゲン，貴ガスなど，非金属元素の詳細を学ぶことができる。

なお，本書の記述に際しては多くの文献を参照したが，引用文献リストは巻末にまとめ，本文の該当箇所には肩番号を付した。

最後に，このような大学講義の教科書を書くに当たって，いつも苦労をかけている家族に感謝したい。

2021 年 5 月　教授室にて

田 所　誠

目　　次

第Ⅰ部　無機化学の基礎理論

第1章　原子の誕生

第2章　原子核と原子

第3章　原子の構造

第4章　電子軌道

第5章　原子の性質

第6章　原子価結合法 ― 分子結合論（1）―

第7章　VSEPRモデルによる分子の構造 —分子結合論（2）—

第8章　分子軌道法 —分子結合論（3）—

第9章　金属錯体の結合論 —分子結合論（4）—

第 II 部　非金属元素の各論

第10章　水　素

第11章　ホ　ウ　素

第12章　炭　素

第13章　窒　素

第14章　リ　ン

第15章　酸　素

第16章 硫 黄

第17章 ハロゲン

第18章 貴ガス

【Column】

第 I 部

無機化学の基礎理論

C, H, O, N, P, S などの限られた元素を扱う有機化学とは異なり，無機化学は周期表に存在するすべての元素を対象にする分野である。第 I 部では，無機化学を学ぶうえで重要な理論について簡単に解説する。

まず，周期表にある元素がどのように生まれてきたのかを見ていく。元素は地球上に必然的に存在するわけではなく，138 億年にわたる大宇宙の営みの結果として存在するものなのだ。宇宙の始まりのビッグバンから，数知れない超新星爆発による恒星の消滅よって元素がつくられた。地球は，このような営みから偶然現れた創造物なのだ。元素の誕生の物語については，われわれ人類が実証できるはずもなく，想像するしかない。現在分かっている科学の知見に基づいて，どのように元素が誕生してきたのかを簡単に見ていきたい。

新しい元素の誕生には，電子のもつエネルギーレベルをはるかに超えた高いエネルギーをもつ原子核同士の反応が必要である。さらに，原子の構造はどのように考えられてきたのか，原子核に電子を加えた原子の描像についても見ていこう。原子の中の電子の取扱いは，古典論を超え，量子論によって理解することが重要である。また，原子を連結した分子については，電子を粒子として扱う原子価結合法から，波として扱う分子軌道法の概念へと拡張していく。また，金属を含む錯体については，原子価結合法に加えて，結晶場理論の取扱いの基礎を学ぶことにより，配位子場理論や角重なりモデルによってより深く考察できるようになる。そのため第 I 部の後半では，原子や分子を波として取扱う分子軌道法を中心とした結合論の基礎を学ぶ。

第1章 原子の誕生

最近の科学の発展を間近に見ていると，本当に原子は何からできているのか分からなくなる。原子は分子をつくる最小単位であることは分かっている。しかし，現在の科学をもってしても，原子をつくる最小単位の物質はいまだ解明することはできていない。私たちは顕微鏡などの科学技術を使って原子を見ることができるが，それより小さな原子核や素粒子の存在を実感することはできない。確かに，私たちの体をつくっている物質は，何かの集合体からできていると推測できる。では，その物質はいったい何からつくられているのだろうか？

どんどん物質を細かくしていくと，原子 > 原子核 > 素粒子 に突き当たるが，その素粒子は何からできているのだろうか。これらを突き詰めて考えると，宇宙の根源に関わる，物理学の命題に行き着いてしまう。しかし，「物質とはなにか」というのが化学の命題とすると，原子が何からつくられているのかを知ることは，化学にとっても大変意義のあることである。宇宙の中で，どのように原子が生まれてくるのだろうか。そこには私たちの想像を超えた星同士の大きな営みが関係している。

1-1 素粒子

100年ぐらい前には，ドルトン（Dalton, J.）によって見つけられた**原子**（atom）が物質をつくる最小単位であるといわれていた。現在では，原子は**原子核**（atomic）と**電子**（electron）からなり，原子核は**陽子**（proton）と**中性子**（neutron）からつくられていることは周知の事実である。それでは電子や陽子，中性子は原子をつくる最小単位だろうか？　それらは，**素粒子**（elementary particle）といわれるさらに小さな粒子からつくられている。この素粒子は，まず**フェルミ粒子**（fermions）と**ボース粒子**（bosons）の2つに分けられ，よく知られている**クォーク**（quarks）はフェルミ粒子に属する。クォークの理論では，2008年度のノーベル物理学賞を受賞した日本人の小林 誠 教授と益川敏英 教授の理論が有名である。彼らは，6種類のクォークがあることを予測した。この6種類のクォークは，**アップ**（up），**チャーム**（charm），**トップ**（top），**ダウン**（down），**ストレンジ**（strange），**ボトム**（bottom）である。**標準模型**（standard model）（**図1-1**）の理論に基づいて17種類の素粒子が見つかっており，2012年には質量をつかさどるヒッグス粒子（Higgs boson）が発見された。また，重力をつかさどる**重力子**（graviton）は理論的に存在が予測されているが，まだ見つかっていない。

原子核をつくる陽子や中性子はクォークからつくられており，クォーク同士は結合して**ハドロン**（hadron）と

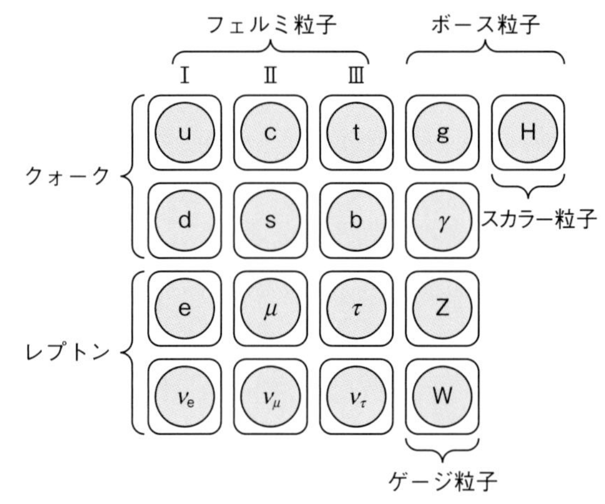

u	アップ	e	電子	g	グルーオン
c	チャーム	μ	ミューオン	γ	フォトン
t	トップ	τ	タウ	Z	Zボソン
d	ダウン	ν_τ	タウニュートリノ	W	Wボソン
s	ストレンジ	ν_e	電子ニュートリノ	H	ヒッグス
b	ボトム	ν_μ	ミューオンニュートリノ		

図1-1　素粒子の標準模型

呼ばれる複合した粒子をつくる。したがって，陽子や中性子はハドロンの中の**バリオン**（baryon）に属する。例えば陽子p（2u + d）は，2つのアップクォーク（u）と1つのダウンクォーク（d）からなり，中性子n（u +

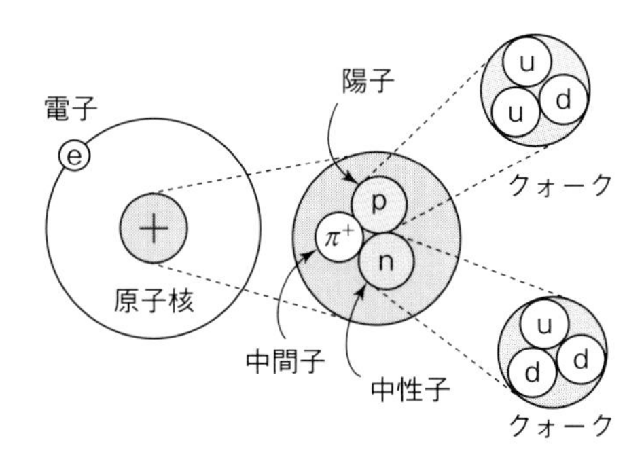

図 1-2 原子と原子核と素粒子の関係

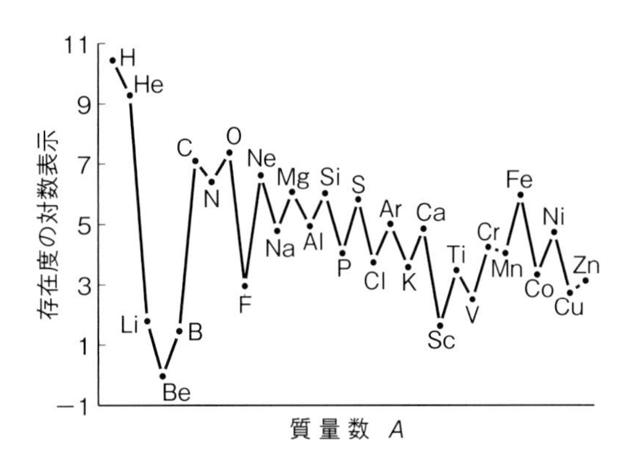

図 1-3 宇宙での元素の存在比

2d) は1つのアップクォークと2つのダウンクォークからなる (**図 1-2**)。原子核は中性子と陽子からなるが，この中性子と陽子をくっつけているのが**中間子** π (meson) である。この中間子もバリオンに属しており，クォークからつくられている。電子は，ハドロンとは異なって**レプトン** (lepton) と呼ばれるフェルミ粒子の1つである。**ニュートリノ** (neutrino) (**中性微子**) もこのレプトンに属している。

1-2 ビッグバン

宇宙で最も数の多い原子は水素 (H) である。これはHが，陽子 (p) と中性子 (n) を1個ずつ含む非常に単純な原子だからに他ならない。宇宙での原子の総量は，Hとヘリウム He で実に99%以上の数を占めている。もちろん，宇宙の始まりを見た人は誰もいないが，宇宙全体が徐々に断熱膨張していることから，ある1つの点からの爆発，「**ビッグバン** (big-bang)」から宇宙が始まったといわれている。宇宙の始まりから2時間後，断熱膨張によって，ある程度冷えた宇宙には原子が誕生した。100年後には，陽子と電子が1つずつ電気的に引き合ったHが，最も単純な原子としてたくさんつくられた。さらに，陽子と中性子と電子がそれぞれ2つずつ集まったHeや，3つずつ集まったリチウム Li などもつくられた。100億年前につくられた恒星は，おそらく太陽のようにHやHeのようなガスが集まってできたものばかりだったことが理論的に予想されている。

図 1-3 の「宇宙での元素の存在比」は，${}^{2}_{1}$H と ${}^{4}_{2}$He の存在比が > 99%と圧倒的に多いが，${}^{6}_{3}$Li と ${}^{10}_{5}$B，${}^{8}_{4}$Be は，宇宙における存在比が非常に少ない。これは，${}^{2}_{1}$H と ${}^{4}_{2}$He の原子核が安定であり，${}^{6}_{3}\mathrm{Li} \rightarrow {}^{2}_{1}\mathrm{H} + {}^{4}_{2}\mathrm{He}$，${}^{10}_{5}\mathrm{B} \rightarrow {}^{2}_{1}\mathrm{H} + 2{}^{4}_{2}\mathrm{He}$，${}^{8}_{4}\mathrm{Be} \rightarrow 2{}^{4}_{2}\mathrm{He}$ のように，${}^{4}_{2}$He 同士や ${}^{4}_{2}$He に ${}^{2}_{1}$H を融合させた原子核でも，すぐに安定な ${}^{4}_{2}$He 原子核へ分裂してしまうためである。しかし，${}^{4}_{2}$He は $3{}^{4}_{2}\mathrm{He} \rightarrow {}^{12}_{6}\mathrm{C}$ (トリプルアルファ反応) のように三量化する原子核反応や，${}^{12}_{6}\mathrm{C} + {}^{4}_{2}\mathrm{He} \rightarrow {}^{16}_{8}\mathrm{O}$ のように四量化，${}^{16}_{8}\mathrm{O} + {}^{4}_{2}\mathrm{He} \rightarrow {}^{20}_{10}\mathrm{Ne}$ のように五量化する場合は安定な原子核になり，特筆すべき核反応である。${}^{20}_{10}$Ne より重い元素では，クーロン反発が大きくなるため原子核は合成しにくくなる。一般に，宇宙では質量数 (中性子数 + 陽子数) が5と8の元素は存在しにくく，${}^{4}_{2}\mathrm{He} + {}^{1}_{1}\mathrm{p}$，${}^{4}_{2}\mathrm{He} + {}^{1}_{0}\mathrm{n}$，${}^{4}_{2}\mathrm{He} + {}^{4}_{2}\mathrm{He}$ の原子核反応は起こりにくいといわれている。

1-3 星の一生

地球上で私たちがいつも目にしている**太陽** (sun) は，宇宙では恒星 (fixed star) に分類されている。直径は140万 km ともいわれ，地球の直径の200倍以上の大きさをもち，表面温度は6000 °C にもなる。常にHの原子核同士を反応させてHeの原子核をつくることで，多量の熱や光などのエネルギーを放っている。太陽の光エネルギーは，地球までの1億5千万 km (1 **天文単位**; astronomical unit) を経て，表面温度が平均 −18 °C になるように地球上に降り注いでいる*1。このように，太陽は膨大な量のエネルギーを放出している。しかし，宇宙では太陽くらいの大きさをもつ恒星は比較的小さいものに分類され，太陽の20倍以上の質量をもつ大きな恒星も存在している。また，星の大きさは，太陽の質量を基準にして決められている。例えば太陽の質量の0.8倍の恒星は，0.8 **太陽単位** (solar unit) または 0.8 **太陽質**

*1 地球の平均気温が +15 °C になるのは，温室効果による。

量 (solar mass) といわれる。

さて，このような恒星は小さいものを除き，時間とともに進化している。そして，恒星の寿命は太陽質量 M の 2.5 乗に反比例し (式 1-1)，大きな質量の恒星ほど，早く寿命を終えることになる。まるで細く長く生きる人生と，太く短く生きる人生とにたとえられるのは面白いことである。

$$\text{星の寿命}\quad \tau = \frac{1}{M^{2.5}} \qquad (1\text{-}1)$$

1-4 赤色巨星

図 1-4 は，恒星の大きさによって，それぞれの恒星がどのように進化して寿命を迎えるのかを簡便にまとめたものである。0.5～0.8 太陽質量以下の小さな恒星では，半永久的に燃え続け，130 億年前の恒星でさえ観測することが可能である。これは宇宙の年齢がビッグバンで始まって以来，138 億年といわれていることを考えると，驚くべきことである。

さて，私たちが見ている太陽ぐらいの大きさの恒星は，寿命が 100 億年といわれている。そして，太陽はあと 50 億年で寿命を迎える。太陽が燃え尽きる 10 億年前になると，赤く大きく膨張し，人類も含めて地球上のあらゆる生物を焼き尽くす“カタストロフィー”が起こるといわれている。もっとも，それまで人類が地球上で生き延びていればの話であるが…。

太陽は，内部にある H から He をつくり出す原子核の核反応 (**核融合**; nuclear fusion) によって光り輝いている。H を燃やし尽くすと，今度は He を核反応に使うため太陽自身が**赤色巨星** (red giant) となり，地球を飲み込んでしまう。この大きくなった赤色巨星の内部 (**図 1-5**) では，重力による高圧と高温で He が核融合し，O, C, N, Ne, Si, Mg などの「軽い元素」が生成される。このような核反応が進行すると，非常に安定な原子核をもつ O までは赤色巨星内で生成することが可能である。しかし，それ以上の大きな元素は，重力による熱や圧力が足りず核反応しないため，赤色巨星の燃料が切れると燃え尽きてしまい，**惑星状星雲** (planetary nebula) になる。そして，時間とともに C や N からなる星雲部分は星間ガスとしてなくなり，主に中心部分にある O からなる**白色矮星** (white dwarf stars) が残るのである。

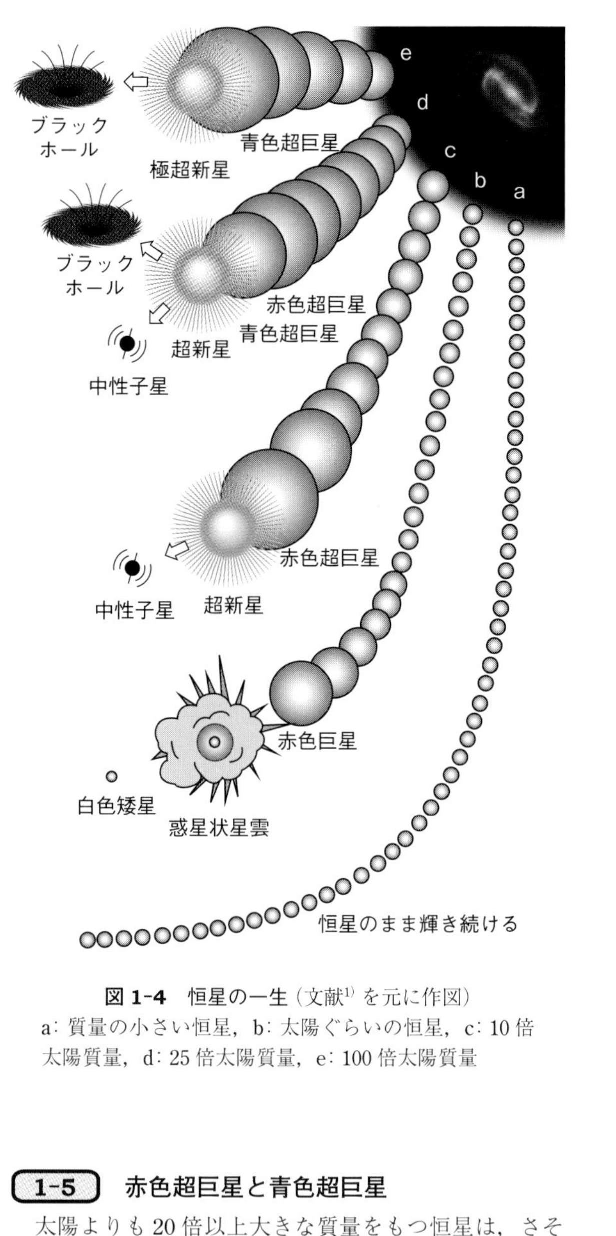

図 1-4　恒星の一生 (文献[1] を元に作図)
a: 質量の小さい恒星，b: 太陽ぐらいの恒星，c: 10 倍太陽質量，d: 25 倍太陽質量，e: 100 倍太陽質量

1-5 赤色超巨星と青色超巨星

太陽よりも 20 倍以上大きな質量をもつ恒星は，さそ

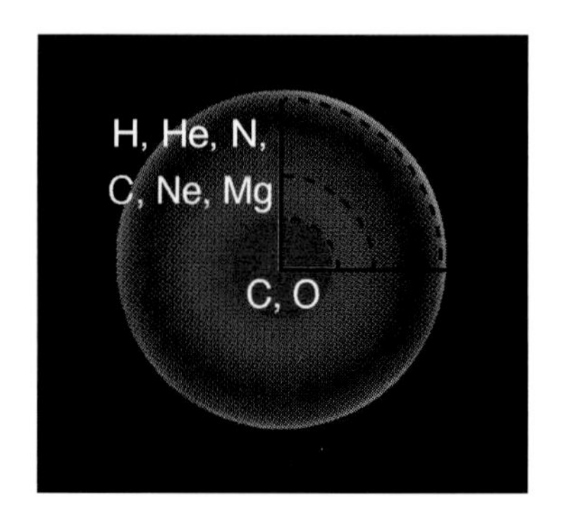

図 1-5　赤色巨星の内部構造 (© NASA)

り座のアンタレスやオリオン座のベテルギウスが赤い大きな星として知られているが（7ページのコラム参照），寿命は1000万年程度しかない。これらの恒星は，寿命の末期で超新星爆発を伴って消滅し，中性子星やブラックホールになる。爆発する最後の100万年前では**赤色超巨星**（red supergiant）となり，恒星の重力によって生まれる高熱や高圧によって，O以上の大きな原子核へ核融合し，Si, S, Ca, Feなどをつくることが可能である（**図1-6**）。特に鉄族（Mn, Fe, Co）周辺の元素は，元素の中で最も安定な原子核をもつため，Fe族より「重い元素」は核融合反応によってはつくられない。また，爆発するまでの最後の10万年前には，恒星の内部の核反応が非常に活発になり，**青色超巨星**（blue supergiant）になる。これは，あまりにも激しく恒星内部の核反応が起こっているため，外側のHやHeからなるガス状部分が吹き飛ばされ，恒星の固体部分が青く見えることからついた名称である。この星は「ウォルフ・ライエ・スター」ともいわれている。一般に，「赤く見える星より青く見える星の方が高温である」というのは，この青色超巨星のことを指しているのである。

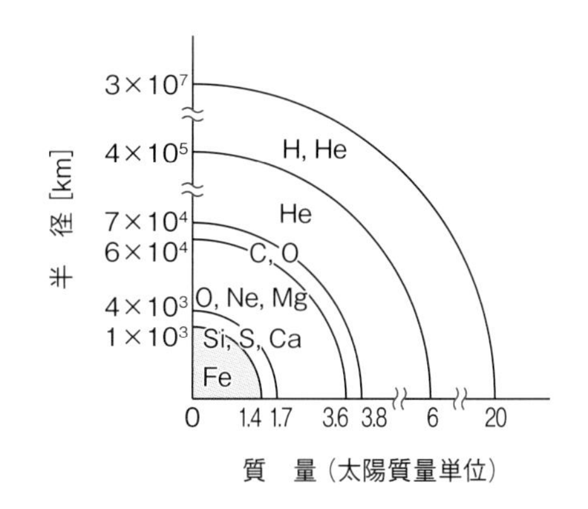

図1-6　赤色超巨星の内部構造

Column【ブラックホールの直接観察】

2019年の3月に，地球から5500万光年（1光年は約9兆4600億km）離れた銀河の中心にあるM87星雲の巨大なブラックホールが直接観察され，1枚の写真に収められた。ブラックホールは20世紀初頭にアインシュタイン（Einstein, A.）の一般相対性理論によって予言され，間接的な証拠から存在が推定されていた。今回，メキシコ，ハワイ，米アリゾナ州，チリ，スペインの6つの天文台の望遠鏡をつないで一斉に観測し，地球サイズの望遠鏡をつくることで初めて観測に成功した。この巨大な望遠鏡は人間の視力にたとえると300万であり，月面に置いたゴルフボールやオレンジなどが地球から観測できるレベルである。この観測写真によってブラックホールの質量を直接求めることができ，超巨大質量をもつブラックホールから光速の粒子（可視光のジェット）が噴出する謎について新たなヒントが得られた。このM87星雲のブラックホールから，光速に近い猛スピードで超高エネルギー粒子の可視光のジェットが長さ約4900光年にわたって噴出しており，いまだに謎が多い現象である。

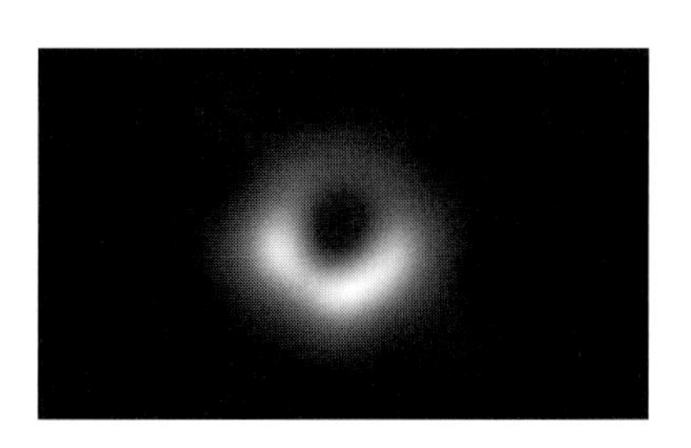

図　ブラックホール（© NASA）

この望遠鏡では短波長の電波を使って，銀河の中心部を包む宇宙塵やガスなどの雲の影響を受けずにブラックホールを見ることができる。観測したM87星雲にあるブラックホールの質量は，太陽の65億倍となり，その大きさは太陽系の冥王星の軌道よりもはるかに大きく，地球から太陽までの距離の120倍以上になる。M87星雲のブラックホールの画像は，光の輪がやや不均一で，膨らんだドーナツのように見えることが予想されていた。ブラックホールの周りを回る円盤は，その一部が私たちの方に向かって動いているため少し明るく見える。この地球から約5500万光年のかなたにあるM87星雲は，よく知られているテレビの「ウルトラマン」の故郷である光の国のM78星雲のことである。もともとM87星雲だったものが，台本の誤植で数字が逆になったそうだ。

1-6　超新星爆発と中性子星・ブラックホール

さて，先に述べたように，Fe は元素の中で最も安定な原子核をもち，これ以上核反応を起こさない。そのため，核反応の帰結として，青色超巨星の中心核にどんどん Fe が溜まっていくことになる。一般に，恒星は核反応による外に向かう爆発のエネルギーと，**重力**（gravity）による内側に向かう収縮によって釣り合っており，恒星として球形のバランスを保っているのである。ところが，核反応しない Fe が中心核に溜まってくると，このバランスが崩れ，恒星が重力に負けて一気に収縮（**重力崩壊**; gravitational collapse）して爆発してしまう。この爆発を**超新星**（supernova）と呼ぶ。超新星とは新しい星のことではなく，爆発現象であるので注意が必要である。この爆発の理由を，次のように考えてみてもよいかもしれない。重力崩壊によって巨大な圧力が恒星の中心核の Fe にかかる。Fe 中の陽子と電子が結合し，中性子になるときに膨大なエネルギーを放出し，爆発するというストーリーである。しかし，実際のメカニズムはもっと複雑なので，興味のある方はさらに勉強してほしい。

この超新星の爆発のエネルギーは非常に大きく，Fe より重い 60 種類の新たな元素が生み出される。この超新星の残骸は，**中性子星**（neutron star）や**ブラックホール**（black hole）を生じる。中性子星は超新星によって吹き飛ばされずに残った中心核からつくられている。直径 10 km から数十 km ぐらいの小さな星だが，重さは太陽と同じ程度であると推測されている。中性子星をつくる物質では，信じられないことにスプーン 1 杯（1 cm^3）で数十億トンの質量があるといわれている。また，中性子星の大きさには限界（**トルマン-オッペンハイマー-ヴォルコフ限界**; Tolman-Oppenheimer-Volkoff limit）があり，これを越えて大きくなると崩壊してブラックホールになるとされている。

1-7　金・銀・ウランなどの重元素

金 Au，銀 Ag，ウラン U などの非常に「重い元素」は，通常の超新星爆発のエネルギーではつくられないことが理論的に示されている。非常に低い確率であるが，このような重い元素は例えば中性子星同士が大衝突（**図 1-7**）してつくられるか，または太陽の 30 倍以上の質量をもつ非常に大きな恒星の**極超新星**（hypernova）でつく

Column【中性子星の構造】

中性子星は，青色超巨星が重力崩壊を起こして超新星になったときに誕生する，中性子だけからできた星として知られている。大きさは広い公園 ～ 直径数十キロぐらいといわれている。陽子と電子からつくられる原子はある程度の大きさをもつが，正電荷をもつ陽子だけからなる物質をつくろうとすると静電反発によって安定化されない。しかし，中性子同士は静電反発がなく非常に密に集合することができる。公園ほどの大きさの物質が，どうして太陽よりも大きな質量をもつことができるのだろう？　物質がどのような構造をとれば，こんな途方もない高密度になれるのだろう？　これらは非常に大きな問題であり，興味が湧くところである。

まず，中性子星の大きさを知ることが重要である。中性子星が大きいなら，重力による圧縮にかなりのところまで耐えられる硬い核があり，中性子が原子核より高い密度でいることになる。中性子が弱く圧縮されているなら，内部は軟らかいはずであり，中性子は

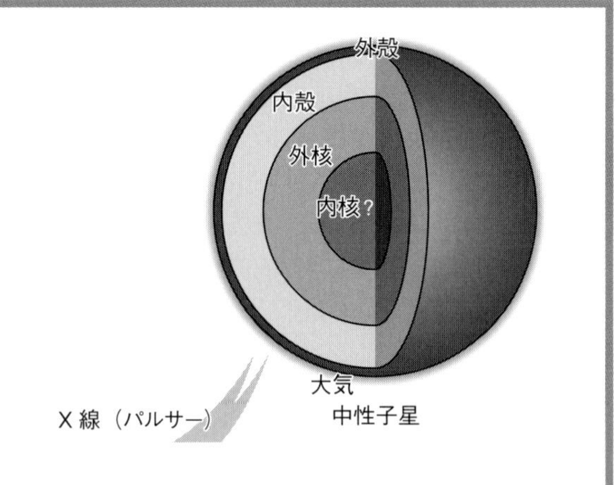

図　中性子星の構造（文献[2]を元に作図）

クォークの海に溶けているのかもしれない。中性子星の核は重いストレンジクォークを含む「ハイペロン」からできているとする極端な提案もある。中性子星の構造を調べようとする試みは最近始まったばかりである。「スプーン 1 杯で数十億トン」とはどのような物質なのか，想像もつかない。

られることが予想されている。

太陽系に属する地球の**地殻**（earth's crust）には，「重い元素」の Au や Ag, U を含めてあらゆる元素が存在している。恒星でもない地球上に，なぜいろいろな元素の原子が存在しているのだろうか？　賢い読者ならもうお分かりだろう。銀河系内では，超新星爆発が 100 年に 1 ～2 回は必ず起こると予想されている。すると，宇宙の年齢を 130 億年とすれば，これまで銀河系内で超新星爆発が実に 1 億回以上も起こっている。この超新星爆発で生まれた「元素」，あるいは中性子星の大衝突によって生まれた「重い元素」が星間ガスとなって漂い，さらに集まって地球を形成した。太陽系がつくられると同時に，その星間ガスから地球もつくられたことになる。なぜ人類が Au や Ag を宝飾品として魅惑的に思うのか。それは，本能的に何十億年にわたる宇宙のロマンを感じているからに他ならないだろう。

図 1-7　中性子星の大衝突による金，銀，ウランの生成（文献[3] より転載）

Column【赤色超巨星ベテルギウスの最後？】

人間と星では生きている時間スケールが違うため，普通の人は一生のうちで星が爆発してなくなる超新星を見ることができない。まして，「銀河系の中で 100 年に 2 回程度しか起こらない」といわれる，この現象を人が生きている間に見ることは不可能である。しかし，冬の大三角形の星として知られているオリオン座にある赤色超巨星ベテルギウス（Betelgeuse）は，明日にでも爆発しようとしている恒星である。2010 年，NASA がベテルギウスのまさに爆発しようとしている収縮・変形した星の姿を発表した[4]。もし，ベテルギウスが超新星爆発を起こせば，3ヶ月間は満月ほどの明るさで青く光る星の姿を昼間でも見ることができる。この超新星爆発により，多量の γ 線を発生する **γ 線バースト**（gamma-ray burst）が発生し，地球のオゾン層（ozone layer）を破壊して生物に多大な影響を及ぼすとの予測もある。爆発後は中性子星になるといわれている。専門家曰く，「爆発は数万年後かもしれないし，明日でもおかしくない。」

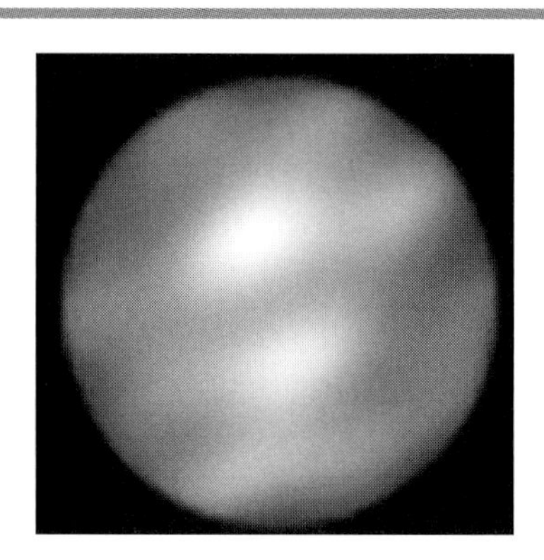

図　最近のベテルギウスの姿（© NASA）

第2章 原子核と原子

この章では原子の中の**原子核**(nucleus)について学んでいく。ここでは，陽子と中性子からつくられるものを原子核とし，原子は電子が原子核の周りを回っているものとする。前章では恒星内で各元素がどのようにつくられてきたのかを学んだ。それでは，原子核は核反応によってどのように新しい原子を生みだしているのだろうか。ここでは，陽子と中性子からなる原子核の反応について簡単に学んでいく。また，原子炉や原子爆弾のように，原子核が有する激しいエネルギーをどのようにして地球上で使うことができるのかも見ていきたい。エネルギーの低い中性子をウランUに与えて人為的に核反応を起こす**誘発核分裂**(induced fission)を利用した原子力発電は，私たちの生活の「電力供給」の要として重要な役割をもっている。しかし，2011年に東北地方を襲った大震災によって福島原発が破壊されたように，その絶対的な危険性も明らかになった。その原子炉では，核分裂の莫大なエネルギーを使ってどのように発電しているのかを，沸騰水型原子炉の仕組みを中心にして学んでいく。

2-1 原子を表す

一般に，原子をつくる原子核の反応では，原子核同士を結合したり(核融合)，分裂させたり(核分裂)する核反応は，非常に高いエネルギーの元で行われる。そのため，原子の周りに存在している電子は，この高いエネルギーの状態ではすべて吹き飛ばされてしまう。故に，原子核の核反応式では，各原子の電子についてはほとんど考えないで，原子核の反応だけで議論できるのである。

原子核の反応を学ぶために，まず各原子をどのように表すのか知る必要がある。例えば，原子がもっている陽子数を表す**原子番号**(atomic number) Z によって元素の種類が分けられる。さらに，陽子数に中性子数を加えた**質量数**(mass number) A によって原子の重さと中性子数が規定される。原子番号は**陽子数**(proton number)に相当するが，その原子の**電子数**(electron number)も同じ数になる。また，電子の質量は陽子や中性子よりはるかに軽いため無視することができ，質量数 A が原子の質量を表すものとする。また，陽子数は同じでも中性子数が異なる原子は**同位体**(isotope)，^{17}O, ^{17}N, ^{17}F のように，同じ質量数をもつ異なった元素は**同重体**(isobar)と呼ばれる。この同位体数が多い元素ほど，原子核が安定化する傾向がある。各原子の表し方は，通常ある元素Eの元素記号の左上に質量数 A を，左下に原子番号 Z を書く。

$^{A}_{Z}$E
A: 質量数
Z: 原子番号

2-2 放射性元素

原子番号 Z が主にビスマス $_{83}$Bi より大きな重い元素では，**放射性元素**(radioactive elements)といわれる不安定な元素になる。このような元素は，核分裂に伴って**放射線**(radiation)を出し，別の元素に変わる。このとき放出される放射線には，α 粒子(He核)，β 粒子(電子)，γ 粒子(高エネルギー線)，ν_0(ニュートリノ)，ρ(H^+ 粒子)，e^+(陽電子)などがある(**表2-1**)。この核分裂によってつくられた多くの元素は，再び放射線を出す**娘核種**(daughter nuclide)となり，第二，第三の核反応を自然に誘発する。最終的には，それ以上自然に核分裂しない**安定核種**(stable nuclide)まで崩壊していく。

表2-1　主な核反応式

核融合	$^{12}_{6}C + ^{4}_{2}\alpha \longrightarrow ^{16}_{8}O + \gamma$
陽子捕獲	$^{12}_{6}C + ^{1}_{1}p \longrightarrow ^{13}_{7}N + \gamma$
陽電子放出	$^{13}_{7}N \longrightarrow ^{13}_{6}C + e^{+} + \nu_0$
He燃焼	$^{8}_{4}Be + ^{4}_{2}\alpha \longrightarrow ^{12}_{6}C + \gamma$
中性子捕獲	$^{14}_{7}N + ^{1}_{0}n \longrightarrow ^{14}_{6}C + ^{1}_{1}p$
β崩壊	$^{99}_{42}Mo \longrightarrow ^{99}_{43}Tc + e^{-} + \nu_0$

2-3 ウランの誘発核分裂反応

地球上でウラン $_{92}$U の核分裂によって得られたエネルギーを実際に有効利用したものに，**原子炉**(nuclear reactor)がある。ここでは，沸騰水型の原子炉の原子力発電の仕組みについて見ていくことにする。例えば原子炉内で $^{235}_{92}$U の核分裂を行うと，質量数 A がほぼ90と140

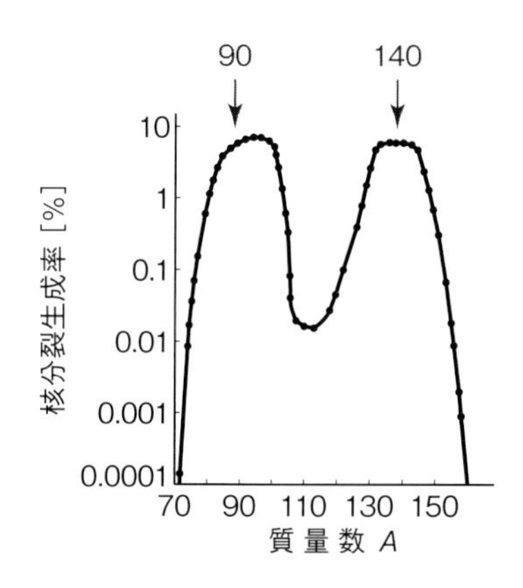

図 2-1　^{235}U 核分裂生成物曲線

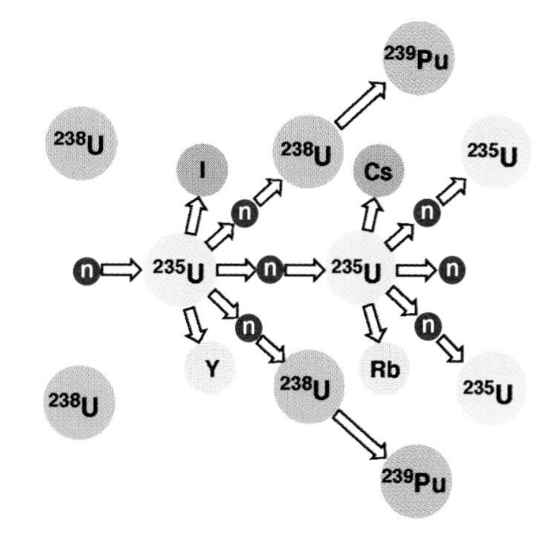

図 2-2　^{235}U の連鎖反応
中性子 n による ^{235}U の核分裂は，^{235}U が臨界量なければ，連鎖反応を起こさない。^{238}U は n を取り込むと ^{239}Pu に変化する。^{235}U の核分裂は質量数 90 と 140 付近の核種に分裂する。

付近の2つの元素群に分裂する（**図 2-1**）。1986 年のチェルノブイリ原子力発電所の事故では，例えば核分裂によって生じた放射性ヨウ素（$^{131}_{53}$I）（半減期 $\tau_{1/2}$ = 7 日）が子供たちの甲状腺のヨウ素 I と置換して内部被曝を引き起こし，ガンの発生に関わったといわれている。大部分のストロンチウム $_{38}$Sr は放射性元素ではないが，β 崩壊する放射性元素の $^{90}_{38}$Sr は同じアルカリ土類金属のカルシウム $^{40}_{20}$Ca と非常に似た性質をもつため，人体に入ると骨に吸収され，β 崩壊による内部被曝を起こしやすい。（$^{90}_{38}$Sr → $^{90}_{39}$Y → $^{90}_{40}$Zr）また，被曝の指針とされた放射性セシウム（$^{137}_{55}$Cs）を発生する核反応式も含めて，キセノン $^{144}_{54}$Xe と $^{131}_{53}$I および $^{137}_{55}$Cs が生じる式 2-1～2-3 の例を挙げておく。

$$^{235}_{92}\mathrm{U} + ^{1}_{0}\mathrm{n} \rightarrow ^{144}_{54}\mathrm{Xe} + ^{90}_{38}\mathrm{Sr} + 2\,^{1}_{0}\mathrm{n} \qquad (2\text{-}1)$$

$$^{235}_{92}\mathrm{U} + ^{1}_{0}\mathrm{n} \rightarrow ^{131}_{53}\mathrm{I} + ^{103}_{39}\mathrm{Y} + 2\,^{1}_{0}\mathrm{n} \qquad (2\text{-}2)$$

$$^{235}_{92}\mathrm{U} + ^{1}_{0}\mathrm{n} \rightarrow ^{137}_{55}\mathrm{Cs} + ^{97}_{37}\mathrm{Rb} + 2\,^{1}_{0}\mathrm{n} \qquad (2\text{-}3)$$

式 2-1～2-3 のように，この $^{235}_{92}$U の核分裂は，1 つの中性子 $^{1}_{0}$n を $_{92}$U の原子核に当てると核分裂して 2 つ以上の中性子が発生する反応である。すなわち，1 つの中性子によって引き起こされた核分裂は，多数の中性子を発生する。そのため，その発生した中性子のすべてが再び核分裂に関係すると，ねずみ算式に反応が進み，**連鎖反応**（chain reaction）*1 が起こるのである（**図 2-2**）。いったん連鎖反応が起こると核反応を制御できずに反応が進み，核爆発が起こる。そこで，原子炉では 1 つの中性子の反応で 1 つの中性子が放出されて反応が完結するように，余分な中性子を吸収する元素であるホウ素 B やカドミウム Cd を含む制御棒によって，中性子を吸収させて連鎖反応を起こさないようにしている。

一方，この核分裂を継続するためには，核分裂で放出された高速中性子（～1 MeV）を，$^{235}_{92}$U が受け取って再び核分裂できるように，H_2O などの**減速材**（moderator）の中を通して熱中性子（～0.05 eV）のレベルまで減速させなければならない。しかし，$^{235}_{92}$U は天然の同位体存在比が 0.7％しかなく，ほぼ 99.3％が，低エネルギーの中性子によって核分裂しない $^{238}_{92}$U として存在する。原子炉で使うためには，存在比の低い $^{235}_{92}$U の同位体を濃縮して，少なくとも存在比を 3％以上に高めなければならない。これは，昇華しやすい UF_6 を使った遠心分離法で同位体濃縮する。この遠心分離技術は非常に難しく，核保有国ではトップシークレットになっていた。しかし，この技術が核保有国以外にも拡散し始めており，大きな社会問題になっている。

同位体の $^{235}_{92}$U が核分裂を持続的に続けることができる濃度を**臨界濃度**（critical concentration）と呼び，その状態は**臨界状態**（critical state）といわれている。核燃料は，ペレット状に成形されてジルコニウム Zr 合金（ジルカイト）で仕切られた縦長の容器の中に入れられる。その容器の間には中性子を吸収する制御棒が入れられている。臨界にならないように，この制御棒を出し入れすることで，発生した中性子を制御棒に吸収させ，核反応

*1　一般に，1 つの反応が他の反応を誘導し，さらにそれが次の反応の原因になって，同じ反応が繰り返して進行する現象のこと。

第 2 章

を起こす中性子の数を調整する。福島原発では，停電で冷却水の供給が止まり，メルトダウンが始まった。高温で溶解した Zr 合金が水蒸気と反応することで H_2 が発生した。この H_2 が建屋内に溜まり，水素爆発を起こしたことで，1 号機・2 号機の建屋が吹き飛んだ。世界中を震撼させたことは，まだ記憶に新しい。

2-4 原子炉

沸騰水型の原子炉では，$^{235}_{92}U$ の核分裂によってつくり出された莫大なエネルギーを，どのように電気エネルギーに変換しているのだろうか。まず，$^{235}_{92}U$ の臨界状態にある核燃料を，1 回の核分裂で 1 個の中性子が発生するように，余分な中性子を制御棒に吸収させる。そして，この核反応で発生したすべてのエネルギーを熱に換え，水を沸騰させるのに利用する。発生した水蒸気でタービンを回し，電気を発生させている（**図 2-3**）。核分裂で生じた莫大な熱エネルギー（核結合エネルギー）を，直接発電に使うのではなく水を沸かすためだけに使っている。そのため，エネルギー変換効率は 15%ととても低い値である。それでも，原子力発電は火力発電や水力発電よりもはるかに発電効率が高く，コストも安いことから，原子力発電を推進することが世界的に推奨されている。しかし，大震災の津波による福島の原子力発電所の事故を教訓に，日本で行う原子力発電には，さらなる安全面の強化が求められている。

2-5 原子爆弾

原子爆弾（atomic bomb）は，原子炉と違って，連鎖反応を引き起こすために少なくとも～70%以上の $^{235}_{92}U$ の同位体濃縮が必要となる。また，ウランの原子爆弾の臨界量は，100%の $^{235}_{92}U$ で少なくとも～22 kg とされている。先述のように，ウランの同位体濃縮には遠心分離による高度な作業が必要であり，昇華点 57 °C の UF_6 を気体にして分離を行う。UF_6 は $[UO_2](NO_3)_2 \cdot 2H_2O$ から，式 2-4 のような過程を経て合成することができる。

$$[UO_2](NO_3)_2 \cdot 2H_2O \rightarrow UO_3 + NO + NO_2 + O_2 + 2H_2O$$
$$UO_3 + H_2 \rightarrow UO_2 + H_2O$$
$$UO_2 + 4HF \rightarrow UF_4 + 2H_2O$$
$$UF_4 + F_2 \rightarrow UF_6 \qquad (2\text{-}4)$$

広島に落とされた**砲身**（gunbarrel）型の原子爆弾リトルボーイは，$^{235}_{92}U$ の 80%の濃縮ウラン 75 kg が用いられた。一方，長崎に落とされた原子爆弾ファットマンは，**爆縮**（implosion）型のプルトニウム Pu の原子爆弾である（**図 2-4**）。この $_{94}Pu$ は，$^{238}_{92}U$ が中性子を捕獲することによってもつくられるため，天然の $_{92}U$ 鉱石中にも少量存在する。（$^{238}_{92}U + ^{1}_{0}n \rightarrow ^{239}_{92}U + \gamma \rightarrow ^{239}_{93}Np + \beta \rightarrow ^{239}_{94}Pu + \beta$）爆縮型の原子爆弾は，計 36 カ所に爆薬を仕掛けて同時に爆発させ，$_{94}Pu$ を高密度に圧縮する技術である。米国のノイマン（Neumann, J. F.）のような天才的な数学者が 10 ヶ月に及ぶ計算によって見つけたも

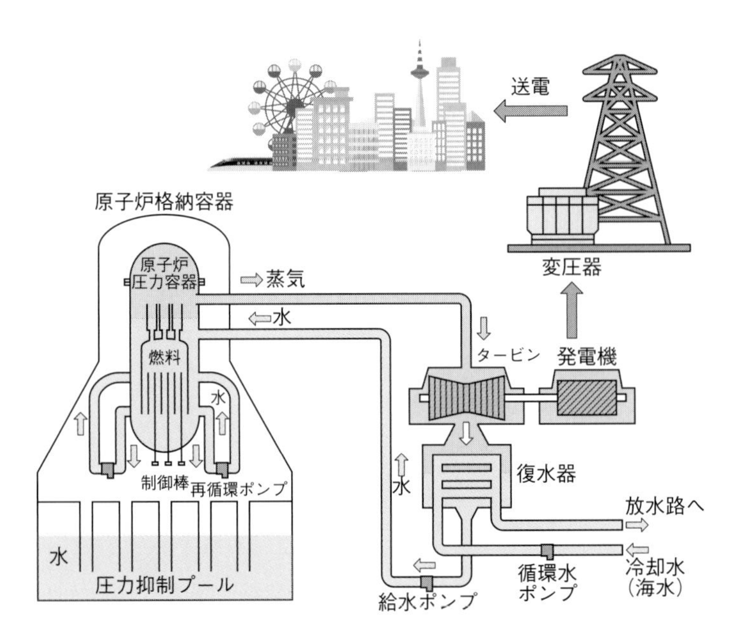

図 2-3 沸騰水型原子炉の発電の仕組み

広島型原爆リトルボーイ
（砲身型）

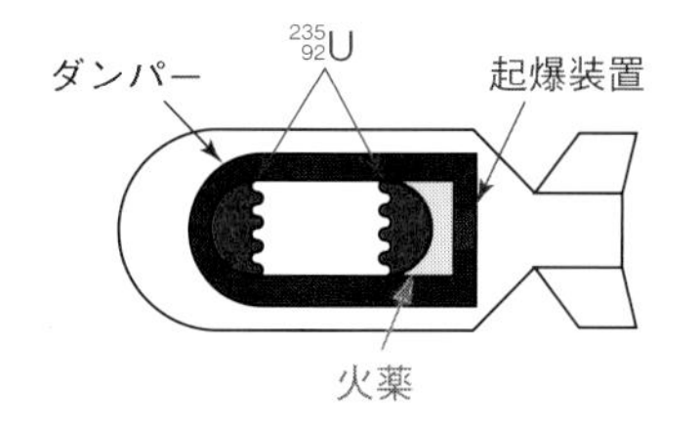

長さ 3 m　直径 0.7 m　重さ 4 t

長崎型原爆ファットマン
（爆縮型）

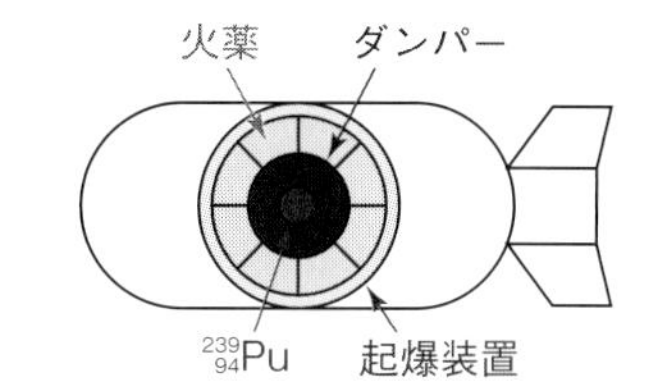

長さ 3.25 m　直径 1.52 m　重さ 4.5 t

図 2-4　日本に投下された原子爆弾の仕組み

のであり，トップシークレットの技術であった。一方，**水素爆弾**（hydrogen bomb）は，原子爆弾を起爆剤として，重水素 ^{2}D / 三重水素 ^{3}T の熱核融合反応（D-T 反応，D-D 反応）を利用したものであり，原爆の数十 ～ 数百倍のエネルギーをもつ核兵器である。

2-6　原子核の融合

図 2-5 のように，核融合反応は極めて高い温度（10^8 ～ 10^9 K）で実現されるもので，主に太陽などの恒星内部で起こる反応であり，恒星中心部のような超高温・超高圧が必要である。このような超高温・超高圧の環境を地球上で持続させることは難しく，原子爆弾のような極端な条件でのみ，核融合を起こさせることができる。米サンディエゴ国立研究所では，“*Z*-pinch”（あるいは “*Z*-machine”）のようなプラズマを圧縮する装置で，髪の毛ほどのワイヤーに 50 兆ワット（地球全体の使用量の 10 倍の電力）を集中し，超高温のプラズマ状態（160 万 °C，10 億分の 1 秒）をつくりだし，$^{2}_{1}$D + $^{2}_{1}$D → $^{3}_{2}$He + $^{1}_{0}$n のような太陽内部の核反応を目指した。しかし，太陽の中心部の温度条件（1500 万 °C，1400 億 atm）の 1/10 しか達成できなかった。

2 つの中性子と 2 つの陽子から $^{4}_{2}$He 核ができる核融合反応において，核子の核結合エネルギーは，中性子と陽子で，それぞれ 1.00866 amu*2 と 1.00728 amu である。$^{4}_{2}$He の原子核の核結合エネルギーを 4.00151 amu とすると，2 p + 2 n = 4.031993 amu であるので，その差 0.030373 amu が $E = mc^2$ で放出される核結合エネルギーになる。1 amu = 931 eV とすると，核子 1 個当たりの核結合ネルギーは 7.07 eV となる。これら中性子と陽子を結びつけている結合力は**核力**（nuclear force）と呼ばれ，π 中間子に関係する力である。

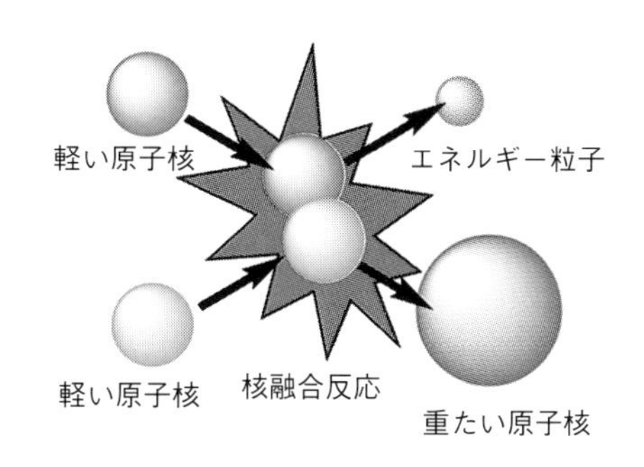

図 2-5　核融合反応

2-7　核融合反応

2-7-1　恒星による核融合反応

地球上での**核融合反応**（nuclear fusion）は非常に限られたところでしか実現しないが，太陽のような温度の低い恒星は，陽子－陽子反応で $^{1}_{1}$H から $^{4}_{2}$He を生成する核融合反応を起こし，反応が完結するまでには ～10^9 年かかるとされている。ここでは例として，太陽ぐらいの大きさをもつ恒星が水素からヘリウムを核融合する陽子－陽子反応サイクル，および赤色巨星などの内部で $_{6}$C, $_{7}$N, $_{8}$O が核融合される炭素サイクル（CNO サイクル）について，それぞれ反応式 2-5 と 2-6 に示す。

陽子－陽子反応サイクルのはじめの反応では，2 つの $^{1}_{1}$H が結合して $^{2}_{1}$D となり，1 つ陽子が中性子に変換されて陽電子とニュートリノが放出される。次いで中間体の $^{2}_{1}$D や $^{3}_{2}$He が，$^{1}_{1}$H と核融合する。4 つの陽子から 1 つの $^{4}_{2}$He がつくられるときに質量の～0.8% が失われる。この質量はエネルギーに変換され，γ 線として太陽内部

＊2　atomic mass unit は，1 個の陽子や中性子の質量にほぼ等しい。

第 2 章

の熱の発生に使われる。

一方，光度の大きな恒星の核融合反応のエネルギー源は，炭素サイクル（CNOサイクル）として知られている。この原子核反応は $^{12}_{6}C$ が触媒として働いており，全体の核反応式から $^{12}_{6}C$ などは消えてしまう。また，$^{12}_{6}C$, $^{14}_{7}N$, $^{15}_{7}N$ が $^{1}_{1}H$ と反応すると，途中に生成する $^{13}_{7}N$ と $^{15}_{8}O$ は不安定な核種であり，短時間でニュートリノと陽電子を放出して崩壊する。この反応の駆動力は陽子－陽子反応サイクルと同じで，4つの $^{1}_{1}H$ が核融合して $^{4}_{2}He$ になるエネルギーである。

(1) 陽子－陽子反応サイクル (2-5)

$$^{1}_{1}H + ^{1}_{1}H \rightarrow ^{2}_{1}D + e^{+} + \nu_0$$
$$^{2}_{1}D + ^{1}_{1}H \rightarrow ^{3}_{2}He + \gamma$$
$$^{3}_{2}He + ^{1}_{1}H \rightarrow ^{4}_{2}He + e^{+} + \nu_0$$
$$\text{計}\ 4\,^{1}_{1}H \rightarrow ^{4}_{2}He + 2e^{+} + 2\nu_0 + \gamma$$

(2) 炭素サイクル（CNOサイクル） (2-6)

$$^{12}_{6}C + ^{1}_{1}H \rightarrow ^{13}_{7}N + \gamma$$
$$^{13}_{7}N \rightarrow ^{13}_{6}C + e^{+} + \nu_0$$
$$^{13}_{6}C + ^{1}_{1}H \rightarrow ^{14}_{7}N + \gamma$$
$$^{14}_{7}N + ^{1}_{1}H \rightarrow ^{15}_{8}O + \gamma$$
$$^{15}_{8}O \rightarrow ^{15}_{7}N + e^{+} + \nu_0$$
$$^{15}_{7}N + ^{1}_{1}H \rightarrow ^{12}_{6}C + ^{4}_{2}He$$
$$\text{計}\ 4\,^{1}_{1}H \rightarrow ^{4}_{2}He + 2e^{+} + 2\nu_0 + 3\gamma$$

2-7-2 水素爆弾による核融合反応

水素爆弾は，核分裂反応を利用した原子爆弾を起爆剤として，D-T反応（式2-7）あるいはD-D反応（式2-9）の核融合を誘発させる。膨大なエネルギーを放出させ，原爆より強力な破壊力をもつ。原爆で用いた ^{235}U や ^{239}Pu の核燃料は，爆発とともに多くは飛散してしまう。しかし，核燃料が飛散する前に核分裂を起こさせてやれば，より多くの核結合エネルギーを解放することができる。このように，高温で核融合反応（熱核反応）を起こすことから，水素爆弾は「熱核爆弾」あるいは「熱核兵器」とも呼ばれている。長崎に投下されたファットマンは，核爆発のときに ^{239}Pu の ～14%を使用したに過ぎない。水爆ではD-T反応を組み込むことで ～30%まで使用可能である。

D-T反応 (2-7)

$$^{2}_{1}D + ^{3}_{1}T \rightarrow ^{4}_{2}He + ^{1}_{0}n\ (14\ \text{MeV})$$

Tの発生 (2-8)

$$^{6}_{3}Li + ^{1}_{0}n \rightarrow ^{3}_{1}T + ^{4}_{2}He\ (5\ \text{MeV})$$

D-D反応 (2-9)

$$^{2}_{1}D + ^{2}_{1}D \rightarrow ^{3}_{1}T + ^{1}_{1}p$$
$$^{2}_{1}D + ^{2}_{1}D \rightarrow ^{3}_{2}He + ^{1}_{0}n$$

D-T反応は ^{2}D と ^{3}T の核融合反応であり，比較的低温で融合できるが，それでも1億 °C以上の温度が必要である。同じ質量の ^{235}U の核分裂エネルギーの4.5倍もあり，石油を燃やして得られるエネルギーの8000万倍に相当する。^{3}T は自然界に存在しないため，式2-8のように ^{6}Li に中性子を当ててつくる。D-T反応は重水素化リチウム ^{6}LiD を用いれば容易に進行する。

D-D反応は，海水中に豊富にある ^{2}D を用いる反応である。この反応で得られるエネルギーはD-T反応のおよそ1/5程度で，反応の開始に要する温度はD-T反応の10倍近く高いため，より激しい条件が必要になる。

2-8 原子核の核結合エネルギー

原子爆弾に代表される核分裂反応のエネルギーは，質量とエネルギーが等しいというアインシュタインの式（$E = mc^2$）で表せる原子核の結合エネルギーに基づいている。この核結合エネルギーを**図2-6**のように各元素の質量数ごとにプロットしてみると，質量数 A = 55～60付近の鉄族Fe, Co, Niの原子核の結合エネルギーが最も大きく安定化されている。これらの元素は1つの核子当たり8～9 MeVの原子核結合エネルギーを有することになる。

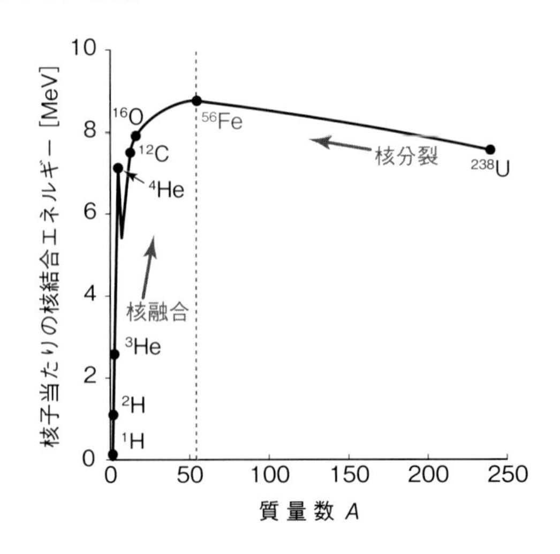

図2-6 天然に存在する核種の核子当たりの核結合エネルギー

Column【劣化ウラン弾】

天然ウランから $^{235}_{92}U$ を同位体分離した $^{238}_{92}U$ の使用済み核燃料は，$^{235}_{92}U$ の含有量が 0.2% 程度で誘発核分裂に使えないため，“劣化ウラン” と呼ばれている。この劣化ウランの合金を使った弾丸のことを劣化ウラン弾と呼ぶ。1991 年，米国が対イラク湾岸戦争の際に用いた。比重が ～19 と Pb の 1.7 倍もあり（コップ 1 杯 200 mL で 4 kg），砲弾に用いると非常に大きな運動エネルギーを得ることができる。通常の砲弾に用いられる鉛 Pb などは柔らかいため，着弾した物体に対して広幅化して人体に対しての殺傷能力を高める。しかし，劣化ウラン弾は着弾すると先鋭化して貫通力が高くなる。この劣化ウラン弾は火薬の爆発で相手を殺傷するのではなく，貫通するときの運動エネルギーを熱に変えて，1200 ℃の高温で戦車などに乗っている人を焼き殺すのである。劣化ウラン弾はこの着弾した高温のときに酸化ウランの微細粉末となり，環境汚染を引き起こす。そのため，劣化ウラン弾の使用の規制や禁止が議論されている[5]。

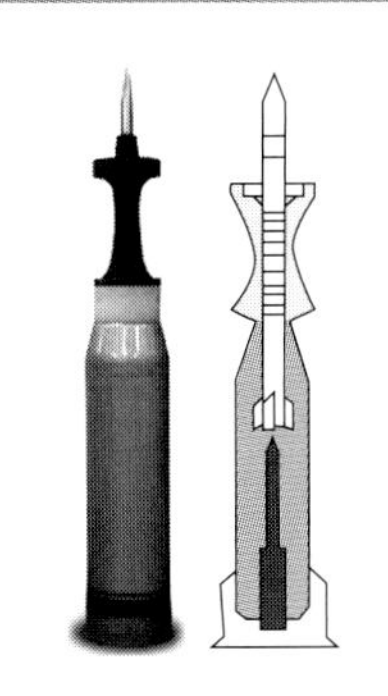
図　劣化ウラン弾
（Wikipedia より）

この核反応は恒星内の原子の生成にも関係づけられる。^{2}D や ^{12}C のように ^{56}Fe よりも軽い原子では，核結合エネルギーを増やそうとして核融合を起こしやすくなるが，^{238}U のように ^{56}Fe よりも重い原子では，核分裂が起こるようになる。大きな恒星では核融合の最終生成物が Fe になるということは，Fe の核結合エネルギーが最も大きく，これ以上核融合を起こさないからである。そのため，Fe は恒星の核の中心に残り，超新星爆発の原因になる。地球の中心殻に Fe, Co, Ni の鉄族が多いのは，これらの金属が単に重くて密度が高いためである。

2-9　原子核の構造

原子核の大きなエネルギーを制御するために，原子炉や原子爆弾などがつくられてきた。それでは，中性子と陽子はどのような構造で原子核をつくっているのだろうか。原子では電子が殻構造を形成し，電子軌道の中を回っていた。しかし，原子の 1 万分の 1 のサイズの原子核の内部で中性子と陽子がどのように動いているのかは，理論的に予測するしかない。ここでは原子核の構造を表す代表的なモデルとして，「液滴モデル」と「殻構造モデル」を取り上げて紹介する。いずれも，原子核の性質の一部を再現するモデルとして優れたものである。このような理論モデルを考えるのは，実際に原子核がどのような構造をとっているのか，誰も見たことがないからである。原子核は球形のものだけではなく，歪んだ構造をもつものがあることも最近明らかになってきた。ここでは原子核の構造モデルについて簡単に見ていこう。

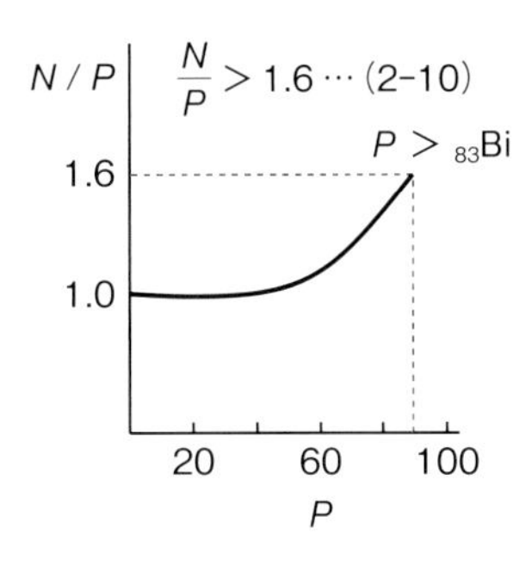

図 2-7　陽子数（P）と中性子数（N）の関係

2-9-1　液滴モデル

原子核は，陽子と中性子からつくられている。この陽子と中性子は両方まとめて**核子**（nucleon）と呼ばれている。原子核の中では，陽子と中性子は互いに**中間子**（meson）によって結合されている。このモデルの陽子や中性子は，**図 2-7** に示したように，核子間で形成される表面張力と正電荷をもつ陽子間の静電的な反発力で釣り合っている。そして，陽子や中性子は雨粒をつくる水分子のように自由に原子核の内部を動くことができる（**図 2-8**）（**液滴モデル**; liquid-drop model）。このとき中性子は，陽子間の正電荷の反発を常に和らげるように働く。原子番号 Z が 20 の $_{20}Ca$ までの元素は，陽子数（P）と中性子数（N）が同じである（$N/P = 1.0$）。しかし，$_{20}Ca$ より大きな元素になると，次第に陽子の正電荷による反発力が大きくなっていく。大きな原子ほど正電荷の反発力を中和するため，中性子数 N が多くなっていく傾向がある。

図 2-7 中の式 2-10 に示したように，中性子数 N と陽

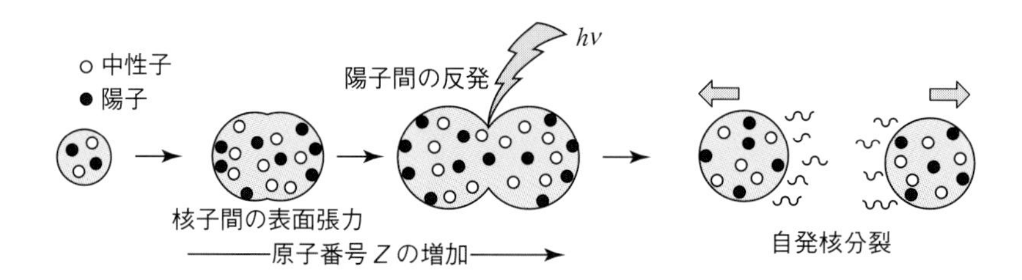

図 2-8　液滴モデルの自発核分裂

子数 P の比が 1.6 を越えるような元素（$_{83}$Bi ＜）は天然に存在せず放射性元素になり，必ず核分裂してより小さな元素になる。大きな原子の原子核内では，陽子の正電荷の反発力が大きくなり，陽子が互いに正電荷の反発力を小さくしようとして左右に二極化し，原子核を変形させる。これは，わずかなエネルギーを与えただけでも原子核はより小さいものに核分裂するという自発核分裂を説明することに適している（図 2-8）。

2-9-2　殻構造モデル

原子がもつ電子軌道のように，原子核の陽子や中性子もある決まった軌道を動くというモデルを**殻構造モデル**（shell structure model）という。原子の 1 つの電子軌道に電子が 2 つまでしか入らないことや，**貴ガス**（noble gas）元素の電子殻が**閉殻構造**（closed shell structure）をもつために原子が安定化するように，電子は軌道の中で互いにペアをつくり，ある決まった数をとると安定化する。同様に陽子や中性子も，原子核内ではそれぞれペアをつくって互いに偶数で存在することで安定化している。また，電子の閉殻構造のように，ある決まった陽子や中性子の数で安定化する傾向がある（**図 2-9**）。

例えば，原子核内は陽子数や中性子数が偶数をとるものが非常に安定であるという**オッド-ホーキンス**（Oddo-Harkins）**の法則**が成り立つ。一般に，安定な原子核をもった原子は，より多くの同位体をもつ。**表 2-2** に示すように，陽子数や中性子数が偶数－偶数の組合せをも

Column【原 子 核 の 形】

原子核は多くのものが球形をしており，大きさは ～10^{-15} m（～1 fm）程度で元素によらず一定である。これは，原子核の中性子や陽子の密度がほぼ一定であることに起因している。液滴モデルのように，重い元素の原子核ほど中性子や陽子が高密度に集中しており，原子核が変形しているものが多くなる。一般に，陽子や中性子などの核子の数が決まると，原子核は最もエネルギーの低い形になる。原子核の内部は球対称の状態が最もエネルギーが低くなるため，通常原子核は球形になる。すなわち，核子数が魔法数（2-9-2 項参照）に近いほど原子核は球形になる傾向があり，魔法数から離れるほど原子核の変形が顕著になる。球形の原子核から核子数を変化させていくと，原子核全体の形が楕円体（ラグビーボール形）に変形し，ミカン形やレモン形，洋ナシ形，バナナ形が現れ，トーラス形（ドーナツのような形）なども理論的に予測されている。これらの原子核の形は原子核の寿命などの安定性に関係して，原子核合成法による元素合成のあり方を左右しうるものである[6]。

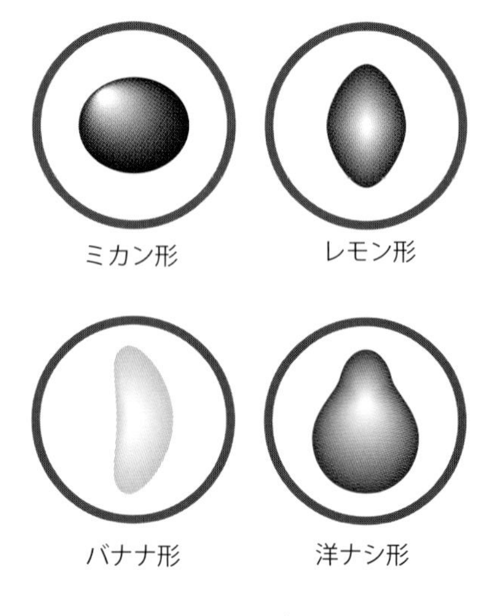

図　原子核の形（文献[6] を参考に作図）

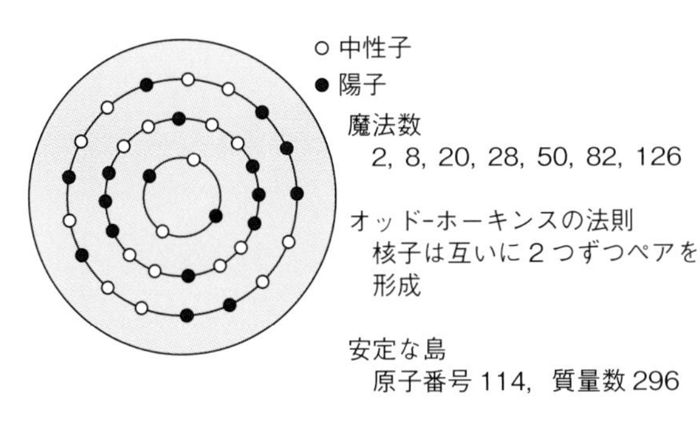

図 **2-9**　殻構造モデルの性質

表 **2-2**　オッド-ホーキンスの法則

Z（陽子数）	N（中性子数）	同位体の数
偶数	偶数	164
偶数	奇数	55
奇数	偶数	50
奇数	奇数	4

つ元素の同位体数が，奇数－奇数の組合せをもつ元素の同位体数よりはるかに多い。陽子や中性子は，常に2個ずつペアをつくって偶数で存在しているものが安定である。

一方，原子の電子軌道では，貴ガス（He, Ne, Ar, Kr, Xe, Rn）のようにある一定の電子数（2, 10, 18, 36, 54, 86）をもつ元素が安定になる。これは，ある電子軌道に電子を完全に詰め込んだ構造（閉殻構造）が安定化するためである。原子核の陽子や中性子でも，電子軌道に近いことが起こりうる。それぞれ，存在する原子核の軌道を完全に埋めた閉殻の場合に安定化され，同位体数が多くなる。原子核が安定化する陽子数や中性子数はほぼ同じ数（2, 8, 20, 28, 50, 82, 126）であり，**魔法数**（magic number）と呼ばれている。$^{208}_{82}$Pb は中性子も陽子も魔法数を満たしており，最も重い安定な元素である。そのため，陽子数が 82，中性子数が 126 付近にあり，同位体数が多くなっている。

2-9-3　安 定 な 島

Pb の次に魔法数によって安定化する元素は，原子番号 Z が 114 で質量数 A が 296 のものであり，原子核が安定化し，寿命が長くなることが理論的に予想されている。このような大きな元素は**超重元素**（superheavy element）*3 と呼ばれ，ほとんど不安定な元素で，寿命が数ミリ秒と短いことが知られている。ところが，魔法数の理論により，114 番元素（フレロビウム Fl）周辺では，質量数 $A = 296$ の周辺元素の寿命が長く安定化するといわれている。この周辺で元素が安定に存在している領域を**安定な島**（island of stability）と呼んで，新しい安定な超重元素を探索する目安となっている（**図 2-10**）。

*3　現在の定義では，アクチノイドより大きな $_{104}$Rf からの元素であり，超アクチノイド元素とも呼ばれる。

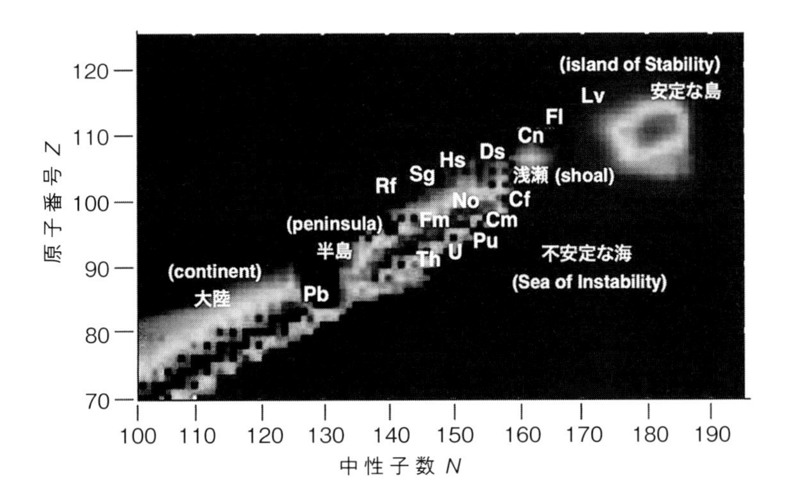

図 **2-10**　安定な島の同位体元素の分布（Oganesson, Y.[7] を元に作図）

第2章

第3章　原子の構造

原子は原子核とその周りを回っている電子からつくられている。このようなミクロの世界を表現するために，**量子力学**（quantum mechanics）が必要であった。小さな電子は，古典力学では粒子として「**そこにいる**」。しかし，量子力学では波の性質が入ってきて，電子のいる正確な場所を決めることができないので，「**そこら辺にいる**」のである。これは不確定性原理として知られている。電子のいる場所（位置）を正確に決めようとすると電子の動きが活発になり，電子のいる正確な位置を決められなくなる。そのため，原子の中の電子は，電子がいる確率を示す確率密度 $|\psi|^2$ を使って表すのが普通である。

電子を見出す確率が 90～95％以上の領域を囲む場所を**電子軌道**（orbital）として表す。実際，原子内での電子の量子化エネルギー（運動エネルギー）は，静電エネルギー（位置エネルギー）より小さいため，原子内には電子が留まる。ところが，原子核内では不確定性原理から，電子の運動エネルギーが凄まじく大きくなるため，原子核内に電子が留まることはない。このように，量子の世界では，1つの粒子を一瞬で別の場所に移動する「量子テレポーテーション」や，1つの粒子が2つの場所に同時に存在できる「量子トンネル効果」など，古典的な物理の法則が成り立たない現象がしばしば見られる。本章では，前期量子論で見出された実験から，シュレーディンガーの方程式によって実際に導かれた水素原子の軌道がどのように電子軌道をつくるのかを見ていきたい。

3-1　バルマー系列

重要な科学のブレークスルーが達成されるときは，必ず天才たちが現れる。バルマー系列を発見したバルマー（Balmer, J.J.）も，直観的にバルマーの式を見出した天才である。太陽光をプリズムによって分けた光には，**フラウンホファー線**（Fraunhofer line）といわれる，特定の光の波長のみ吸収した暗線が見られる。太陽の上層に含まれる気体が吸収するスペクトル，主にHやO, Naなどの特定な元素に由来する線状の吸収スペクトル（暗線）が，一定の間隔で見られるのである。一方，Hの発光スペクトルが飛び飛びに輝線スペクトルとして得られるのも不思議であった。1885年にバルマーらが，この可視光に現れる4つの輝線スペクトル（410.2 nm, 434.1 nm, 486.1 nm, 656.3 nm）を説明する実験式を提案した（式3-1）。

$$\frac{1}{\lambda} \propto \left(1 - \frac{4}{n^2}\right) \quad (n = 3, 4, 5) \qquad (3\text{-}1)$$

これによって，原子は特定の波長の光しか放出しないし，特定の光しか吸収しないような飛び飛びの電子軌道が存在することが予想された。すなわち，Hの電子軌道は量子化されていることを明らかにした。Hの発光スペクトルは，その波長により122 nm付近のライマン（Lyman）系列（紫外光），656 nm付近のバルマー系列（紫外可視光），1875 nm付近のパッシェン（Paschen）系列（赤外光），4050 nm付近のブラケット（Brackett）系列（赤外光），7460 nm付近のフント（Pfund）系列（赤外光）に分けることができる（**表3-1**）。これを一般的に表したのが式3-2であり，m は励起された電子が落ち込む電子殻，n は電子が励起された電子殻を示している*1。

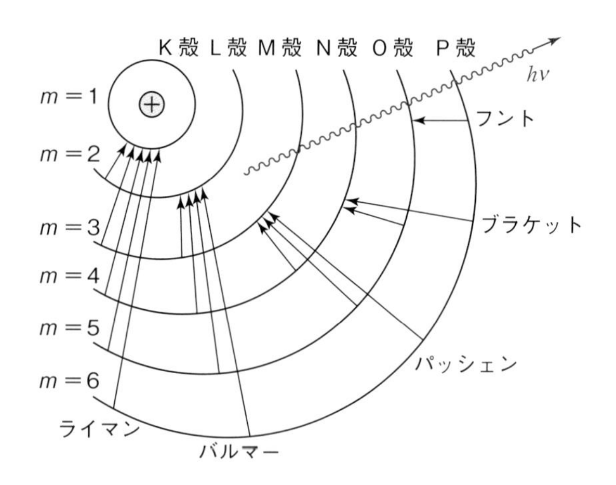

図3-1　発光スペクトルのエネルギー系列

*1　$\bar{\nu}$ は観測される光の振動数（ν）を光速（c）で割ったものである。

表 3-1　H の量子化発光スペクトル

系列	発光種	落ち込む電子殻	m	n
ライマン	UV	K	1	2, 3, 4, 5, …
バルマー	UV-vis	L	2	3, 4, 5, 6, …
パッシェン	IR	M	3	4, 5, 6, 7, …
ブラケット	IR	N	4	5, 6, 7, 8, …
フント	IR	O	5	6, 7, 8, 9, …

$$\bar{\nu} = R\left(\frac{1}{m^2} - \frac{1}{n^2}\right) \tag{3-2}$$

$$\bar{\nu} = \frac{\nu}{c} \qquad m = 1, 2, 3, 4, \cdots \qquad n = (m+1), (m+2), (m+3), \cdots$$

$R = 109677\ \mathrm{cm}^{-1}$（リュードベリ定数）*2

このリュードベリ（Rydberg）定数は，原子核の質量によって変化し，原子の種類によって異なる。ここに示したものは H 原子の電子殻の軌道間の大きさを表しているが，現在の値とは少し異なる（脚注 2 参照）。

3-2　ボーアの太陽モデル

前期量子論を語るうえでもう一人の天才がボーア（Bohr, N.）である。古典電磁気学では，荷電粒子である電子が楕円軌道で加速度運動を続けていると，電子から光が放出される。そうすると徐々にエネルギーが低下して，原子核に落ち込んでしまうはずである。ボーアはこれを直観的に「電子が一定の定まった軌道にある場合にはエネルギーは放出されない」と仮定した。さらに，ボーアの量子条件（$mvr = n(h/2\pi)$）として「定常状態にある核の周りの電子の角速度は，核の電荷に関わりなく，プランク定数 h の整数倍である」と仮定した。古典電磁気学の常識を破ったこれらの 2 つの仮定から，原子核と電子の静電気力（クーロン引力）と，電子の遠心力とが釣り合うとした。そして，原子構造のモデルとして，原子核の周りの円軌道を電子が単純に回るだけのボーアの太陽モデル（図 3-2）を提出した。この単純な考察から，電子軌道が非連続になり，H などの輝線スペクトルを説明するリュードベリ定数 R に近い値 $109677\ \mathrm{cm}^{-1}$ を導き出すことに成功している*2。この電子軌道からの放射光は，安定した軌道から別の軌道へと電子がジャンプした励起状態から，そのエネルギー差に相当する光を原子が放射したものである（$E_n - E_m = h\nu$）。この導出については計算ノートに示したので参考にされたい。

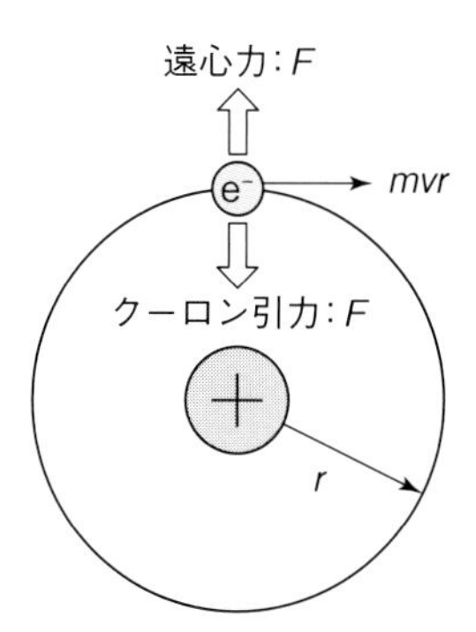

図 3-2　ボーアの太陽モデル

計算ノート

遠心力 $F = \dfrac{mv^2}{r}$　$\therefore \dfrac{mv^2}{r} = \dfrac{Ze^2}{4\pi\varepsilon_0 r^2}$

‖

クーロン力 $F = \dfrac{Ze^2}{4\pi\varepsilon_0 r^2}$　$\therefore v^2 = \dfrac{Ze^2}{4\pi\varepsilon_0 mr}$

ボーアの量子条件（プランク理論）

$$\boxed{mvr = n\frac{h}{2\pi}} \qquad \therefore v^2 = \frac{n^2h^2}{4\pi^2m^2r^2} = \frac{Ze^2}{4\pi\varepsilon_0 mr}$$

$$\therefore r = \frac{\varepsilon_0 n^2h^2}{\pi me^2 Z}$$

ポテンシャルエネルギー（E）＝ 位置エネルギー（V）＋ 運動エネルギー（T）

$$E = V + T = -\frac{Ze^2}{4\pi\varepsilon_0 r} + \underbrace{\frac{1}{2}mv^2}_{\text{(A) の代入}}$$

$$= -\frac{2Ze^2}{8\pi\varepsilon_0 r} + \underbrace{\frac{Ze^2}{8\pi\varepsilon_0 r}}_{\text{(B) の代入}} = -\frac{Ze^2}{8\pi\varepsilon_0 r}$$

(A) $\left(\dfrac{1}{2}mv^2 = \dfrac{Ze^2}{8\pi\varepsilon_0 r}\right)$　(B) $\left(\dfrac{1}{r} = \dfrac{\pi me^2 Z}{\varepsilon_0 n^2h^2}\right)$

$$\therefore E = V + T = -\frac{Ze^2}{8\pi\varepsilon_0 r} = -\frac{Z^2me^4}{8\varepsilon_0^2n^2h^2}$$

主量子数 $n_i \rightarrow n_j$ への遷移エネルギー

$$\Delta E = \frac{Z^2me^4}{8\varepsilon_0^2n_j^2h^2} - \frac{Z^2me^4}{8\varepsilon_0^2n_i^2h^2}$$

$$= \frac{Z^2me^4}{8\varepsilon_0^2h^2}\left(\frac{1}{n_j^2} - \frac{1}{n_i^2}\right) \qquad \therefore E = hc\bar{\nu}$$

$$\therefore \bar{\nu} = \frac{Z^2me^4}{8\varepsilon_0^2h^3c}\left(\frac{1}{n_j^2} - \frac{1}{n_i^2}\right)$$

リュードベリ定数の値
$109737.3157\ \mathrm{cm}^{-1}$

$$R = \frac{Z^2me^4}{8\varepsilon_0^2h^3c} = 109677\ \mathrm{cm}^{-1}$$

*2　実際のリュードベリ定数 $R = 109737.3157\ \mathrm{cm}^{-1}$

3-3 量子論

3-3-1 粒子の波動性

前期量子論から得られた「電子は粒子性と波動性の2つの性質をもつ」という結論は，当時大きな驚きをもって迎えられた。この粒子性と波動性の2つを結びつけた有名な式はド・ブロイ（de Broglie）の式（式3-3）である。

$$\lambda = \frac{h}{\rho} = \frac{h}{mv} \tag{3-3}$$

波を表す波長 λ と粒子を表す運動量 ρ をプランク定数 h によって結びつけた式である。速度が非常に速い粒子は，運動量 mv が大きくなり，波長 λ がどんどん小さくなって粒子を見ることができなくなる。しかし，粒子を見るために λ を大きくしてやると，粒子の mv が小さくなり見ることができるようになるが，正確に見ることができない。例えば高エネルギー加速器が巨大であるのは，粒子に巨大な運動量をもたせるためであり，そのことによって波長のより短いミクロな世界を調べることができる。

3-3-2 不確定性原理

もし，観測する電子の位置の誤差 Δx が0で精密に求めることができたら，位置を測定した物体の運動量に生じる乱れ $\Delta\rho$ は無限大になり，$\Delta\rho$ を測定することはできない。これは式3-4のような関係があるからである。

$$\left.\begin{aligned} \Delta x \cdot \Delta \rho &\geq \frac{1}{2}\hbar \\ \Delta x \cdot \Delta v &\geq \frac{1}{2}\hbar \\ \Delta E \cdot \Delta t &\geq \frac{1}{2}\hbar \end{aligned}\right\} \tag{3-4}$$

$$\left(\hbar = \frac{h}{2\pi}\right)$$

すなわち，電子は広幅で曖昧なものになってしまう。これらは非常に小さい世界での話であるが，実世界の人間でも当てはまる。例えば体重60 kgの人が歩く速度の不確定さを0.1 mm s^{-1}とすると，その人の位置は2.9×10^{-29} mm以上に詳しくは決められない。ただ，この値が小さすぎてわれわれが実感できないだけである。一方，よくSF映画やアニメなどにタイムマシンが現れてくるが，この**不確定性原理**（uncertainty principle）ではエネルギーと時間の関係を結びつけているため，タイムマシンの概念が出てきたともいわれている。

3-3-3 シュレーディンガーの波動方程式

量子論を考えるうえで，シュレーディンガー（Schrödinger, E. R. J. A.）も天才的なひらめきをもつ物理学者の一人であった。電子が粒子性と波動性をもつことを1つの方程式で直観的に表すことに成功した。古典力学では粒子は粒子であり，波はあくまで波である。その運動は初期条件さえ分かれば完全に予測することができる。ところが量子力学では，その運動は確率的にしか予測できなくなる。古典論の運動方程式に対応するのが量子論のシュレーディンガーの方程式である。

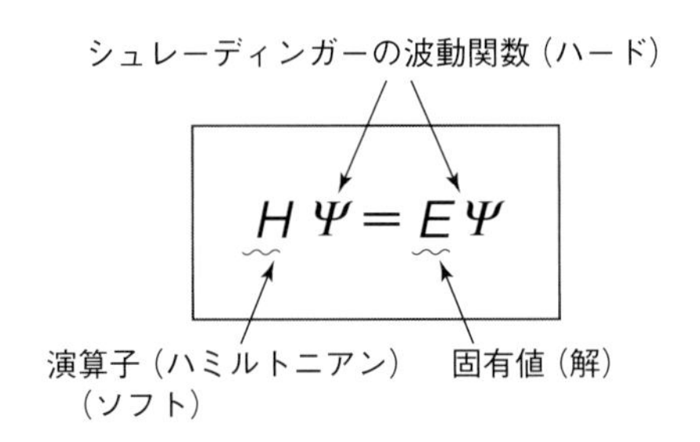

図3-3 シュレーディンガーの方程式

図3-3のように，一般的なシュレーディンガーの方程式をコンピューターにたとえると，演算子 H（ハミルトニアン）といわれる計算機のソフトの部分と，計算機のハードの部分の波動関数 Ψ が存在する。ある取り扱う物理現象を規定するソフト（ハミルトニアン H）をハード（波動関数 Ψ）に導入し，目的の計算を行う方程式をつくり，数字を入れると，固有値 E という解が得られる。ある関数に操作をした結果，もとの関数の定数倍になるとき，その関数を固有関数と呼び，その定数を固有値と呼ぶ。求められた固有値は観測可能な物理量になる。

3-3-4 二次元の箱の中に閉じ込められた電子の量子化

それではシュレーディンガーの方程式を用いて，二次元の箱の中に閉じ込められた一次元的な電子の動きを見ていこう。まず，一次元的な電子の動きを表すソフト（ハミルトニアン H）をつくらなければいけない。**図3-4**に示したように，電子（電荷 e^-，質量 m）が位置エネルギー V をもちながら x 軸方向に一次元的に動く場合を考える。この場合，運動エネルギーは，座標に対して2階微分したもので扱う。系の全エネルギーが運動エネルギー（T）と位置エネルギー（V）の和に相当するハミ

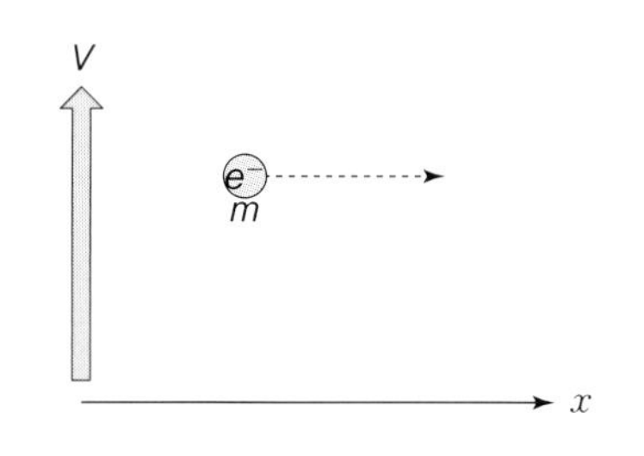

図 3-4 二次元の箱の中の電子

ルトニアン H を式 3-5 のように考える。この一次元的な電子の動きを表すハミルトニアン H をソフトとして，波動関数 Ψ に組み込むことで解くことができる。ハミルトニアン H を組み込んだシュレーディンガーの方程式は式 3-6 になる。

$$H = T + V = \left(-\frac{\hbar^2}{2m}\frac{\mathrm{d}^2}{\mathrm{d}x} + V\right) \quad (3\text{-}5)$$

$$H\Psi = -\frac{\hbar^2}{2m}\frac{\mathrm{d}^2\Psi}{\mathrm{d}x} + V\Psi = E\Psi \quad (3\text{-}6)$$

ところで，二次元の箱の中に閉じ込められた電子の動きを解くためには，さらにいくつかの条件が必要になる。その1つに**境界条件**（boundary condition）がある。この条件では，$x = 0$ および $x = L$ のとき $\Psi = 0$ になる。すなわち，波である電子は二次元の箱の壁の所では存在しなくなる。また，もう1つの**量子化条件**（quantum condition）$L = n\lambda/2$ では，電子の波は連続的ではなく常に飛び飛びの n の所にのみ存在し，0～L の間を常に半波長ごとに存在している（**図 3-5**）。電子が波であるとすれば，定常状態（時間的に変化しない状態）では，波が滑らかにつながっていなければならない。そのためには，円周の長さは波長の整数倍もしくは半整数倍でなくてはならない。$n = 1, 2, 3, \cdots$ と高くなるにつれて，その電子の波長も $\lambda = 2L, L, 2/3L, L/2, \cdots$ と整数か半整数に変化していく。詳細な計算は成書に譲ることにして，得られた波動関数（式 3-7）とエネルギー固有値（式 3-8）について考えてみる。また，式 3-9 は，各電子殻 n のエネルギー差 ΔE について表したものである。

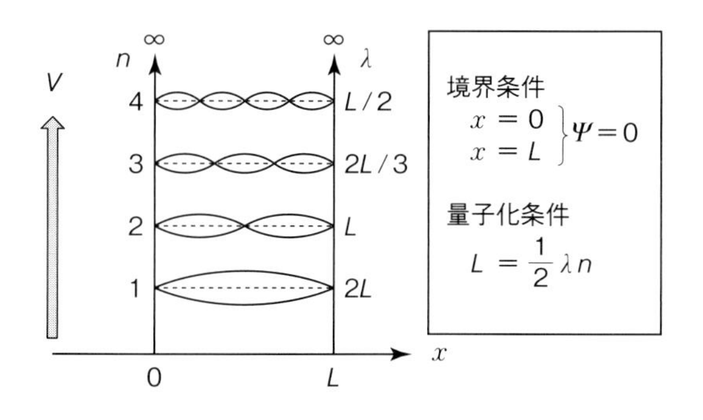

図 3-5 二次元の箱の中に閉じ込められた電子

$$\Psi = \sin\frac{2\pi x}{\lambda} = \sin\frac{n\pi x}{L} \quad (n = 1, 2, 3, 4, \cdots) \quad (3\text{-}7)$$

$$E = \frac{n^2h^2}{8mL^2} \quad (n = 1, 2, 3, 4, \cdots) \quad (3\text{-}8)$$

$$\Delta E = (2n + 1)\frac{h^2}{8mL^2} \quad (n = 1, 2, 3, 4, \cdots) \quad (3\text{-}9)$$

まず，式 3-7 から，波動関数 Ψ は，式の中に sin 波が存在するため波であることが分かる。そして，電子殻（主量子数）n によって量子化されており，$n\pi/L$ の位相の波をもつ。**図 3-6** に示したように，この波動関数 Ψ を描くと，エネルギーの高い n の軌道ほど，0～L の中で半整数・整数値をとる波の波長が短くなっていくことが分かる。波動関数の2乗 $|\Psi|^2$ は電子の存在確率であり，電子密度を表す。

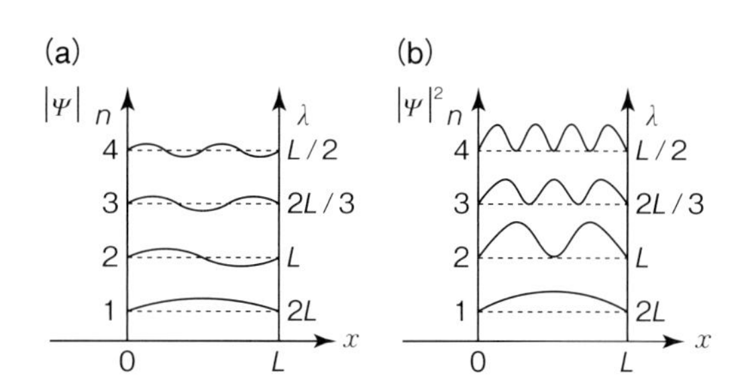

図 3-6 (a) 量子化された波動関数 $|\Psi|$ と (b) 電子の存在確率 $|\Psi|^2$

そのため，全空間で確率を積分したときには1にならなければいけない（**規格化条件**；normalization condition）。規格化条件（式 3-10）を満たすように決定した係数のことを規格化定数と呼ぶ。

$$\int |\Psi|^2 \mathrm{d}\tau = 1 \quad \begin{cases} \mathrm{d}\tau = \mathrm{d}x\mathrm{d}y\mathrm{d}z \ (\text{デカルト座標系}) \\ \mathrm{d}\tau = \mathrm{d}r\mathrm{d}\theta\mathrm{d}\phi \ (\text{極座標系}) \end{cases} \quad (3\text{-}10)$$

さらに，電子が存在しないところを**節**（node）と呼び，n の大きな高エネルギーの電子軌道ほど節の数が多くなる傾向がある。これは電子の分布を表しており，各々の n に対して一次元的に動く電子軌道の形を表している。三次元的な電子の運動を表したときの 1s 軌道，2p 軌道のようなものである。一方，式 3-9 から量子化エネルギー E は，n が大きくなるほど $(2n + 1)$ 倍ずつエネルギー準位の間隔 ΔE が大きくなっていくことが分かる。

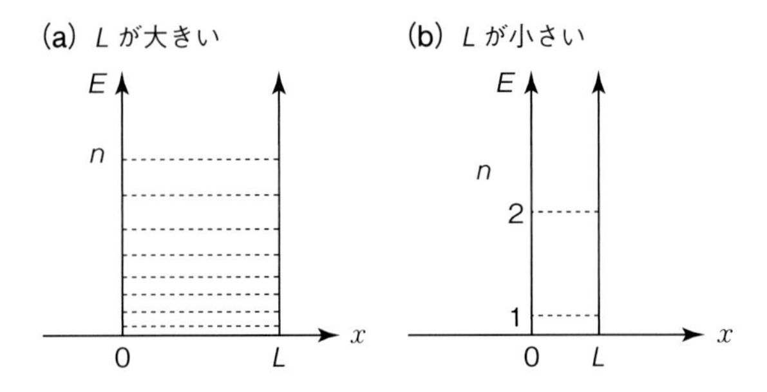

図 3-7　(a) 動ける範囲が大きいときの ΔE と (b) 動ける範囲が小さいときの ΔE の量子化エネルギーの様子

また,「mL^2」の項から，重い系ほど，またより大きな系（大きく動ける）ほど量子化エネルギー E が密になり，そのエネルギーの間隔が小さくなるため，見かけ上連続的な運動に見える（**図 3-7**）。電子などの原子内で動く粒子では，この量子化エネルギー E が大きくなり，電子の運動エネルギーを抑えて，飛び飛びの電子軌道を描くようになる。

3-3-5　箱の中の気体分子はどうして量子化されないで，連続的に動けるのか？

気体の分子運動論やエネルギー等分配の法則では，分子の運動エネルギーは飛び飛びに量子化されているのではなく，連続的に変化していく。では，どうして原子の中の電子は量子化され，飛び飛びの電子軌道しか動けないのに，空気中の気体分子は連続的に動けるのだろうか。これは式 3-8 に示した「mL^2」に関係する。窒素 N_2 などの気体分子の質量（m）は，電子の質量（m_e）に比較して $m \gg m_e \sim 5 \times 10^4$ 倍重い（陽子や中性子は電子よりも 1840 倍重たい）。また，気体分子が動く範囲（$0 \sim L$）を数 cm（$= \sim 10^{-2}$ m）とすると，電子は原子内 ~ 1 Å（$= 10^{-10}$ m）を動いている。そのため，電子が動ける範囲は気体分子の $\sim 10^{-8}$ 倍である。この「mL^2」で比較すると，$5 \times 10^4 \times (10^8)^2 \sim 10^{21}$ 倍異なることになる。「mL^2」は式 3-9 のエネルギー準位間の ΔE の分母に等しいので，気体分子ではこの「mL^2」が非常に大きくなる。そのため，ΔE が小さくなり，見かけ上，気体分子の並進運動が量子化されていないように連続的に見えるのである。

3-3-6　原子の中でどうして電子は原子核に落ち込まないのか？

原子核の周りを電子が回っている古典論の原子モデルでは，負電荷をもった電子が回転運動をするためにエネルギーを放出し，電子の回転運動が徐々に弱まるため，遠心力も弱まる。そして，正電荷をもつ原子核と負電荷をもつ電子の静電引力に負けて，徐々に原子核に落ち込んで電子はなくなってしまう。

それでは，なぜ量子論では電子が原子核の中に落ち込まないのだろうか。まず，原子と原子核の量子化エネルギー（運動エネルギー）について，$n = 1$ の電子軌道について調べてみる。原子の大きさは 10^{-10} m $= 1$ Å であり，電子の質量は $m_e = \sim 10^{-27}$ g であるため，式 3-8 の「mL^2」に当てはめると $E \sim 5.5 \times 10^{-11}$ erg ~ 34 eV が得られる。この電子は波長の長い X 線で観測できるレベルである。原子の中の電子と原子核との静電引力は $V = -e^2/r = -2.3 \times 10^{-7}$ erg ~ -0.14 MeV で，原子の中の電子の運動エネルギーよりも静電引力の方が大きいため，電子は原子を飛び出さず，原子内で充分電子を閉じ込められる。しかし，電子を原子核に入れようとした場合に，原子核の大きさは $\sim 10^{-14}$ m で，より小さな範囲内に閉じ込められる必要がある。そのため，$E \sim 5.5 \times 10^{-3}$ erg $= 3.5 \times 10^9$ eV $= 3500$ MeV となり，運動エネルギーが電子と原子核の静電引力をはるかに上回る。結果として，原子核内に電子を閉じ込めておくことができず，原子核から飛び出してしまう。そのため，電子は原子核に落ち込むことはないのである。

3-4　水素原子の波動関数

陽子 1 個と電子 1 個からなる H 原子の波動関数 Ψ は，厳密に解くことが可能である。通常，量子化学では位置を固定された原子核の周りを電子が運動する中心場近似（ボルン-オッペンハイマー（Born-Oppenheimer）近似）を使って電子軌道を表すため，二体問題として厳密解が得られる。しかし，H 原子より大きな原子は，原子核を固定させても，電子が 2 個以上存在するため，原子核と電子 2 個以上の相互作用で**多体系**（many-body system）の理論計算になり，変分法や摂動法などの近似解でしか解を得ることができない。このように，H 原子では厳密解で電子軌道を波動関数 Ψ の三次元シュレーディンガーの方程式で解くことができる。

まず，H 原子は原子核を原点とした電子 A (x, y, z) のデカルト座標系で示されている。ただし，原子核は電子の 1840 倍の質量があるので，ほとんど動かないものとする。H 原子の三次元シュレーディンガーの方程式は，

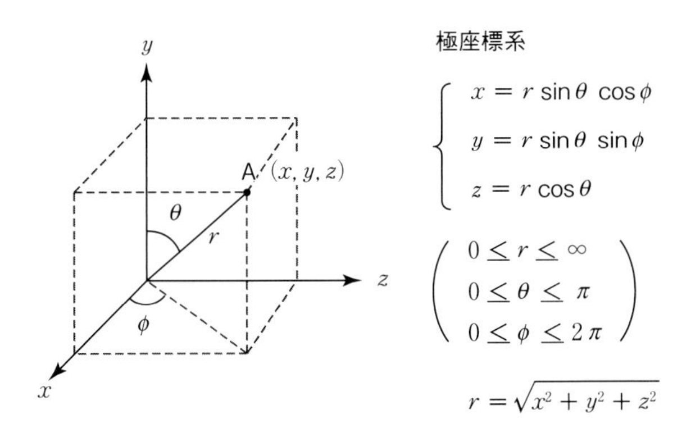

図 3-8 デカルト座標系から極座標系への変換

式 3-11 のようにラプラス演算子（ラプラシアン）の ∇^2（ナブラ 2 乗）を用いて表すことができる。

$$\nabla^2 = \frac{\partial^2}{\partial x^2} + \frac{\partial^2}{\partial y^2} + \frac{\partial^2}{\partial z^2} \qquad (3\text{-}11)$$

このラプラシアンは，主に三次元の運動エネルギーに関係する演算子である。そして，実際に三次元のシュレーディンガーの方程式を解くために，デカルト座標系ではなく極座標系を用いる。極座標はデカルト座標の点 A(x, y, z) を A(r, θ, ϕ) で表す。この極座標系は，**図 3-8** のように原点からの r が $0 \leq r \leq \infty$ をとり，y 軸との角度 θ は $0 \leq \theta \leq \pi$ になる。A から xy 平面への接線と x 軸の角度 ϕ は $0 \leq \phi \leq 2\pi$ で表すことができる。これらを用いると，∇^2 は式 3-12 のように変形できる。

$$\nabla^2 = \frac{1}{r^2}\frac{\partial}{\partial r}\left(r^2\frac{\partial}{\partial r}\right) + \frac{1}{r^2\sin\theta}\frac{\partial^2}{\partial \phi^2} + \frac{1}{r^2\sin\theta}\frac{\partial}{\partial\theta}\left(\sin\theta\frac{\partial}{\partial\theta}\right) \qquad (3\text{-}12)$$

したがって，ハミルトニアン H は式 3-13 のように表せ，三次元シュレーディンガーの方程式は ∇^2 を用いて式 3-14 のように表せる。

$$H\Psi = E\Psi$$

$$H = -\frac{h^2}{8\pi^2 m}\nabla^2 - \frac{e^2}{r} = -\frac{h^2}{8\pi^2 m}\nabla^2 - V \qquad (3\text{-}13)$$

$$\nabla^2\Psi + \frac{8\pi^2 m}{h^2}(E - V)\Psi = 0 \qquad (3\text{-}14)$$

詳細な理論計算をここでは示さないが，得られた H 原子の電子軌道の波動関数は式 3-15 のように表すことができる。

$$\Psi(r, \theta, \phi) = R(r)\cdot Y(\theta, \phi) = R(r)\cdot\Theta(\theta)\cdot\Phi(\phi) \qquad (3\text{-}15)$$

このとき，波動関数 $\Psi(r, \theta, \phi)$ に対して，動径分布関数 $R(r)$ の動径部分と球面調和関数 $Y(\theta, \phi)$ の角度成分に変数分離できる。“n” を**主量子数**（principal quantum number），“ℓ” を**方位量子数**（azimuthal quantum number），“m_ℓ” を**磁気量子数**（magnetic quantum number）といい，これらを用いると式 3-16 となる。

$$\Psi(r, \theta, \phi)_{n,\ell,m_\ell} = R(r)_{n,\ell}\cdot Y(\theta, \phi)_{\ell,m_\ell} \qquad (3\text{-}16)$$

H 原子の電子軌道の動径分布関数 $R(r)$ は，パラメータである量子数 (n, ℓ) の関数であり，球面調和関数 $Y(\theta, \phi)$ は量子数 (ℓ, m_ℓ) の関数である。したがって，式 3-16 のように動径分布関数 $R(r)$ は電子軌道の大きさや方向を表し，球面調和関数 $Y(\theta, \phi)$ は形や方向，位相を表す。この厳密解の $R(r)$ には L（ラゲール（Laguerre）の陪多項式）や，$Y(\theta, \phi)$ には P（ルジャンドル（Legendre）の方程式）を用いて解いたものをそれぞれ式 3-17 および式 3-18 に，ボーア半径 a_0 を式 3-19 に示した。

$$R_{n,\ell}(r) = -\sqrt{\frac{(n-\ell-1)!}{2n[(n+\ell)!]^3}\left(\frac{2}{na_0}\right)^{\ell+\frac{3}{2}}} \times r^\ell \times \exp\left(-\frac{r}{na_0}\right) L_{n+\ell}^{2n+\ell}\left(\frac{2r}{na_0}\right) \qquad (3\text{-}17)$$

$$Y_{\ell,m_\ell}(\theta, \phi) = (-1)^{\frac{(m_\ell+|m_\ell|)}{2}} \times \sqrt{\frac{(2\ell+1)}{4\pi}\frac{(\ell-|m_\ell|)!}{(\ell+|m_\ell|)!}}\, P_\ell^{|m_\ell|}(\cos\theta)\, e^{im_\ell\phi} \qquad (3\text{-}18)$$

$$a_0 = \frac{4\pi e_0\hbar^2}{me^2} = 5.29 \times 10^{-11}\,\text{m} = 529\,\text{pm（ボーア半径）} \qquad (3\text{-}19)$$

さて，皆さんがよく知っている H 原子の 1s 軌道の球形や 2p 軌道のひょうたん形，3d 軌道のクローバー形の電子軌道の形を**図 3-9** に示した。詳細は次の章で学ぶとして，これらは 1s 軌道に 1 つの電子が入った H 原子での各軌道の計算を行って得られた結果である。それぞれの軌道の形は，式 3-16 に示した主量子数 “n” と方位量子数 “ℓ” および磁気量子数 “m_ℓ” の各軌道ごとに決められた量子数の値を入れることで計算される。**表 3-2** には，それぞれの軌道に該当する量子数について示してある。例えば 1s 軌道では $(n, \ell), (m_\ell) = (1, 0), (0)$ に

表 3-2 軌道の形を決める量子数

主量子数	$n = 1, 2, 3, 4, \cdots$
方位量子数	$\ell = 0, 1, 2, \cdots, (n-1)$
磁気量子数	$m_\ell = 0, \pm1, \pm2, \cdots, \pm\ell$

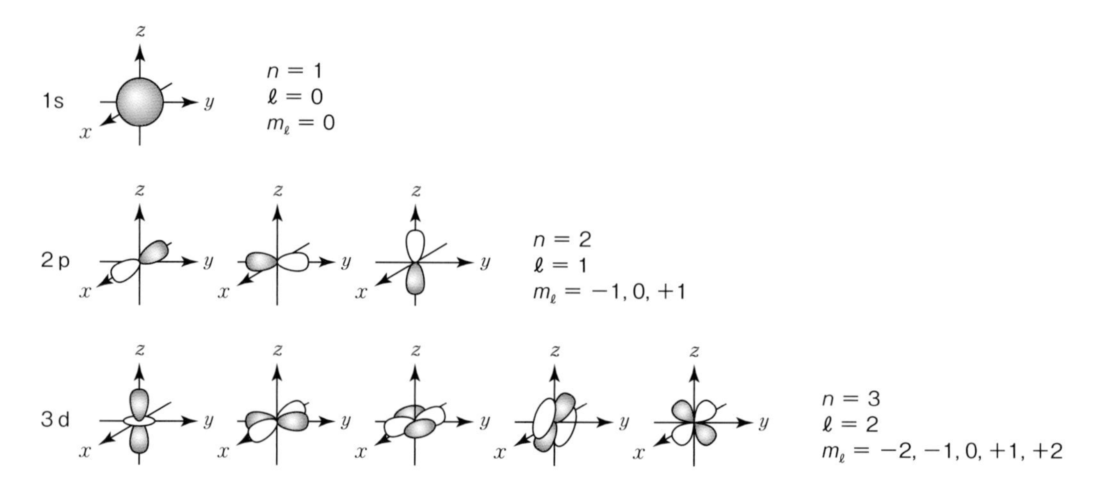

図 3-9　$|\Psi|^2$ (90～95%) の存在確率を表した各電子軌道の形

なり，2p 軌道では $(n,\ell), (m_\ell) = (2,1), (0, \pm1)$ となる。3d 軌道では $(n,\ell), (m_\ell) = (3,2), (0, \pm1, \pm2)$ になる。そして，電子軌道の形は，それぞれの軌道の電子の存在確率 $|\Psi(r,\theta,\phi)|^2$ を計算し，90～95％の存在確率をもつものを表示したものである。

Column【本当に電子軌道は観測できるのか？】

例えば d_{z^2} 軌道 (**図**) のような，教科書に載っている電子軌道の形は理論上のものであるが，はたして本当に，個別の軌道の形を観測することはできるのだろうか？　次に述べる Nature の論文[8] が引き金となって，「軌道」という概念が実在するのかどうか，哲学的にも問題になっている[9-11]。

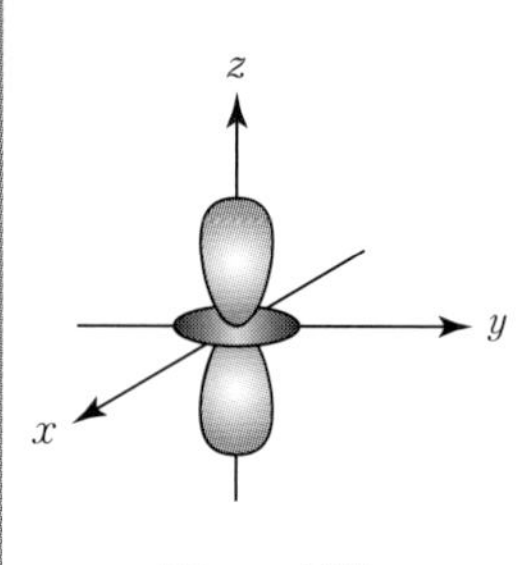

図　d_{z^2} 軌道

この論文は，Zuo らが銅酸化物超伝導体のメカニズムを詳細に調べるために，Cu_2O 結晶中の精密な X 線回折と電子顕微鏡を用いた解析で，古典的な d_{z^2} 軌道の形をホールとして観測することに成功したというものだ。三次元的に示した電子密度の差では，はっきりと Cu^+ の d_{z^2} 軌道らしい形を示しており，理論計算と一致した。しかし，個別の「軌道」というものは理論計算上に現れるあくまで数学的な状態であり，物理的な意味はない。そのため，観測されたデータは単に「電子密度」と「軌道」を混同したもので，あくまで電子密度の差であって，電子軌道を観測したのではないとされた。

ところが，特に STM (走査トンネル顕微鏡) による解析結果によって，これまで化学者は電子軌道の観測を数十年にわたって報告してきた。系から独立した化学的な電子軌道の見方と，系内の電子軌道は電子と原子・分子がすべて波動として重なっているという量子力学的な見方によって，「軌道」の概念が異なっているかも知れないという結論に達している。

第4章　電子軌道

前章では原子の構造を学んだ。原子では電子が原子核の周りを回っていると考えるが，すべての電子を確率密度で表す。そして，電子は量子数によって決められた電子の通る道筋である電子軌道に沿って動くことができる。量子化学的には，電子が存在できる確率として電子軌道を描くことができ，各原子の電子軌道ごとに，ある決められた約束に従って電子を入れることができる。各原子は似たような化学的性質をもつ元素ごとに周期性が現れ，周期表をつくることができる。ここでは，電子が電子同士の影響（電子相関）を受けながら，周期表に沿って，実際に各原子の電子軌道へどのように入っていくのかを学んでいく。

4-1　電子軌道と電子殻

原子核と異なって，原子は光によってその構造を「見る」ことができる。そして，原子は原子核の周りの**電子軌道**（orbital）に沿って，電子を動かすことができる。また，電子はエネルギー準位の低い電子軌道（殻）から順に詰まっていく。そして，電子軌道は4つの規則（量子数）に基づいてつくられており，その軌道に電子が入った時点で原子として成立する。各原子核が周期的にいくつかの電子を電子軌道に取り込むことで，原子がつくられていく様子を見ていくことにする。さらに，4つの量子数（n, ℓ, m_ℓ, m_s）は，各元素に固有の値になることを学んでいく（3-4節も参照されたい）。

原子は原子核と電子から，主に静電気的な相互作用によって，負電荷をもつ電子と正電荷をもつ原子核が引き合ってつくられている。それでは，どのような規則によって各原子が電子軌道をつくり，電子が原子核の周りを回っているのか見ていくことにしよう。

原子には，**電子殻**（electron shell）と呼ばれる球形の電子の通り道がある。これに沿って電子が通る道筋が決められている。この電子殻は，原子核に近いものから順にK殻，L殻，M殻，N殻…となっている。この順番に軌道が大きくなり，エネルギーも増大して，より外側を電子が回れるようになる（**図4-1**）。このとき，それぞれの**殻**（shell）を**主量子数**（principal quantum number）n と呼び，$n = 1$（K殻），$n = 2$（L殻），$n = 3$（M殻），$n = 4$（N殻）… と表すことができる。それぞれの殻に入る電子数は決まっており，K殻（2個），L殻（8個），M殻（18個），N殻（32個）… と，電子殻が大きくなるにつれてより多くの電子が入ることができる。また，この殻の中には，それぞれ決まった数の**副殻**（subshell）が存在する（**図4-2**）。各副殻も電子の入る個数が決まっており，s軌道（2個），p軌道（6個），d軌道（10個），f軌道（14個）となっている。

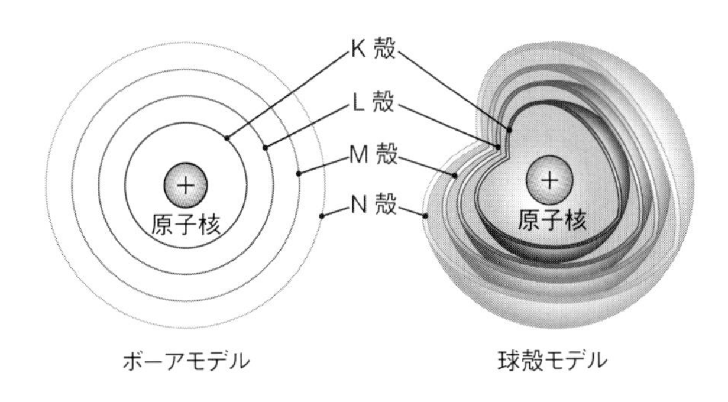

図4-1　原子の電子軌道の球形の殻構造

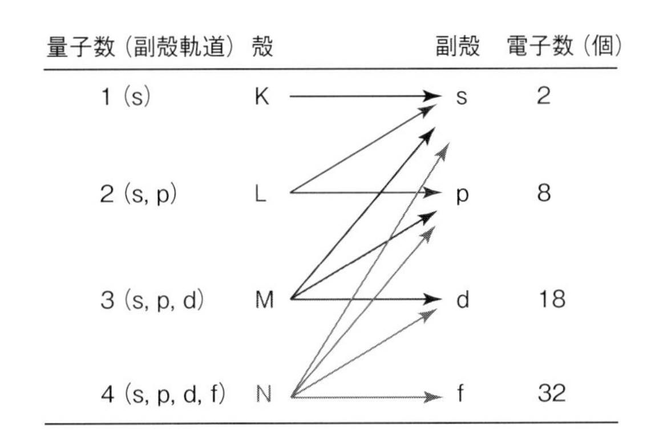

図4-2　各殻軌道の副殻の種類と電子数

ある原子を表すには，電子がどの軌道に何個入っているのかを示す**電子配置**（electron configuration）を使う。例えば $_7N$ の電子配置は，$1s^2 2s^2 2p^3$ である。「主量子数 n を含む副殻軌道の右上」に，その副殻に含まれる電子数を書き，エネルギー準位の低い軌道から順番に，左

表 4-1 各電子軌道の殻に存在する副殻の種類と電子配置

殻	n	ℓ	m_ℓ	閉殻電子配置	最外殻電子数
K	1	0	0	$1s^2$	2
L	2	0,1	−1,0,1	[He] $2s^2 2p^6$	8
M	3	0,1,2	−1,−2,0,1,2	[Ne] $3s^2 3p^6 3d^{10}$	18
N	4	0,1,2,3	−1,−2,−3,0,1,2,3	[Ar] $4s^2 4p^6 4d^{10} 4f^{14}$	32

から右へ並べていく。また，閉殻構造をもつ貴ガスの電子配置はまとめて書いた方が便利である。例えば $1s^2$ = [He]，$1s^2 2s^2 2p^6$ = [Ne]，$1s^2 2s^2 2p^6 3s^2 3p^6$ = [Ar] のように，貴ガスの元素記号を [ ] で囲んで，その元素より大きな電子配置を $_3$Li = [He] $2s^1$，$_7$N = [He] $2s^2 2p^3$，$_{11}$Na = [Ne] $3s^1$，$_{19}$K = [Ar] $4s^1$ のように記述する。副殻軌道は，**方位量子数** (momentum quantum number) ℓ で表すことができる。それぞれ $\ell = 0$ (s 軌道)，$\ell = 1$ (p 軌道)，$\ell = 2$ (d 軌道)，$\ell = 3$ (f 軌道)，…のように表す。すると，**表 4-1** のように，それぞれの殻軌道が K 殻 (s 軌道)，L 殻 (s 軌道・p 軌道)，M 殻 (s 軌道・p 軌道・d 軌道)，N 殻 (s 軌道・p 軌道・d 軌道・f 軌道) … の副殻軌道をもつことが分かる。

電子の副殻軌道への入り方で重要なことは，p 軌道が L 殻 ($n = 2$) から，d 軌道が M 殻 ($n = 3$) から，f 軌道が N 殻 ($n = 4$) からしか現れないことである。そのため，1p 軌道や 2d 軌道，3f 軌道などは存在しない。それぞれの副殻内では，軌道がすべて同じエネルギー準位をもって**縮退** (degenerate)*1 している。**表 4-2** には，周期表の $_1$H から $_{20}$Ca までの各電子軌道に入った電子配置を示す。電子殻ごとに，副殻にどのように電子が入っていくのかが分かる。それぞれ L 殻，M 殻，N 殻には，$2p^0, 3d^0, 4f^0$ などの，電子が入っていない空の軌道がある。原子の化学的な性質が，この空の軌道によって決められる場合がある。通常は，電子が入っていないこれらの軌道は電子配置に入れなくてもよい。

一方，磁場などを掛けると，p 軌道，d 軌道，f 軌道の副殻にある各軌道の縮退が解け，エネルギーの異なる 3 つ，5 つ，7 つの軌道にそれぞれ分裂する。これは，**磁気量子数** (magnetic quantum number) m_ℓ と呼ばれる量子数によって各副殻軌道が分かれるためである。すな

*1 1つの系に同じエネルギーに対応する異なった2つ以上の状態が存在すること。**縮重**ともいう。

表 4-2 原子番号 20 の Ca までの各電子軌道の電子配置

原子	電子配置									
	K殻	L殻		M殻			N殻			
$_1$H	$1s^1$									
$_2$He	$1s^2$									
$_3$Li	$1s^2$	$2s^1$	$2p^0$							
$_4$Be	$1s^2$	$2s^2$	$2p^0$							
$_5$B	$1s^2$	$2s^2$	$2p^1$							
$_6$C	$1s^2$	$2s^2$	$2p^2$							
$_7$N	$1s^2$	$2s^2$	$2p^3$							
$_8$O	$1s^2$	$2s^2$	$2p^4$							
$_9$F	$1s^2$	$2s^2$	$2p^5$							
$_{10}$Ne	$1s^2$	$2s^2$	$2p^6$							
$_{11}$Na	$1s^2$	$2s^2$	$2p^6$	$3s^1$	$3p^0$	$3d^0$				
$_{12}$Mg	$1s^2$	$2s^2$	$2p^6$	$3s^2$	$3p^0$	$3d^0$				
$_{13}$Al	$1s^2$	$2s^2$	$2p^6$	$3s^2$	$3p^1$	$3d^0$				
$_{14}$Si	$1s^2$	$2s^2$	$2p^6$	$3s^2$	$3p^2$	$3d^0$				
$_{15}$P	$1s^2$	$2s^2$	$2p^6$	$3s^2$	$3p^3$	$3d^0$				
$_{16}$S	$1s^2$	$2s^2$	$2p^6$	$3s^2$	$3p^4$	$3d^0$				
$_{17}$Cl	$1s^2$	$2s^2$	$2p^6$	$3s^2$	$3p^5$	$3d^0$				
$_{18}$Ar	$1s^2$	$2s^2$	$2p^6$	$3s^2$	$3p^6$	$3d^0$				
$_{19}$K	$1s^2$	$2s^2$	$2p^6$	$3s^2$	$3p^6$	$3d^0$	$4s^1$	$4p^0$	$4d^0$	$4f^0$
$_{20}$Ca	$1s^2$	$2s^2$	$2p^6$	$3s^2$	$3p^6$	$3d^0$	$4s^2$	$4p^0$	$4d^0$	$4f^0$

表 4-3 (n, ℓ, m_ℓ, m_s) による各元素の表し方

	n	ℓ	m_ℓ	m_s	電子配置	(n, ℓ, m_ℓ, m_s)
$_1$H	1	0	0	+1/2	$1s^1$	(1, 0, 0, +1/2)
$_2$He				−1/2	$1s^2$	(1, 0, 0, −1/2)
$_3$Li	2	0	0	+1/2	$1s^2 2s^1$	(2, 0, 0, +1/2)
$_4$Be				−1/2	$1s^2 2s^2$	(2, 0, 0, −1/2)
$_5$B	2	1	+1		$1s^2 2s^2 2p^1$	(2, 1, −1, +1/2) or
$_6$C			or	+1/2	$1s^2 2s^2 2p^2$	(2, 1, 0, +1/2) or
$_7$N			0	or	$1s^2 2s^2 2p^3$	(2, 1, +1, +1/2) or
$_8$O			or	−1/2	$1s^2 2s^2 2p^4$	(2, 1, −1, −1/2) or
$_9$F			−1		$1s^2 2s^2 2p^5$	(2, 1, 0, −1/2) or
$_{10}$Ne					$1s^2 2s^2 2p^6$	(2, 1, +1, −1/2)

わち，s 軌道 $(m_\ell = 0)$，p 軌道 $(m_\ell = -1, 0, +1)$，d 軌道 $(m_\ell = -2, -1, 0, +1, +2)$，f 軌道 $(m_\ell = -3, -2, -1, 0, +1, +2, +3)$ のそれぞれの軌道で，副殻の軌道エネルギーが分裂する（**表 4-3**）。さらに，軌道に入る各電子にも，**スピン量子数**（spin quantum number）m_s が存在する。これは上向きのスピンが+1/2，下向きのスピンが−1/2 として，1 つの電子軌道に上向きおよび下向きのスピンをもつ電子が 2 つまで入ることができる*2。そのため，最外殻に新たに加えた最後の電子の m_s を他の 3 つの量子数 (n, ℓ, m_ℓ) と組み合わせることで，1 つの元素を表すことができる。すなわち，(n, ℓ, m_ℓ, m_s) は各元素で異なり，その元素固有のものとなる。

例えば**表 4-3** で示したように，$_1$H と $_2$He は電子配置に電子を入れていくとそれぞれ $(n, \ell, m_\ell, m_s) =$ (1, 0, 0, +1/2) と (1, 0, 0, −1/2) と表せ，$_3$Li と $_4$Be では (2, 0, 0, +1/2) と (2, 0, 0, −1/2) と表せる*3。しかし，$_5$B ～ $_{10}$Ne の 6 元素では，m_ℓ の (+1, 0, −1) の 3 つの軌道が縮退し，m_s も (+1/2, −1/2) のどちらかで存在するため，$_5$B ～ $_{10}$Ne の電子配置に入る電子は各元素によって異なり，(2, 1, +1, +1/2)，(2, 1, 0, +1/2)，(2, 1, −1, +1/2)，(2, 1, +1, −1/2)，(2, 1, 0, −1/2)，(2, 1, −1, −1/2) のどれかをとるはずである。しかし，各元素の電子がどれをとり得るのか決まっていない。1 つの分子軌道で各元素の電子配置は，必ず異なる 4 つの量子数 (n, ℓ, m_ℓ, m_s) をもつが，どの電子がその 4 つの量子数をもつのか特定できないのである。

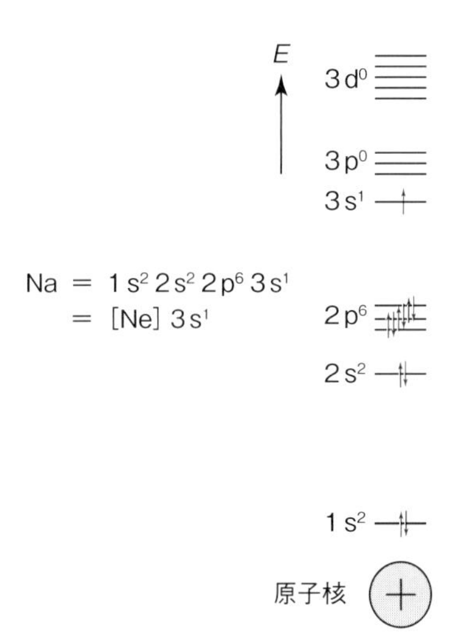

図 4-3 $_{11}$Na のエネルギー準位図

また，原子の電子配置は軌道のエネルギー準位図を使って表すことができる。$_{11}$Na を例に見てみよう（**図 4-3**）。各電子軌道のエネルギー準位の低い軌道を下から順番に直線で表す。エネルギー準位の低い軌道から順番に電子を入れていく。1s 軌道の下は原子核になることが暗黙の了解となっており，上にいくほどエネルギーレベルの高い電子軌道になる。一方，その上部の限界は，電子を取り除くためのイオン化の限界に相当する。

4-2 周期表と原子

元素を原子番号の小さい順に並べると，原子への電子の入り方によって，同じような性質をもつ元素が現れる周期性をもつことが知られている。1865 年に**周期律**（periodic law）を発表したメンデレーエフ（Mendeleev,

*2 1 つ目のスピンが+1/2 と−1/2 どちらも同じ確率で入るが，軌道にはじめの 1 つ目の電子を入れるとき，m_s = +1/2 で入るものとする。2 つ目の電子は，パウリの排他原理（4-3 節参照）により，$m_s = -1/2$ で入るものとする。

*3 m_ℓ が縮退している場合，+1, 0, −1 のどの軌道に電子が入っても同じエネルギーをもつが，ここでは $m_\ell = 0$ しかない。

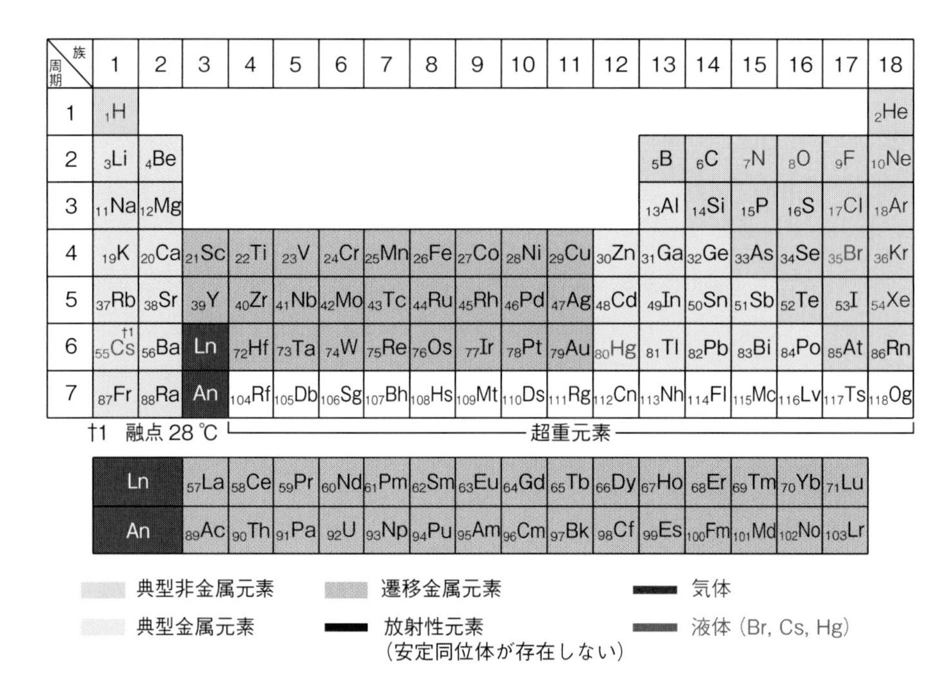

図 4-4 メンデレーエフの元素の周期表

D. I.) が，元素を原子量の順に並べ提案したことが，歴史的には**周期表** (periodic table) が初めて発見されたことになっている。周期表の発見にまつわる歴史的な競争は非常に興味深いが，ここでは取り扱わないので，成書を参照されたい。

図 4-4 のように，現在の周期表は元素の電子配置に基づいて原子番号の順に並べてある。周期表では原子番号が増えるに従って左から右へ移動するが，各電子殻が電子ですべて満たされると (閉殻構造)，殻軌道が 1 つ大きなものへ改行する。ランタノイド系列やアクチノイド系列を除けば，周期表の最外殻の電子数が同じで，同じ性質をもつ 18 個の縦列に分けられ，これを**族** (group) と呼ぶ。一方，周期表の横列は**周期** (period) と呼び，現在第 7 周期までの元素が見出されている。それぞれの周期は，最外殻軌道の電子殻 (主量子数) に相当する。すなわち，周期と最外殻軌道の関係は，K 殻 (第 1 周期)，L 殻 (第 2 周期)，M 殻 (第 3 周期)，N 殻 (第 4 周期)，O 殻 (第 5 周期)，P 殻 (第 6 周期)，Q 殻 (第 7 周期) である。

4-2-1 典型元素と遷移元素

周期表の 1 族と 2 族は常に ns 軌道に電子が入る元素 (**s-ブロック元素**)，そして 13 ～ 18 族は np 軌道に電子が入る元素 (**p-ブロック元素**) である。この 2 つのブロック元素は常に最外殻の軌道に電子が入る系列であり，**典型元素** (main group element) と呼ばれる。これに対して，3 ～ 12 族元素では nd 軌道 (**d-ブロック元素**) や nf 軌道 (**f-ブロック元素**) のような内殻の軌道に電子が入るので，**遷移元素** (transition element) といわれている [*4]。遷移元素はすべて金属元素であり，固体である。しかし典型元素は，常温常圧で，いろいろな状態で存在する。例えば，常温常圧で液体でいる元素は，Cs (融点 28 °C)，Br, Hg の 3 元素だけだが，気体では H_2, N_2, O_2, F_2, Cl_2 や貴ガス類 (He, Ne, Ar, Kr, Xe, Rn) などが知られている。このうち，空気より軽いものは，H_2, N_2, He, Ne の 4 元素からなるものだけである。空気の平均分子量は 28.8 で，これより分子量や原子量が小さな気体が空気より軽くなる。

4-2-2 金属元素と半金属元素

金属元素と半金属元素という分類は，電気の通しやすさに由来する。通常，周期表の 118 個の元素は，金属元

*4 12 族元素を遷移元素でなく典型元素に含める場合もある。ここでは，12 族元素を d-ブロック元素であるが典型元素として取り扱う。

素と非金属元素に分けられる。このうち，安定な元素が90元素余りあるが，その大部分の70元素が**金属元素**（metal element）に属する。しかし，金属元素から非金属元素に移る際に，半導体的な性質をもつ元素がある。BからAtを結ぶ斜線上周辺の元素を**半金属元素**（metalloid element；B, Si, Ge, As, Se, Sb, Te, Bi, Po, At）と呼ぶ。これらの元素は，金属元素の3つの性質（電気を通す，金属光沢をもつ，延性・展性をもつ）が，欠けているものや，弱いものである。この半金属元素の性質は常温常圧での性質である。例えば気体の惑星である木星の内部では，巨大な重力によって発生する圧力と高温により，非金属元素であるHが金属元素のように振舞っている。これは木星に地磁気が存在することから予測されていた。地球上でも，爆薬を利用して高圧を発生させ，H_2を金属化したという報告もある。

4-3　周期表への電子の入り方 —構築原理・フントの規則・パウリの排他原理—

周期表をつくるためには，次の3つの約束で軌道に電子を入れなければならない。この3つの原理・原則によって，電子を順番にエネルギー準位の低い軌道から詰めていくと似たような性質をもつ元素が周期的に現れる**周期律**が説明できる。第3周期からは何も電子が入っていない3d軌道が使えること，また第4周期でも何も入っていない4dと4f軌道が使えることが特徴である。

(1) 構築原理

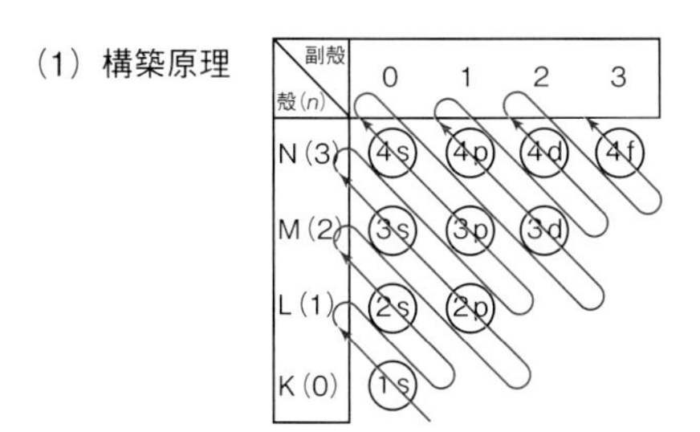

(2) フントの規則

(3) パウリの排他原理

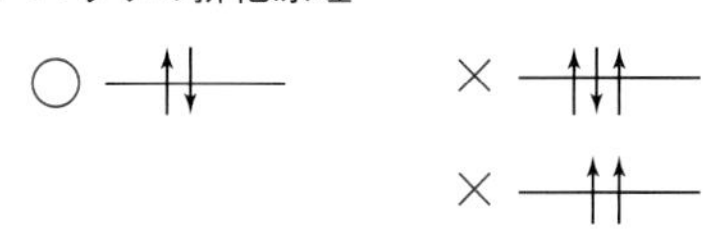

図4-5　構築原理・フントの規則・パウリの排他原理

図4-5に3つの原理・原則について簡単に説明する。(1)の**構築原理**（Aufbau principle）は，電子はエネルギーの低い電子軌道から順に入っていくことを示している。そのため，3p軌道の次は4s軌道に入り，それから3d軌道を占めるようになる。(2)の**フントの規則**（Hund's rule）では，互いに縮退している電子軌道があるとき，同じ方向のスピンをもった電子が半閉殻まで占めた後，異なった方向のスピンをもった電子が順次入っていく。(3)**パウリの排他原理**（Pauli's extraction principle）は，1つの電子軌道には2つまでの電子しか入らず，しかも同じ向きのスピンは入らないという原理である。

> (1) **構築原理**：電子は最も低いエネルギー準位の軌道から入っていく。
> (2) **フントの規則**：同じエネルギー準位をもつ縮退している軌道には，はじめに同じ方向のスピンをもつ電子が各軌道に1つずつ入ってから（半閉殻），次に反対向きのスピンをもつ電子が順次入っていく。
> (3) **パウリの排他原理**：1つの軌道には互いに反対向きの2つの電子しか入らない。

4-3-1　典型元素と遷移元素の電子の詰まり方

表4-4には，第4周期までs軌道にのみ電子が入る1族と2族のs-ブロック元素と，p軌道にも電子が入る13～18族のp-ブロック元素，すなわち典型元素の周期表と電子配置を示した*5。第1周期の$_1H$と$_2He$では1s軌道にのみ電子が入る。第2周期の$_3Li$～$_{10}Ne$は，すでに1s軌道が電子で満たされており，最外殻の電子軌道である2s軌道と2p軌道に順次電子が入っていく。第3周期の$_{11}Na$～$_{18}Ar$では，最外殻の電子軌道である3s軌道と3p軌道に電子が入っていく。このとき，3d軌道は存在するが空の状態であり，電子配置には使われていない。第4周期の$_{19}K$～$_{36}Kr$では，2族の$_{20}Ca$まで電子が4s軌道に詰まった後，遷移金属元素である3族から11族，および12族元素まで，3d軌道に順次10個の電子が入る。さらに，13～18族元素では，3d軌道に10個の電子が入った状態で閉殻になり，4p軌道に6つの電子が順次入っていく。第4周期元素の場合には4f

*5　3～11族のd軌道に電子が入っていくd-ブロック元素である遷移金属元素および12族元素は除いてある。

表4-4 第4周期までのs-ブロックとp-ブロック元素の周期表と電子配置

1族	2族	13族	14族	15族	16族	17族	18族
s-ブロック元素		p-ブロック元素					
$_{1}H$							$_{2}He$
$1s^1$							$1s^2$
$_{3}Li$	$_{4}Be$	$_{5}B$	$_{6}C$	$_{7}N$	$_{8}O$	$_{9}F$	$_{10}Ne$
[He] $2s^1 2p^0$	[He] $2s^2 2p^0$	[He] $2s^2 2p^1$	[He] $2s^2 2p^2$	[He] $2s^2 2p^3$	[He] $2s^2 2p^4$	[He] $2s^2 2p^5$	[He] $2s^2 2p^6$
$_{11}Na$	$_{12}Mg$	$_{13}Al$	$_{14}Si$	$_{15}P$	$_{16}S$	$_{17}Cl$	$_{18}Ar$
[Ne] $3s^1 3p^0 3d^0$	[Ne] $3s^2 3p^0 3d^0$	[Ne] $3s^2 3p^1 3d^0$	[Ne] $3s^2 3p^2 3d^0$	[Ne] $3s^2 3p^3 3d^0$	[Ne] $3s^2 3p^4 3d^0$	[Ne] $3s^2 3p^5 3d^0$	[Ne] $3s^2 3p^6 3d^0$
$_{19}K$	$_{20}Ca$	$_{31}Ga$	$_{32}Ge$	$_{33}As$	$_{34}Se$	$_{35}Br$	$_{36}Kr$
[Ar] $4s^1 3d^0 4p^0$ $4d^0 4f^0$	[Ar] $4s^2 3d^0 4p^0$ $4d^0 4f^0$	[Ar] $3d^{10} 4s^2 4p^1$ $4d^0 4f^0$	[Ar] $3d^{10} 4s^2 4p^2$ $4d^0 4f^0$	[Ar] $3d^{10} 4s^2 4p^3$ $4d^0 4f^0$	[Ar] $3d^{10} 4s^2 4p^4$ $4d^0 4f^0$	[Ar] $3d^{10} 4s^2 4p^5$ $4d^0 4f^0$	[Ar] $3d^{10} 4s^2 4p^6$ $4d^0 4f^0$

軌道や4d軌道を使えるが，これらの軌道に電子は詰まらず，空のままである。

第4周期の元素は，はじめ$_{20}$Caまでは4s軌道が本来もつ相互作用（**貫入効果**; penetration effect）により，4s軌道が3d軌道よりエネルギー準位が低くなり，先に4s軌道に2つの電子が入る。しかし，この2つの電子は3d軌道を直接“**遮へい**（shielding）”[*6]することができないため，3d軌道は増加した2つの陽子による大きな“**有効核電荷**（effective nuclear charge）”[*7]を受けることによって，エネルギー準位が4s軌道より下がる。そのため，遷移金属元素はエネルギー準位の高い4s軌道の電子から先にとれてイオンになる傾向がある。

このように，多電子原子の電子軌道のエネルギー準位は，遮へいや有効核電荷のような電子同士の相互作用（電子相関）により変わってくる。ns軌道やnp軌道などの最外殻軌道に電子が入るものを典型元素に分類するが，nd軌道やnf軌道に電子が入るものは内殻軌道に電子が入る遷移元素に分類される。これは，nd軌道やnf軌道に存在する電子は有効核電荷が大きく，そのためns軌道やnp軌道に存在する電子よりも，原子核に軌道が静電的に引きつけられて内側にいることによる。

4-3-2 多電子原子の電子の入り方

H原子の電子軌道は，1s軌道に1つの電子しか存在しないため，式4-1のように，電子殻の$n = 1, 2, 3, 4, \cdots$の順でエネルギー準位が高くなっており，また副殻は，nが変わらなければs, p, d, fのエネルギーはほとんど同じである。しかし，電子をたくさんもつ多電子原子の電子軌道のエネルギー準位は，軌道にいる電子同士の相互作用（電子相関）があるため，式4-2のように複雑に変化し，3p < 4s < 3dあるいは4p < 5s < 4d < 5pのようにいくつかの軌道準位の逆転が生じる。

$$1s < 2s \sim 2p < 3s \sim 3p \sim 3d < 4s \sim 4p \sim 4d \sim 4f < 5s \sim 5p \sim 5d \sim 5f < 6s \sim 6p \sim 6d \quad (4\text{-}1)$$

$$1s < 2s < 2p < 3s < 3p < 4s < 3d < 4p < 5s < 4d < 5p < 6s < 5d \sim 4f < 6p < 6d \sim 5f \quad (4\text{-}2)$$

4s軌道は3d軌道より安定化し，5s軌道は4dと4f軌道よりも安定化する。また，6s軌道も5d軌道よりも安定化するため，逆転を引き起こす。まず，どのように4s軌道が3d軌道より安定化するのかを見ていきたい。

4-3-3 貫入効果・遮へい効果・有効核電荷

4s軌道と3d軌道の逆転について，その理由を4-3-1項で簡単に述べたが，ここではより詳しく考えていきたい。

貫入効果は，各電子軌道がどれだけ原子核に近づけるかの指標になる。もちろん，電子は正の電荷をもつ原子核に近いほど，その軌道は安定化する。**図4-6**は，原点（原子核）からの距離rのところでどれくらい電子密

---

*6 原子核からの正電荷を他の電子との相互作用で相殺し，最も外側の軌道にある電子に原子核の正電荷が影響するのを邪魔する性質。

*7 遮へいされずに外側の軌道へ漏れ出す正味の原子核の正電荷。

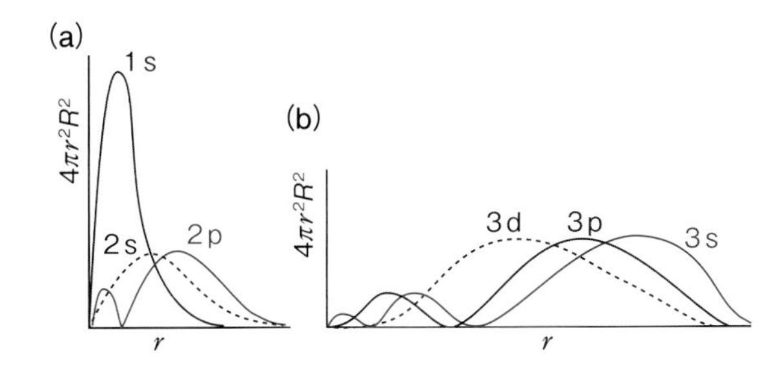

図 4-6 原子核からの距離 r の動径分布関数による電子の存在確率
(a) 1s, 2s, 2p 軌道 (b) 3s, 3p, 3d 軌道

度 ($|$動径分布関数 $R|^2$) が存在するかを示したものである。**図 4-6** (a) のように，1s軌道は原子核の近いところに1つだけ電子の存在確率の大きなピークがある。2p軌道では2つのピークに分かれており，電子の存在しない"節"(電子の存在確率が0のところ) が1つ存在している。そのため，電子密度の極大で考えると，1つのピークしかない2s軌道の方が，2p軌道よりも前に存在するが，小さな極大値 (貫入された電子軌道) が存在し，より2p軌道の電子が原子核に近づける確率が高い。**図 4-6** (b) では，電子密度の存在確率の極大が原子核に最も近いピークは3d軌道であるが，貫入効果を考えると，1つの節が存在する3p軌道よりも，2つの節が存在する3s軌道が最も原子核に近づくことができる。これは，3s軌道が最も強く原子核と相互作用でき，原子核の電荷を相殺できると考えてもよい。

多電子原子の電子殻の軌道エネルギーは，普通に考えると，M殻とN殻の違いで"3p < 3d < 4s < 4p"の順に高いエネルギー準位になる。ところが，実際は"3p < 4s < 3d < 4p"と，3d軌道のエネルギー準位が4s軌道よりも高くなっており，4s軌道のエネルギー準位が逆転している。この理由を**図 4-7** に基づいて考えてみよう。

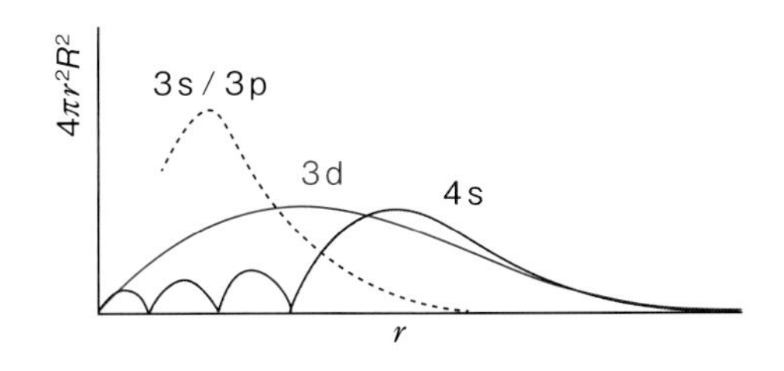

図 4-7 多電子原子の動径分布関数による電子の存在確率

第4周期の元素では，電子殻は3d軌道より4s軌道の方が大きいが，4s軌道と原子核との相互作用 (貫入効果) が働くため*8，エネルギー準位では3d軌道より4s軌道が低くなっている。そのため，4s軌道に電子がいないとき，"3p < 4s < 3d < 4p"のエネルギー準位になるので，構築原理により，$_{19}$K と $_{20}$Ca ではエネルギー準位の低い4s軌道から順に2つの電子が入っていく。4s軌道に電子が入ると，3d軌道と4s軌道のエネルギー準位は，"3p < 3d < 4s < 4p"と逆転する。なぜかというと，3d軌道の最大電子密度が4s軌道より原子核に近い内側に位置しているために，4s軌道に入った電子が3d軌道に対して増えた原子核の正電荷を相殺することができない。すなわち，外側にある4s軌道の電子はより内側にある3d軌道を，直接"遮へい"することができない。そのため，3d軌道は増えた陽子による大きな有効核電荷 $Z_{\rm eff}$ を直接受けることで，3d軌道のエネルギー準位が4s軌道よりも下がるのである。

一般に，第4周期の遷移金属元素は，まずエネルギー準位の低い4s軌道へ電子が入る。これによって3d軌道のエネルギー準位が4s軌道より下がる。4s軌道が満たされると，次に3d軌道に電子が入る。さらに，3d軌道に電子が入った遷移金属では，イオン化するとき，エネルギー準位の高い4s軌道の2つの電子から先に抜けていくために M^{2+} イオンになりやすい。このように，多電子原子の電子軌道のエネルギー準位は，遮へい効果や有効核電荷のような，電子同士の相互作用 (**電子相関**; electron correlation) により決まってくるのである。

先に，*n*s軌道や*n*p軌道の最外殻に電子が入る元素を典型元素に分類した。しかし，*n*d軌道や*n*f軌道に電子が入る原子は，内殻の軌道に電子が入るため，遷移元素に分類された。その理由は以下のとおりである。

*n*d軌道や*n*f軌道に入った電子は $Z_{\rm eff}$ の影響を大きく受けて，*n*s軌道や*n*p軌道にある電子よりも原子核の陽子に静電的に強く引きつけられる。そのため，*n*d軌道や*n*f軌道はより内殻の軌道へと縮むことになる。一般に貫入効果によってs軌道が最も原子核に近づけるため，静電相互作用が大きくなる。p軌道，d軌道，f軌道の順に原子核へ近づけなくなるため，原子核との相互作用は小さくなっていく。また，遮へい効果 σ は軌道電子によって原子核の正電荷をどれくらい相殺できるか

*8 より原子核の近くまで電子密度の存在確率の山がある。

第4章

表 **4-5** 副殻に対する効果

貫入効果	s > p > d > f
遮へい効果	s > p > d > f
有効核電荷	s < p < d < f

を表しており，貫入効果が大きければ，電子による σ はより大きくなる。有効殻電荷 $Z_{\rm eff}$ は，遮へいされた原子核の正電荷をその電子がどれくらい感じるかを意味する。σ は遮へいする電子の効果であり，$Z_{\rm eff}$ はその遮へいされた正電荷を別の電子が受け取る効果なので注意が必要である。σ を副殻で比較すると，貫入効果と同じような傾向をもつが，$Z_{\rm eff}$ は σ と互いに反対の傾向がある。これは，より貫入効果が小さい方が $Z_{\rm eff}$ は大きくなるからである（**表 4-5**）。

4-3-4 遮へい効果と有効核電荷

図 4-8 に He 原子の模式的な構造を示した。原子核（中性子○2個と陽子⊕2個）の周りには，1s 軌道に入った静電的に安定な2つの電子（電子1と電子2）が示されている。今，遮へい効果 σ がまったく存在しない（遮へい定数 $\sigma = 0$）とすると，電子1と電子2は，原子核からそれぞれ+2の有効核電荷を受けることになる。一方，電子1の有効核電荷 $Z_{\rm eff}$ を考える場合，電子2が100％の遮へい効果（$\sigma = 1$）をもつとすると，電子1は+1の有効核電荷 $Z_{\rm eff}$ を原子核から受けることになる。

それでは，遮へい効果 σ とはどのようなものだろうか？ 実は電子1と電子2の間には，電子同士の負電荷の反発が存在する。このような電子同士の反発が遮へい効果 σ の源であり，電子数が多くなるほど複雑化するため電子相関と呼ばれている。He 原子の場合，電子1と電子2の相互作用は 0.30（$\sigma = 0.30$）なので，$Z_{\rm eff} = +1.7$ になる。

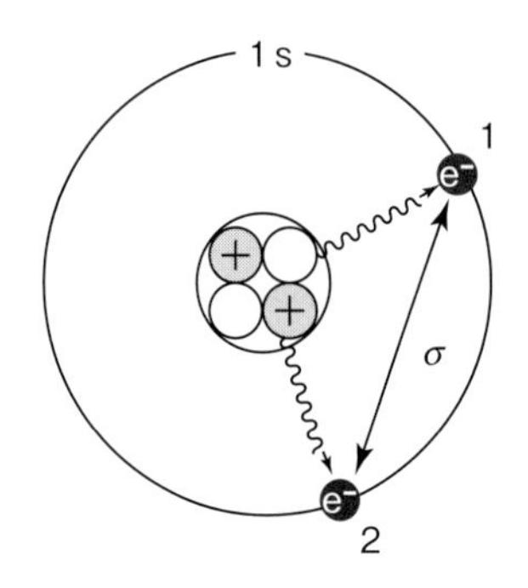

図 4-8 He 内の電子1と電子2の遮へい効果と有効核電荷

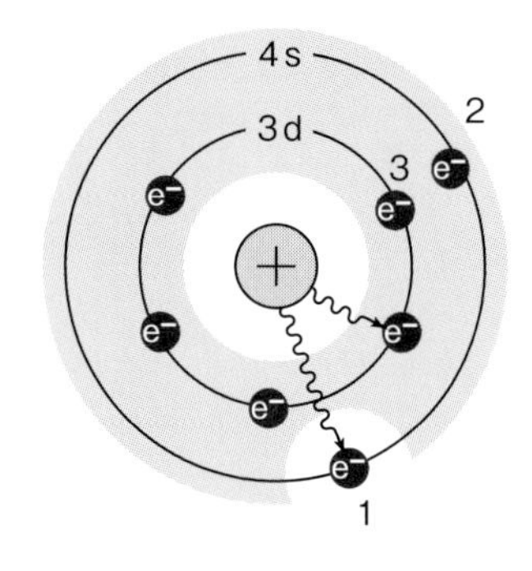

図 4-9 ある多電子原子の電子1が受ける有効核電荷

一方，**図 4-9** はある多電子原子の原子構造を示している。電子1は有効核電荷 $Z_{\rm eff}$ として原子核から正電荷を受け取ることができる。そして，この $Z_{\rm eff}$ の値は，電子1を除いたすべての他の電子によって原子核からの正電荷が遮へいされたピンクの領域で決まってくる。この領域が遮へい定数（遮へい効果）σ になる。そして，$Z_{\rm eff}$ と σ の関係は**スレーターの規則**（Slater's rule）で表すことができる（式 4-3）。

$$\text{有効核電荷}\ Z_{\rm eff} = Z - \sigma \qquad (4\text{-}3)$$

すなわち，$Z_{\rm eff}$ は原子のもつ陽子の数（Z）から σ を差し引いたものである。この σ は，次のようなスレーターの規則に基づいて求めることができる（**図 4-10**）。n 殻にある赤い電子1の $Z_{\rm eff}$ を考えてみる。同殻の電子は σ

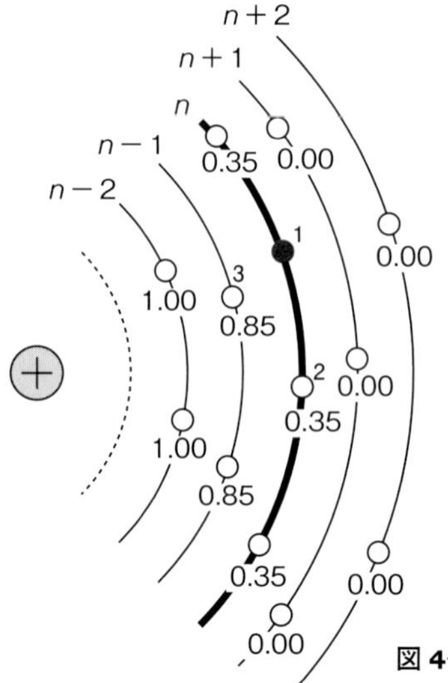

図 4-10 スレーターの規則の遮へい定数 σ

$= 0.35$，1つ前の $n-1$ 殻の電子は $\sigma = 0.85$ であり，それ以下の殻では $\sigma = 1.00$（完全遮へい）である。一方，n 殻より大きな殻の電子は $\sigma = 0$（赤い電子への原子核からの正電荷を遮へいできない）である。

(1) 電子1と同じ殻の軌道にある電子2は $\sigma = 0.35$ として計算する。

(2) 電子1より1つ内側の殻にある電子3は $\sigma = 0.85$ として計算する。

(3) 電子1より2つ以上内側の殻にある電子は，すべて $\sigma = 1.0$ として計算する。

(4) 電子1より外側の殻にある電子は遮へいできないため，$\sigma = 0$ として計算する。

(5) d軌道とf軌道にある電子1は，1つ内側の殻にある電子3でも $\sigma = 1.0$ $(\sigma \neq 0.85)$ で計算する。d軌道とf軌道の同殻にある電子同士は $\sigma = 0.35$ として計算する。

(6) 電子1が1s軌道にある場合は，同殻にある電子2を $\sigma = 0.30$ として計算する。

【問題】スレーターの規則を用いた有効核電荷 Z_{eff} および軌道エネルギーの計算

(1) $_{25}Mn$ 元素の電子配置で最もエネルギーの高い1つの電子が4s電子にあるときと，その内側の3d軌道にあるときのそれぞれの有効核電荷 Z_{eff} を求め，$_{25}Mn^+$ の基底状態の価電子が (a) $3d^4 4s^2$ ではなく (b) $3d^5 4s^1$ となる理由を説明せよ。

(2) $_{36}Kr$ の最も外殻にある1つの電子の有効核電荷 Z_{eff} を求めよ。

(3) $_{19}K$ の最外殻にある1つの4s軌道の電子エネルギーを求めよ。ただし，$E = -(Z_{eff})^2/n^2 \times 14\ \mathrm{eV}$ として計算せよ。

【解答】

(1) $_{25}Mn\ [1s^2 2s^2 2p^6 3s^2 3p^6 3d^5 4s^2] = {}_{25}Mn\ [Ar]\ 3d^5 4s^2$

$\sigma = {}_{25}Mn^+\ [Ar]\ 3d^4 4s^2 = [1s^2 2s^2 2p^6 3s^2 3p^6]\ [3d^4]$

$= 1.0 \times 18 + 0.35 \times 4 = 19.4$

$Z_{eff} = 25 - 19.4 = 5.6$

一方，$\sigma = {}_{25}Mn^+\ [Ar]\ 3d^5 4s^1$

$= [1s^2 2s^2 2p^6]\ [3s^2 3p^6 3d^5]\ [4s^1]$

$= 1.0 \times 10 + 0.85 \times 13 + 0.35 = 21.4$

$Z_{eff} = 25 - 21.4 = 3.6$

Z_{eff} の小さい電子の方がとれやすいので (b) が基底状態になる。

(2) $_{36}Kr\ [1s^2 2s^2 2p^6 3s^2 3p^6 3d^{10} 4s^2 4p^6]$

$= [1s^2 2s^2 2p^6]\ [3s^2 3p^6 3d^{10}]\ [4s^2 4p^6]$

$\sigma = {}_{36}Kr = 1.00 \times 10 + 0.85 \times 18 + 0.35 \times 7 = 27.75$

$Z_{eff} = 36 - 27.75 = 8.25$

(3) $_{19}K\ [1s^2 2s^2 2p^6 3s^2 3p^6 4s^1]$

$= [1s^2 2s^2 2p^6]\ [3s^2 3p^6]\ [4s^1]$

$\sigma = {}_{19}K = 1.00 \times 10 + 0.85 \times 8 = 16.80$

$Z_{eff} = 19 - 16.80 = 2.20$

$$E = \frac{-(2.2)^2}{4 \times 4} \times 14 = -4.2\ \mathrm{eV}$$

4-4　第2周期と第3周期の対角関係

周期表の第2周期の元素は，1つ下の第3周期の右隣りの族の元素と似た化学的な性質をもつ対角関係が成立する（**図4-11**）。これは，1s軌道は小さく，原子核に最も近いため，電子2つで原子核の正電荷を完全に遮へいできないことが1つの理由である。さらに，1つ右隣になると陽子が1つだけ増えるため，イオンになるとき+2の価数をもち，+1価の電荷分だけ有効核電荷が増えることも原因に挙げられる。そのため，イオンになったときに第3周期の2s，2p軌道が原子核に強く引きつけられ，そのイオン半径が対角方向でほぼ同じになる。元素の化学的性質は，ほぼイオンの性質に依存するため，イオン半径が同じ元素なら，化学的性質が似てくるのである。例えば，Liはアルカリ金属の中で異色な存在であり，空気中で燃焼させるとMgと同じく窒化物を生じる。しかし，他のアルカリ金属は酸化物を生じる。LiもMgも，どちらも水に難溶性の炭酸塩やリン酸塩を生じる。これはどちらもイオン化エネルギーが大きく，Li^+ も Mg^{2+} もイオン半径が類似し，化学的性質が似てくるからである。

族／周期	1	2	13	14	15	16	17	18
2	$_3$Li	$_4$Be	$_5$B	$_6$C	$_7$N	$_8$O	$_9$F	$_{10}$Ne
3	$_{11}$Na	$_{12}$Mg	$_{13}$Al	$_{14}$Si	$_{15}$P	$_{16}$S	$_{17}$Cl	$_{18}$Ar

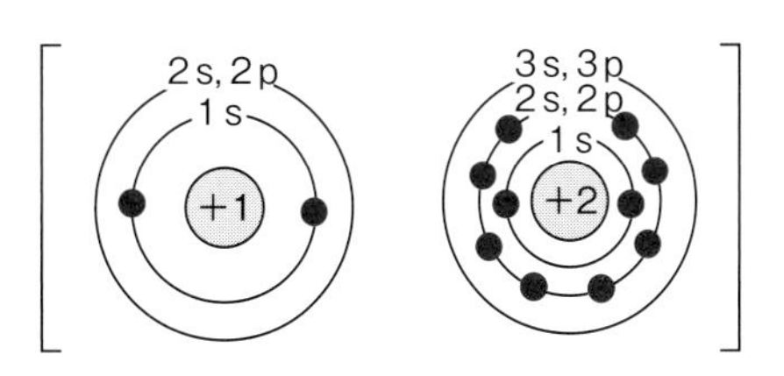

図4-11　化学的性質が類似した対角関係と周期性

第5章 原子の性質

原子軌道は，電子の殻が大きくなればなるほど，あるいは原子核から外側の電子軌道にいくほど，そのエネルギー準位は大きくなる。ある原子軌道では，電子が満たされていて最もエネルギー準位の高い軌道（HOAO）と，電子が入っていないで最もエネルギー準位が低い軌道（LUAO）が存在する。この章では，これらのHOAOとLUAO[*1]の電子軌道（原子のフロンティア軌道）が，各原子の性質に密接に関わっていることを学んでいく。特に，原子半径や原子に特有な４つの性質[*2]を，HOAOとLUAOの電子軌道を通して学んでいく。

5-1 原子半径

原子半径は原子がイオン化していないときの半径である。**図 5-1** に原子番号 Z が 20 までの元素の原子半径の変化を示した。周期の左から右にいくにつれて原子核の陽子が増えるため，有効核電荷が大きく効いてくる。そのため，一般に原子半径は減少する。そして，貴ガスで極小となる。これは，貴ガスが閉殻構造であるため，同じ周期の中で最も大きな有効核電荷を受けて，核電荷を球状に遮へいできるから縮むのである。次にくるアルカリ金属は，貴ガスの閉殻構造によって最外殻電子の有効核電荷が最も小さくなり，さらに周期（殻）も１つ上がるため，最も大きな原子半径をとるようになる。また，この図 5-1 から，原子半径が原子番号の増加に伴って周期的に変化していることが分かる。

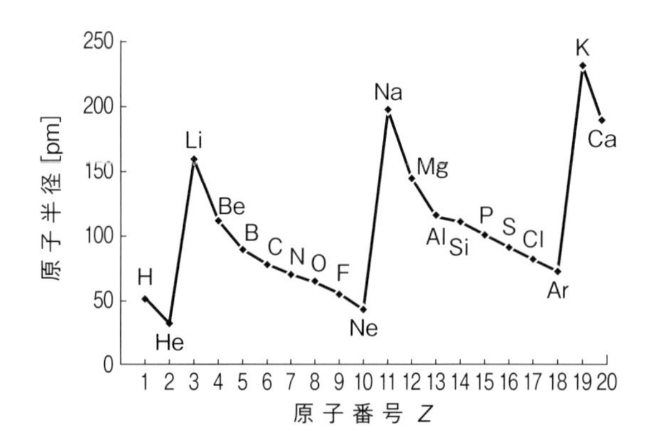

図 5-1 原子番号 20 までの元素の原子半径の周期性

5-2 スカンジノイド収縮とランタノイド収縮

第４周期の第一遷移系列の金属元素である $_{21}$Sc ～ $_{30}$Zn までの元素は，電子数が増えるに従って，「有効核電荷の大きな 3d 軌道」に電子が入るため，原子半径がほとんど変わらない。このような傾向を**スカンジノイド収縮**（scandinoid contraction）と呼ぶ。例えば周期表の 13 族の第２周期と第３周期に属する $_5$B（83 pm）と $_{13}$Al（130 pm）は大きく原子半径が変わるのに，第４周期に属する $_{31}$Ga（130 pm）と $_{13}$Al では原子半径はほとんど変わらない。14 族の第３周期と第４周期に属する $_{14}$Si（117 pm）と $_{32}$Ge（122 pm）も，スカンジノイド収縮のためほとんど原子半径は変わらない。第６周期の**ランタノイド**（lanthanoid）に属する $_{57}$La ～ $_{71}$Lu までの元素は，電子が増えるとともに「有効核電荷の非常に大きな 4f 軌道」に電子が入るため，電子数が増えると原子半径が減少していく。このような傾向を**ランタノイド収縮**（lanthanoid contraction）と呼ぶ。比較的遠くにある同じ 4f 軌道にたくさんの電子が入っていくため，増加した中心の原子核の正電荷を電子間反発で打ち消すことができない。そのため，原子番号 Z が増えるほど大きな有効核電荷が働き，原子半径は縮んでいく。

また，「電子の相対論的な質量の増加」[*3]も起こり，6s 軌道と 6p 軌道に入っている電子の質量が増加し，それらの軌道が原子核近くまで収縮する。6s 軌道と 6p 軌道の収縮により大きく原子核を遮へいするため，原子半径が収縮する。d 軌道や f 軌道は原子核近くまで貫入していないため，遮へい効率が悪く有効核電荷が大きく

*1　分子軌道の HOMO と LUMO と間違えないこと。

*2　イオン化エネルギー（I_1），電子親和力（A_e），電気陰性度（χ_M），柔らかさと硬さ（η）。

*3　大きな原子では内殻電子ほど高速に動いているため相対論的な効果が現れる。

なる。$_{63}$Eu（[Xe] 4f^7 6s^2）と $_{70}$Yb（[Xe] 4f^{14} 6s^2）は，ランタノイド系列の中でも最も原子半径が大きいものである。遮へい効果が弱い 4f 軌道でも，それぞれ半閉殻と閉殻で充填されている。そのため，内殻で有効核電荷を大きく遮へいすることができ，原子半径は大きくなる。また，$_{39}$Y の下に原子番号 57～71 のランタノイドが存在するため，その収縮によって第 5 周期と第 6 周期の金属元素の原子半径の大きさが類似して，化学的な性質がよく似てくる。例えば $_{40}$Zr（159 pm）と $_{72}$Hf（156 pm），および $_{42}$Mo（140 pm）と $_{74}$W（141 pm）は，電子数がはるかに多いことから予想されるほど性質が変化せず，類似した化学的性質をもつ。第 5 周期と第 6 周期の関係ではないが，12～14 族の元素である第 4 周期の $_{30}$Zn, $_{31}$Ga, $_{32}$Ge と第 5 周期の $_{48}$Cd, $_{49}$In, $_{50}$Sn も類似した化学的性質をもつ。これは，d 軌道も f 軌道も電子で満たされているからである。なお，**アクチノイド**（actinoid）にも**アクチノイド収縮**（actinoid contraction）が存在するが，ここでは詳細を述べない。

5-3 イオン化エネルギーと電子親和力

原子の電子軌道エネルギーの大きさは K 殻 < L 殻 < M 殻 < N 殻 < … の順に大きくなり，多電子原子では，一番エネルギー準位の低い K 殻から順に電子が入っていく。**図 5-2** のように 1 つの軌道には 2 つの電子しか入らないとすると，最もエネルギーが高く電子が詰まっている軌道を **HOAO**（highest occupied atomic orbital），また，最もエネルギーが低く電子が入っていない軌道を **LUAO**（lowest unoccupied atomic orbital）と呼ぶことにする。原子の性質を決めるには，この HOAO と LUAO の 2 つの軌道が最も重要になる[*4]。

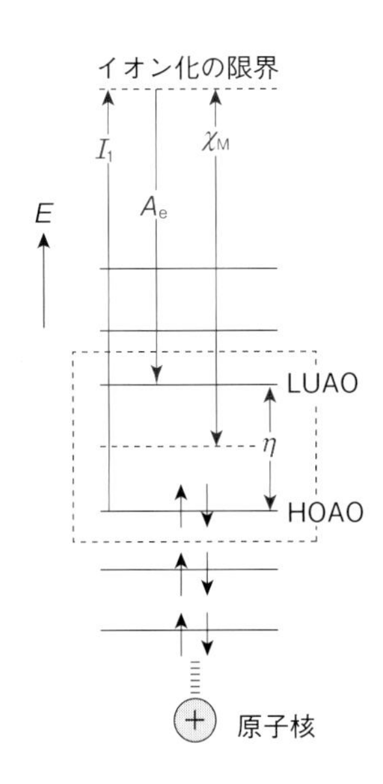

図 5-2 原子のフロンティア軌道と原子の性質

例えば**イオン化エネルギー** I_1（ionization potential）（$\Delta E = +I_1$）（式 5-1）は，原子から 1 つの電子を取り去るときのエネルギーに相当し，この反応はすべてエネルギーを与えてやらなければならない吸熱反応（正値）になる。

$$X \longrightarrow X^+ + e^- \qquad (5\text{-}1)$$

すなわち，これは HOAO にある 1 つの電子を，原子核との静電引力を切断して，イオン化の限界まで遠ざけるためのエネルギーに相当する。この I_1 が小さくイオン化しやすいものはアルカリ金属やアルカリ土類金属などが知られており，その中でも $_{55}$Cs が全元素の中で最も I_1 が小さく，陽イオンになりやすい元素である。

図 5-3 に示すように，I_1 が最も大きい元素は貴ガスであり，中でも $_2$He が全元素の中で最も大きな値になる。これは，最も原子核に近い K 殻の閉殻電子を取り除くために大きなエネルギーが必要になるからである。また，周期表の左から右にいくに従って有効核電荷が大きくなるため，原子半径は徐々に小さくなる傾向がある。そのため，イオン化しにくくなるので I_1 は大きくなる。しかし，2 族（$_4$Be）と 3 族（$_5$B），および 15 族（$_7$N）と 16 族（$_8$O）の間では，I_1 がこの傾向から逆転する（図中の丸で囲んだところ）。なぜかというと，$_4$Be の副殻が閉殻（[He] 2s^2）であり，$_7$N が半閉殻（[He] 2s 2p^3

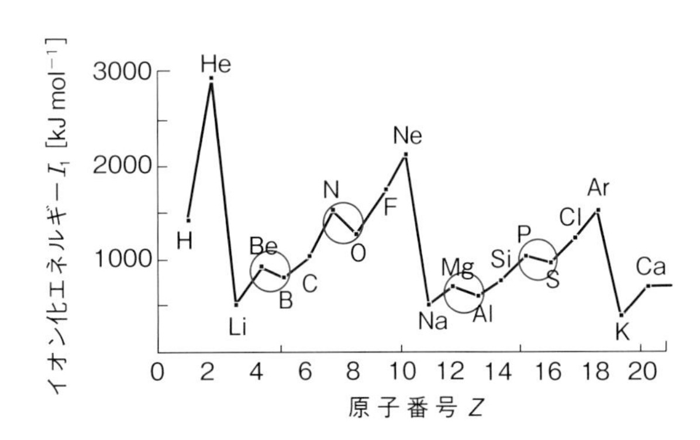

図 5-3 原子番号 20 までの元素の第 1 イオン化エネルギー I_1 の値

*4 この HOAO と LUAO を原子のフロンティア軌道と呼んでいる。

$(2p_x^1 2p_y^1 2p_z^1)$）の電子配置であるため，I_1 はこの安定化した閉殻・半閉殻軌道から電子を1つ取り除くために大きな I_1 を必要とする。ところが，$_5B$（[He] $2s^2 2p^1$）と $_8O$（[He] $2s^2 2p^4$）では，1つ電子を取り除くと，それぞれ閉殻と半閉殻の電子配置になるため安定化し，より小さい I_1 でイオン化することが可能になるからである。

一方，**電子親和力** A_e（electron affinity force）($\Delta E = -A_e$)（式5-2）は，1つの電子を原子に与えたときのエネルギーである。

$$X + e^- \longrightarrow X^- \quad (5\text{-}2)$$

このエネルギーは吸熱だったり，発熱だったり，その規則性は各元素によってまちまちで，元素の電気的陽性や電気的陰性の性質により決まってくる。これは図5-2に示したように，イオン化の限界から1つの電子をLUAOに加えたときのエネルギーに相当する。ハロゲン元素は A_e が大きく安定化しており，陰イオンになると大きく発熱（負値）して安定化するため，最も陰イオンになりやすい族である。$_9F$ よりも $_{17}Cl$ の方が A_e の値は大きくなる。逆に最も陰イオンになりにくいものは $_2He$ などを含む貴ガスで，A_e の値は逆に大きな正になり，吸熱反応になる。

5-4　光電子分光法

物質のイオン化エネルギー I_1 の値は，**光電子分光**（PES: photoelectron spectroscopy）で測定することが可能である。**図5-4** に光電子分光法の概略を示す。$E = h\nu$ のエネルギーをもつ光（photon）を金属（M）などに当てると，**光電効果**（photoelectric effect）によって，あるエネルギーをもった電子がMからある速度（v）で飛び出してくる。電子の質量（m_e）が分かるため，飛び出した電子の運動エネルギーを求めることができる。電子が飛び出すためには，ある軌道のイオン化エネルギー I をもらって飛び出さなければいけない。与えたエネルギーが分かっていれば，イオン化エネルギー I を求めることが可能である。

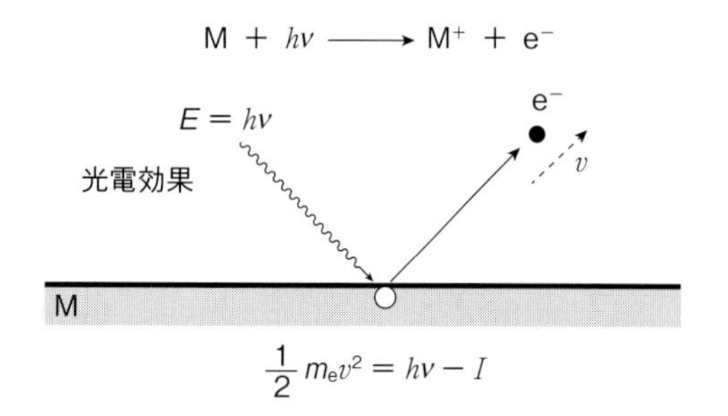

図5-4　光電子分光法によるイオン化エネルギーの測定

このPES測定で最外殻の原子価軌道の電子を飛び出させるには，50 eV以下の紫外線のエネルギー（**UPS**: ultraviolet photoelectron spectroscopy）で充分であるが，より内殻軌道の電子を飛び出させるには，さらにエネルギーの大きな1000 eV以上のX線のエネルギー（**XPS**: X-ray photoelectron spectroscopy）が必要である。電子親和力 A_e を直接求めるためには，**逆光電子分光法**（IPES: inverse photoelectron spectroscopy）などで測定できる。しかし，この手法は光を当ててLUAOに落ち込むときの発光を測定するもので，測定試料へのダメージが大きいことや測定の分解能が低いこともあり，正確な A_e を求めにくい。

5-5　マリケンの電気陰性度と柔らかさと硬さ

マリケン（Mulliken, R.）の**電気陰性度**（electronegativity）χ_M ($\chi_M = 1/2\,(I_1 + A_e)$）は，図5-2のように I_1 と A_e の和を平均化したもので，原子が電子を引きつける性質を表している。電気的陽性の元素とは，I_1 が小さく，A_e が大きなものであり，カチオンになりやすく，アニオンになりにくい元素を示す。また，電気的陰性な元素とは，逆に I_1 が大きく，A_e が小さなもので，カチオンになりにくく，アニオンになりやすい元素である。χ_M は最も大きなものをフッ素Fとして，周期表の右上にいくほど大きくなり，左下のCsにいくほど小さくなる。この χ_M は，その元素のカチオンが2つの電子を受け取って，さらにアニオンになる容易さとして定義できる（式5-3）。

$$X^+ + 2e^- \longrightarrow X^- \quad (5\text{-}3)$$

一方，原子の柔らかさと硬さという性質がある。この性質の指標である η ($\eta = 1/2\,(I_1 - A_e)$）は，図5-2のようにLUAOとHOAOの間のエネルギー差に相当する。電場によって変形しやすい電子をたくさんもっている重い原子は，電子を原子から出し入れしやすく，LUAOとHOAOのエネルギー差が小さくなり，柔らかくなる。すなわち，原子の分極率 α が大きくなると，η 値が小さな柔らかい原子となる。逆に，LUAOとHOAOの間のエネルギー差が大きな原子ほど，分極率 α が小さく，η 値が大きな硬い原子になる。例えば周期表の下部に位置する元素で，電子をたくさんもつIやCsなどは η 値が小さく，周期表の上部に位置する Na, Li, F, O などは，η 値が大きな元素になる。この η 値は，2つの中性な原子の1つが相手に電子を与えて，アニオンとカチオンに分極するものとして定義できる（式 5-4）。

$$2X \longrightarrow X^+ + X^- \quad (5\text{-}4)$$

このように，原子の4つの性質を図 5-2 のように原子軌道とともに考えることは，「**クープマンズの定理**（Koopmans' theorem）」としてよく知られている。

5-6　ポーリングの電気陰性度

マリケンの電気陰性度（χ_M）は，I_1 と A_e の和を平均化したものであった。しかし，A_e は測定によって正確な値を得るのが難しい。そこでポーリング（Pauling, L.）は，結合エネルギーからポーリングの電気陰性度（χ_P）を表すことに成功した。ポーリングはヘテロな原子同士の結合エネルギーにイオン性の尺度（Δ）を導入して，イオン性の程度から各元素の電気陰性度を概算した。

このイオン性の尺度Δとは，A-A と B-B が共有結合したときに，同じ原子同士の結合エネルギー E（A-A）と E（B-B）に対して，A-B のように異なった原子同士の結合エネルギー E（A-B）ではイオン性が加わっていることに起因する。E（A-B）から E（A-A）と E（B-B）の平均（$\Delta = E(\text{A-B}) - 1/2\{E(\text{A-A}) + E(\text{B-B})\}$）を減じたものをΔとみなす（計算のときは幾何平均を用いる；式 5-5）。酸化状態が大きくなると χ_P の値は大きくなる傾向にあるが，定性的な判断には有効である。最も大きな χ_P として F 原子を $\chi_P(\text{F}) = 4.00$ とおいて計算する。また，式 5-6 に示したように，イオン性の尺度 $(\Delta)^{1/2}$ kJ mol^{-1} から $|\chi_P(\text{A}) - \chi_P(\text{B})|$ eV への変換には 0.102 を乗じてやればよい。

$$\Delta = E(\text{A-B}) - \{E(\text{A-A}) \times E(\text{B-B})\}^{\frac{1}{2}} \quad (5\text{-}5)$$

$$|\chi_P(\text{A}) - \chi_P(\text{B})|\,\text{eV} = 0.102(\Delta)^{\frac{1}{2}}\,\text{kJ mol}^{-1} \quad (5\text{-}6)$$

【問題】ポーリングの電気陰性度 χ_P(H) を求める

実際に HF, F_2, H_2 の結合エネルギーから H の χ_P(H) を求めてみよ。

$E(\text{H-F}) = 566\,\text{kJ mol}^{-1}$，$E(\text{H-H}) = 436\,\text{kJ mol}^{-1}$，
$E(\text{F-F}) = 158\,\text{kJ mol}^{-1}$

【解答】 イオン性の尺度 $\Delta = 566 - (436 \times 158)^{1/2}$
$= 304\,\text{kJ mol}^{-1}$

$|\chi_P(\text{F}) - \chi_P(\text{H})|\,\text{eV} = 0.102 \times (304)^{1/2} = 1.78\,\text{eV}$

$\chi_P(\text{H}) = \chi_P(\text{F}) - 1.78 = 4.00 - 1.78 = 2.22\,\text{eV}$

5-7　ボーン-ハーバーサイクルと格子エネルギー

気体に適用したヘスの法則を，イオン性固体の生成エネルギーに適用したものが**ボーン-ハーバーサイクル**（Born-Haber cycle）である。ある反応が一段階で進もうと，数段階で分かれて進もうと，その反応のエネルギーは同じである。エネルギー保存則に関係する熱力学第1法則の帰結である。例えば，あるイオン性固体の結晶構造は，なぜ別の結晶構造ではないのか。結晶格子の安定性を決めているのは格子エネルギー（ΔH_U）である。しかし，ΔH_U を直接測定して求めることは難しいので，他の熱化学的なエネルギーを使って間接的に求める。また，電子親和力（ΔH_{EA}）も直接測定しにくいため，ボーン-ハーバーサイクルを使って求められる。一方で，格子エネルギー（ΔH_U）と電子親和力（ΔH_{EA}）以外のすべての熱化学量は測定可能であるが，ΔH_U は結晶構造から理論計算によっても求められる。共有結合性が高く，価数の高いイオン性化合物や，18電子の陽イオンを含む塩では，ΔH_U の値は一般に理論値よりも高くなる傾向にある。イオン性固体のボーン-ハーバーサイクルは，**図 5-5** のように主な熱化学量として，電子親和力（ΔH_{EA}），生成エネルギー（ΔH_f），昇華エネルギー（ΔH_{AM}），解離エネルギー（ΔH_{AX}），イオン化エネルギー（ΔH_{IE}），格子エネルギー（ΔH_U）から導かれる。

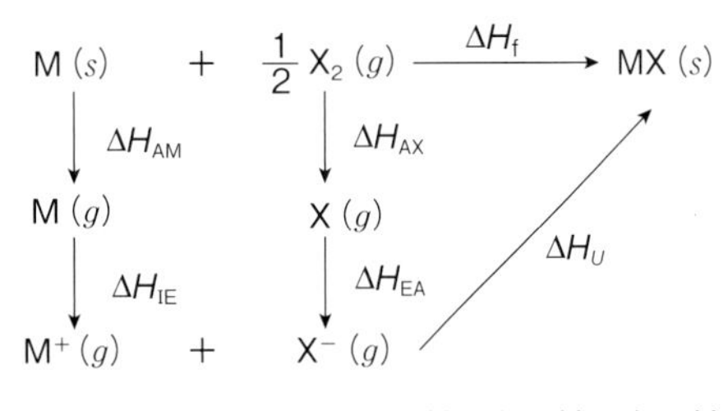

図 5-5　イオン性固体のボーン-ハーバーサイクル

【問題】ボーン-ハーバーサイクルを使ってイオン性固体のエネルギーを求める

問1　ボーン-ハーバーサイクルを利用して CaF_2 の電子親和力（ΔH_{EA}）を求めよ。ただし，生成エネルギー（ΔH_f）$= -1228\,\text{kJ mol}^{-1}$，昇華エネルギー（$\Delta H_{AM}$）$= 178\,\text{kJ mol}^{-1}$，

第5章

解離エネルギー（ΔH_{AX}）＝ 158 kJ mol^{-1}，第1イオン化エネルギー（ΔH_{IE1}）＝ 590 kJ mol^{-1}，第2イオン化エネルギー（ΔH_{IE2}）＝ 1145 kJ mol^{-1}，格子エネルギー（ΔH_U）＝ −2643 kJ mol^{-1}とする。

問2　ボーン-ハーバーサイクルを利用して，CaO の格子エネルギー（ΔH_U）を求めよ。ただし，生成エネルギー（ΔH_f）＝ −635 kJ mol^{-1}，昇華エネルギー（ΔH_{AM}）＝ 178 kJ mol^{-1}，解離エネルギー（ΔH_{AX}）＝ 498 kJ mol^{-1}，第1イオン化エネルギー（ΔH_{IE1}）＝ 590 kJ mol^{-1}，第2イオン化エネルギー（ΔH_{IE2}）＝ 1145 kJ mol^{-1}，第1電子親和力（ΔH_{EA1}）＝ −141 kJ mol^{-1}，第2電子親和力（ΔH_{EA2}）＝ 798 kJ mol^{-1}とする。

【解答1】 $CaF_2(s)$ のボーン-ハーバーサイクルのエネルギー準位を**図5-6**に示す。特に生成エネルギー（ΔH_f）と電子親和力（ΔH_{EA}）および格子エネルギー（ΔH_U）はマイナスであるので矢印の向きに注意する。また，電子親和力（ΔH_{EA}）は吸熱や発熱のどちらもとることから，矢印の向きに注意が必要である。イオン化エネルギー（ΔH_{IE1}）は吸熱（正）であり，矢印の向きは常に上側になる。Ca の場合には Ca^{2+} になるので，2つの電子が関与するため，第2イオン化エネルギー I_2 まで考える必要がある。ΔH_{EA} は 1 mol 当たりの熱量なので，得られた $2\Delta H_{EA}$ は半分にしなければならない。また，$F_2(g)$ の解離エネルギー（ΔH_{AX}）は $F_2(g) \rightarrow 2F(g)$ になるが，1 mol の $F_2(g)$ が解離するエネルギーとして定義されているため，158 kJ mol^{-1} をそのまま使用する。例えば，もし $1/2\,F_2(g) \rightarrow F(g)$ となっていたら $1/2\,\Delta H_{AX} = 79$ kJ mol^{-1} と半分にしなくてはならない。

$$\begin{aligned} 2\Delta H_{EA} &= \Delta H_f - \Delta H_{AM} - \Delta H_{AX} - \Delta H_{IE1} - \Delta H_{IE2} - \Delta H_U \\ &= -1228 - 178 - 158 - 590 - 1145 + 2643 \\ &= -656 \text{ kJ mol}^{-1} \\ &\therefore\ \Delta H_{EA} = -328 \text{ kJ mol}^{-1} \end{aligned}$$

【解答2】 CaO (s) のボーン-ハーバーサイクルのエネルギー準位を**図5-7**に示す。特に生成エネルギー（ΔH_f）と電子親和力（ΔH_{EA}）および格子エネルギー（ΔH_U）の矢印の向きに注意すること。また，O (g) の第1電子親和力（ΔH_{EA1}）は発熱反応であるが，第2電子親和力（ΔH_{EA2}）は吸熱反応であるので注意する。Ca の第1イオン化エネルギー（ΔH_{IE1}）と第2イオン化エネルギー（ΔH_{IE2}）は，CaF_2 と同じように2つの電子が関与する。また，$O_2(g)$ の解離エネルギー（ΔH_{AX}）は $O_2(g) \rightarrow 2O(g)$ になるが，1 mol の O (g) を得るためには，$O_2(g)$ の解離エネルギーを半分（$1/2\,\Delta H_{AX} = 1/2 \times 498 = 249$ kJ mol^{-1}）として計算する。

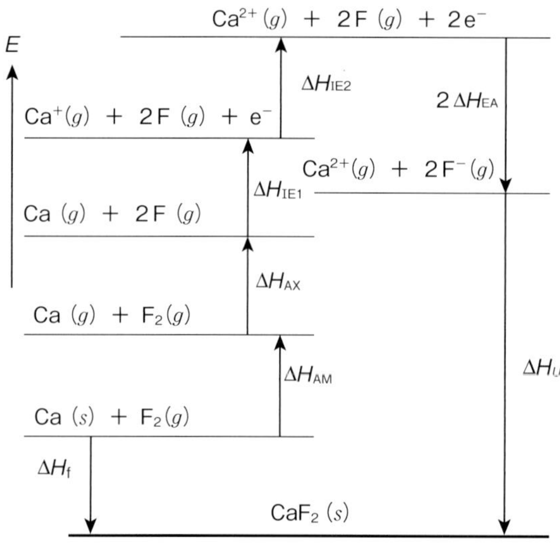

$Ca^{2+}(g)$ ＋ 2F (g) ＋ $2e^-$
E
ΔH_{IE2}
$2\Delta H_{EA}$
$Ca^+(g)$ ＋ 2F (g) ＋ e^-
$Ca^{2+}(g)$ ＋ $2F^-(g)$
ΔH_{IE1}
Ca (g) ＋ 2F (g)
ΔH_{AX}
Ca (g) ＋ $F_2(g)$
ΔH_{AM}
ΔH_U
Ca (s) ＋ $F_2(g)$
ΔH_f
CaF_2 (s)

図5-6　CaF_2 のボーン-ハーバーサイクルのエネルギー準位図

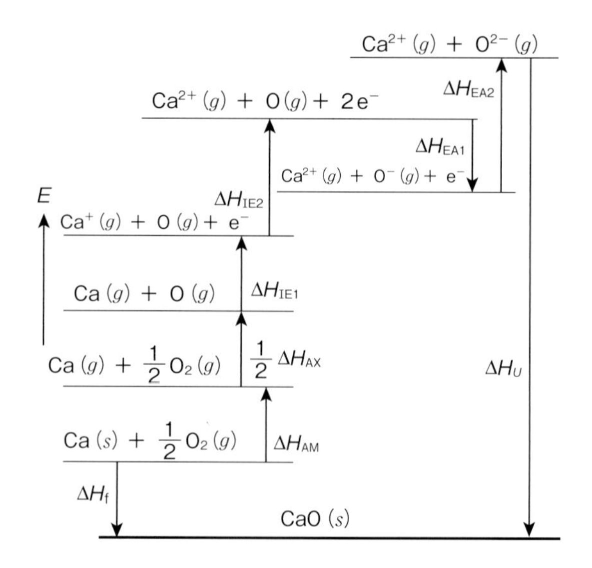

図5-7　CaO のボーン-ハーバーサイクルのエネルギー準位図

第6章 原子価結合法 －分子結合論（1）－

原子核の成り立ちから原子の構造や性質まで見てきたが，分子についてはどのように考えればよいのだろうか。分子を考えるうえではじめに学ぶことは，原子の一番外側の最外殻軌道にある電子が分子の構造や性質を支配するということである。これは高校で習った分子結合論に等しい。**原子価結合法**（VB法）（valence bonding method）と呼ばれ，ルイス（Lewis）構造や共鳴構造，混成軌道，**原子価殻電子対反発モデル**（valence shell electron pair repulsion model；**VSEPRモデル**）などを用いた分子構造の考え方である。VB法では2つの原子が不対電子を半分ずつ出し合って共有電子対をつくり，共有結合を形成する。さらに，原子の最外殻電子だけではなく，分子の中のすべての原子軌道や電子軌道を波と考えて分子結合を説明する**分子軌道法**（MO法）（molecular orbital theory）が考え出されている。VB法では「電子はある1つの原子の最外殻軌道に局在化している」と考えるのに対して，MO法では「電子は分子全体に非局在化している」と考えることが異なる。

6-1 ルイス構造と原子価結合法

ルイス構造（Lewis structure）では，内殻の電子を無視して，原子核の周りにある最外殻の電子のみを取り扱う。電子を1つの局在化した粒子と考える古典的な考え方である。通常はd軌道をもたない第2周期までの元素が対象である。原子の最外殻電子（**価電子**；valence electron）の結合様式を考えるだけで分子をつくることができる。そのため，原子同士が互いにどのような**共有結合**（covalent bond）を形成しているのか，**非共有電子対**（unshared electron pair）[*1]をもっている原子はどれか，原子の形式電荷や酸化数などが容易に分かる。第2周期の各元素の価電子数を**表6-1**にまとめた。各元素の族番号の一の位はその元素の価電子数に等しいと覚えておけばよい。また，このルイス構造は，共鳴構造を描くための基本となるので，完全に理解してほしい。

ルイス構造の共有結合は1対の**共有電子対**（shared electron pair）[*2]によって原子間を結合するが，この結合に関与している電子は最外殻電子（価電子）に限られ，内殻電子は関与しないとする。陰イオンの場合，ある原子の価電子に電子を加えて閉殻構造にし，陽イオンの場合は価電子から電子を除いて閉殻構造にする。**図6-1**には，**オクテット則**（octet rule）を満たしたBF_4^-, CH_4, NH_4^+のルイス構造を示す。互いに中心原子が8個の価電子をもった等電子的な構造を示している。

これらは，B（$2s^2 2p^1$）の3個，C（$2s^2 2p^2$）の4個，N（$2s^2 2p^3$）の5個の価電子をもつ原子が，互いにオクテット則を満たすように共有結合をつくる。各原子はNe（$1s^2 2s^2 2p^6$）の閉殻構造をとっているため，分子が安定な結合をつくっていることが分かる。BF_4^-はオクテット則を満たすために電子を1つ外部から加えてアニオンとなっている。NH_4^+はNH_3の非共有電子対に電子

*1　孤立電子対（lone pair）とも呼ばれる。
*2　結合電子対（bonding pair）とも呼ばれる。

表6-1　各元素の族番号と価電子数

族番号	1族	2族	13族	14族	15族	16族	17族	18族
元素	$_3$Li	$_4$Be	$_5$B	$_6$C	$_7$N	$_8$O	$_9$F	$_{10}$Ne
価電子数	1	2	3	4	5	6	7	8

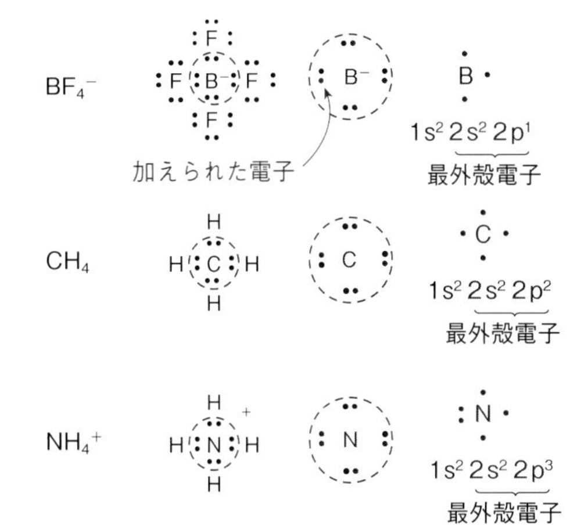

図6-1　オクテット則と等電子構造の分子

がないH^+が付加したためカチオンになっている。このように，2s軌道と2p軌道が8つの電子で満たされて，貴ガスと同じ閉殻構造となって安定化することがルイス構造の基本である。しかし，第3周期以降の元素では3d軌道や4d軌道，5d軌道などの空のd軌道を使えるため，オクテット則が成り立たなくても安定な化合物をつくることができる。

6-2 形式電荷と酸化数

ルイス構造では，共有結合に基づいて原子同士が互いに**不対電子** (unpaired electron) を出し合って分子構造をつくる。共有結合性を100%と考えた場合は，各原子の**形式電荷** (formula charge) が求められる。これに対して，**酸化数** (oxidation number) は，電気陰性度の高い原子に結合電子をすべて預けることで，イオン結合性を100%と考えた場合の構造から求められる。この形式電荷は，それぞれの原子価電子数から非結合電子数を差し引いて，さらに結合電子数の半分を引くことで求められる*3。

図 6-2 は，チオシアン酸イオン (SCN^-)，シアン酸イオン (OCN^-)，雷酸イオン (CNO^-) について，3種類のルイス構造を描き，各原子の形式電荷を求めたものである。例えばSCN^-イオンの最上部の “S” 原子では，価電子数が6個，非共有電子数が4個，結合電子数が4個であるので，形式電荷は “0” となる。この中で形式電荷の絶対値が最も低いルイス構造が，最も安定でエネルギーが低いものとなる。また，電気陰性度の観点から，より電気陰性度が大きな原子に負電荷がくるときに安定化する。χ_S (1.9) < χ_C (2.6) < χ_N (3.0) < χ_O (3.4) から，点線で囲まれたルイス構造がそれぞれ安定となる。

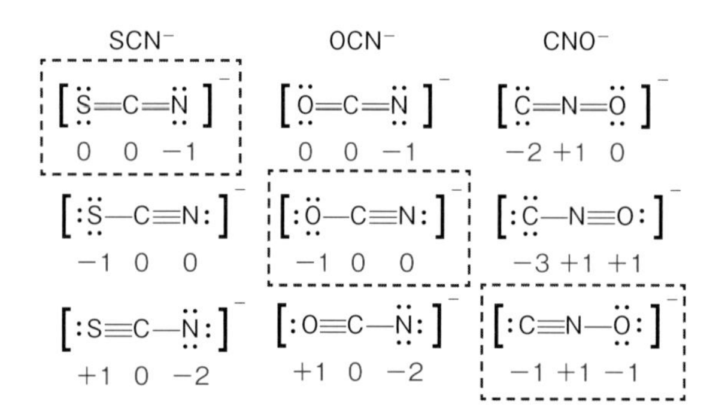

図 6-2 等電子構造をもつSCN^-, OCN^-, CNO^-の安定なルイス構造と形式電荷

また，**図 6-3** にはNO_3^-とBF_4^-の形式電荷と酸化数を示した。ルイス構造は，高エネルギーの構造を加えると何種類か描くことができる。NO_3^-とBF_4^-についても，2個ずつ (a) と (b) のルイス構造を示した。NO_3^-の (a) と (b) の2つの構造について，形式電荷と酸化数を求めてみる。

NO_3^-の (a) の中心N原子の形式電荷は，価電子数5個 − 非結合電子数0個 − 結合電子数8個 × 1/2 = +1価になる。(b) の構造では，価電子数5個 − 非結合電子数0個 − 結合電子数6個 × 1/2 = +2価になる。そのため，(a) よりも (b) の構造の方がエネルギー的に高くなり不安定である。一方，NO_3^-の中心N原子とO原子の酸化数は，χ_N (3.0) < χ_O (3.4) であるので，N原子の価電子をすべてO原子に分配すると，N原子の酸化数 = +5価，O原子の酸化数 = −2価となる。同様にBF_4^-についても形式電荷を求めると，(b) の構造では電気陰性度の最も高いF原子に+1価の電荷が分配され，中心のB原子が −2価の形式電荷をもつ。(a) のBF_4^-は，B原子が −1価でF原子が0価なので，(b) のルイス構造よりも (a) の方が安定になる。また，

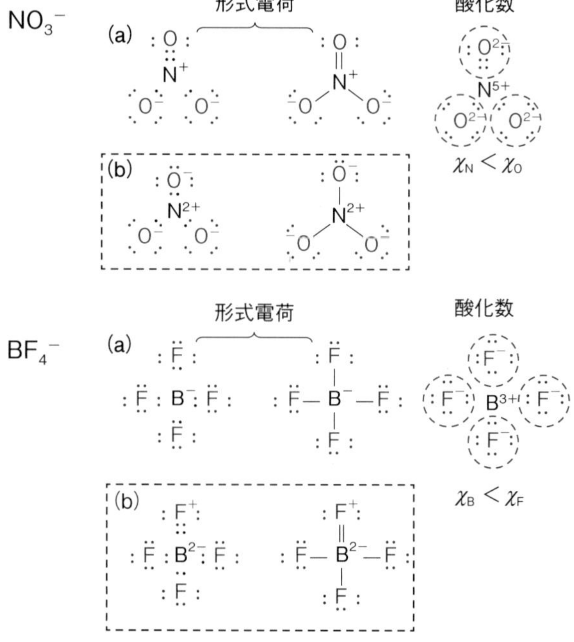

図 6-3 形式電荷と酸化数の求め方 (NO_3^-とBF_4^-)

*3 形式電荷 =
原子の価電子数 − 非結合電子数 − 1/2 × 結合電子数

χ_B(2.0) < χ_F(4.0) であるので，B 原子と F 原子の酸化数は，B 原子の価電子をすべて F 原子に与えて，B 原子は +3 価，F 原子は −1 価になる。

6-3　ルイス-ラングミュアの原子電荷 ―L-L 電荷―

実際の分子では，ヘテロ原子間の結合は 100％共有結合性でもなければ，100％イオン結合性でもない。両者が混じり合った結合である。酸化数の割り当ては，電子の共有結合性は 100％ないものとして，より電気陰性な原子に結合電子を割り当てた。そのため，酸化数では 100％イオン結合性で考えている。これに対して，形式電荷は 100％共有結合性として考える。もし，形式電荷で 100％の共有結合性をもつ A-B のヘテロな分子を考えたときに，それぞれの χ_A と χ_B の電気陰性度の違いで，その結合電子を電気陰性度の高い原子の方に幾分か振り分けた方が実際の結合に近くなるだろう。そのため，ルイス-ラングミュア (Lewis-Langmuir) の原子電荷 (L-L 電荷) は，実際の結合原子の形式電荷に近づけるため，式 6-1 のように電気陰性度の割合で分配した形式電荷で原子 A や原子 B を取り扱う。

分子 A-B の原子 A の L-L 電荷

$$\text{L-L(A)電荷} = \text{原子 A の価電子数} - \text{原子 A の非結合電子数} - 2\sum_{\text{結合}}\left(\frac{\chi_A}{\chi_A+\chi_B}\right) \quad (6\text{-}1)$$

すなわち，L-L 電荷は，ある AB の分子のそれぞれの形式電荷を電気陰性度の差によって分配し，形式電荷にイオン結合性を考えていくことである。例として HF および H_2O の L-L 電荷について求めてみる。HF では F 原子の方が H 原子より電気陰性度が高いため ($\chi_H \ll \chi_F$)，電子が幾分 F 原子の方へ寄っており，F 原子の方が高い負電荷をもつことが想像できる。この電気陰性度の分配が式 6-1 の $2\Sigma(\chi_F/(\chi_F+\chi_H))$ の項であるので L-L(F) = −0.29 となり，形式電荷 $H^0F^0 \rightleftarrows$ L-L 原子電荷 $H^{+0.29}F^{-0.29} \rightleftarrows$ 酸化数 H^+F^- となる。$2\Sigma(\chi_F/(\chi_F+\chi_H))$ の項に 2 を乗じているのは，結合電子は 2 つあるからである。

一方，H_2O では O 原子の方が H 原子より電気陰性度が高い ($\chi_H < \chi_O$) ので，O 原子の負電荷が高くなる。注意したいのは，H 原子が 2 つ結合しているため，1 つ結合しているよりも O 原子の電荷はより低くなることである。H_2O について L-L(O) 原子電荷を求めてみる。L-L(O) では，$2\Sigma(\chi_O/(\chi_O+\chi_H))$ が 2 つ存在するため，L-L(O) = −0.43 になり，L-L(H) = +0.215 になる。したがって，形式電荷 $H^0O^0H^0 \rightleftarrows$ L-L 原子電荷 $H^{+0.215}O^{-0.43}H^{+0.215} \rightleftarrows$ 酸化数 $H^+O^{2-}H^+$ になる。AB_2 分子では単結合で合計し，A = B の場合には二重結合で 2 つの結合を合計することになる。

【問題】実際に L-L 電荷を求めてみよう

(1) HF について，HF の F 原子の L-L 原子電荷を求めてみよう。($\chi_H = 2.2$，$\chi_F = 4.0$)
(2) H_2O について，H_2O の O 原子の L-L 原子電荷を求めてみよう。($\chi_H = 2.2$，$\chi_O = 3.4$)
(3) $CH_2{=}CH_2$ について，$CH_2{=}CH_2$ の C 原子の L-L 原子電荷を求めてみよう。($\chi_C = 2.6$，$\chi_H = 2.2$)

【解答】

(1) $\text{L-L(F)} = 7 - 6 - 2\times\left(\frac{4.0}{4.0+3.4}\right) = 1 - 1.29 = -0.29 \quad \therefore\ H^{(+0.29)}{-}F^{(-0.29)}$

(2) $\text{L-L(O)} = 6 - 4 - (2\times2)\left(\frac{3.4}{2.2+3.4}\right) = 2 - 2.429 = -0.43 \quad \therefore\ H^{(+0.215)}{-}O^{(-0.43)}{-}H^{(+0.215)}$

(3) $\text{L-L(C)} = 4 - 2 - (2\times2)\left(\frac{2.6}{2.6+2.2}\right) = 4 - 2 - 2.17 = -0.17 \quad \therefore\ {}^{2(+0.085)}H_2C^{(-0.17)} = C^{(-0.17)}H_2{}^{2(+0.085)}$

(詳しくは文献[12]参照。)

6-4　ルイス構造のオクテット則では描けない化合物

ルイス構造では，原子の周りの価電子が 8 個になる結合が安定となる。これは結合電子が ns^2np^6 の電子配置で閉殻になるからである。そして，オクテット則が成り立つのは第 2 周期までであり，空の d 軌道が使える第 3 周期以降の原子ではオクテット則が成り立たないものが多い。以下にこのオクテット則が成り立たない場合の例を挙げる。

(a) 電子不足化合物

電子不足化合物 (electron deficient compound) は，周期表の左側の族で価電子が少ない元素に現れることが多い。**図 6-4** の例のように，BeH_2 や，3 中心 2 電子結合をもつジボラン B_2H_6 などが安定に存在できる。これらの化合物はオクテット則を満たしていない。

第6章

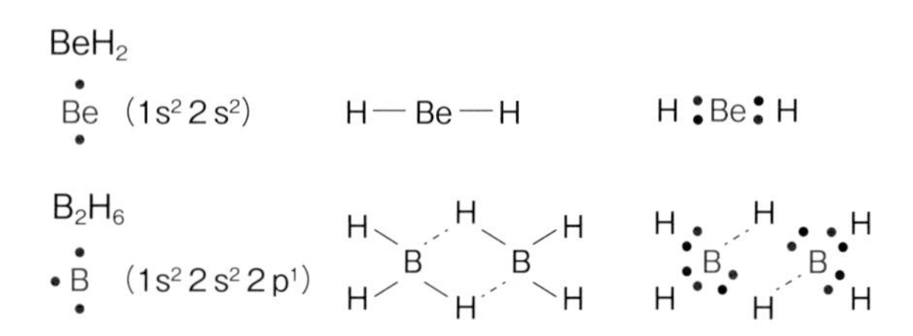

図 6-4　BeH_2 と B_2H_6 のルイス構造

(b) 超原子価化合物

超原子価化合物 (hypervalent compound) は，第3周期以降の元素で空の d 軌道を使用できる元素に多い。例えば PCl_5 では P 原子の周りに5つの Cl 原子が10電子で存在し，BrF_3 では Br 原子の周りに3つの F 原子と2つの非共有電子対の10電子が存在している。XeF_2 では Xe 原子の周りに2つの F 原子と非共有電子対が3つも存在し，Xe の周りには10電子が存在し，オクテット則に従っていない (**図 6-5**)。空の d 軌道の使い方は，HCl の Cl 原子の周りはオクテットであるが，ClF_3 の Cl 原子の周りには10個の電子があり，BrF_5 の Br 原子の周りには12個の電子がある。IF_7 の I 原子の周りには14個の電子が価電子として存在している。HCl の Cl 原子の酸化数は +1 であるが，ClF_3 の Cl 原子，BrF_5 の Br 原子，IF_7 の I 原子の酸化数はそれぞれ +3，+5，+7 である。いずれも空の d 軌道に不対電子が**昇位** (promote) することで "原子価殻の膨張" を引き起こし，配位子を受け取る軌道を準備しているのである (**図 6-6**)。

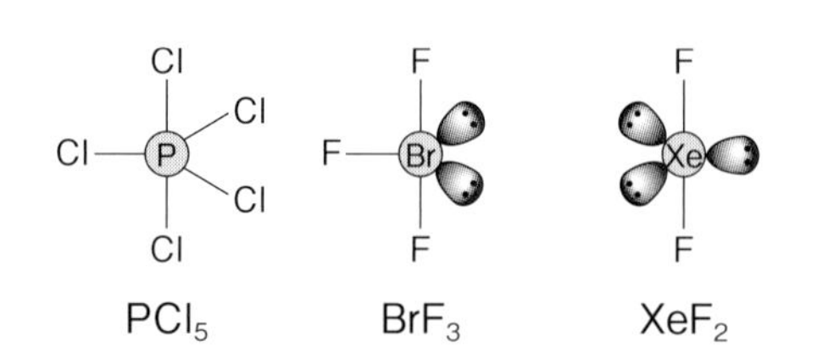

図 6-5　PCl_5 と BrF_3, XeF_2 の原子価殻の膨張

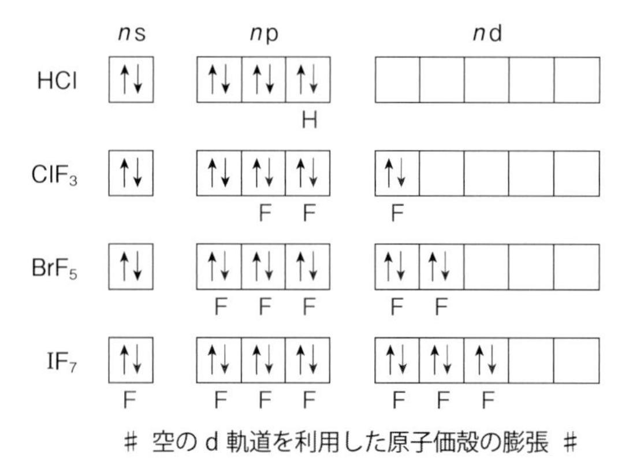

図 6-6　ハロゲン間化合物の原子価殻の膨張

(c) ラジカル化合物

ラジカル化合物 (radical compound) は，もともと不対電子をもっているため価電子の合計は奇数になる。一酸化窒素 NO や二酸化窒素 NO_2 はラジカル化合物として知られている。NO_2 は (ア) と (イ)，NO は (ウ) と (エ) のそれぞれ2つずつルイス構造で示してある。NO_2 の N 原子の周りの電子数は (ア) では形式電荷は0であるが，オクテットを越えてしまうので，(イ) のルイス構造が安定である。一方，NO のルイス構造では最外殻電子数が (ウ) では7つであるが，(エ) では5つである。(エ) より (ウ) の方がオクテットに近いため，あるいは形式電荷が0のため，(ウ) が安定になる (**図 6-7**)。

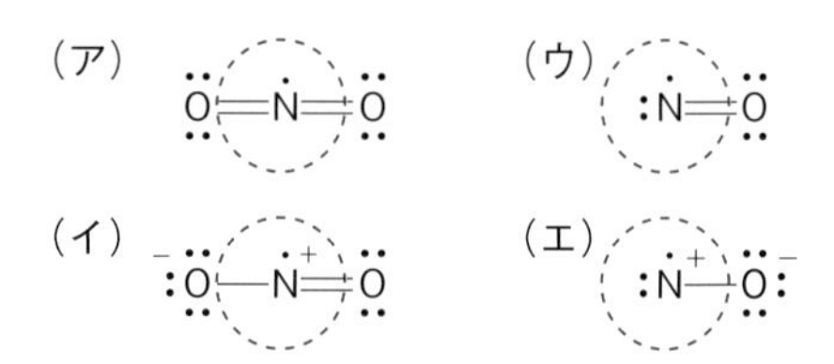

図 6-7　ラジカル化合物のルイス構造

(d) 18電子則 (金属錯体)

18電子則 (eighteen electron rule) は主に金属イオンを含む化合物に適用される。オクテット則に金属イオンの d 軌道の閉殻構造も含めると，s+p+d 軌道がそれぞれすべて閉殻になった価電子数の2個 +6個 +10個 = 18個で安定化する。例えば $[Ni(CO)_4]$ の**配位化合物** (coordination compound) は，Ni (d^{10}) に4つの CO が2電子ずつ，Ni 原子の最外殻軌道である 4s と 4p の sp^3

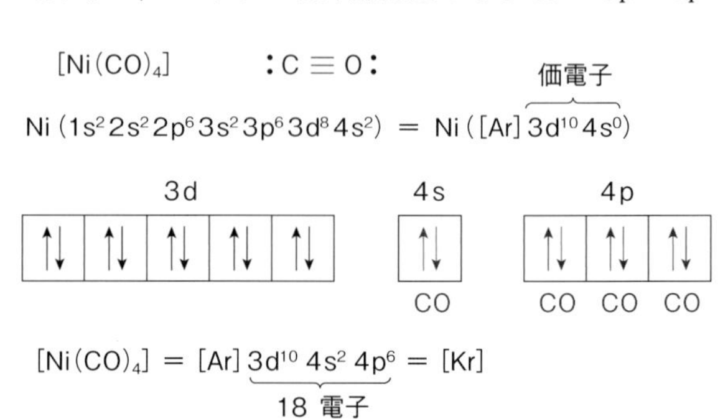

図 6-8　$[Ni(CO)_4]$ の18電子則

混成軌道で配位することで18個の価電子を有することになる（**図6-8**）。

6-5　共鳴構造と共鳴混成体

共鳴構造（resonance structure）は，ルイス構造から導かれる仮想的な構造であり，実際に存在しない極限構造である。しかし，後述するように，ベンゼンの共鳴構造であるケクレ（Kekulé）構造を描くと，化学的性質を予測できる。共鳴構造は，それぞれ安定なルイス構造を2個以上描き，これらの構造を両頭矢印（↔）でつなぐことで表せる。実際の化学種はこれらの共鳴構造をすべて平均化したものであり，**共鳴混成体**（resonance hybrid）といわれる。例えばO_3（オゾン）の共鳴構造を見ていくと，**図6-9**に示したように2つの共鳴構造が描ける。そして，一般的にO−O単結合が～148 pmの長さであるのに対し，O=O二重結合は～121 pmである。オゾンのO⋯O*1間距離はこのどちらでもなく～128 pmである。O⋯O間の二重結合性が強いが，二重結合よりも長い結合距離をもつ。このため，実際の構造は2つの共鳴構造の混ざり合い（共鳴混成体）と考えられている。共鳴している2つのO原子上で電荷も−0.5価ずつ分配される。

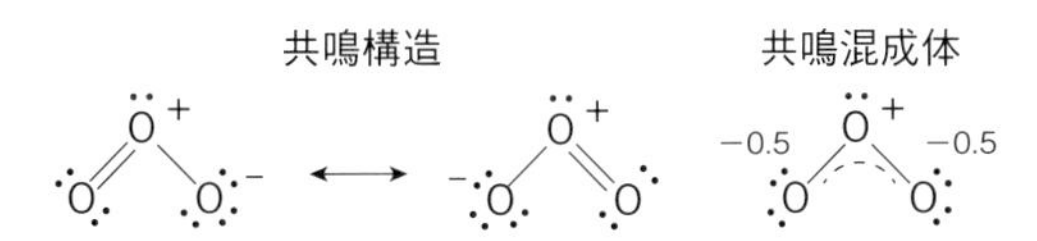

O−O (148 pm) < O⋯O (128 pm) < O=O (121 pm)

図6-9　オゾンの共鳴構造と共鳴混成体

このような共鳴構造で最も知られているものはベンゼンであろう（**図6-10**）。ベンゼンの共鳴構造で有名なものは，2つのケクレ構造である。しかし，他に3つのデュワー（Dewar）構造や，骨格構造が異なるもの，あるいは高いエネルギーをもった電荷分離状態など，不安定な共鳴構造もルイス構造で描くことができる。最もエネルギーが低い骨格構造はケクレ構造である。この2つのケクレ構造は二重結合と単結合があるため，結合長の違いが予想された。しかし，実際のベンゼンに結合長の違いはなく，すべてのC−C結合距離は同じである。そのため，ベンゼンでは共鳴混成体の構造を描くことができる。共鳴構造よりも共鳴混成体の方が実際の分子構造に近い。また，一般に共鳴が重要な分子では，1つの予想される共鳴構造よりも共鳴混成体は安定である。生成熱の計算値と実測値の差が**共鳴エネルギー**（resonance energy）であるが，安定な共鳴構造を数多く描けるほど共鳴エネルギーは大きくなる。

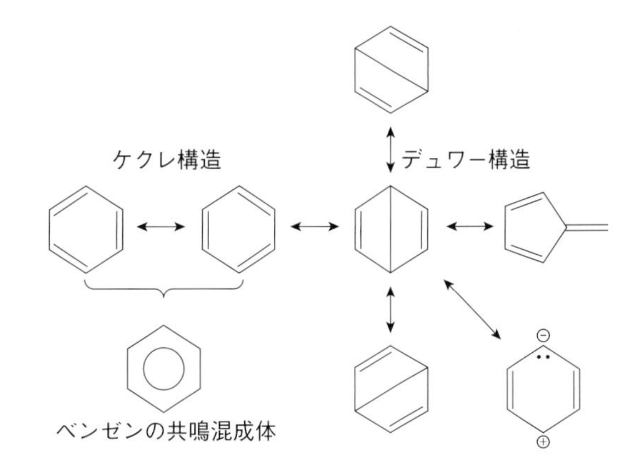

図6-10　ベンゼンの共鳴構造と共鳴混成体

6-6　ポーリングの電気的中性の原理

最も安定な共鳴構造を表すときに使用するのが**ポーリングの電気的中性の原理**（Pauling electroneutrality principle）である。つくられたルイスの共鳴構造のうち，分子内の各原子の形式電荷の残余電荷がゼロまたはほとんどゼロになるように電子が分布する構造は安定である。例として，硫酸イオンSO_4^{2-}の可能な共鳴構造を**図6-11**に5個挙げた。このときS原子の形式電荷がゼロに近いものほど安定な共鳴構造を示す。また，電気陰性度χは，$\chi_S < \chi_O$なので，S原子に負電荷がくるような共鳴構造はエネルギーが高く，不安定である。このポーリングの電気的中性の原理の例外として，H原子と，アルカリ金

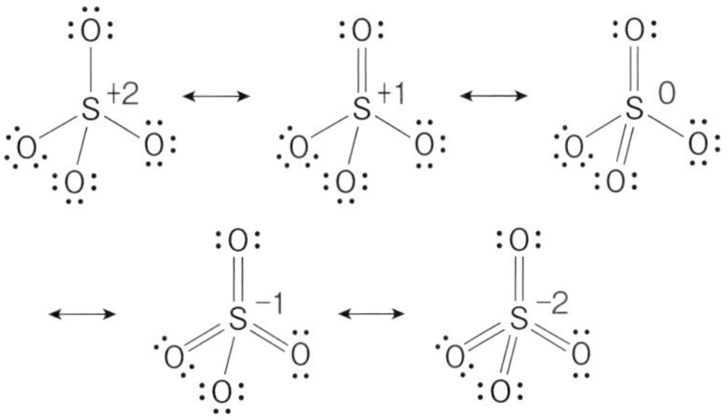

図6-11　SO_4^{2-}の共鳴構造

*1　この点線は弱い結合を表している。以下同様。

属のような電気的陽性の元素やF原子のような電気陰性の強い元素との結合では，イオン性が大きくなり部分的な負電荷や正電荷をもつようになる。

【問題】 塩素酸類の酸化数と酸性度

過塩素酸（$HClO_4$），塩素酸（$HClO_3$），亜塩素酸（$HClO_2$），次亜塩素酸（HClO）の塩素酸類の化合物のルイス構造をそれぞれ描いて，中心の塩素原子（Cl）の酸化数を明示せよ。また，これらの酸の強さが $HClO_4 > HClO_3 > HClO_2 >$ HClO の順に弱くなるのはなぜか理由を述べよ。

【解答】 ルイス構造を描いたとき，電気陰性度の比較は $\chi_O > \chi_{Cl}$ なので，それぞれの塩素酸類の酸化数は，結合電子をすべてO原子の方へ渡すと求められる。Cl原子の価電子数は7個なので，$HClO_4$, $HClO_3$, $HClO_2$, HClO の酸化数はそれぞれ+7価, +5価, +3価, +1価となる（**図6-12**）。一方，塩素酸類は，H^+ が解離したときに逆反応が起こりにくいほど酸性度が強くなるはずである。すると，H^+ が解離したアニオンの共鳴構造が多ければ安定化するので，**図6-13**に示したように，ClO_4^-, ClO_3^-, ClO_2^-, ClO^- で，それぞれ4個，3個，2個，1個の共鳴構造が描けるため，$HClO_4$ の酸性度が最も強くなる。

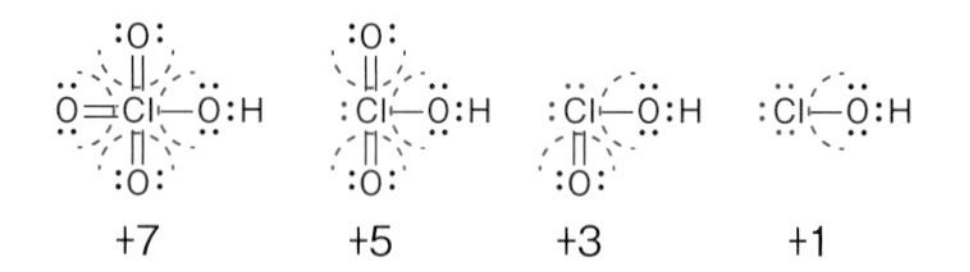

図6-12　塩素酸類のルイス構造と酸化数

【問題】 IO_4^- や FO_4^- は安定に存在できるか？

ルイス構造では，(a) 過ヨウ素酸イオン IO_4^- と，(b) 過フッ素酸イオン FO_4^- を描くことができる。しかし，実際に FO_4^- は不安定で存在することができない。それはなぜか。

【解答】 **図6-14**に示したように，(a) の IO_4^- のI原子の酸化数を求めると，電気陰性度 χ が $\chi_I < \chi_O$ であるので+7価になる。これは，I原子の空のd軌道を使えば+7価の酸化数で結合を許容することができる。しかし，(b) の FO_4^- で中心のF原子の酸化数は，$\chi_O < \chi_F$ であるので，−7価になる。F原子は2p軌道までしかないので，O原子からの電子を受け入れる軌道がない。そのため，不安定な化合物となるのである。

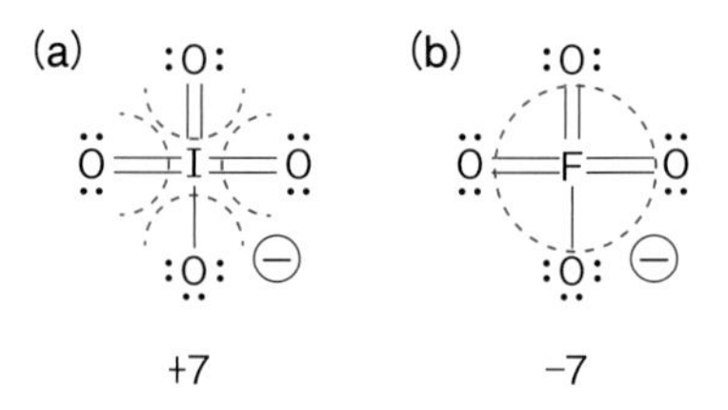

図6-14　IO_4^- と FO_4^- のルイス構造

6-7　ルイス構造を式にする ―水素分子の結合理論―

ルイス構造を理論式にするため，ハイトラー（Heitler, W.）とロンドン（London, F.）の考え方で水素分子 H_2 を考えていく。2つのH原子 H_A と H_B から1つずつ不対電子を提供して一対の共有結合を生じるルイスの考え方を，VB理論を用いた**波動方程式**（wave equation）で表現する。まず，N 個の電子をもつ原子の**波動関数**（wave

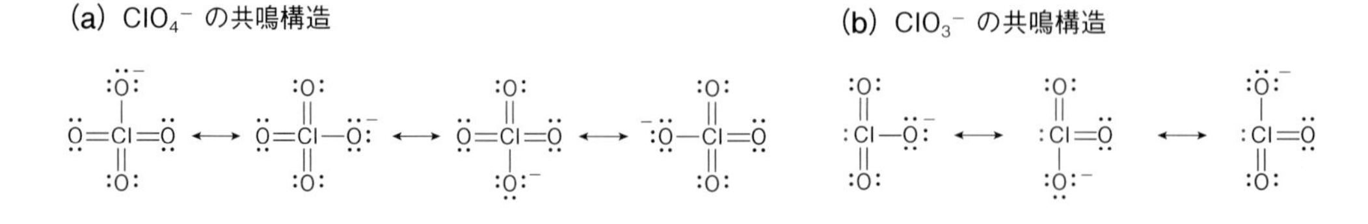

図6-13　塩素酸類の解離したイオンの共鳴構造

function）を $\phi(r_N)$ とし，N 電子原子にある 1 つの電子の波動関数を $\psi_N(r_N)$ とする。原子の波動関数 $\phi(r_N)$ は，N 個の 1 電子波動関数 $\psi_N(r_N)$ の内積で近似できる。そのため，N 電子原子は式 6-2 で表すことができる。これを**軌道近似**（orbital approximation）という。

$$\phi(r_1, r_2, r_3, \cdots r_N) = \psi_1(r_1)\psi_2(r_2)\psi_3(r_3)\cdots\psi_N(r_N) \quad (6\text{-}2)$$

2 つの H 原子 H_A と H_B の 2 つの価電子が互いに共有されて H_2 分子 H_A-H_B になる。このとき，2 つの H 原子が充分離れていて相互作用のない分子とすると，H_A と H_B の各電子は各 H 原子から動くことができず，全波動関数 $\Psi^0 = \phi_{A(1)}\phi_{B(2)}$ として表される（式 6-3）。**図 6-15** のように H_A-H_B が共有結合性の H:H で連結している場合は，H_A に e_1 がいて H_B に e_2 がいる場合と，H_A に e_2 がいて H_B に e_1 がいる場合の 2 つに分けられる。したがって，図 6-15 の式 6-4 で表せる。このとき，2 つの電子 e_1 と e_2 は，2 つの H 原子 H_A と H_B 間を自由に動けるため，大きな交換エネルギーが得られる。2 つの e_1 と e_2 が H_A と H_B のどちらか一方の H 原子に偏っていると，イオン結合性の $H^+H:^-$ や $:H^-H^+$ になる。2 つの電子は H_A か H_B の原子のどちらかに偏るため，式 6-5 で表せる。H_A と H_B は同じ H 原子の結合であり，電気陰性度は同じで結合に極性はなく，イオン結合性の寄与は共有結合性よりはるかに小さくなる。そのため，イオン性の程度を表す $\lambda \ll 1$ の係数をイオン結合性の項に乗じており，H_A-H_B を表す式は式 6-6 となる。

$$\begin{aligned}\Psi &= \phi_{A(1)}\phi_{B(2)} + \phi_{A(2)}\phi_{B(1)} \\ &\quad + \lambda(\phi_{A(1)}\phi_{A(2)} + \phi_{B(1)}\phi_{B(2)}) \\ &= \Psi' + \lambda\Psi'' \quad (\lambda \ll 1)\end{aligned} \quad (6\text{-}6)$$

図 6-16 は，共有結合性の項とイオン結合性の項をそれぞれ加えたときに，実際の結合エネルギーにどれだけ近づけるのかを示したものである。最も安定化する項は交換エネルギーの安定化から得られる共有結合性の項 Ψ' である。イオン結合性の項 Ψ'' を加えても，まだ実際の結合エネルギー Ψ_{real} まで -70 kJ mol^{-1} も足りない。さらに実際の結合エネルギーに近づけるために，スピン対の安定化エネルギーやゼロ点振動のエネルギーなど，弱い相互作用のエネルギーを考慮していく必要がある。

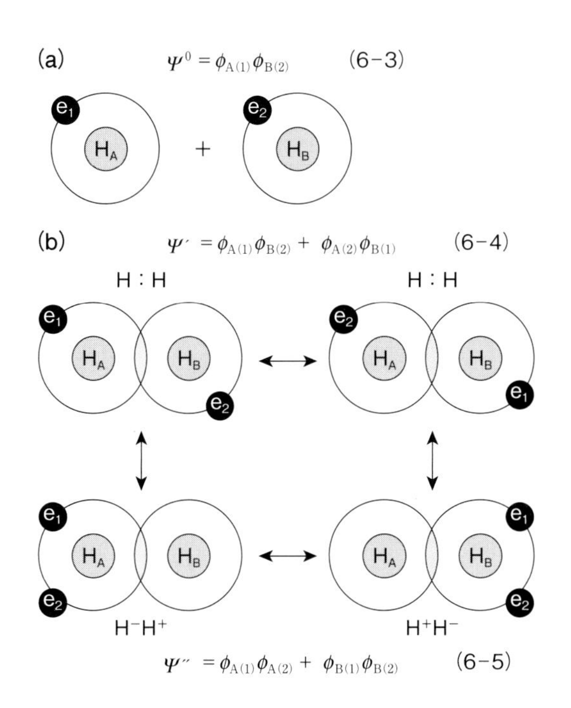

図 6-15　H_2 内の電子 e_1 と e_2 の移動パターン

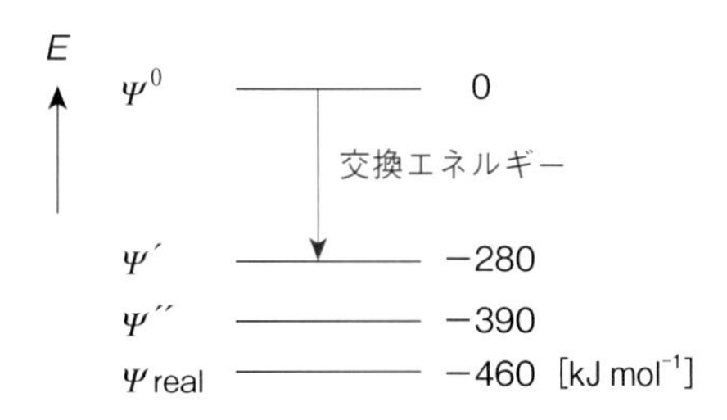

図 6-16　H_2 のエネルギー準位図

6-8　原子価結合法における混成軌道

混成軌道（hybrid orbital）の概念も，VB 法による電子を粒子としてみなす考え方の 1 つである。例えば**図 6-17** に示すように C（[He] $2s^2 2p^2$）を考えたとき，2s 軌道にある電子を昇位させ，4 つの電子軌道に 1 つずつ電子が入る原子価状態を考える。sp^3 混成軌道の場合，4 つの軌道を等価に使用できるため，正四面体構造にそれぞれの 4 つの原子を結合することができる。一方，sp^2 混成軌道では xy 平面に対して正三角形をとるように 3 つの原子が結合できる。また，sp 混成軌道では，2s と $2p_z$ が混成軌道をとることで直線型に 2 つの原子が結合できる。

図 6-18 には，sp 混成軌道，sp^2 混成軌道，sp^3 混成軌道の構成成分について詳細を記述した。s 軌道は 1 つの＋の位相しかもっていないが，p 軌道は原点を反転中心にして＋と－の位相をもつ。同じ符号同士の位相は強め合い，違う符号同士は弱め合うので，このような混成

第 6 章

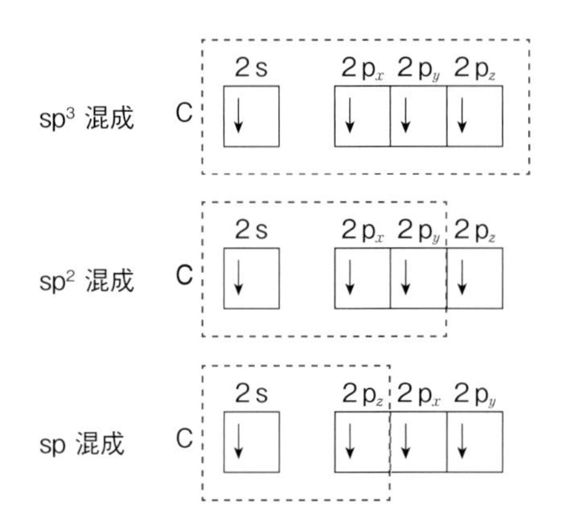

図 6-17　炭素原子の混成軌道とその形

軌道になる。sp 混成軌道について，2s 軌道の＋の位相に対して $2p_z$ 軌道は z 軸方向に±の位相があるため，s－p と s＋p の重ね合せになる（係数は省略している）。一方，sp^2 混成軌道については，$s-p_x$, $s+p_x-p_y$, $s+p_x+p_y$ の重ね合せであり，互いに3つの正三角形方向に結合をもつ。また，sp^3 混成軌道では 2s, $2p_x$, $2p_y$, $2p_z$ のすべての軌道が混ざり合って正四面体構造の結合を形成する。

6-8-1　ベンゼンの混成軌道

それでは各分子の混成軌道を見ていくことにする。まず，よく知られているのはベンゼンである。ベンゼンは**図 6-19** の（a）のように，6つの C 原子の $2p_z$ 軌道が基底状態では同じ位相ですべて重なり合うことができ，1つの π 結合連結体をつくり芳香族性をもつ。はじめに，この $2p_z$ 軌道のどのペアを結合させるかで，ケクレ構造の2つの共鳴構造が現れてくる。一方，この $2p_z$ 軌道をすべて結んだ場合には，共鳴混成体の部分（○の部分）が現れてくる。ベンゼンの六角形の部分は，（b）で示したように C 原子の sp^2 混成軌道からつくられており，3つの軌道のうち2つは骨格の C－C の σ 結合をつくるが，もう1つは H 原子と σ 結合している。

6-8-2　一酸化炭素 CO の混成軌道

一酸化炭素 CO は三重結合をもつ小分子であり，金属イオンの**配位子**（ligand）としてもよく知られている。**図 6-20** の（a）のように，三重結合のうち1つの σ 結合は，C 原子と O 原子のそれぞれ $2p_z$ と 2s 軌道の1つの sp 混成軌道によって互いに結合している。また，この sp 混成軌道には，2つの非共有電子対も存在する。（b）のように C 原子と O 原子のそれぞれ $2p_x$ と $2p_y$ が1つずつ電子を出し合って2つの π 結合をつくっており，σ 結合と併せて三重結合を形成している。

6-8-3　二酸化炭素 CO_2 の混成軌道

二酸化炭素 CO_2 は，**図 6-21** のように2つの二重結

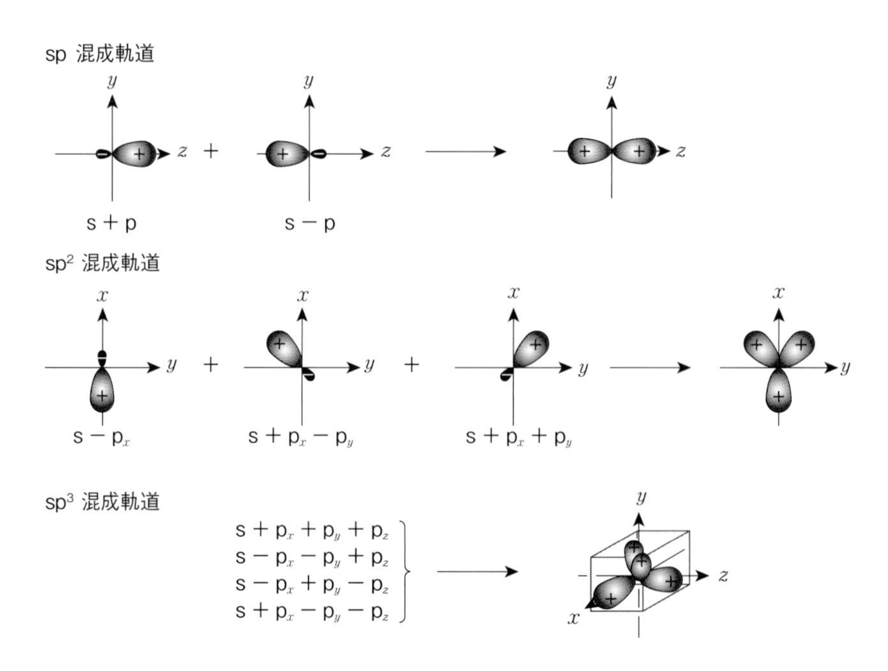

図 6-18　sp, sp^2, sp^3 混成軌道の形成

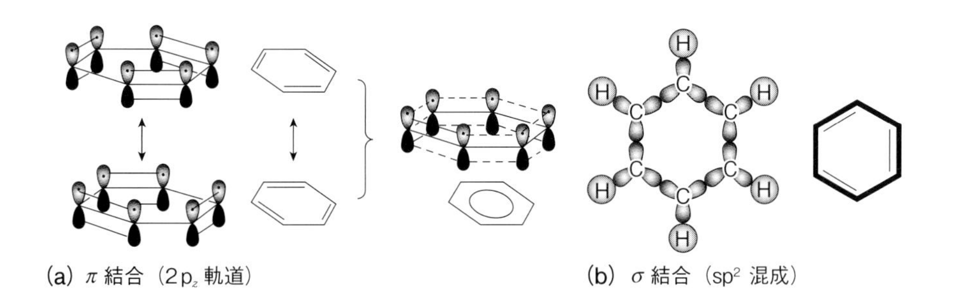

図 6-19　ベンゼンの混成軌道の構造

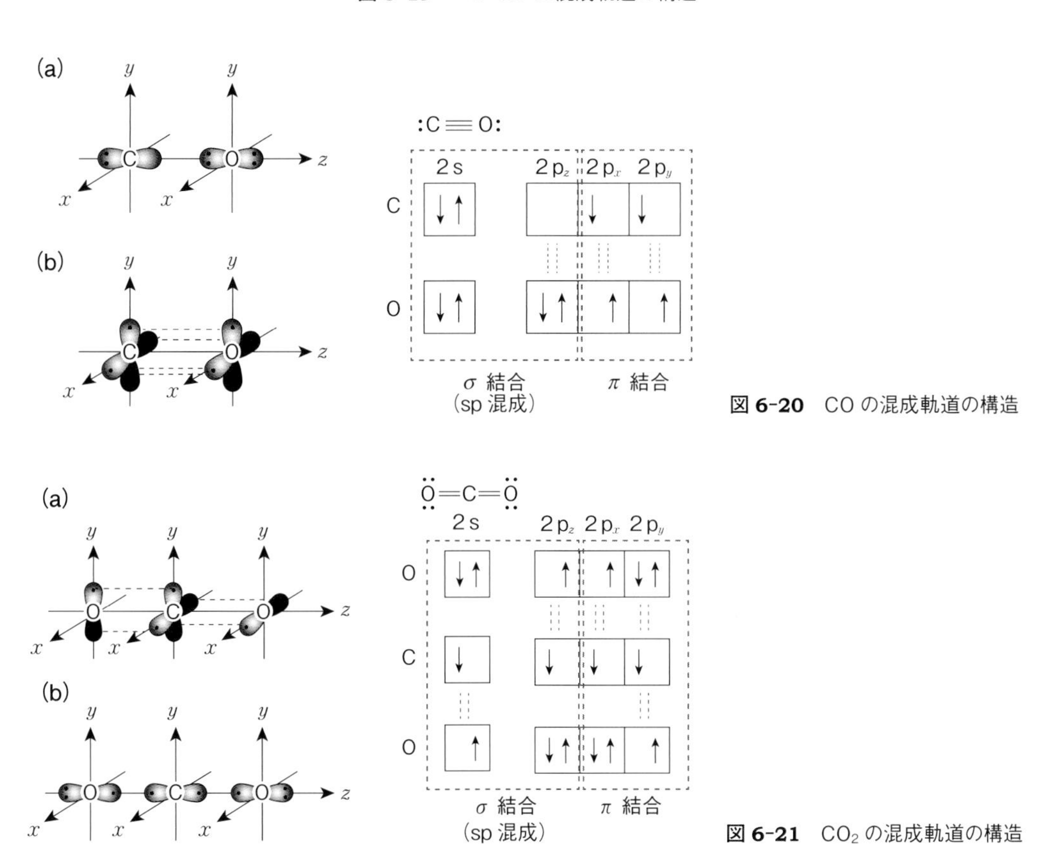

図 6-20　CO の混成軌道の構造

図 6-21　CO_2 の混成軌道の構造

合をもち，1つの C 原子と2つの O 原子からなる。(a) に示すように C 原子の $2p_x$ 軌道と $2p_y$ 軌道は，2つの O 原子のそれぞれ $2p_x$ 軌道と $2p_y$ 軌道で π 結合できる。一方，(b) に示したように，2s 軌道と $2p_z$ 軌道による sp 混成軌道の C 原子と2つの O 原子がそれぞれ σ 結合を形成し，π 結合とともに2つの二重結合を形成している。また，2つの O 原子のそれぞれに非共有電子対を2つもつことがわかる。

6-8-4　トリフッ化ホウ素 BF_3 の混成軌道

トリフッ化ホウ素 BF_3 は，**図 6-22** の (a) のように，最外殻電子が3つしかない B 原子の sp^2 混成軌道と3つの F 原子によって，三角形の σ 結合を形成する。そして，(b) のように B 原子の空の $2p_z$ 軌道と3つの F 原子の満たされた各 $2p_z$ 軌道を使って π 結合を形成している。そして，この π 結合は，3つの F 原子のどれか1つの $2p_z$ 軌道から空の B 原子の $2p_z$ 軌道へ1つの電子が移動して (c) のように共鳴が起こる。そのため，3つの B−F 結合の結合次数は 1.33 になる。

6-8-5　炭酸イオン CO_3^{2-} の混成軌道

図 6-23 の (a) のように，CO_3^{2-} は，昇位した C 原

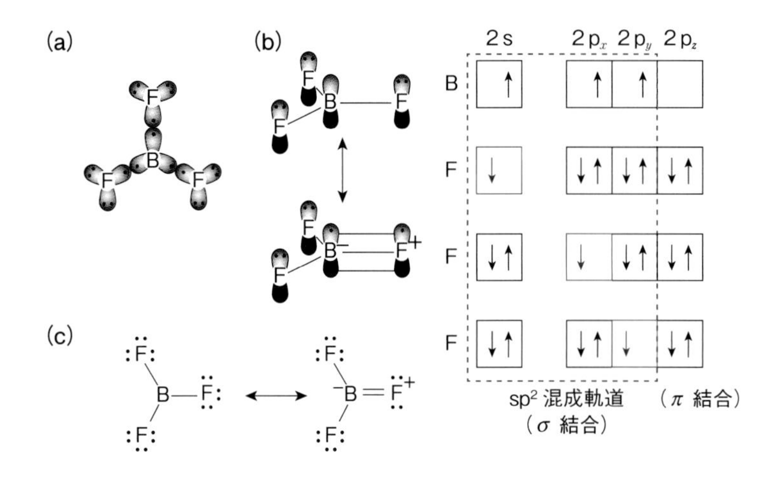

図 **6-22**　BF_3 の混成軌道の構造

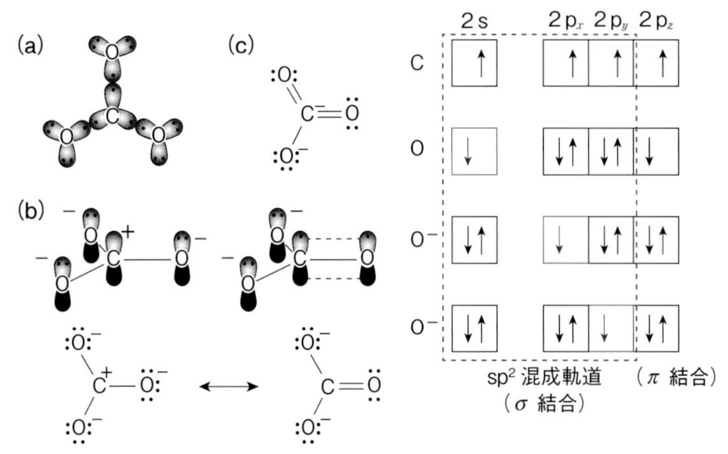

図 **6-23**　CO_3^{2-} の混成軌道の構造

子の4つの電子のうち3つの電子と，3つのO原子の各1つの不対電子による sp^2 混成軌道によってσ結合を形成している。また，(b) のようにC原子の $2p_z$ 軌道と3つのO原子のどれか1つの $2p_z$ 軌道を使ってπ結合を形成している。この場合，C原子にある $2p_z$ 軌道の電子を中性のO原子に与えて，O^- アニオンと C^+ カチオンにして考えるとよい。3つある O^- アニオンのどれか1つから電子を C^+ カチオンに渡してπ結合をつくるために，共鳴構造が3つできる。そのため，C−O結合の結合次数は1.33になる。(c) のルイス構造も可能であるが，電気陰性度の低いC原子に負電荷が発生することと，オクテット則を満たしていないため，エネルギー的に高い構造になる。

第7章 VSEPRモデルによる分子の構造 —分子結合論(2)—

原子価結合法によるルイス構造の考え方では，分子の形まで予想することはできなかった。しかし，**原子価殻電子対反発**（VSEPR）**モデル**でルイス構造を考えると分子の形が見えてくる。このVSEPRモデルは，原子に存在する非結合電子対（Lp: lone pair）も分子の形として考える。分子の形が，結合電子対（Bp: bonding pair）やLpに存在する電子対間の静電反発が最小になる立体構造をとるものと考える。すなわち，原子間の立体的な反発だけではなく，電子対間の静電的な反発によって分子の形が決まるという理論である。このVSEPRモデルはs-ブロックやp-ブロックの元素に適用できるが，d-ブロックの元素などには適用できない。まずはじめに，VSEPRモデルを使いこなす条件から見ていきたい。

7-1 VSEPRモデルの使い方

7-1-1 分子の電子対間のクーロン反発

分子の形は，配位子と中心原子がσ結合した結合電子対Bpが互いにクーロン反発を受けて，できるだけ離れるように配置することで決まる。例えば中心原子に対する結合が2つのときは，直線の構造（180°）をとり，結合が3つのときは，正三角形の構造（120°）が互いに最もクーロン反発が少なくなる。4つの結合では**正四面体**（Td: tetrahedral）（109.5°），5つの結合では**四角錐**（spy: square pyramidal）あるいは**三方両錐**（tbp: trigonal bipyramidal）になる。この最後の2つの構造はほとんどエネルギー差がないため，5つの結合はtbpを安定な構造として取り扱う。6つの結合では，**正八面体**（Oh: octahedral）をとるものとする。以上を混成軌道とともにまとめると，**表7-1**のようになる。

表7-1　電子対の数と安定な配位構造

電子対数	混成軌道	配向
2	sp	直線(linear)
3	sp^2	正三角形(triangle)
4	sp^3 sd^3 dsp^2	正四面体(Td)
5	dsp^3	三方両錐(tbp)
6	d^2sp^3	正八面体(Oh)

7-1-2 電子対間の反発力の比較

非結合電子対LpとBpが対等に分子の形に寄与すると考える。共有結合に電子が使われていないLpの方が，共有結合に電子が使われているBpよりも電子密度が高く，静電的な反発力がはるかに強いものとする。そのため，LpとBpの反発力を比較すると，Lp-Lp > Lp-Bp > Bp-Bpの順に減少していく（**図7-1**）。

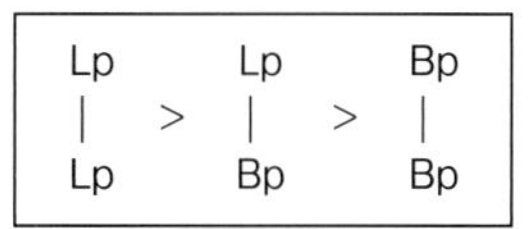

図7-1　静電反発力の比較
Lp: lone pair
Bp: bonding pair

7-1-3 パウリの力 —パウリの排他原理—

同じスピンをもった2つの電子が同じ空間を占めることはできない。2つの電子が互いに逆向きのスピンをもつと同じ軌道内に入ることができる（パウリの排他原理）。しかし，2つの電子が入った軌道にさらにスピンを加えようとしても，加えることはできない。貴ガスに存在するLpは，パウリの排他原理より，互いに空間的に混じり合うことはできず，4つのLpが反発して**図7-2**のようにTdの構造が最も静電的に安定である（パウリの力）。

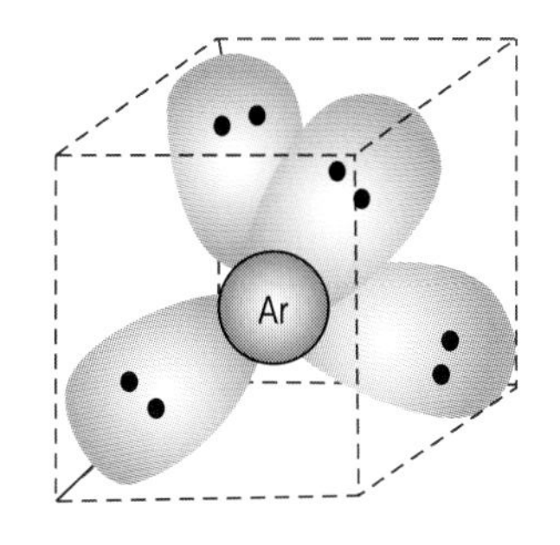

図7-2　貴ガスの構造

7-1-4 四角錐spy ⇄ 三方両錐tbp

四角錐（spy）と三方両錐（tbp）の2つの分子構造をも

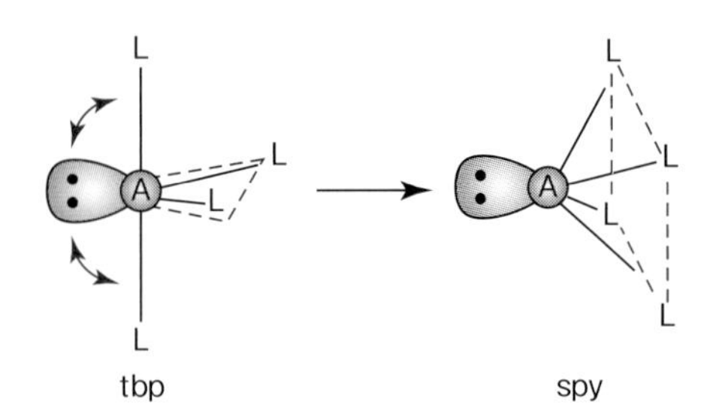

図 7-3　tbp から spy への変形

つ異性体は，ほぼ同じ電子対の反発エネルギーをもつため，どちらに配向するのかは区別しない (**図 7-3**)。そのため，VSEPR モデルでは通常 5 配位の構造は tbp の配向を基準にして考える。また，実際 tbp の**エクアトリアル** (equatorial) 位に Lp が入ると，**アキシアル** (axial) 位の 2 つの原子が，反発によって spy の**ベイサル** (basal) 位へ歪むものと考えられるが，VSEPR モデルでは歪みについては考慮しない場合が多い*1。

7-1-5　三方両錐型の Lp-Bp の反発

三方両錐 (tbp) 構造の 5 つの配位原子は，すべて等価ではなく 2 つのアキシアル位と 3 つのエクアトリアル位の配向が存在する。したがって，**図 7-4** の (a) のようにアキシアル位にあるものと，(b) のようにエクアトリアル位にあるものは，他の Bp との静電反発が違ってくる。(a) と (b) はいずれも Lp-Bp の反発をもつ。(a) のアキシアル位にある Lp は互いに直交した 3 つの Bp の反発を受けるが，(b) のエクアトリアル位にある Lp は 2 つの Bp からの反発しか受けないため，静電反発の少ない (b) の方を安定とみなす。

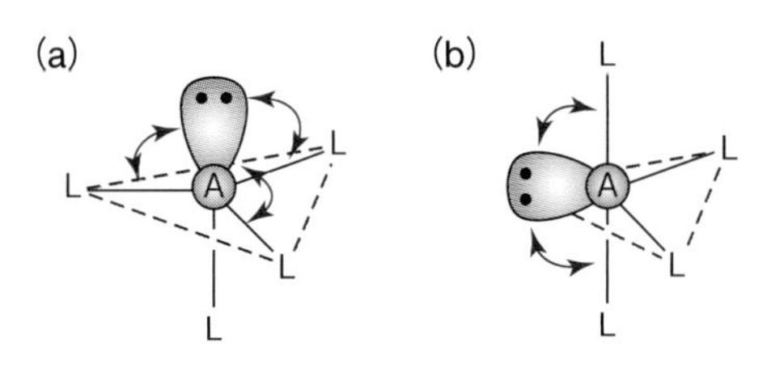

図 7-4　1 つの Lp をもつ tbp の反発

*1　tbp の配向では 2 種類の結合が生じる。図中の三角形に含まれる 3 つの結合を「エクアトリアル位」，三角形の上下の結合を「アキシアル位」と呼ぶ。spy の配向では，ピラミッド形の底面に相当する四角形の部分を「ベイサル位」と呼ぶ。

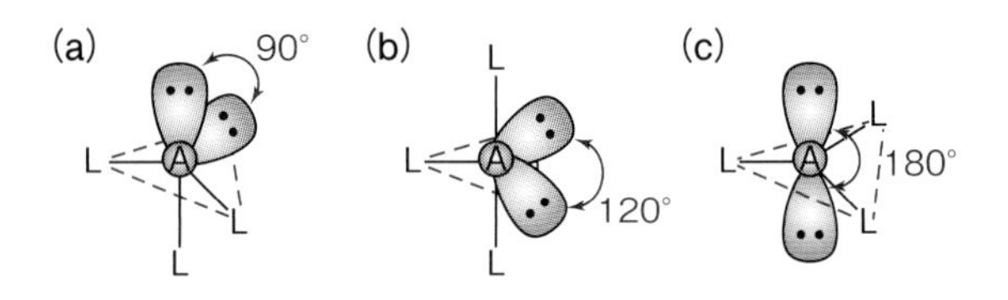

図 7-5　2 つの Lp をもつ tbp の反発

7-1-6　三方両錐型の Lp-Lp の反発

三方両錐 (tbp) の構造の 5 つの配位原子のうち 2 つが Lp である場合は，**図 7-5** のように (a) と (b) および (c) の 3 つの異性体が考えられる。この場合，Lp-Bp ≪ Lp-Lp の静電反発力をもつため，まず Lp 同士の電子反発のみを考えればよい。(a) は互いに直交する Lp 同士が非常に強く反発するが，(b) は Lp 同士が 120° であり，互いに理想的な平面三角形の 2 つの頂点をとっているため，反発はほとんどない。したがって，(b) と (c) では Lp-Lp 同士の反発は存在しない。さらに，Lp-Bp の反発を考えると，(b) では 4 つ，(c) では 6 つの反発が存在する。そのため，(b) が最も反発力が小さく，安定な分子構造をとる。

7-1-7　立体的に不活性な非共有電子対

Lp の中には，分子の形に影響を与えない，**立体的に不活性** (stereochemically inert) な Lp と呼ばれているものがある。これは，方向性のない球形の s 軌道に Lp を入れた場合に現れる性質である。例えば $[SeF_6]^{2-}$ は，6 つの F 原子が Se ([Ar] $3d^{10}4s^2 4p^4$) に結合し，また Lp も 1 つ存在する。そのため，通常なら**図 7-6** に示した

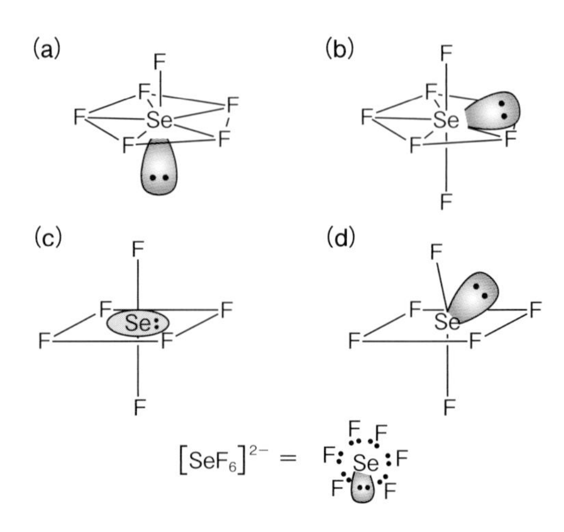

図 7-6　立体的に不活性な電子対をもつ $[SeF_6]^{2-}$

ように (a) と (b) の7配位のどちらかの異性体をもつと考えられる。しかし，実際は (c) の6配位の Oh 構造をもつ。そのため，Se の 4s 軌道に入った Lp は，(c) のように方向性をもたず 4s 軌道の球形を維持し，等方性であると考える。すると，この Lp は分子の形に影響を与えず6配位 Oh 構造をもつことができる。$[TeCl_6]^{2-}$ や $[SbCl_6]^{3-}$ などの分子も，立体的に不活性な Lp がある。XeF_6 も同様な電子配置をもつ分子であるが，異方的で (d) のように Lp が配置しており，歪んだ Oh 構造をもつ。

7-1-8 Lp と二重結合性の M=O の取扱い

酸化物の中には，直接 O 原子が二重結合で中心原子 M に配位するものがある。このオキソの二重結合をもつ M=O 結合は π 結合が存在するため，通常の単結合の M−X 結合の Bp よりも静電反発力は強い。そのため，Lp と同じように VSEPR モデルで取り扱うことができる。しかし，その強さは Lp > M=O > Bp と Lp よりも弱い。例えば F_3IO や F_3IO_2, $[F_4IO]^-$, $[F_5IO]^{2-}$, $[F_5IO_2]^{2-}$ は，Lp と同じように M=O 結合を考えることができる（**図 7-7**）。

7-1-9 五方両錐型の安定な異性体

五方両錐型をとる分子はそれほど多くはない。IF_7 は典型的な五方両錐型をもつ。この構造に Lp を含むような構造があり，**表 7-2** の C-(f) にある $[XeF_5]^-$ では2つの Lp を含む五方両錐型をとるが，Lp はエクアトリアル位ではなく，2つのアキシアル位を占めている。エクアトリアル位にある5つの Bp が非常に密に配置しているため，静電反発によって2つの Lp のうち1つでもエクアトリアル位に入れることができない。そのため，**図 7-8** の C-(d) や C-(e)，C-(g)，C-(h) などの異性体は不安定であり，存在しない。M=O を Lp と同等に見ているが，M=O を Bp とみなすと $[F_5XeO]^-$ や $[F_5IO]^{2-}$ は C-(c) に属する。一方，XeF_6 は，通常 C-(c) の1つの Lp を含む五方両錐型と考えられるが，実際はやや歪んだ八面体型をとる。これは，図 7-8 の C-(c) や C-(d) のように単純にアキシアル位やエクアトリアル位を1つの Lp が占めた場合，Bp との静電反発によって不安定となり，八面体構造の三角形のすき間に Lp が位置する C-(a) の構造をもつことになる。

XeF_6 は，X 線結晶構造解析でも特殊な構造をとっているので，はっきりと安定した構造が分かっていない。同じように，ハロゲン化物イオンの $[IF_6]^-$ や $[BrF_6]^-$ も立体的に不活性な Lp とみなされ，異方性がある XeF_6 と同じ歪んだ八面体構造の C-(a) 構造をもつ。$[SbCl_6]^{3-}$ や $[TeBr_6]^{2-}$ は，C-(b) で示したように，Lp は立体的に不活性な球形の s 軌道に入っていると考えられ，正八面体構造を保っている。これらを VSEPR モデルで予測することは難しい。より大きなアニオンである $[IF_8]^-$ は，正方逆プリズム構造をとるので，VSEPR モデルで説明することが可能である。しかし，$[XeF_7]^-$ や $[XeF_8]^{2-}$ はそれぞれ単面冠八面体構造や正方逆プリズム構造をとり，これは VSEPR モデルで説明することができない。実際に存在しない不安定な化合物を B-(d) に取り上げているが，異性体の Lp の反発を考慮すると，B-(c) よ

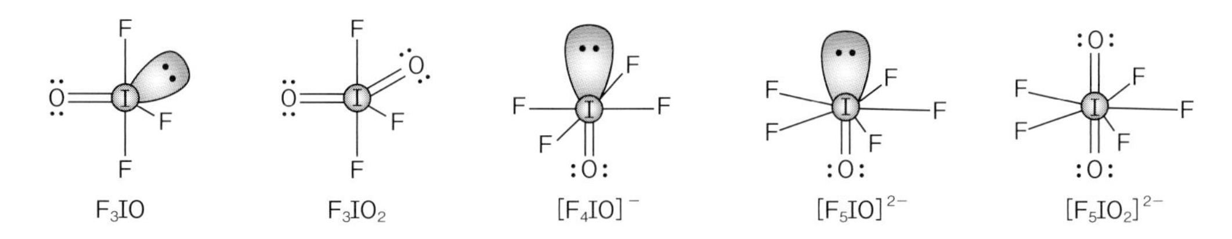

図 7-7 M=O を含む VSEPR モデル構造

表 7-2 VSEPR モデルによる主な化合物構造の分類

形†1	A-(b)	A-(e)	A-(h)	B-(a)	B-(d)†2	B-(e)	C-(a)	C-(b)	C-(f)
化合物†3	$[BrF_4]^+$ SF_4	ClF_3 F_3IO F_3IO_2	$[ClF_2]^-$ $[IBr_2]^-$ XF_2	$[ClF_4]^-$ $[F_4IO]^-$ XeF_4	$[XeF_3]^-$ $[IF_3]^{2-}$	BrF_5 $[XeF_5]^+$	XeF_6 $[IF_6]^-$ $[BrF_6]^-$	$[SbCl_6]^{3-}$ $[TeBr_6]^{2-}$	$[F_5IO_2]^{2-}$ $[F_5IO]^{2-}$ $[IF_5]^{2-}$ $[XeF_5]^-$

†1 記号は図 7-8 に対応している。 †2 実際に存在しない化合物である。
†3 M=O 結合も Lp と同等に取り扱っている。

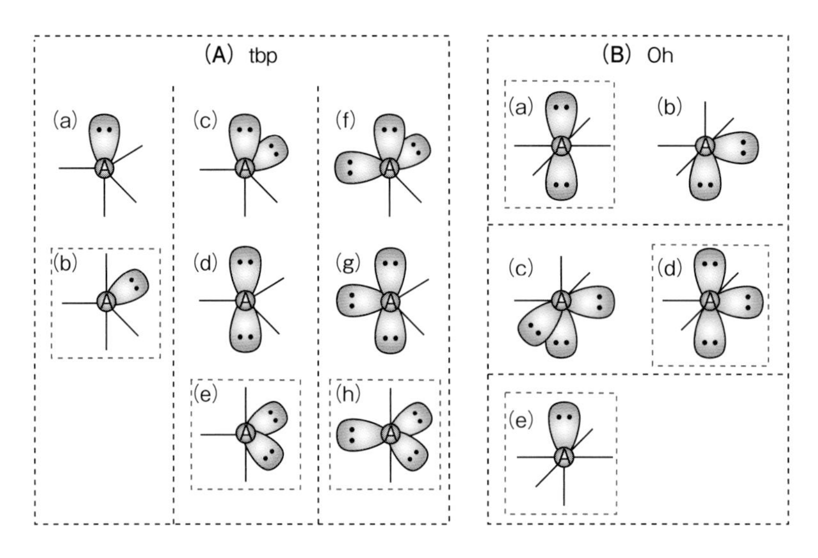

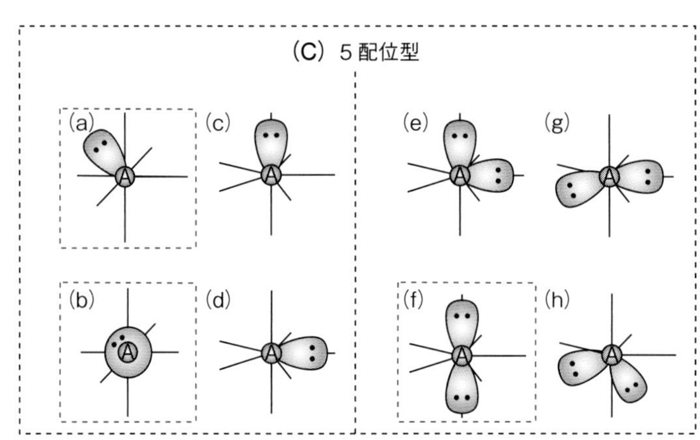

図 7-8　VSEPR モデルによる tbp, Oh および 5 配位型の安定な構造

りも B-(d) の方が安定である。B-(a) の XeF_4 は安定に存在するのに，同じような化合物 B-(d) の $[XeF_3]^-$ が存在しないことを考えると，3つの Lp と 1つの Bp が 90° で互いに平面に並ぶことは静電的に不安定なため，構造として存在できないのだろう。

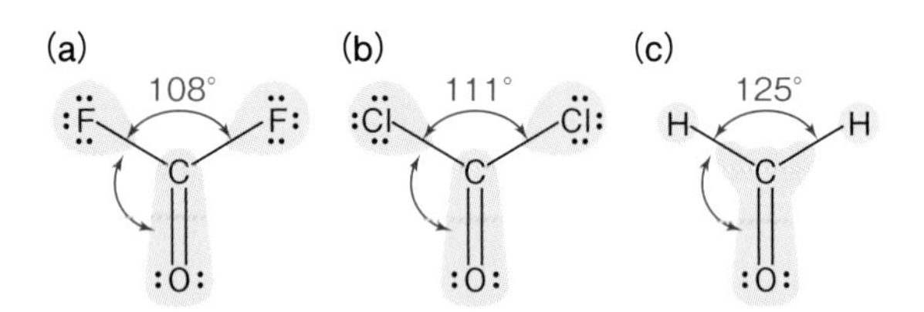

図 7-9　3つのカルボニル化合物の結合角

7-2　3つのカルボニル化合物の ∠X−C−X 角

図 7-9 に示したように，(a) $F_2C=O$，(b) $Cl_2C=O$，(c) $H_2C=O$ の3つのカルボニル化合物があるが，∠X−C−X の角度がそれぞれ，108°, 111°, 125° となり，(c) $H_2C=O$ のカルボニル化合物が最も大きな結合角をもつ。結合角はなぜ (a) < (b) < (c) なのか考察してみる。ただし，それぞれの原子の電気陰性度 χ を，χ_H (2.2) < χ_C (2.6) < χ_{Cl} (3.2) < χ_O (3.4) < χ_F (4.0) とする。

C 原子は χ_C (2.6) をもつため，χ_F (4.0) をもつ F 原子に C−F 結合の Bp の電子雲が引きつけられる。一方，電気陰性度を比較すると，χ_{Cl} (3.2) の Cl 原子が Bp の電子雲を引きつける力は F 原子よりも弱い。そのため，C−Cl 結合の Bp の電子雲を引きつける力は，C−F 結合より弱くなる。一方，H 原子の電気陰性度は χ_H (2.2)

であり，C原子よりも小さい。C−H結合は，逆にC原子の方向にBpの電子雲が引きつけられる。そして，Bp同士の電子反発を考えると，(c)はBpの電子雲がC原子の方向に局在化し，Bp同士の静電反発の距離が短くなり，最も反発力が大きくなる。結合角は，(c)の∠H−C−Hが最も大きくなる。一方，χ_{Cl}(3.2) < χ_F(4.0)のため，Bpの電子雲はCl原子よりF原子の方向に大きく偏っている。C−F結合は，Bp間同士の静電反発する距離が最も長くなるため反発力は弱くなる。よって，∠Cl−C−Cl > ∠F−C−Fとなる。(a)と(b)で，∠Cl−C−Cl 108°と∠F−C−F 111°となる。通常の3配位方向の理想的な120°よりも結合角が小さくなっているのは，C=Oのπ結合とBp間の反発があるためである。

7-3　H_2OとNH_3の結合角のVSEPRモデルを用いた2つの考え方

H_2OとNH_3では，それぞれ∠H−O−H = 104.5°と∠H−N−H = 107.2°の結合角をもつ(**図7-10**)。この結合角の違いをVSEPRモデルで説明することができる。H原子の反発で説明することもできるのだが，LpとBpの静電反発を用いて説明しなければいけない。

(a) 軌道理論

まず，軌道理論ではH_2OもNH_3も2p軌道を使ってH原子と結合をつくっており，互いの混成軌道は考えないものとする。$2p_x, 2p_y, 2p_z$は，3つの軌道が互いに直交する。このうち，**図7-11**(a)に示すように，NH_3は$2p_x, 2p_y, 2p_z$の3つのp軌道(p^3の三方錐型)を使って3つのH原子と結合する。また，H_2Oでは$2p_x, 2p_z$の2つのp軌道(p^2の三角形型)を使って2つのH原子と結合する。軌道理論では，H原子と結合した軌道は互いに90°の結合角をもっているので，Bp同士の反発を考えることができる。NH_3は3つのBp同士の反発で，H_2Oは2つのBp同士の反発になるため，NH_3の方がより大きく結合角が開き，H_2O(∠H−O−H = 104.5°)とNH_3(∠H−N−H = 107.2°)の結合角となる。NH_3での2s軌道と，H_2Oでの2sと$2p_y$軌道はそれぞれLpとなるが，互いに自由度が大きいため，Lp-LpやLp-Bpの反発を考えなくてよい。

(b) 混成理論

混成理論ではsp^3型混成軌道を考え，**図7-11**(b)のように互いに正四面体構造の109.5°の結合角をもつ構造から考える。等価なsp^3混成軌道のうち，NH_3は3つの軌道がH原子とのBpを形成し，1つの軌道のみLpとなる。そのため，3つのLp-Bp間の相互作用で反発する。しかし，H_2Oの場合，H原子とのBpは2つの軌道のみで，残りの2つはLpとなる。そのため，1つのLp-Lp間の反発が存在する。静電反発力はBp-Lp ≪ Lp-Lpなので，NH_3(∠H−N−H = 107.2°)の結合角より，H_2O(∠H−O−H = 104.5°)の結合角の方が109.5°から縮むことになる*2。

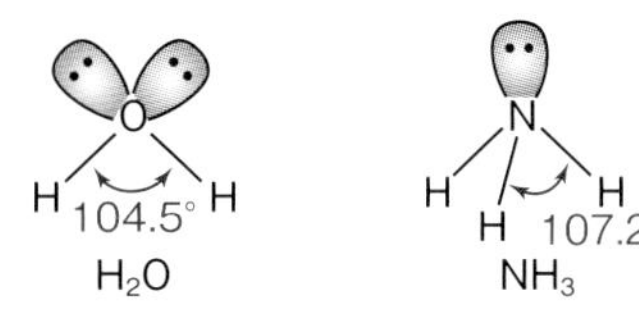

図7-10　H_2OとNH_3の結合角

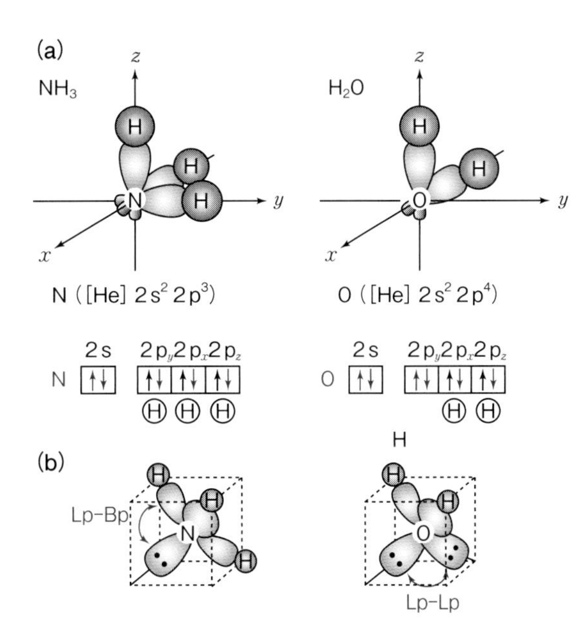

図7-11　H_2OとNH_3の結合角を説明する
(a) 軌道理論　(b) 混成理論

7-4　VSEPRモデルによる15族と16族の水素化物による結合角の予測

15族と16族の水素化物は，**表7-3**に示すように，その周期表の下の重い原子になるほど∠H−X−Hの結

*2　NH_4^+は，NH_3のLpにH^+が配位結合し，すべて等価なBp-Bp相互作用になるため，歪みが解消されて，∠H−N−Hは109.5°の正四面体構造をとる。

第7章

表 7-3　15族と16族の水素化物の結合角

X 原子の周期	2	3	4	5
15族 H 化物	NH_3	PH_3	AsH_3	SbH_3
∠H−X−H	107°	93°	92°	91°
16族 H 化物	H_2O	H_2S	H_2Se	H_2Te
∠H−X−H	104°	92°	91°	90°

合角は小さくなり，より90°に近くなる。どうして中心原子が重くなるほど結合角が小さくなるのか，VSEPR モデルで説明したい。周期表で高い位置にある軽い原子ほど，s 軌道と p 軌道の混成がより大きくなる。そのため，∠H−X−H の結合角は大きくなる傾向にある。しかし，周期表で低い位置にある重い原子ほど s 軌道と p 軌道の混成が起こりにくくなり，p 軌道のローカルな性質として互いに直交する性質が現れてくる。ところが，s 軌道と p 軌道のエネルギー差が最も大きくなるのは電気陰性度の大きな軽い原子なので，矛盾が生じてしまう。そのため，以下のような理由を考えるべきである。

(a) 電子的要因

図 7-12 (a) のように，電気陰性度が大きな軽い原子では，H 原子と結合している Bp の電子雲は電気陰性度のより大きな原子の方へ引き寄せられる。電気陰性度が強いほどこの効果が大きいため，Bp の電子雲同士の反発する距離が短くなり，大きな反発力を得られる。しかし，重い原子は電気陰性度が H 原子より小さいか，大きくても同等である。そのため，Bp の電子雲を引きつけることができずに，逆に H 原子に Bp の電子密度が引きつけられ，Bp 同士の反発する距離が遠くなる。反発力が小さくなるため，結合角が90°に近くなる。

(a) 電子的要因（電気陰性度）

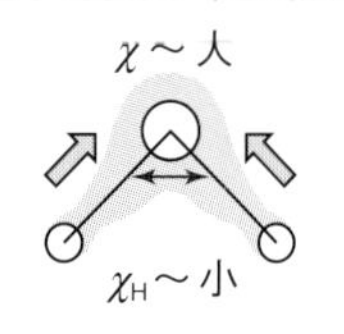

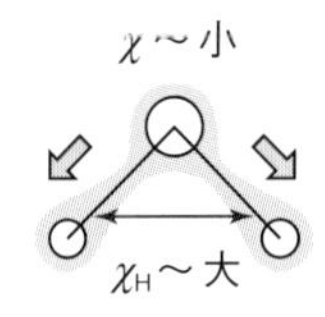

(b) 立体的要因（サイズ効果）

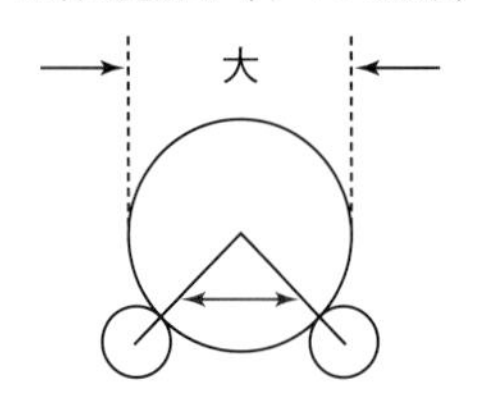

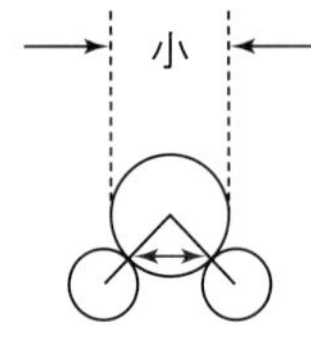

図 7-12　結合角に関係する (a) 電子的 あるいは (b) 立体的要因

(b) 立体的要因

図 7-12 (b) のように，軽い原子ほど原子半径が小さく，重い原子ほど大きくなる。すると，重い原子ほど H 原子との結合距離が長く，Bp 間の電子雲の反発する距離も遠くなり，反発力が小さくなる。そのため，結合角は重い原子の H 化物の方が小さくなる。軽い原子は，H 原子との結合距離が短く，Bp 間の電子雲の反発距離も近くなって反発力が大きくなるため，結合角は広がっていく。

7-5　周期表第3周期以下での dπ-pπ 結合

周期表の第3周期以降の，ここでは P 原子の水素化物，あるいはハロゲン化物は，ハロゲン原子 X が重くなるほど，**表 7-4** のように，∠X−P−X の結合角がより開いてくる。これも VSEPR モデルの Bp 同士の静電反発で説明することができる。

表 7-4　P 原子の水素化物とハロゲン化物の結合角

X 原子の周期	1	2	3	4	5
P 化合物	PH_3	PF_3	PCl_3	PBr_3	PI_3
∠X−P−X	93.2°	97.7°	100.3°	101.6°	102.0°

周期表で上の方にある軽い原子ほど s 軌道と p 軌道の混成が起こりやすいため，∠H−X−H の結合角は大きくなる傾向にあった。しかし，重い原子ほど混成が起こりにくくなり，ローカルな p 軌道として互いに直交する性質が見られ，結合角は小さくなる傾向がある。表 7-4 で示したように，H 原子や X 原子が結合した P 化合物はその傾向と逆であり，H < F < Cl < Br < I と，重い原子ほど結合角は大きくなる。

まず，P の電気陰性度 (χ_P (2.19)) は X 原子より低く，電子的な要因や立体的な要因では説明がつかない。P 原子の電子配置は [Ne] $3s^2 3p^3 3d^0$ であり，空の 3d 軌道が存在する。**図 7-13** のように X 原子から P 原子へ dπ-pπ 結合によって電子が移動できる。そのため，X から電子供与を受けて，P−X 結合の Bp の電子密度が大きくなると考えられる。空の 3d 軌道への dπ-pπ 結合に

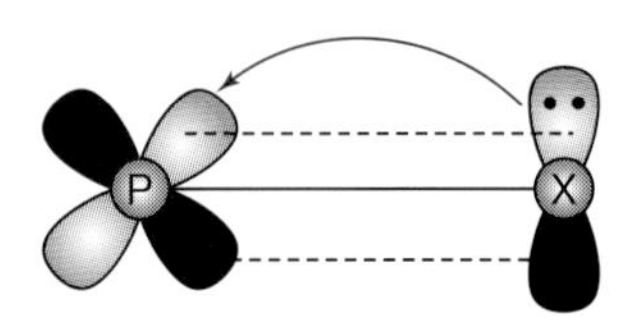

図 7-13　dπ-pπ 逆供与結合

よる電子供与は，重い X 原子ほど電子をたくさんもつため大きい。Bp の電子密度が増えると Bp 間の反発力が増えるため，重いハロゲン原子を結合した ∠X−P−X ほど大きく開くことになる。PH_3 の ∠H−P−H が最も小さい理由は，1s 軌道しかもたない H 原子では逆供与によって電子が移動できる軌道がないことと，電気陰性度が P 原子と H 原子ではほとんど同じであるため，Bp 同士の反発力も小さくなるからである。

7-6　VSEPR モデルの証拠

二酸化窒素 NO_2 の 3 つの酸化還元誘導体，$:NO_2^-$ と $\cdot NO_2$ および NO_2^+ の ∠O−N−O の角度と，N−O 距離 d_{N-O} を比較したものを**図 7-14** に示した。N 原子に Lp をもっている状態の $:NO_2^-$ は，∠O−N−O = 115°（d_{N-O} = 1.236 Å）になる。これを一電子酸化して N 原子の Lp をラジカルにした $\cdot NO_2$ では結合角も大きくなり（∠O−N−O = 134°），結合距離も d_{N-O} = 1.197 Å となって，二重結合性が増加した。一方，完全に N 原子に Lp をもたない NO_2^+ では ∠O−N−O の結合角は 180° になり，結合距離も d_{N-O} = 1.154 Å となって二重結合に近くなり，ルイス構造を反映した性質を示していた。非結合電子が 2 個，1 個，0 個の差であり，この電子の反発によって結合角が変化しているため，VSEPR モデルを支持していることになる。

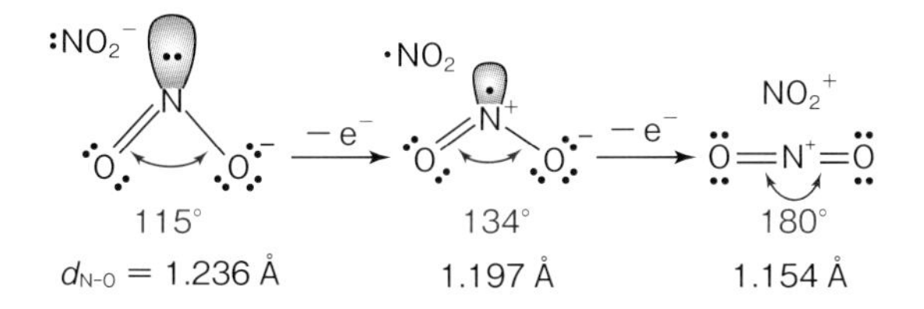

図 7-14　NO_2 酸化還元誘導体の構造

7-7　VSEPR モデルによる分子の形

まず，VSEPR モデルで分子の形を求めるには，はじめに与えられた分子式からルイス構造を描くことが重要である。さらに，陰イオンや陽イオンの場合には，電子を価数分だけ加減して価電子数を変化させる。次に Lp と Bp を分けて Lp + Bp の電子対数を数え，2 つであれば直線 2 配位，3 つであれば正三角形，4 つであれば Td，5 つであれば tbp，6 つであれば Oh，7 つであれば五方両錐の構造で分子形を考える。異性体が複数あるときは，Lp-Lp，Lp-Bp，Bp-Bp の順に最も反発力が小さいものを選ぶ。分子式に“O 原子”が入っている場合には，二重結合の末端の“=O”として取り扱うので注意が必要である。

【問題】VSEPR モデルを使って分子の形を求める

問 1　次の（a）～（h）の化合物のルイス構造を描き，分子の形を予想せよ。

（a）$[ICl_2]^-$　（b）$TeCl_4$　（c）ClF_3　（d）$[ICl_4]^-$
（e）OIF_5　（f）XeF_2　（g）XeF_6　（h）IF_7

問 2　次の（a）～（d）の化合物のルイス構造を描き，分子の形を予想せよ。また，その分子構造から（a）～（d）の結合角がどのようになるのか考察せよ。

（a）SO_2　（b）OF_2　（c）$[ClF_2]^+$　（d）Cl_2SO_2

【解答 1】（**図 7-15**）VSEPR モデルで分子構造を予測するためには，まず分子式のルイス構造を正確に書くことが必要である。次いで Bp と Lp の合計数をだし，4 つなら Td 構造，5 つなら tbp の構造，6 つなら Oh 構造，7 つなら五方両錐構造を考える。（a）では“−”が付いているため，“I”の価電子数を 8 つにする。これに 2 つの Cl· が結合していると考える。tbp のエクアトリアル位に 3 つの Lp が互いに 120° で平面型に並ぶと反発力はなくなるものとする。（b）Te の 6 つの最外殻電子に 4 つの Cl· が結合するため 1 つの Lp が残る。反発を考えると，エクアトリアル位に Lp があった方が Lp-Bp の反発が 2 つとなり，アキシアル位にあるときの 3 つに比較して小さくなる。（c）tbp に Lp がエクアトリアル位に 2 つ存在するときは，Lp-Lp 間の反発がなく，Lp-Bp 間の反発は 4 つと最も少なくなる。（d）まず，−1 価の電荷をもつ Cl 原子の価電子を 8 つと考える。Oh 型に 2 つの Lp が存在するとき，Lp-Lp 間の反発がないものが安定である。（e）分子式に“O”が入っているときは，二重結合で結合しているものと考える。そのため，Lp がない Oh 型と考える。（f）Xe は貴ガスで価電子数が 8 つなので，Lp を 3 つもつ tbp になる。（g）Xe に 6 つの F· が結合しているため，Lp を 1 つもつ 7 配位構造なので五方両錐型を考えるのが普通である。XeF_6 の場合は特別な構造をもち，VSEPR モデルでは予想できない。歪んだ Oh 型をとり，Lp は 3 つの F がつくる三角形の中に位置し，分子中を常に動いている。通常の VSEPR モデルで考えてみると 7 配位で 1 つの Lp をもつことになるため，五方両錐構造でアキシアル位に Lp があるものと考えることもできる。（h）7 配位の構造なので五方両錐型を考えることができる。

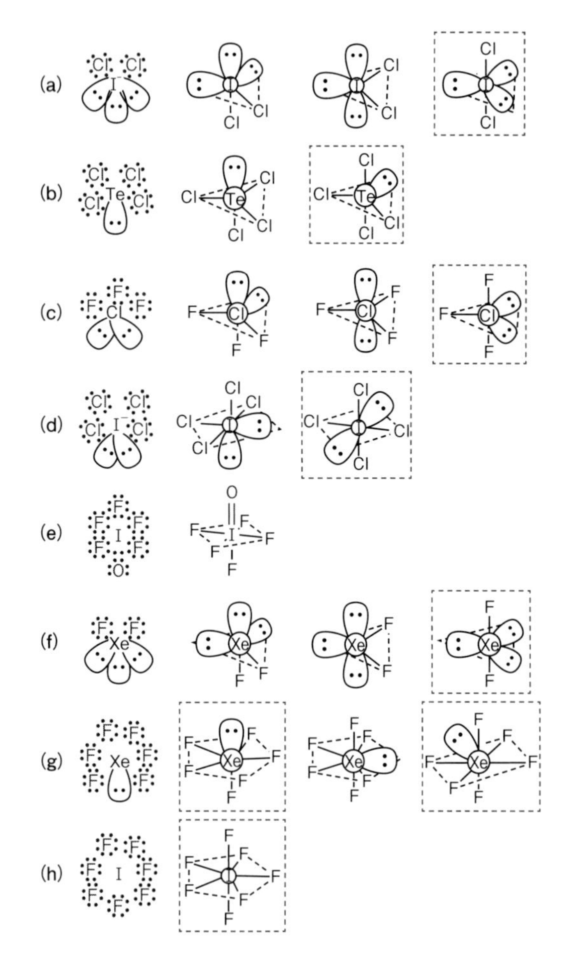

図 7-15　VSEPR による安定な分子構造（解答 1）

【解答 2】（**図 7-16**）(a) の SO_2 は，S 原子に Lp を 1 つもち，平面三角形の構造が安定である。Lp と二重結合の π 結合電子はほぼ同じ反発力で扱うため，結合角 ∠ O=S=O はほぼ反発力のない 120° に近い 119.0° になる。(b) の OF_2 は，2

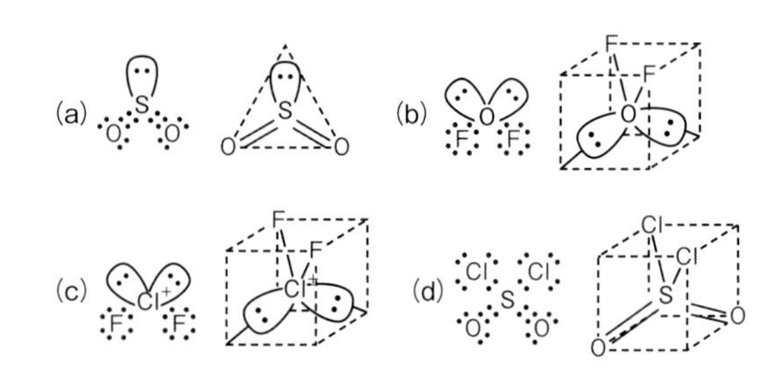

図 7-16　VSEPR による安定な分子構造（解答 2）

つの Lp の反発の影響で ∠ F−O−F は大きく歪んで 103.1° となる。(c) $[ClF_2]^+$ はほぼ $\chi_{Cl} \sim \chi_{O}$ であり，なおかつ Cl^+ の正電荷をもつ。おそらく気相では ∠ F−Cl^+−F は，Lp-Lp 間の反発力の低下や Cl^+−F 間の Bp の引きつけなどにより，結合角はより開いてくる。そのため，SO_2 > $[ClF_2]^+$ > OF_2 が正解であろう。しかし，実際の $[ClF_2]^+$ の結晶構造では，$[ClF_2]^+$ と $[SbF_6]^-$ が，F^- によって Lp と強制的に架橋されているため，結合角は ∠ F−Cl^+−F = 95.9° と小さくなっている（**図 7-17**）。(d) の Cl_2SO_2 は ∠ Cl−S−Cl = 111° であり，正四面体の理想的な 109.5° よりも大きく開いている。∠ O=S=O は 120° であるので，二重結合の π 結合による反発を受けているものの，その力が小さく Lp よりも Bp にはほとんど影響を与えていないためであろう。

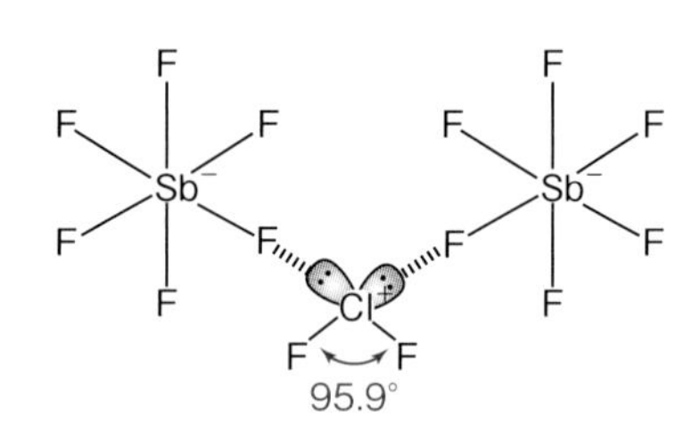

図 7-17　$[ClF_2]^+$ と $[SbF_6]^-$ の結晶構造

第8章 分子軌道法 —分子結合論 (3)—

分子軌道法 (molecular orbital method: **MO 法**) は，今まで学んできた価電子だけで原子や分子を議論できる原子価結合法 (VB 法) と異なり，分子や原子にあるすべての電子を使用して計算し，分子構造や性質を表す方法論である。分子の性質や構造を正確に表せる点で優れているが，計算に時間がかかり，コンピューターのような計算機の発展なくしてはとても取り扱うことができなかった。しかし，現在の計算機の性能や記憶媒体の進化，計算の摂動理論の発展によって，より複雑な生体分子やプロトンのような原子核の取扱いまでできるようになってきた。一方，VB 法が電子，原子，分子をすべて粒子として扱っていたのに対し，MO 法では，すべて波 (波動関数) として取り扱う点が大きく異なっている。まず初めに，電子が動ける場である分子軌道をつくることが大切である。そして，得られた分子軌道に決まった数の電子を入れて分子を完成させる。本章では MO 法の基礎として，分子軌道のつくり方を学んだ後，簡単な MO 法の取扱いを学んでいく。また，フロンティア軌道という重要な概念を学ぶ。

8-1 波と粒子

VB 法では価電子を粒子として扱い，ルイス構造，共鳴構造，混成軌道，昇位などを考えることができた。MO 法では電子を波動として取り扱う。そして，一般に原子や分子もすべて波動として扱うのが MO 法である。波動として扱うと，粒子的な取扱いとは異なり，2 つの原子を加えたものが必ずしも分子をつくるとは限らない。波の考え方では，**図 8-1** で示したように，波同士の位相 (ψ_+, ψ_-) が同じものは，加え合わせると ($\boldsymbol{\Psi}_b = \psi_+ + \psi_+$) 強め合う性質をもった大きな波となる。しかし，逆位相の波同士が重なると ($\boldsymbol{\Psi}_a = \psi_+ + \psi_-$) 互いに弱め合う波となり，場合によっては波が消失してしまう。

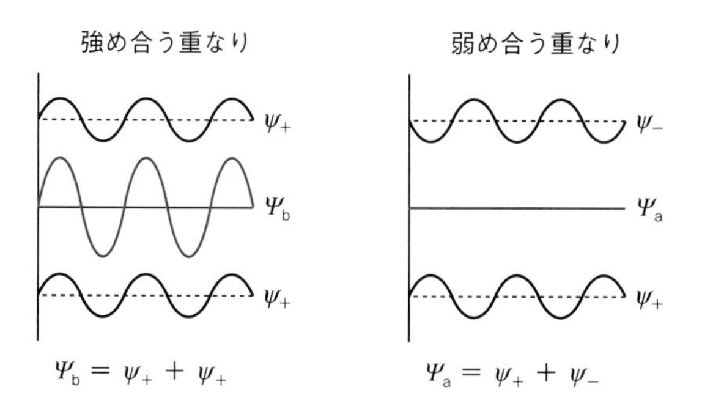

図 8-1 強め合う波と弱め合う波

粒子として扱う VB 法と，波動として扱う MO 法で考えた H_2 分子について**図 8-2** にまとめた。VB 法では，ルイス構造の所 (6-7 節) で述べたように，H 原子にある電子を 1 つの粒子と考えて，2 つの H 原子からの電子を共有電子対として共有結合をつくる。また，寄与率は低いが，1 つの共有電子対が一方の H 原子に偏った H 分子 ($:H^-H^+$) のイオン結合したものを足し合わせて H_2 分子をつくった。しかし MO 法では，波動である 2 つの H 原子を重ね合わせたものは，互いに同位相の強め合う波でつくられた結合性の分子 (**結合性軌道**; bonding orbital) と，互いに逆位相の 2 つの H 原子が重なって結合をつくらないもの (**反結合性軌道**; antibonding orbital) に分けることができる。粒子として取り扱う VB 法では，2 つの H 原子を重ね合わせると H_2 分子を

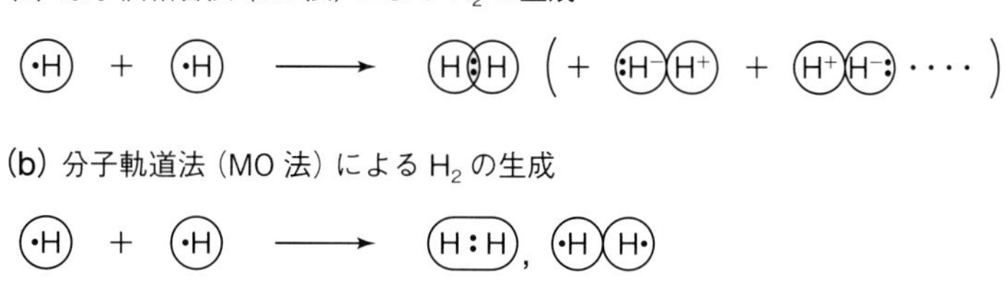

(a) 原子価結合法 (VB 法) による H_2 の生成

·H + ·H ⟶ H:H (+ :H⁻H⁺ + H⁺H⁻: ····)

(b) 分子軌道法 (MO 法) による H_2 の生成

·H + ·H ⟶ H:H, ·H H·

図 8-2 (a) VB 法で考えた H_2 分子と (b) MO 法で考えた H_2 分子

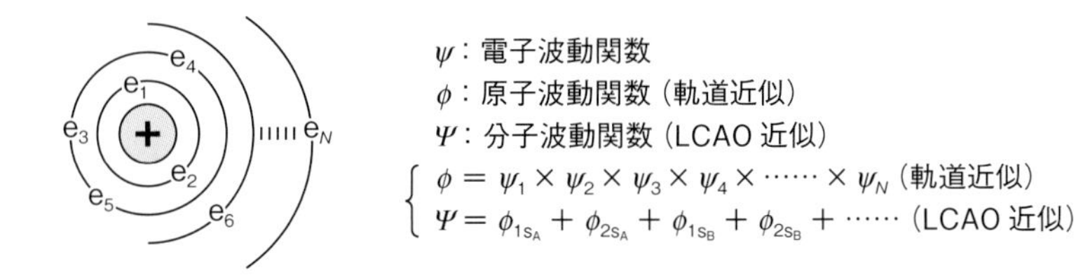

図 8-3　MO 法で使う 3 つの波動関数（ψ, ϕ, Ψ）

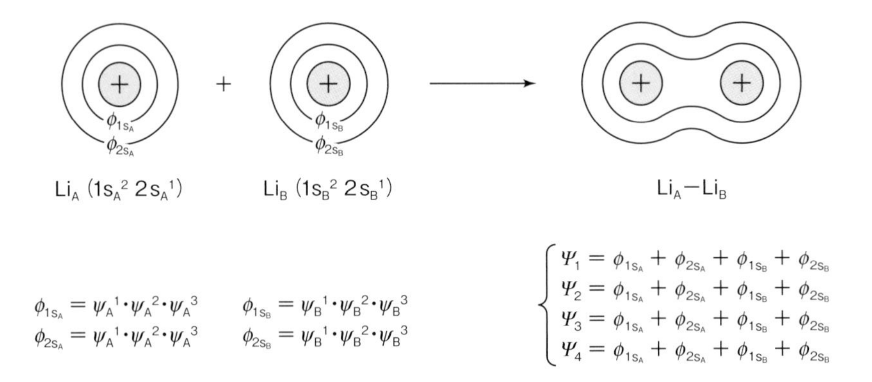

図 8-4　MO 法で求めた Li_A-Li_B の分子波動関数

必ずつくることができる。しかし，波動として扱う MO 法では，安定な H_2 分子をつくることができるが，同時に H_2 分子をつくらない不安定なものも得られる。

8-2　分子軌道法の基礎

MO 法では，電子，原子，分子のすべてを波動として取り扱うために，電子波動関数（電子軌道関数）ψ，原子波動関数（原子軌道関数）ϕ，分子波動関数（分子軌道関数）$\boldsymbol{\Psi}$ としてそれぞれを表す。このとき，原子軌道関数 ϕ は，存在する n 個の電子の電子軌道関数 ψ_N の内積として表す。これは**軌道近似**（orbital perturbation）と呼び，分子をつくるときや反応などを起こすとき，原子から電子が逃げないように強く原子内で相互作用させている。一方，分子軌道関数 $\boldsymbol{\Psi}$ は存在するすべての原子軌道関数 ϕ の足し合せの **LCAO 近似**（liner combination atomic orbital perturbation）からつくられている。基本的には MO 法はこの 3 つの波動関数しか使わないので，覚えておくとよい（**図 8-3**）。

それでは，Li_A と Li_B の原子軌道関数（$\phi_{1s_A}, \phi_{2s_A}, \phi_{1s_B}, \phi_{2s_B}$）を用いて，$Li_A-Li_B$ の分子軌道関数（$\boldsymbol{\Psi}_1 \sim \boldsymbol{\Psi}_4$）を求めてみよう。このとき，各 $\boldsymbol{\Psi}_1 \sim \boldsymbol{\Psi}_4$ にかかわる各 $\phi_{1s_A}, \phi_{2s_A}, \phi_{1s_B}, \phi_{2s_B}$ の寄与率の係数（**規格化定数**；normalization constant）は無視している。Li_A と Li_B の電子配置はそれぞれ Li_A（$1s_A{}^2 2s_A{}^1$）および Li_B（$1s_B{}^2 2s_B{}^1$）となる。電子軌道関数は，Li それぞれにつき 3 電子含むので，電子軌道関数（ψ_1, ψ_2, ψ_3）がそれぞれの原子軌道関数（$\phi_{1s_A}, \phi_{2s_A}, \phi_{1s_B}, \phi_{2s_B}$）において，軌道近似によって連結していることになる。そして，LCAO 近似によって，それぞれ規格化定数の異なる $\phi_{1s_A}, \phi_{2s_A}, \phi_{1s_B}, \phi_{2s_B}$ からなる $\boldsymbol{\Psi}_1 \sim \boldsymbol{\Psi}_4$ をつくることができる（**図 8-4**）。得られた $\boldsymbol{\Psi}_1 \sim \boldsymbol{\Psi}_4$ は，規格化定数の違いによってエネルギー準位の異なる 4 つの分子軌道に分かれて，例えば $\boldsymbol{\Psi}_1 < \boldsymbol{\Psi}_2 < \boldsymbol{\Psi}_3 < \boldsymbol{\Psi}_4$ と決めることができる。一般に「n 個の原子軌道関数から n 個の分子軌道関数」が得られる。得られた分子軌道関数（$\boldsymbol{\Psi}_1 < \boldsymbol{\Psi}_2 < \boldsymbol{\Psi}_3 < \boldsymbol{\Psi}_4$）をエネルギーの大きさで並べた図をエネルギー準位図という（**図 8-5**）。

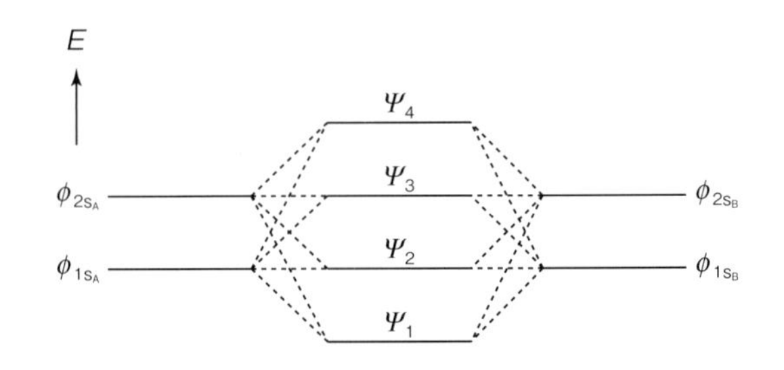

図 8-5　Li_A-Li_B の分子軌道のエネルギー準位図

このように，すべての原子軌道関数 ϕ や電子軌道関数 ψ を考えて分子軌道関数 Ψ を考えなければいけないため，膨大な数の計算が必要になってくる。例えば重い金属元素を含むものや，原子が多種多様に結合した複雑な生体分子などでは膨大な計算量が必要であり，新しい近似計算理論や大型計算機の発展が，MO 理論の台頭に大きく寄与したといえる。

8-3　水素分子 H_2 の分子軌道法

2つの水素原子 $H_A(1s_A^1)$ と $H_B(1s_B^1)$ からなる等核二原子分子の H_A-H_B の分子軌道を求めてみる（**図 8-6**）。

まず，2つの原子軌道関数 ϕ_{1s_A} と ϕ_{1s_B} からなる分子軌道関数 Ψ を考える。このとき，ϕ_{1s_A} と ϕ_{1s_B} の原子軌道関数の寄与する割合を求めるために，規格化定数 C_A と C_B の数値係数を式 8-1 のように求める。

$$\Psi = C_A\phi_{1s_A} + C_B\phi_{1s_B} \qquad (8\text{-}1)$$
$$\int (C\Psi)^2 \mathrm{d}t = 1 \quad \left(C^2\int(\Psi)^2\mathrm{d}t = 1, C^2 = 1, C = \pm 1\right)$$

H_A-H_B は同じ H 原子が結合した等核二原子分子なので，その寄与率は同じにならなければいけない。また，規格化により全空間にわたる分子波動関数の $|\Psi|^2$ の積分値（電子の全存在確率の積分値）は 1 となることから，$C^2 = 1$，$C = \pm 1$ となることが分かる。そのため，分子軌道関数 Ψ は，Ψ_+ と Ψ_- の 2 種類存在することになる。$\Psi_+ = \phi_{1s_A} + \phi_{1s_B}$ は強め合う波動関数であり，結合性軌道 Ψ_b と呼ばれる。$\Psi_- = \phi_{1s_A} - \phi_{1s_B}$ は弱め合う波動関数であり，反結合性軌道 Ψ_a と呼ばれる。

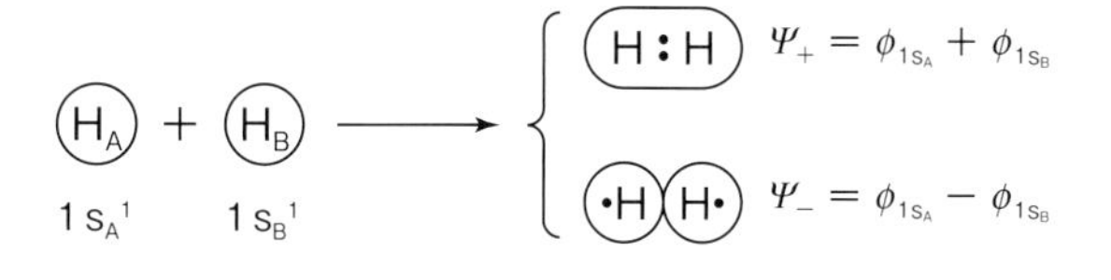

図 8-6　H_A-H_B の分子軌道による結合性軌道と反結合性軌道

この H_A-H_B の分子軌道をエネルギー準位図で表したものが**図 8-7** である。結合性軌道 Ψ_b と反結合性軌道 Ψ_a のエネルギー差は $|\Psi_a|^2 - |\Psi_b|^2$ から求めることができ，$-4\phi_{1s_A}\cdot\phi_{1s_B}$ となる（式 8-2）。したがって，H_A と H_B の原子でいるよりも，H_A-H_B の分子軌道をつくることによって安定化するエネルギー ΔE_e（交換エネルギー）は 1 電子に対して $-2\phi_{1s_A}\cdot\phi_{1s_B}$ なので，全体で 2

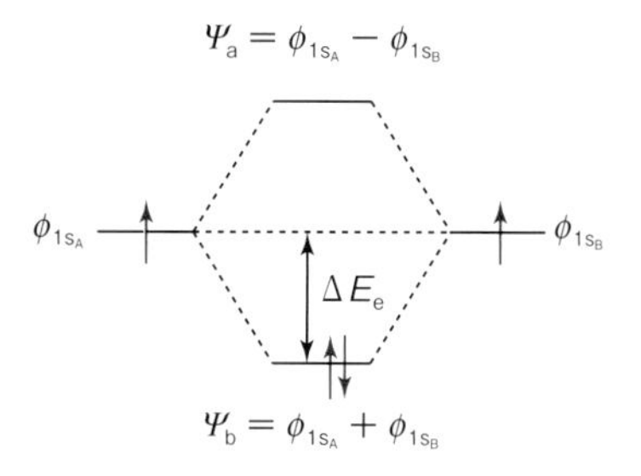

$$\begin{aligned} 2\Delta E_e &= |\Psi_a|^2 - |\Psi_b|^2 \\ &= \{\phi_{1s_A} - \phi_{1s_B}\}^2 - \{\phi_{1s_A} + \phi_{1s_B}\}^2 \\ &= -4\,\phi_{1s_A}\cdot\phi_{1s_B} \cdots\cdots (8\text{-}2) \end{aligned}$$

図 8-7　H_A-H_B の分子軌道によるエネルギー準位図

電子分の $2\Delta E_e = -4\phi_{1s_A}\cdot\phi_{1s_B}$ である。

8-4　結合性軌道と反結合性軌道

H_A-H_B の分子軌道で表された結合性軌道 Ψ_b と反結合性軌道 Ψ_a の 2 つの分子軌道について，**図 8-8** に詳細を示した。

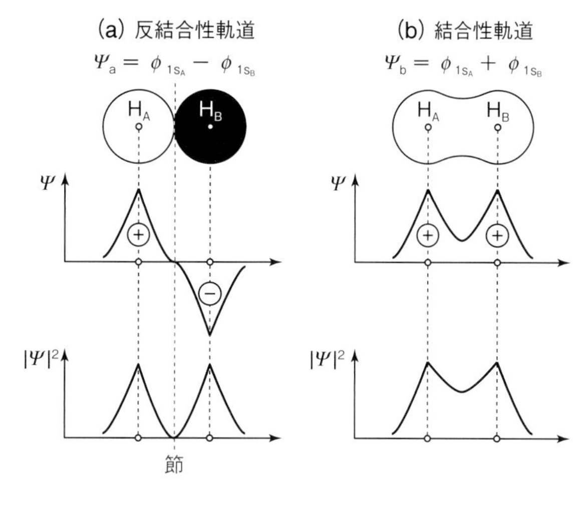

図 8-8　H_A-H_B の (a) 反結合性軌道と (b) 結合性軌道の性質

Ψ_a は，2 つの原子軌道関数 ϕ_{1s_A} と ϕ_{1s_B} が互いに逆の位相をもった状態で相互作用する。そのため，結合しても電子が存在しない領域である**節**（node）ができる。Ψ では＋と－の互いに逆位相をもった成分が結合しているが，電子密度 $|\Psi|^2$ で表すと，ちょうど中心付近に電子が存在しない節がある。これに対して Ψ_b では，同じ位相をもった 2 つの原子軌道関数 ϕ_{1s_A} と ϕ_{1s_B} が互いに強め合って重なり，大きな 1 つの軌道を形成している。結合

電子は ϕ_{1s_A} と ϕ_{1s_B} の2つの原子軌道関数の両方を動くことができ，電子が自由に動ける交換エネルギーを得ることになる。逆に Ψ_a では，2つのH原子核の陽子の正電荷に挟まれた領域から，負電荷である電子を強制的に取り除くことになるため，クーロン相互作用によって不利になり，Ψ_a のエネルギーが Ψ_b よりも高くなる。よって，一般に「分子軌道関数 Ψ の中で，節の数が多い分子軌道ほど高いエネルギーをもつ」ことになる。

図 8-9 には，結合性軌道 Ψ_b と反結合性軌道 Ψ_a について，2つの ϕ_{1s_A} と ϕ_{1s_B} が z 軸方向に沿って距離 r で近づいて結合エネルギー E_B の安定化が得られる様子を示している。Ψ_a では逆位相の ϕ_{1s_A} と ϕ_{1s_B} が近づいていくため，結合はつくらず常に反発する傾向にある。しかし，Ψ_b の場合は同位相の ϕ_{1s_A} と ϕ_{1s_B} が近づくため，r_0 で安定な結合エネルギー E_B ができる。また，ϕ_{1s_A} と ϕ_{1s_B} の軌道が近づきすぎると，Ψ_b と Ψ_a のどちらも原子核同士の反発が現れて高いエネルギーをもつことになる。

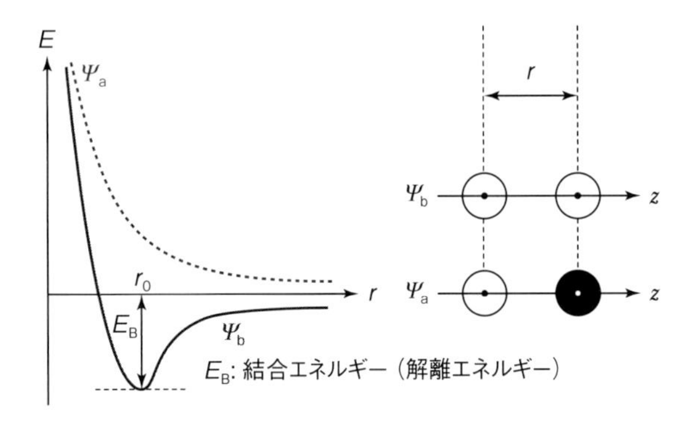

図 8-9 H_A-H_B の Ψ_a と Ψ_b の結合距離 r に対する E の変化

8-5 単原子分子としての He 原子

図 8-10 (a) と (b) に，それぞれ H_A-H_B と仮想的な He_A-He_B の分子軌道のエネルギー準位図を示す。H原子は安定な二原子分子として存在するが，He原子は分子をつくらず単原子分子として安定に存在する。これは，MO法から簡単に説明できる。(a) の H_2 のエネルギー準位図より，2つの電子が H_2 の結合性軌道 Ψ_b を占有し，$-4\phi_{1s_A}\cdot\phi_{1s_B}$ の交換ネルギーによる安定化が得られる。これに対して，(b) の He_2 では，4つの電子が結合性軌道 Ψ_b と反結合性軌道 Ψ_a を等しく占有するため，分子をつくることによる安定化が得られない。そのため，He原子同士が近づくことによる電子同士の静電反発を考慮すると，Heは単原子分子として存在する方が安定である。

8-6 軌道の重なり —重なり積分 S—

原子軌道同士の重なりの度合いは，結合エネルギーに関係する。そして，共有結合を考えるとき，原子軌道同士の位相や対称性を考慮しなければいけない。一般に結合は，原子同士の重なりが最大になるようにつくられる傾向にある。原子軌道関数 ϕ の積（重なり積分 S）は，軌道の重なりを表しており，同位相の重なりの場合には結合性軌道 $S>0$ であり，逆位相の場合には反結合性軌道 $S<0$ になる。同位相と逆位相の両方に重なりが存在し互いに相互作用を打ち消す場合や，節同士が重なる場合には，軌道間に相互作用がないものと考え，非結合性軌道 $S=0$ とする。

s軌道の場合，位相は1種類であるため符号はどこでも同じであるが，p軌道やd軌道では位相と逆位相が共存するため，重ね合わせる方向によって，結合性軌道 $S>0$，反結合性軌道 $S<0$，非結合性軌道 $S=0$ のすべてを取り得るので注意が必要である。例えばp＋sの軌道の重なりでは，**図 8-11** に示したような重なり方によって，結合性軌道 $S>0$，反結合性軌道 $S<0$，非結合性軌道 $S=0$ をとることが分かる。p＋p, d＋s, d＋p に対しても同様に，図のような重なりをもつ。特にp＋pの重なりの中で，軌道の直交性を利用した非結合

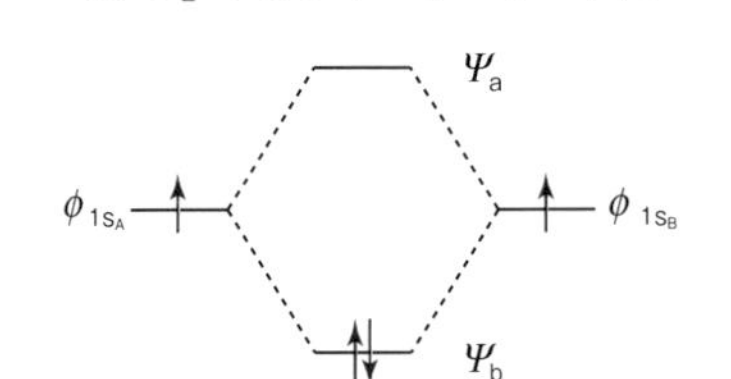

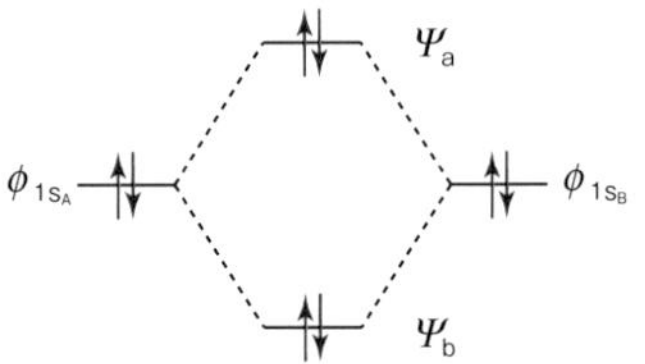

図 8-10 (a) H_2 と (b) He_2 の MO のエネルギー準位図

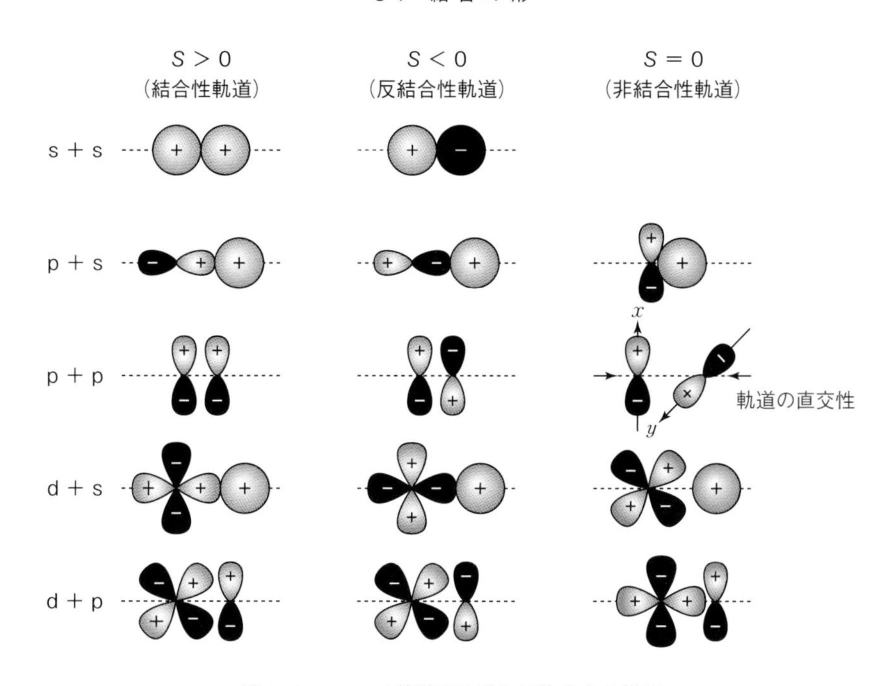

図 8-11　s, p, d 軌道間の重なり積分 S の様子

性軌道 $S=0$ の重なり合いがある。この軌道の直交性は，例えばスピン同士の重なり合いを防いで，強磁性的な相互作用の分子磁石をつくるときに役立っている。

8-7 結合の形

原子軌道の重なり合いは，電子が存在しない面である**節面**（nodal plane）の数によって，σ 結合，π 結合，δ 結合の 3 つに分けられる。**図 8-12** に示したように，同じ位相の重なり合いによる結合は通常 σ 結合が多い。しかし，二重結合や三重結合の重なり合いは，主に p 軌道を主体とする π 結合を生じる。この π 結合では，電子の存在しない節面が 1 つ現れるのが特徴である。δ 結合は，d 軌道同士の結合でできるものであり，節面が 2 つ出現するのが特徴である。この δ 結合は，金属間の四重結合などで現れる特殊な結合である。この結合の相互作用の大きさは，一般に σ 結合 > π 結合 > δ 結合となり，分子軌道のエネルギー準位図の分裂は σ 結合が最も大きくなる。

σ 結合

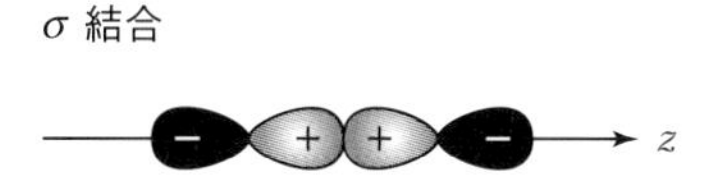

π 結合

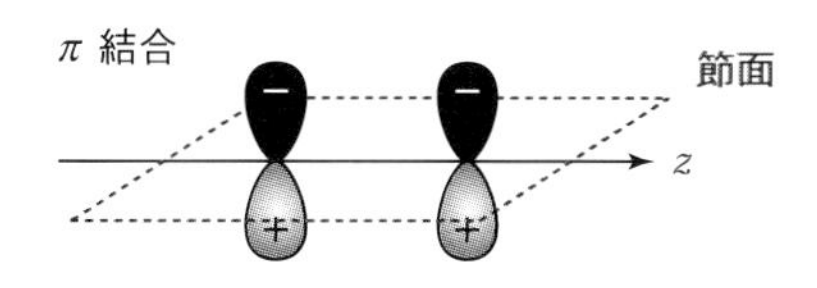

δ 結合

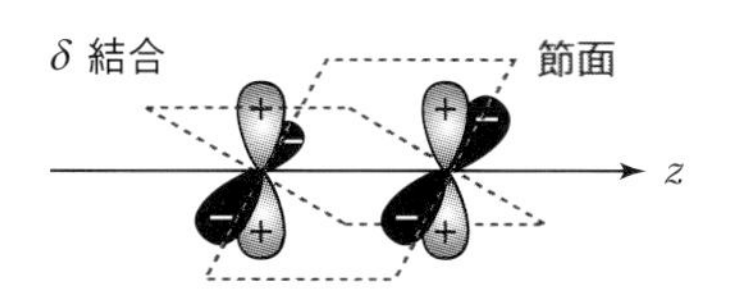

図 8-12　σ 結合，π 結合，δ 結合の形成

【問題】塩化ホスホニトリル三量体に芳香族性はあるか？

ベンゼンには芳香族性があるが，ベンゼンと同じように 3 つの二重結合をもつ塩化ホスホニトリル三量体 $(NPCl_2)_3$ には芳香性がないのはなぜだろうか？

【解答】 **図 8-13 (a)** のように，ベンゼンの芳香族性は，基底状態で結合している C 原子のすべての p_z 軌道が同位相で重なり，自由に電子が動けるために起こる現象である。ベンゼンと同様に二重結合を書くことができる塩化ホスホニトリル三量体（**図 8-13 (b)**）では，P 原子の電子配置が [Ne] $3s^2 3p^3 3d^0$ となるが，この P 原子の空の 3d 軌道と N 原子の p_z 軌道が，基底状態で可能な限り同位相をとるように重なり

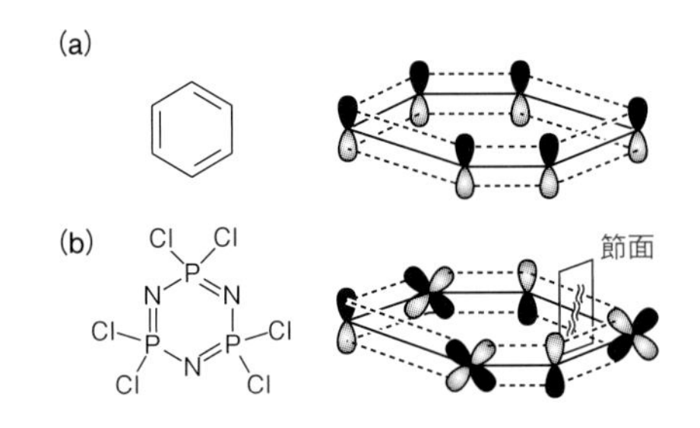

図 8-13　(a) ベンゼンと (b) 塩化ホスホニトリル三量体の軌道の重なり

合いをつくると，必ず最後の結合は逆位相になり，節面が存在する。そのため，電子の動きが制限されて芳香族性が現れないと考えられる*1。

8-8　第2周期の等核二原子分子の分子軌道

第2周期の等核二原子分子の分子軌道について考えてみる。二原子分子は，2s と 2p 軌道間によってつくられた分子軌道に電子が入ることになる。原子 A と原子 B の等核二原子分子を考える場合，2s 軌道と 2p ($2p_x, 2p_y, 2p_z$) 軌道の原子軌道関数 ϕ_{2s_A} と ϕ_{2s_B} および ϕ_{2p_A} と ϕ_{2p_B} で分子軌道をつくる。z 軸方向から原子同士が近づいてくるとすると，ϕ_{2s_A} と ϕ_{2s_B} から結合性軌道 $1\sigma_g$ と反結合性軌道 $2\sigma_u{}^*$ の2つの分子軌道がつくられる（**図 8-14**）。また，ϕ_{2p_A} と ϕ_{2p_B} の6つの原子軌道からは，6つの分子軌道が得られ，そのうち2つの $2p_z$ 軌道からは，結合性軌道 $3\sigma_g$ と反結合性軌道 $4\sigma_u{}^*$ の σ 結合が得られる。一方，$2p_x$ と $2p_y$ は z 軸に対して直交しているため，二重に縮退した π 結合を形成し，結合性軌道 $1\pi_u$ と反結合性軌道 $2\pi_g{}^*$ をつくる。

ここで，分子軌道に示してある "g" (gerade) と "u" (ungerade) は，それぞれ，原点を中心とした反転操作に対して位相が "対称である" ものを "g"，"対称でない" ものを "u" で示している。また，"*" の上付きマークは反結合性軌道の総称とする。一方，分子軌道の番号については任意であり，σ 結合と π 結合を分けて，エネルギー準位の低いものから順に 1, 2, 3, … と付けていく。

*1　d 軌道の両脇では位相が反転することに注意が必要である。

8-9　第2周期の等核二原子分子のエネルギー準位

第2周期の等核二原子分子 Li_2, Be_2, B_2, C_2, N_2, O_2, F_2 について，2s と 2p 軌道からなる各 MO のエネルギー準位図を**図 8-15** に示す。Li_2 から F_2 にいくにつれて全体の MO のエネルギー準位が低下する傾向が見られる。これは，周期表の左から右へいくにつれて原子の有効核電荷 Z_{eff} が増加するため，MO のエネルギー準位が徐々に低下するからである。そして，この MO では，N_2 と O_2 のところで，$1\pi_u$ と $3\sigma_g$ の MO のエネルギー準位の逆転が起こる。

図 8-16 (a) には Li_2, Be_2, B_2, C_2, N_2 のエネルギーの準

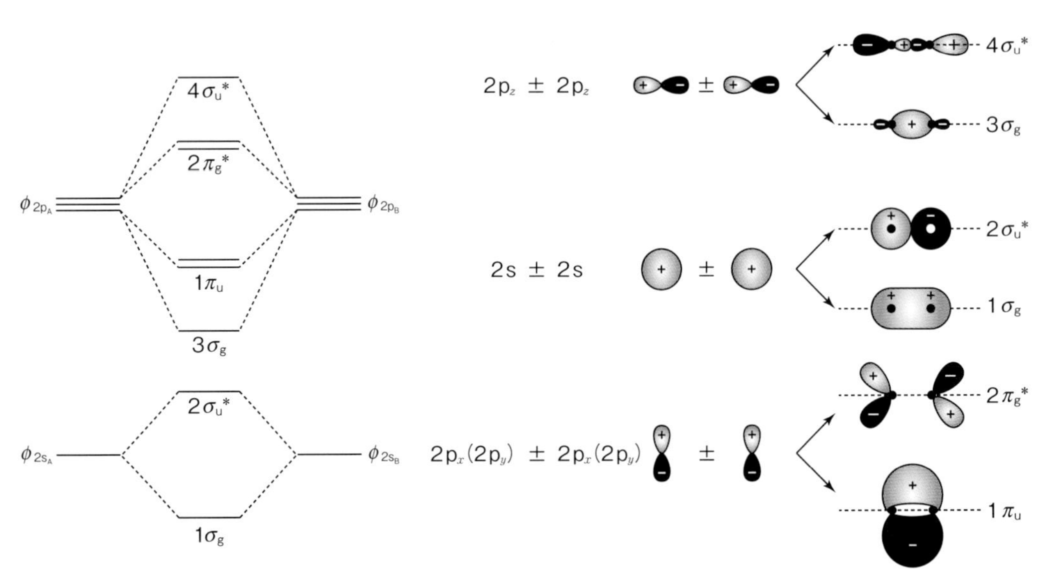

図 8-14　第2周期の等核二原子分子の分子軌道

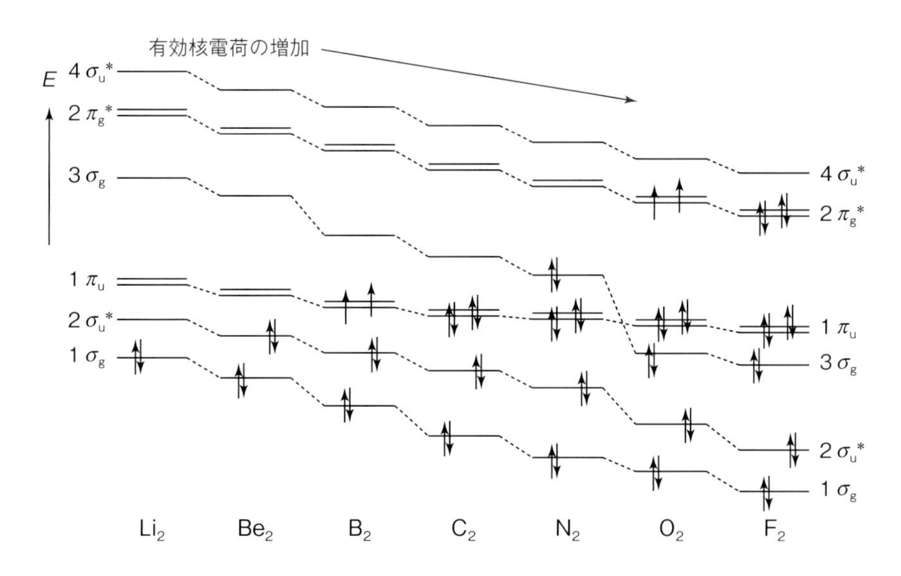

図 8-15　第２周期の等核二原子分子の分子軌道と電子の入り方

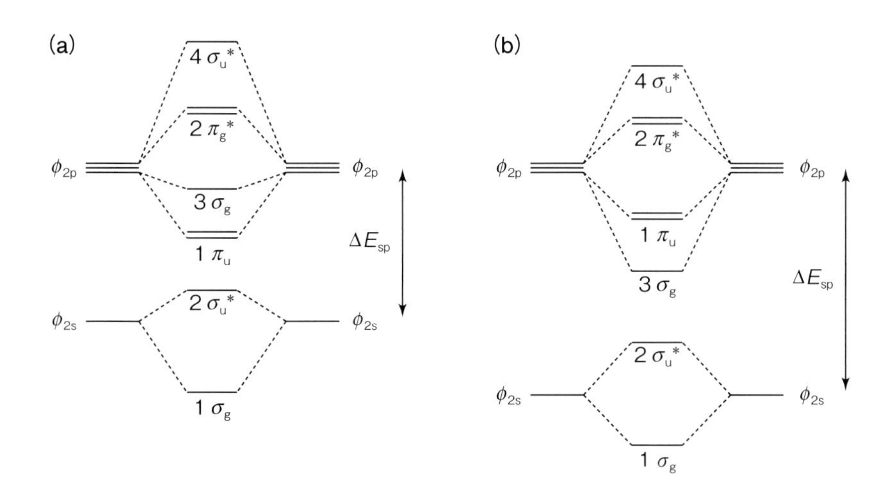

図 8-16　第２周期の等核二原子分子の分子軌道　(a) $Li_2, Be_2, B_2, C_2, N_2$　(b) O_2 と F_2

位図を，**図 8-16** (b) には O_2 と F_2 のものを示した。この $1\pi_u$ と $3\sigma_g$ 軌道のエネルギー準位の逆転には，有効核電荷の増加が関係している。有効核電荷 Z_{eff} が大きな (b) O_2 と F_2 の分子軌道では，原子軌道の段階で ϕ_{2s} と ϕ_{2p} のエネルギー差 ΔE_{SP} が大きく，2s と 2p 軌道は純粋に分裂することができる。しかし，有効核電荷 Z_{eff} の小さな (a) $Li_2, Be_2, B_2, C_2, N_2$ の分子軌道では ΔE_{SP} が小さく，s 軌道と p 軌道の混成が起こるため，軌道の逆転が生じるのである。詳細には，ϕ_{2s} と ϕ_{2p} のもつ σ 軌道同士が相互作用することによって，$3\sigma_g$ と $4\sigma_u{}^*$ のエネルギー準位が上昇し，$1\sigma_g$ と $2\sigma_u{}^*$ のエネルギー準位が下がる。このような $1\pi_u$ と $3\sigma_g$ の分子軌道の逆転が起こるため，B_2 ではフント則により $1\pi_u$ に２つの不対電子をもち常磁性を示す。結合性軌道と反結合性軌道の両方ともに電子対が占有している Be_2 は不安定となる。また，最も強い結合をもつ分子は，**結合次数** (bond order) が 3.0 (三重結合をもつ) の N_2 である。

結合次数は式 8-3 に示したように，結合性の電子対に存在する電子 (結合性電子) 数から，反結合性の電子対の電子 (反結合性電子) 数を差し引いたものであり，どれくらい結合が強いかの目安になる。結合次数が 1.0 で単結合 (一重結合)，2.0 で二重結合，3.0 で三重結合となる。結合次数では，1.5 重結合や 2.5 重結合も存在することになる。

$$結合次数 = \frac{1}{2}(N_b - N_a) = (n_b - n_a) \quad (8\text{-}3)$$

N: 電子数　n: 電子対数

8-10　第2周期の等核二原子分子の性質

図 8-17 (a) に N_2 の分子軌道のエネルギー準位図を示す。電子が入った最もエネルギーが高い軌道は**最高被占軌道 HOMO** (highest occupied MO) といい，電子が入っていない最もエネルギーが低い軌道を**最低空軌道 LUMO** (lowest unoccupied MO) という。そして，この HOMO と LUMO を合わせて，**フロンティア軌道** (frontier orbital) という。このフロンティア軌道は分子の反応性に関係する軌道であり，化学反応を考えるときに重要になる。この N_2 の場合 HOMO は結合性軌道であり，LUMO は反結合性の空軌道である。結合次数が 3.0 で，第2周期の等核二原子分子の中では最も強い結合をもつ。

図 8-17 (b) には B_2 の常磁性の軌道を示す。この縮退している π 結合が HOMO であるが，不対電子をもつことから**半占軌道 SOMO** (singly occupied MO) と呼ばれている。この SOMO が縮退して，フントの規則により常磁性をもつ。

図 8-17 (c) には O_2 を含む O_2 誘導体の4つの化合物，O_2, O_2^+ (ジオキシゲニルイオン)，O_2^- (超酸化物イオン)，O_2^{2-} (過酸化物イオン) についての MO のエネルギー準位図を示している*2。通常の VB 法では，O_2 が常磁性をもつことを証明することはできないが，MO 法では O_2 の SOMO の軌道が縮退しており，2つの電子がフント則によって孤立スピンになり常磁性をもつ。これらの中で結合エネルギーが最も大きいのは結合次数が 2.5 の O_2^+ であり，最も小さいのは結合次数が 1.0 の O_2^{2-} である。また，この中で反磁性のものは，孤立スピンの存在しない O_2^{2-} のみである。

8-11　異核二原子分子

図 8-18 に示したように，異なった原子Aと原子Bが結合するときは，2つの原子の電気陰性度 χ の違いが重要である。異核二原子分子は，電気陰性度 χ の違いによって結合電子が偏ることで，(a) 共有結合 ($\chi_A \sim \chi_B$)，(b) 極性共有結合 ($\chi_A < \chi_B$)，(c) イオン結合 (χ_A

*2　2p 原子軌道由来の分子軌道のみで描いている。

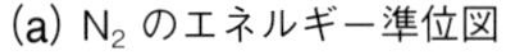

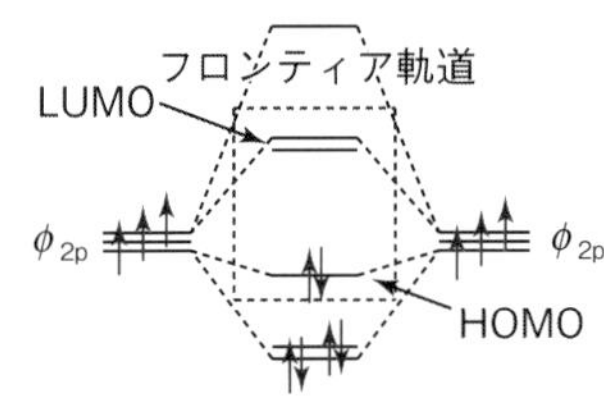

(b) B_2 のエネルギー準位図

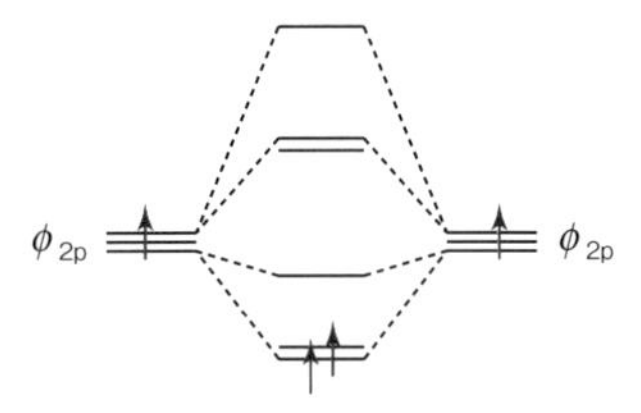

(c) O_2 誘導体のエネルギー準位図

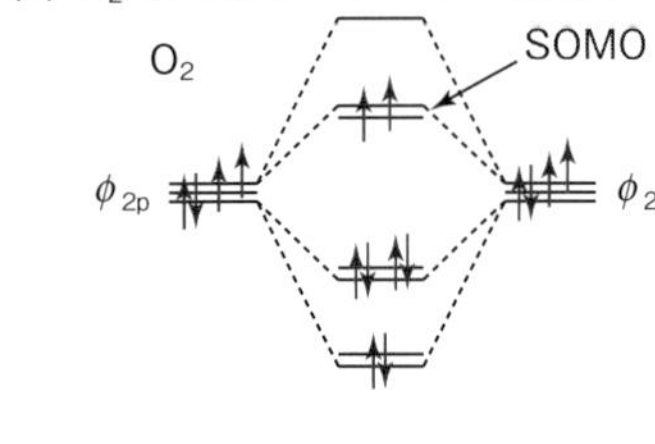

O_2^+

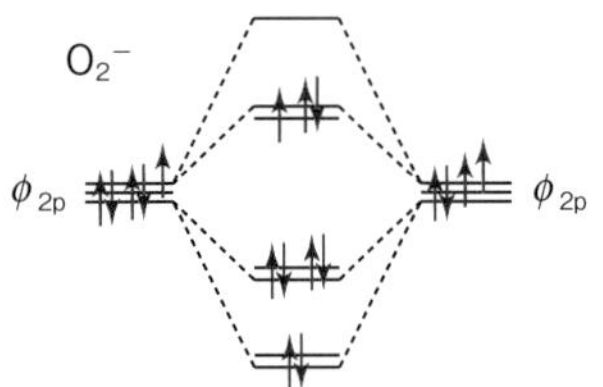

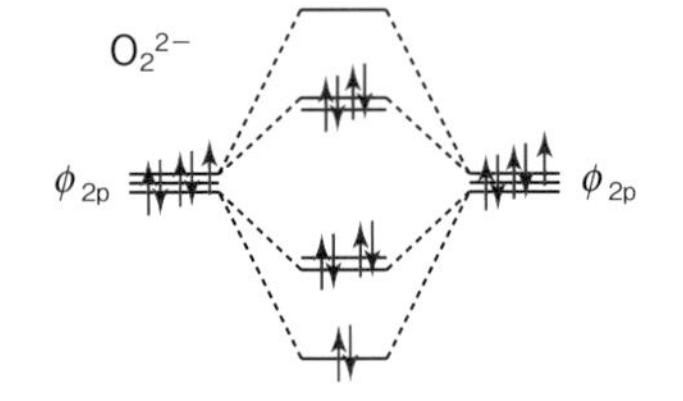

図 8-17　(a) N_2，(b) B_2，(c) O_2 誘導体の MO のエネルギー準位図

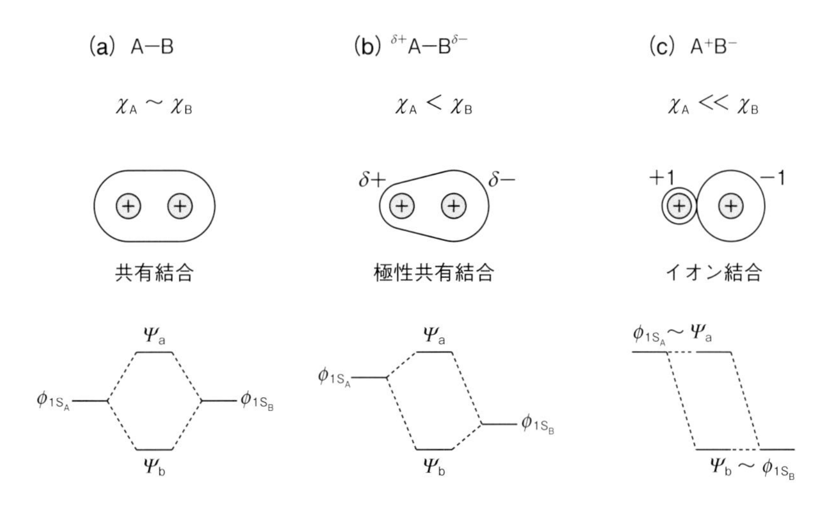

図 8-18　異核二原子分子の取扱い

$\ll \chi_B$）に分類できる。極性共有結合では，例えば電気陰性度 χ の大きな B 原子は結合電子を B 原子側に引き寄せ，分子の結合性軌道に関与して，その結合を安定化するように働く。これに対して電気陰性度 χ の小さい A 原子では，結合電子をほとんど B 原子に引き寄せられて，分子の結合の反結合性軌道に関与して結合を不安定化するように働く。そのため，電気陰性度 χ の小さなものはエネルギー準位の高い反結合性軌道の領域へと ϕ_{1S_A} が移動し，逆に電気陰性度 χ の大きなものはエネルギー準位の低い結合性軌道の領域へと ϕ_{1S_B} が移動する。電子が究極に移動したイオン結合では，結合電子がすべてアニオンに移ってしまい，カチオンの ϕ_{1S_A} は反結合性軌道のエネルギー準位 Ψ_a にほぼ等しく，アニオンの ϕ_{1S_B} は結合性軌道のエネルギー準位 Ψ_b にほぼ等しくなる。

8-12　HF はなぜ極性をもつのか？

H 原子と F 原子の電気陰性度 χ は，それぞれ χ_H（2.2）と χ_F（4.0）となっている。$\chi_H \ll \chi_F$ のため H−F の結合電子は F 原子側に局在化しており，F 原子が結合性軌道へ，H 原子が反結合性軌道へ寄与する割合が大きくなる。そのため，一般に H−F 分子内では分極しており，極性の構造をもつと予想される。これを**図 8-19** のように MO 法で見ていくことにする。

電子配置は，F（[He] $2s^2 2p^5$）と H（$1s^1$）となり，F の原子価軌道は [$2s^2 2p^5$] である。このとき，F 原子の電気陰性度が大きいので，原子軌道のエネルギー準位は，エネルギー的に低い結合性軌道側に局在化する。また，

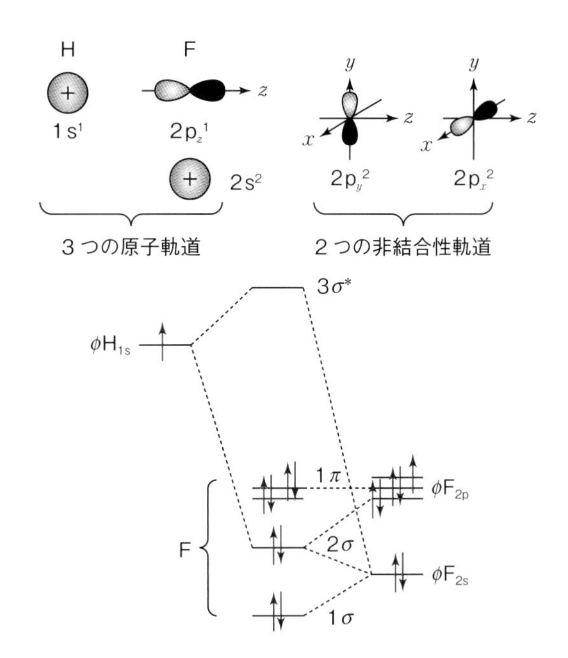

図 8-19　HF の MO のエネルギー準位図

H 原子の電気陰性度は小さいため，原子軌道のエネルギー準位は，エネルギー的に高い反結合性軌道に位置することになる。1s（H）と 2s（F），$2p_z$（F）から 3 つの分子軌道がつくられ，$2p_x$（F）と $2p_y$（F）から 2 つの縮退した非結合性軌道が得られる。MO で見ると，2s（F）と $2p_x$（F），$2p_y$（F）からつくられる 1σ と 1π の軌道はほぼ非結合性軌道に属する。1s（H）と $2p_z$（F）からつくられる，2σ と $3\sigma^*$ 軌道が HF の単結合に使われている。そのため，結合次数は 1.0 である。このエネルギー

準位図から，HF の結合電子はほとんどすべて F 原子側に偏在しており，負の部分電荷が F 原子に，正の部分電荷が H 原子に二極化するため，HF 分子は 1.91 D（デバイ debye）の分極をもつことになる。

8-13　分子軌道からみた CO 結合

図 8-20 で示すように，O 原子は C 原子よりも有効核電荷が大きいため，2s-2p 軌道間のエネルギー準位差 ΔE_{sp} は，C 原子よりも O 原子の方が大きくなる（$\Delta E_{sp}(C) < \Delta E_{sp}(O)$）。また電気陰性度 χ は $\chi_C < \chi_O$ であるので，O 原子の軌道は C 原子の軌道より結合性軌道に関与するため，全エネルギー準位は比較的低い位置にある。C 原子の軌道は反結合性軌道と関与するため，比較的高い位置にある。分子軌道ではエネルギー準位が $3\sigma > 1\pi$ となり，s 軌道と p 軌道の混成により逆転している。

フロンティア軌道は，HOMO が 3σ であり，LUMO が $2\pi^*$ となる。HOMO の 3σ 軌道は非結合性であり，反結合的な性格が強い。この 3σ 軌道から電子を取り除くと，結合を強めるように働くことが特徴である。C≡O が金属イオンに強力に配位してシナジー効果[*3] を示すのは，非結合性 HOMO の 3σ 軌道から Lp を配位結合して金属イオンへ与えると同時に，金属イオンから LUMO の $2\pi^*$ の反結合性軌道へ電子が **π 逆供与**（π back donation）するためである。わずかに反結合性をもつ HOMO から電子を 1 つとった $C≡O^+$ は，C≡O よりも強い結合をもつ。1 つの CO 結合は sp 混成軌道からなり，C 原子の上には 2s 軌道由来の Lp が，また O 原子の上には $2p_z$ 由来の Lp がきている。残りの C 原子と O 原子の $2p_x$ 軌道と $2p_y$ 軌道には電子が 1 つずつ存在し，2 つが縮退した π 軌道をつくっている。

*3　HOMO による配位結合と LUMO による**逆供与結合**（back bonding）の二重の結合により金属イオンとの配位を安定化する。

8-14　オクテット則に従わない BeH_2

$Be(1s^2 2s^2 2p^0)$ と 2 つの $H(1s^1)$ の結合からなる分子 BeH_2 は，オクテット則では説明できない。混成軌道で説明するには，**図 8-21** (a) のように，2s と $2p_z$ の sp 混成が z 軸方向に 2 つの H 原子との σ 結合をつくると考えるとよい。残りの電子の入っていない $2p_x$ 軌道と $2p_y$ 軌道は，縮退した非結合性軌道として働く。**図 8-21** (b) は，BeH_2 の MO エネルギー準位を示している。分子軌道として考えた場合，Be 原子の 2s 軌道と $2p_z$ 軌道，および 2 つの H 原子の 1s 軌道から 4 つの σ 結合を形成し，そのうち 2 つの $1\sigma_g$ と $2\sigma_u$ が結合性軌道を形成する。この 2 つの結合性軌道を満たすように 4 つの電子を導入すれば，オクテット則を満たさなくても結合次数は 2.0 の安定な BeH_2 の MO 軌道ができあがる。（Be−H 結合は 2 つあるので，各結合に対しては結合次数は 1.0 となる。）**図 8-21** (c) と (d) では，それぞれ原子個別の軌道の形と重ね合わせた場合の軌道の形で，σ 結合の位相の重なりについて示した。$1\sigma_g$ から $4\sigma_u^*$

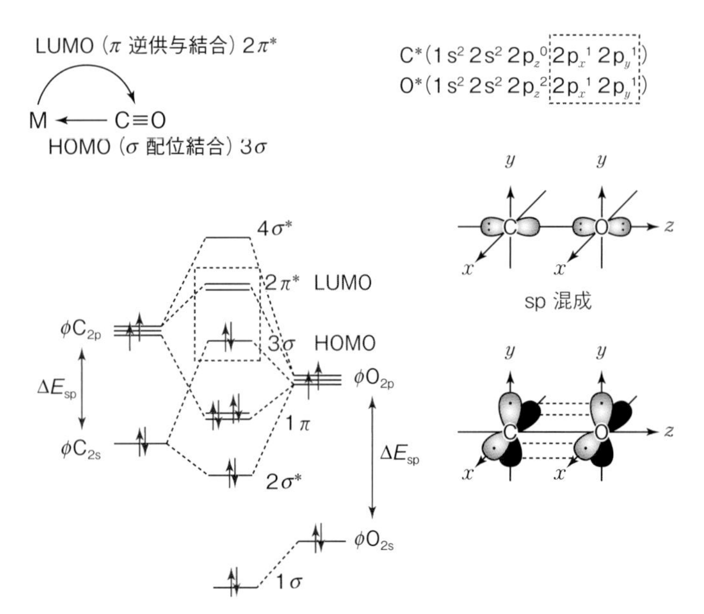

図 8-20　C≡O の分子軌道のエネルギー準位図

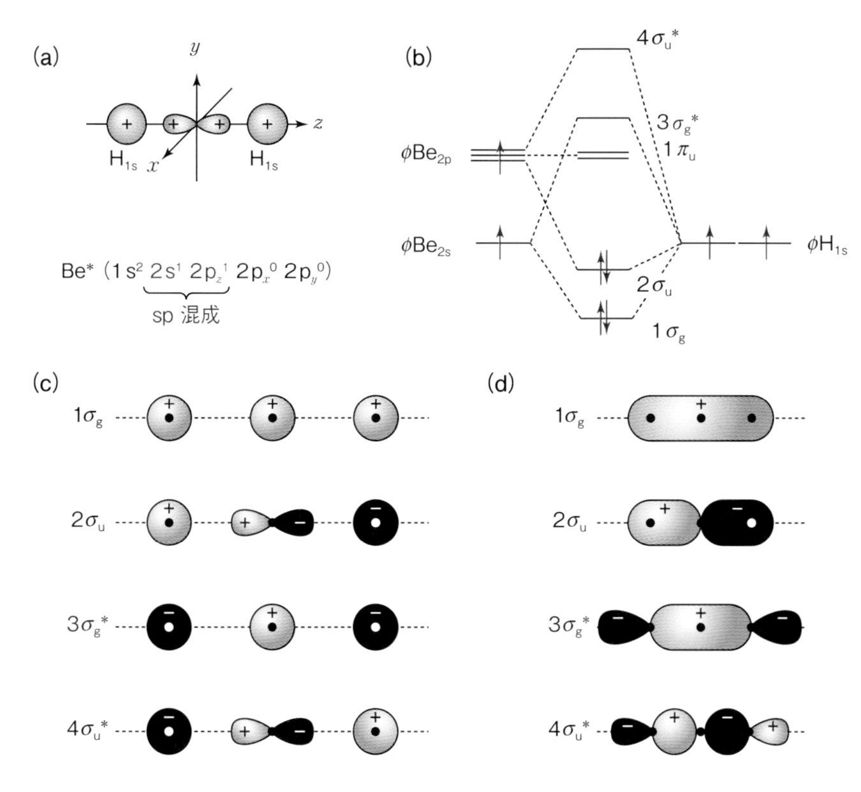

図 8-21　BeH_2 の分子軌道のエネルギー準位図

へと高エネルギーになるにつれて，節面の数が多くなっている。

8-15　ジボランの３中心２電子結合

ジボラン B_2H_6 は，電子の結合を使用した VB 法で表すと，**図 8-22** (a) のように，電子では結合をつくれないところがある。そのため，左側と右側のルイス構造の共鳴混成体として考えることが提案されている。しかし，実際には結合がないのに，共鳴構造で表すのは果たして適切だろうか。

MO 法のように電子が入る軌道を考えると，容易にジボランの結合（3 中心 2 電子結合）を説明することができる。B 原子 2 つに H 原子 1 つがつくる MO のエネルギー準位図を**図 8-22** (b) に示す。このように，反結合性軌道 $3\sigma^*$，非結合性軌道 2σ，結合性軌道 1σ の 3 つの軌道がつくられる。1σ は B 原子 2 つと同位相の H 原子 1 つからつくられる 1 つの結合性軌道になる。そのため，この軌道に 2 つの電子を加えれば 3 中心 2 電子結合ができあがる。これは (c) のように，2 つの B 原子の 2 つの軌道に，同位相の H 原子の 1s 軌道を重ね合わせて 1 つの分子軌道をつくり，この軌道に 2 電子ずつ加えて 3 中心 2 電子結合とすればよい。実際に (d) ではそれぞれの σ 結合の軌道の形を描いている。結合次数は 2 つの B−H 結合で 1.0 となるため，1 つの B−H に対して 0.5 となる。

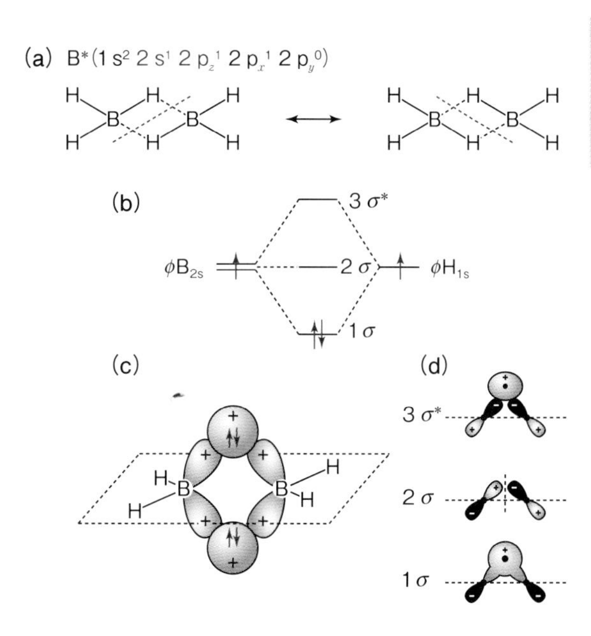

図 8-22　B_2H_6 の分子軌道のエネルギー準位図

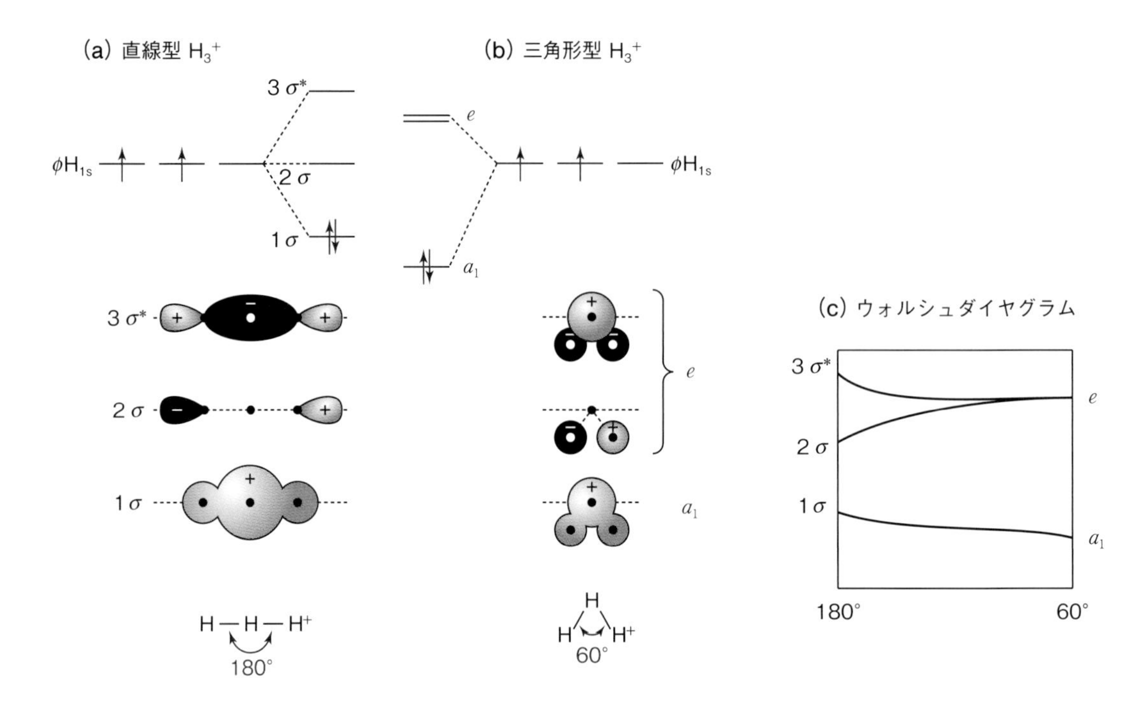

図 8-23　H_3^+ の分子軌道のエネルギー準位図とウォルシュダイヤグラム

8-16　H_3^+ は直線型分子か，三角形型分子か

H_2 + HF/SbF_5（超強酸）

$$\rightarrow [H_3]^+[SbF_6]^- \rightarrow H_2 + H^+ \qquad (8\text{-}3)$$

H_3^+分子は，式 8-3 のような反応によって発生する反応中間体の分子イオンである。H_3^+分子を MO 法で考えてみる。この分子が直線型構造をとるときの分子軌道を**図 8-23**(a) に示した。H 原子の 3 つの 1s 軌道から 1σ 結合性軌道，2σ 非結合性軌道，3σ* 反結合性軌道の 3 つの分子軌道が生成する。3σ* 軌道は隣り合う 2 原子に対して反結合性である。2σ 軌道は，中心の H 原子からの寄与はなく，両端の H 原子は離れすぎて相互作用はない。1σ は 3 つの H 原子を結合させているが，両末端同士の寄与は離れているため少ない。この 3 つの分子軌道の 1σ 結合性軌道に 2 電子入れることで H_3^+ 分子が形成される。

これに対して，60° の結合角をもつ三角形型の H_3^+ 分子の生成を考えてみる（**図 8-23**(b)）。同位相での a_1 結合性軌道の他に，非結合性軌道（2σ）と反結合性軌道（3σ*）を含む縮退した e の分子軌道を形成する。2σ 軌道は，直線型と異なって両末端が隣接するため反結合性の寄与が増すのでエネルギー準位が上がり，また 3σ* 軌道は，両末端の同位相の H 原子の相互作用が現れるためエネルギー準位は下がる。これらに対して，結合性軌道の 1σ 軌道のエネルギー準位は下がる。この a_1 結合性軌道に 2 電子加えることで，安定な三角形型 H_3^+ 分子をつくることができる。この (a) の直線型 H_3^+ 分子から (b) の三角形型 H_3^+ 分子への連続的な各分子軌道のエネルギー準位は，ウォルシュ（Walsh）ダイヤグラムのように角度依存性のグラフで考えることができる（**図 8-23**(c)）。H_3^+ の最低エネルギーを占める軌道は，直線型 $(1\sigma)^2$ より三角形型 $(a_1)^2$ の方が，3 つの H 原子すべてにわたって非局在化した軌道をもつのでエネルギー準位が低くなる。したがって，正三角形の構造が最もエネルギー準位が低くなり，安定化することになる。

第9章 金属錯体の結合論 —分子結合論 (4)—

さて，ここまでは金属を除いたs-ブロックとp-ブロック元素の分子について，原子価結合法と分子軌道法による分子結合論を学んできた。それでは，金属や金属イオンを含んだ分子の取扱いはどのようにすればよいのか，この章で考えていこう。はじめはVB法として18電子則の金属錯体の取扱いを学ぶ。それから結晶場理論や配位子場理論による錯体の取扱いを学習する。最後に角重なりモデルでは，いろいろな配向をもつ金属錯体の取扱いを学んでいく。金属イオンを含む分子はd軌道を含むため，s＋p軌道のオクテット則ではなく，s＋p＋d軌道の18電子則が成り立つようになる。また，結晶場理論の簡単な思考実験から，錯体の色や磁性の起源なども理解できるようになる。

9-1 EAN則と18電子則

ここでは，VB法によって説明できる金属錯体の構造について見ていきたい。VB法では最外殻電子が結合に重要な働きをしたが，金属イオンを含む**錯体**（complex）でも，d軌道を加えて配位した最外殻軌道が重要になってくる。金属錯体は，中心金属イオンの全電子数と**配位結合**（coordinate bond）した電子対の電子数の両方を足し合わせたもの（有効原子番号）が，貴ガスの電子配置になると安定化する。これを**有効原子番号則**（EAN則；effective atomic number theory）と呼ぶ。例えば$[Co^{III}(NH_3)_6]^{3+}$のEAN則を求めてみる。$[Ar]\,3d^6$の$_{27}Co^{3+}$は24個の電子をもち，6つのNH_3からそれぞれ2電子ずつの配位を受ける。すると$24e^- + 12e^- = 36e^- =$ [Kr]となり，貴ガスの電子配置に等しくなる。したがって，この錯体は安定化することになる。

VB法では，EAN則のように全電子を数えなくても，最外殻電子の数により化学結合の性質が決まってくる。第4周期の遷移金属錯体の場合，配位子が配位する軌道も含めて，3d＋4s＋4pが原子価軌道である。そのため，この軌道を完全に埋めることができる18電子の価電子をもつ錯体は安定化する。この規則を**18電子則**（18-electron rule）と呼ぶ。18電子則では，3d軌道，4s軌道，4p軌道の3つの軌道を考えればよく，$[Co^{III}(NH_3)_6]^{3+}$はその3つの軌道で18電子を満たしているため安定になる（**図9-1**）。

9-2 18電子則と混成軌道

さて，再び$[Co^{III}(NH_3)_6]^{3+}$の原子価軌道を見ると，確かに18電子則を満たしており，安定な錯体になる。しかし，$[Co^{III}(NH_3)_6]^{3+}$の構造が6配位八面体をとることは，原子価軌道だけからどのように理解できるのだろうか。これは，$[Co^{III}(NH_3)_6]^{3+}$のd^2sp^3混成軌道から導くことができる。

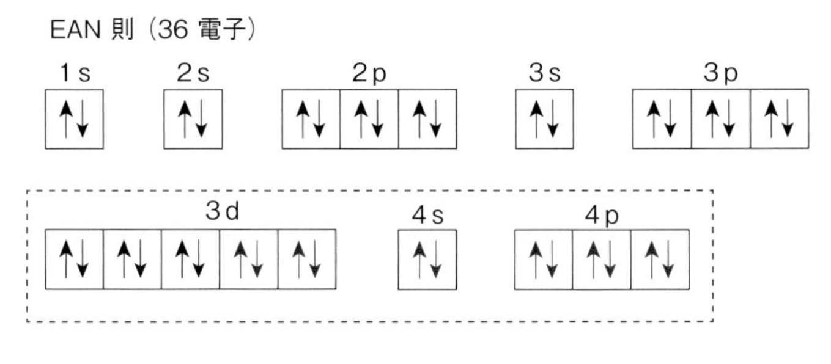

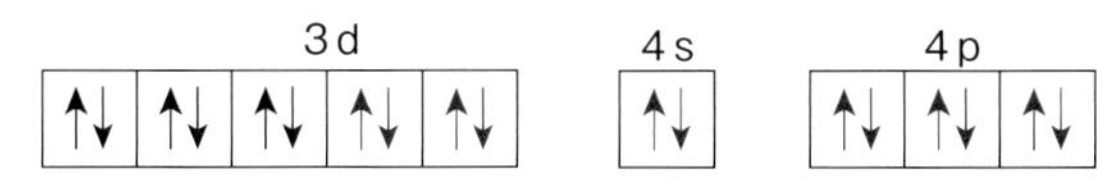

図9-1 EAN則と18電子則の電子配置

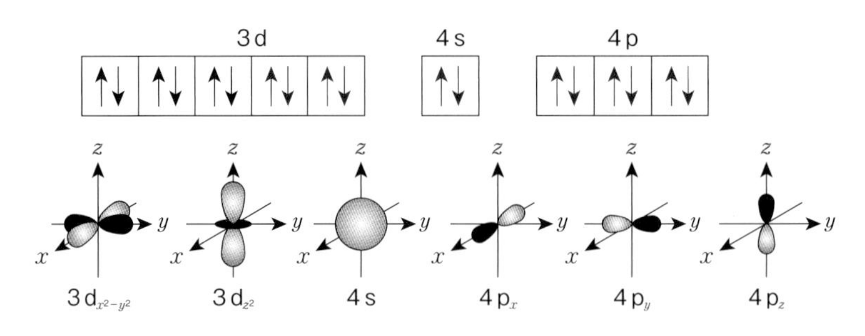

図 9-2　$[Co^{III}(NH_3)_6]^{3+}$ の電子配置

9-2-1　$[Co^{III}(NH_3)_6]^{3+}$ の電子配置

Co: [Ar] $3d^7 4s^2$　Co^{3+}: [Ar] $3d^6$

$[Co^{III}(NH_3)_6]^{3+}$ の6つの NH_3 が配位した軌道は，2つの3d軌道と1つの4s軌道，および3つの4p軌道からなる d^2sp^3 混成軌道から成り立っている（**図 9-2**）。この d^2sp^3 混成軌道は，2つのd軌道（$3d_{z^2}$, $3d_{x^2-y^2}$），1つのs軌道（4s），および3つのp軌道（$4p_x$, $4p_y$, $4p_z$）からつくられているとすると，6配位八面体構造（Oh）を説明することができる。すなわち，d^2sp^3 混成軌道は，これらすべての軌道が混成されて1つの軌道になっていると考えると，すべて x 軸，y 軸，z 軸上に張り出したローブ（lobe: 軌道の形）をもつことから，6配位八面体構造に配位できるのである。

9-2-2　$[Ni^{II}(CN)_4]^{2-}$ の電子配置

Ni: [Ar] $3d^8 4s^2$　Ni^{2+}: [Ar] $3d^8$

一方，$[Ni^{II}(CN)_4]^{2-}$ の錯体は，4配位正方平面型（sp）である。この場合，d^8 金属イオンの錯体であるので，配位子の CN^- との配位に使われている軌道は，dsp^2 混成軌道となる（**図 9-3**）。$3d_{x^2-y^2}$ 軌道，4s軌道，$4p_x$ 軌道と $4p_y$ 軌道を使えば，すべてのローブは4配位正方平面型の構造をつくることができる。

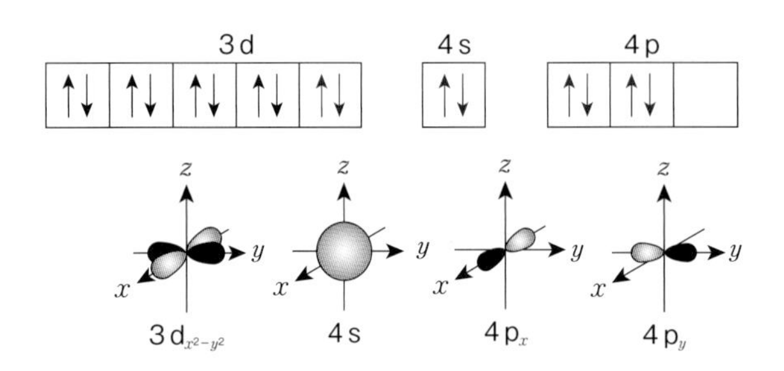

図 9-3　$[Ni^{II}(CN)_4]^{2-}$ の電子配置

9-2-3　$[Zn^{II}(NH_3)_4]^{2+}$ の電子配置

Zn: [Ar] $3d^{10} 4s^2$　Zn^{2+}: [Ar] $3d^{10}$

$[Zn^{II}(NH_3)_4]^{2+}$ の錯体は，4配位正四面体型（Td）の構造である。これは NH_3 配位子との軌道が sp^3 混成軌道からなる錯体である（**図 9-4**）。この sp^3 混成軌道は，CH_4 で有名な正四面体構造をとる混成軌道である。1つの4s軌道，3つの4p軌道からなり，正四面体構造に寄与する。

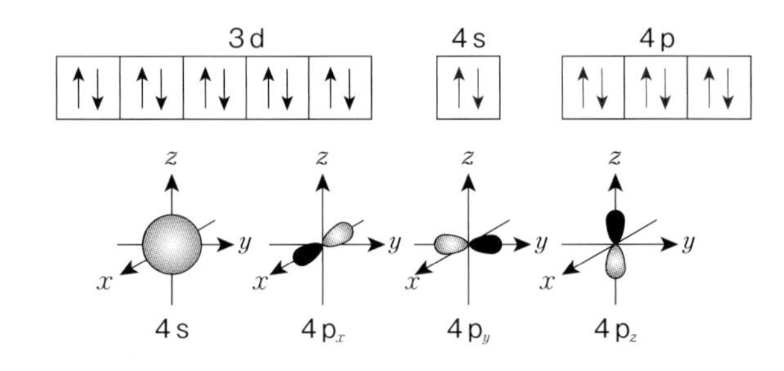

図 9-4　$[Zn^{II}(NH_3)_4]^{2+}$ の電子配置

9-3　内部軌道錯体と外部軌道錯体

さて，原子価結合法で示した金属錯体の電子配置は，**内部軌道錯体**（inner orbital complex）と**外部軌道錯体**（outer orbital complex）の2種類に分けることができる。原子価結合法で定義されたこれらの錯体は，結晶場理論で出てくる低スピン錯体（LS）や高スピン錯体（HS）の概念と同様である。

9-3-1　Fe^{3+}: [Ar] $3d^5$ の内部軌道錯体と外部軌道錯体

例えば，$[Fe^{III}(CN)_6]^{3-}$ の内部軌道錯体と $[Fe^{III}(acac)_3]$（$acac^-$ = acetyl acetonate）の外部軌道錯体の原子価軌道を比較してみる。いずれも d^2sp^3 混成軌道をとることによって6配位八面体型の構造をとっている

$[Fe^{III}(CN)_6]^{3-}$ ($S = 1/2$) 内部軌道錯体

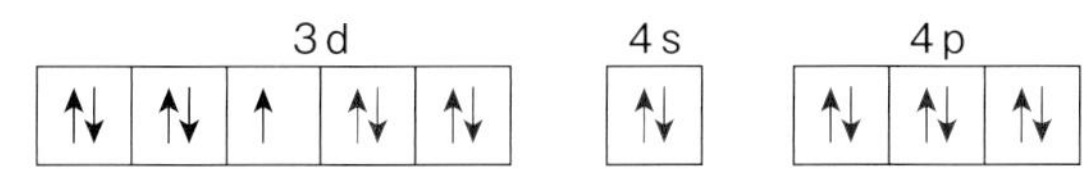

$[Fe^{III}(acac)_3]$ ($S = 5/2$) 外部軌道錯体

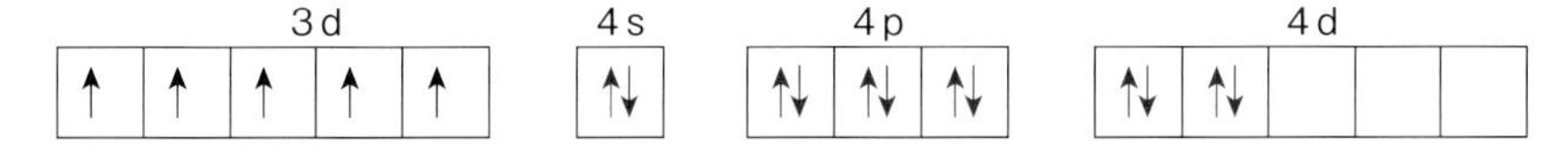

図 9-5　Fe^{3+} 錯体 (d^5) の内部軌道錯体と外部軌道錯体

(**図 9-5**)。しかし，$[Fe^{III}(CN)_6]^{3-}$ と $[Fe^{III}(acac)_3]$ では d 軌道の電子配置が異なり，$[Fe^{III}(CN)_6]^{3-}$ では $S = 1/2$ (S は全スピン量子数) であるが，$[Fe^{III}(acac)_3]$ は $S = 5/2$ となり，同じ Fe^{3+} の錯体であるが，異なった磁気的性質をもつ。このように，金属 d 電子をなるべく電子対になるように 3d 軌道に配置したものを**内部軌道錯体** (LS 型) という。また，フント則を満たすよう，なるべく電子対にならないように不対電子として配置したものを**外部軌道錯体** (HS 型) という。

9-3-2　Co^{2+} 錯体の内部軌道錯体と外部軌道錯体　Co^{2+}: [Ar] $3d^7$

一方，d^7 の電子配置をもつ Co^{2+} 錯体にも $[Co^{II}(NH_3)_6]^{2+}$ と $[Co^{II}(H_2O)_6]^{2+}$ の内部軌道錯体と外部軌道錯体の 2 種類が存在する。このとき，錯体は 6 配位八面体であるから d^2sp^3 混成軌道をとらなければいけない (**図 9-6**)。外部軌道錯体では，3d 軌道の 5 つの軌道に，フント則を満たすように電子を配置して HS 型 ($S = 3/2$) にする。ところが内部軌道錯体では，なるべく電子対をつくるように 5 つの軌道へ電子を入れて LS 型 ($S = 1/2$) にするので，どうしても d^2sp^3 混成軌道をとれなくなる。そのため，Co^{2+} にある最後の電子を 4d 軌道まで昇位させて，d^2sp^3 混成軌道をつくるようにする。この場合，最もエネルギー的に高い電子は金属イオン由来になる。Co^{2+} は Co^{3+} に酸化されやすいので，電子を 4d 軌道に昇位させてもエネルギー的には問題ない。

9-3-3　$[Cu^{II}(NH_3)_4]^{2+}$ の内部軌道錯体と外部軌道錯体　Cu^{2+}: [Ar] $3d^9$

次に，正方平面型をとる $[Cu^{II}(NH_3)_4]^{2+}$ を説明する (**図 9-7**)。d^9 の電子配置ではすべての d 軌道に電子が存在するため，4 つの配位子の電子対は 1 つの 4s 軌道と 3 つの 4p 軌道に入る。しかし，sp^3 混成軌道では正四面体型が有利なため，$3d^9$ の電子の 1 つを 4p 軌道まで昇位させて，強制的に dsp^2 混成軌道にすれば，4 配位正方平面型に配位できる。しかし，この場合，Cu^{2+} は Cu^{3+} に酸化されやすくなる。$[Cu^{II}(NH_3)_4]^{2+}$ が Cu^{3+} に酸化された錯体は不安定であることを考えると，この昇位による原子価結合理論は，実際の錯体の性質を表していない。したがって，このような原子価結合理論

内部軌道錯体 ($S = 1/2$)　d^2sp^3 混成 ($[Co^{II}(NH_3)_6]^{2+}$)

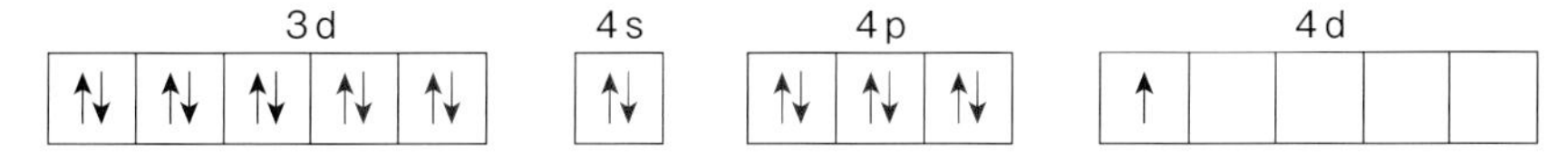

外部軌道錯体 ($S = 3/2$)　d^2sp^3 混成 ($[Co^{II}(H_2O)_6]^{2+}$)

3d　4s　4p　4d

図 9-6　Co^{2+} 錯体 (d^7) の内部軌道錯体と外部軌道錯体

第 9 章

sp^3 混成軌道 (正四面体構造)

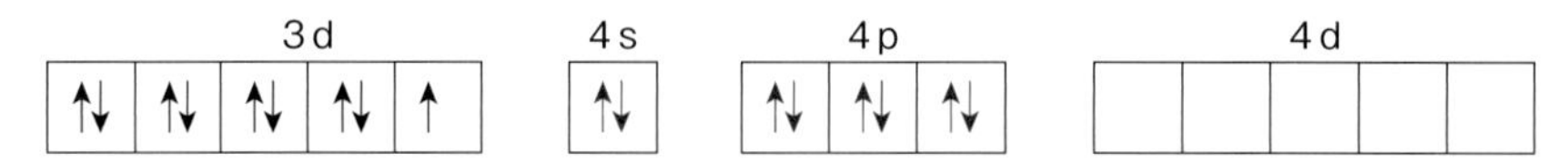

dsp^2 混成軌道 (正方平面構造)

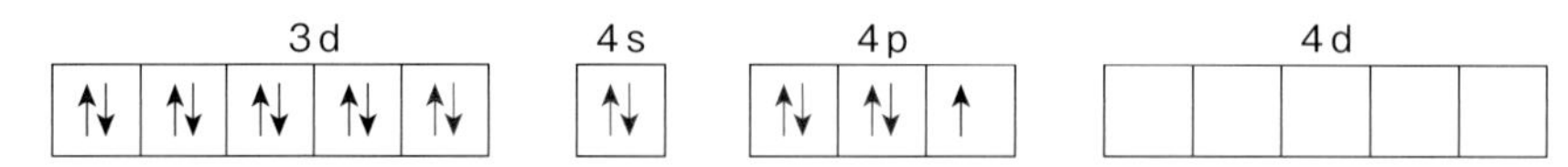

図 9-7　$[Cu^{II}(NH_3)_4]^{2+}$ (d^9) の正四面体と正方平面構造

表 9-1　遷移金属元素とイオンの族番号と最外殻電子数の関係

族		3族	4族	5族	6族	7族	8族	9族	10族	11族	12族
周期	4	Sc	Ti	V	Cr	Mn	Fe	Co	Ni	Cu	Zn
	5	Y	Zr	Nb	Mo	Tc	Ru	Rh	Pd	Ag	Cd
	6	Ln†	Hf	Ta	W	Re	Os	Ir	Pt	Au	Hg
価電子	M^0	3	4	5	6	7	8	9	10	11	12
	M^{1+}	2	3	4	5	6	7	8	9	10	11
	M^{2+}	1	2	3	4	5	6	7	8	9	10
	M^{3+}	0	1	2	3	4	5	6	7	8	9

† Ln；ランタノイド

では錯体の電子配置や性質を表すには限界がある。

9-4　18電子則とカルボニル錯体

さて，18電子則を遷移金属錯体に使うためには，それぞれの金属または金属イオンの価電子数を知っておくと便利である。**表 9-1** に，周期表の第4周期から第6周期までの遷移金属および遷移金属イオンの族番号と価電子数を表す。遷移金属は，イオン化していないとき価電子数と族番号の値が等しい。M^{1+}, M^{2+}, M^{3+} とイオン化したときは，それぞれ族番号から 1,2,3 をとれば遷移金属イオンの価電子数になる。これは18電子則を使ううえで覚えておくとよい。18電子則における価電子数の数え方は，周期表の金属の d 電子数とは異なっているのに，d 電子数を族番号と一致させることに疑問をもつかもしれない*1。18電子則では，錯体を形成したときに，金属のもつ最外殻電子と配位子から供給される電子の合計を数えるので，原子状態 (nd + (n + 1) s) での合計の電子数を加えなければならない。すなわち，18電子則を用いる場合には，ある金属の電子配置で (n + 1)s 軌道にいる電子も d 軌道の電子数として扱うのである。

一方，6族の Cr から10族の Ni までの**ホモレプティックカルボニル錯体** (homoleptic carbonyl complexes)*2 について，18電子則を適用して分子構造について考えてみる。

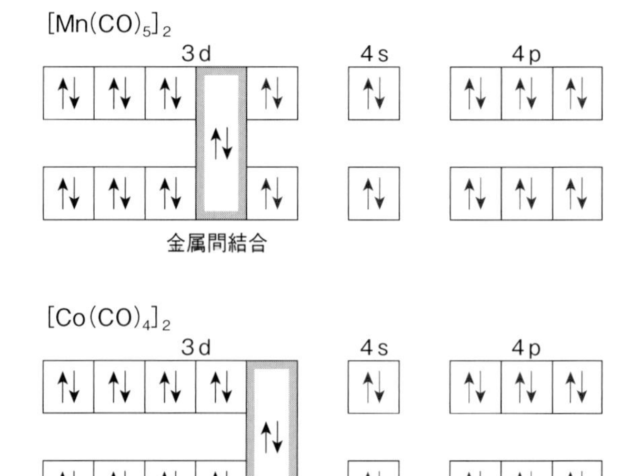

図 9-8　$[Mn(CO)_5]_2$ と $[Co(CO)_4]_2$ の二量体の電子配置

*1　例えば，Fe の電子配置は [Ar] $3d^6 4s^2$ であるが，[Ar] $3d^8$ であるとする。

*2　CO 配位子だけしかもたない金属錯体。

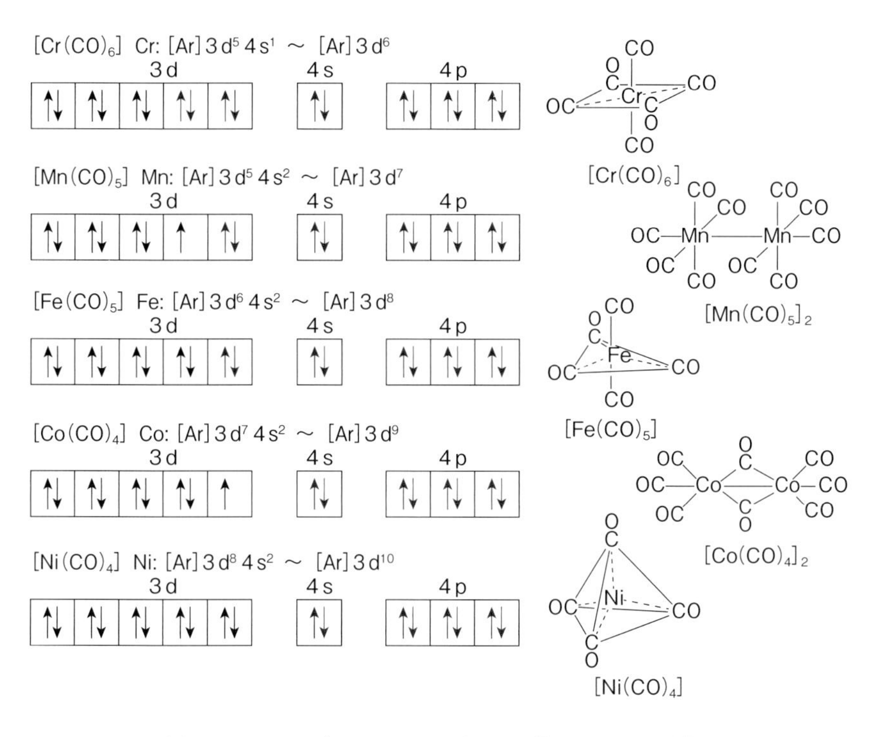

図 9-9　ホモレプティックカルボニル錯体の電子配置と構造

Cr^0, Fe^0, Ni^0 のように，それぞれの価電子数が6, 8, 10個の偶数の金属では，金属の価電子数とCOの配位数を合わせた原子価電子は18電子則を満たしており，それぞれの錯体が安定化する。しかし，Mn^0, Co^0 のように価電子が7, 9個のような奇数の金属では，COの配位を合わせた原子価電子は17電子となり，18電子則を満たすことができない。$[Mn(CO)_5]_2$ と $[Co(CO)_4]_2$ のそれぞれの原子価電子の電子配置を**図 9-8** に示す。このような17電子の金属錯体は，二量化することで金属間結合をつくり，さらに1電子を得て18電子則を満たすようになる。すなわち，電子数が17電子の金属錯体は，金属のd軌道の1つの不対電子を金属間結合させた二量体構造をつくることで18電子則を満たすように安定化する。**図 9-9** には，ホモレプティックなカルボニル錯体について，それぞれの電子配置と安定な錯体構造についてまとめた。VSEPRモデルで示すように，$[Cr(CO)_6]$, $[Fe(CO)_5]$, $[Ni(CO)_4]$ はそれぞれOh, tbp, Tdをとり，安定化する。二量体構造をもつ $[Mn(CO)_5]_2$ は，金属間結合のみでつながれており，$[Co(CO)_4]_2$ の場合は，架橋型COの数と金属間結合は溶液中で平衡になっている。

9-5　18電子則の限界

18電子則はどのような金属錯体にも成立するものではなく，一般にd電子が少ない前周期金属や，d電子が多い後周期金属では成り立たないことが分かっている。すなわち，6～10族の金属錯体ぐらいでしか18電子則は成り立たない。これは，3～5族の前周期金属では，18電子で使う3d軌道，4s軌道，4p軌道のエネルギー準位が相対的に高いので配位結合として使える軌道が少なく，立体的に原子が小さいために18電子を供給できるだけの配位数を稼ぐことができないからである。一方，11族と12族の後周期金属では，3d軌道と4s軌道の電子が一杯になって原子芯に落ち込むため，Ni: [Ar] $3d^8 4s^2 4p^0$ やCu: [Ar] $3d^{10} 4s^1 4p^0$ のように，配位結合として使えるd軌道がほとんどなくなってしまうからである。**図 9-10** に示したように，3d軌道の一部が原子芯となって使えなくなるため，後周期金属の10族では，16電子で安定化するような錯体が存在する。遷移金属イオンの18電子の適用限界について**図 9-11** にまとめた。点線で囲んだ部分が18電子則の成り立つ金属である。例えば10族のPd, Ptの4配位正方平面型構造をもつ錯体では，16電子で安定化する16電子則が成

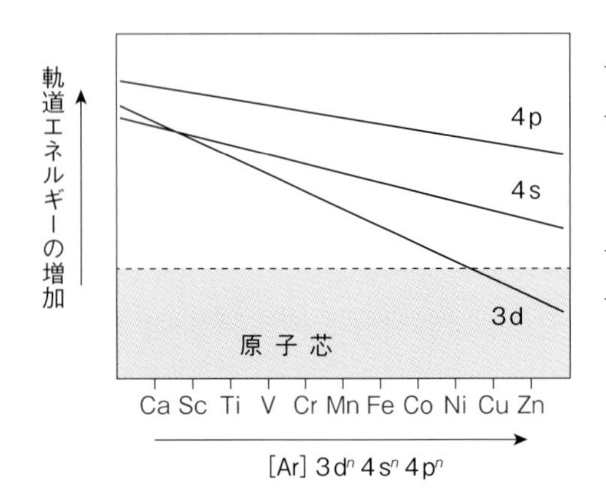

図 9-10　原子番号による最外殻軌道のエネルギー変化

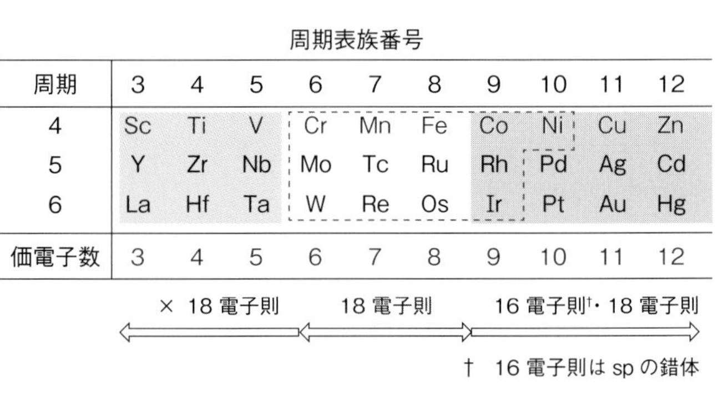

周期表族番号

周期	3	4	5	6	7	8	9	10	11	12
4	Sc	Ti	V	Cr	Mn	Fe	Co	Ni	Cu	Zn
5	Y	Zr	Nb	Mo	Tc	Ru	Rh	Pd	Ag	Cd
6	La	Hf	Ta	W	Re	Os	Ir	Pt	Au	Hg
価電子数	3	4	5	6	7	8	9	10	11	12

図 9-11　遷移金属の 18 電子則の適用限界

り立つ。

9-6　$[Re^{III}{}_2Cl_8]^{2-}$ の金属間四重結合

さて，ここでは $[Re^{III}{}_2Cl_8]^{2-}$ の金属間四重結合の形成について混成軌道から見ていきたい。$[Re^{III}{}_2Cl_8]^{2-}$ は外部軌道錯体として考え，2 つの $[Re^{III}Cl_4]^-$ の正方平面型錯体が dsp^2 混成によって金属イオン間を連結し四重結合をつくっていると考える。また，2 つの $[Re^{III}Cl_4]^-$ が z 軸上を近づいて四重結合が形成されるものとして，x 軸と y 軸の方向に 4 つの Cl^- が配位しているものとする。**図 9-12** のように外部軌道錯体であるので，各 4 つの不対電子が $[Re^{III}Cl_4]^-$ の 5d 軌道に存在することになり，この不対電子同士で金属間結合をつくり，すべて電子対となって反磁性の性質を示す。

それでは，$[Re^{III}{}_2Cl_8]^{2-}$ の中の金属間四重結合は，5d 軌道のどのような結合によってそれぞれつくられているのか見ていこう（**図 9-13**）。まず，dsp^2 混成軌道に使われている 1 つの 5d 軌道と 1 つの 6s 軌道，2 つの 6p 軌道は，配位子の 4 つの Cl^- との配位結合に使われる。そのため，x 軸と y 軸に沿って軌道のローブが伸びている $5d_{x^2-y^2}$ 軌道がこの Cl^- との配位に使われており，金属間四重結合には使われていない。$5d_{z^2}$ 軌道は z 軸方向にローブが大きく張り出しているため，2 つの $5d_{z^2}$ 軌道で強力な σ 結合をつくる。$5d_{yz}$ 軌道と $5d_{zx}$ 軌道の 2 つは z 軸方向の結合に対して縮退しており，z 軸方向から近づくと 2 つの π 結合をつくる。さらに，もう 1 つの $5d_{xy}$ 軌道による結合は δ 結合をつくる。節面が 2 つ存在して d 軌道でのみできる結合であり，金属間結合をつくる。このように，$5d_{z^2}$ 軌道による σ 結合，$5d_{yz}$ 軌道と $5d_{zx}$ 軌道による 2 つの π 結合，および $5d_{xy}$ 軌道が

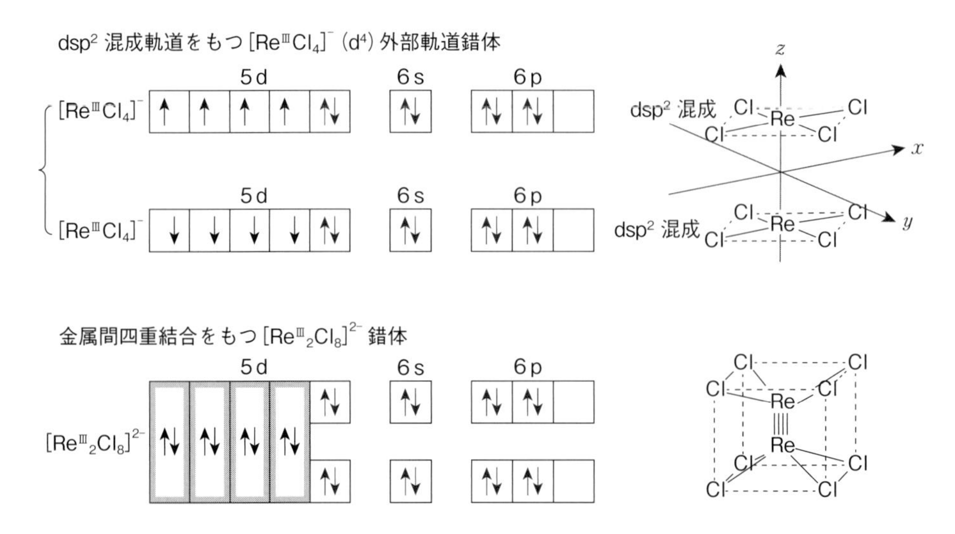

図 9-12　$[Re^{III}{}_2Cl_8]^{2-}$ の金属間四重結合をもつ錯体の生成

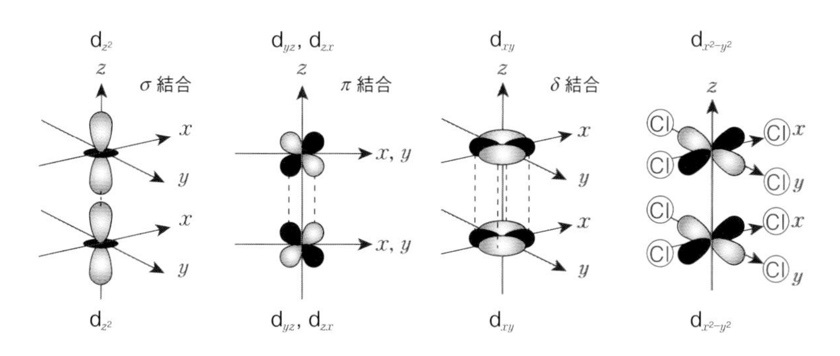

図 9-13　$[Re^{III}{}_2Cl_8]^{2-}$ の金属間四重結合

つくる1つのδ結合による金属間四重結合が，この $[Re^{III}{}_2Cl_8]^{2-}$ でつくられているのである。

9-7　結晶場理論

結晶場理論（crystal field theory）は，金属錯体を取り扱うときに，配位子による d 軌道の分裂のみを考えて電子状態を議論できる優れた理論である。金属錯体の d 軌道に入った電子（軌道）と，配位結合をつくる非共有電子対を点電荷とみなした配位子が，静電的な反発をすることから始まる。そして，この結晶場理論で最も大切なことは，5つの d 軌道の形と結合方向および位相である（**図 9-14**）。5つの d 軌道のうち，デカルト座標系の x 軸，y 軸，z 軸上に軌道のローブが存在するものは，$d_{x^2-y^2}$ 軌道と d_{z^2} 軌道の2つである。一方，x 軸，y 軸，z 軸上に軌道のローブが存在せず，斜め 45° に軌道のローブが存在しているものは，d_{xy} 軌道，d_{yz} 軌道，d_{zx} 軌道の3つである。この2種類の軌道は，例えば6配位八面体の構造をもつ金属錯体では2つに分かれ，それぞれ e_g 軌道と t_{2g} 軌道の対称性の記号で分けられている。d 軌道には2つの節面が存在することが特徴である。d_{z^2} 軌道は，$d_{z^2-x^2}$ 軌道と $d_{y^2-z^2}$ 軌道の重ね合せであるため，節面が2つの円錐曲面となっていることに注意されたい。

9-7-1　d_{z^2} 軌道の形

d 軌道の中の電子軌道のローブは，通常四ツ葉のクローバー形をとる。d_{z^2} 軌道のみ異なる形をつくっていることが不思議に思えないだろうか。d_{z^2} 軌道は節面の代りに2つの円錐曲面をもっており，他の4つの d 軌道が2つの平面的な節面を有するのとは異なった状況である。また，3つの軌道の d_{xy} 軌道，d_{yz} 軌道，d_{zx} 軌道は互いに足し合わせると球形をとるが，この d_{z^2} 軌道と $d_{x^2-y^2}$ 軌道を加えると，果たして球形のローブになるだ

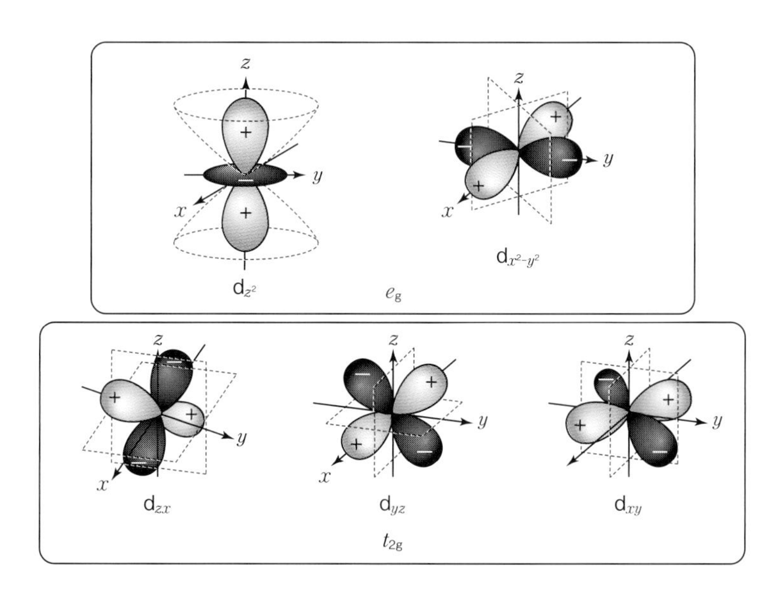

図 9-14　5つの金属 d 電子軌道の形

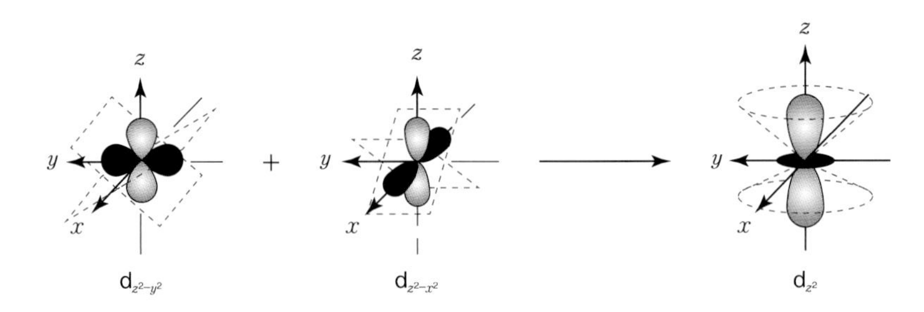

図 9-15　d_{z^2} 軌道の起源

ろうか。**図 9-15** に示したように，d_{z^2} 軌道は実は $d_{z^2-x^2}$ 軌道と $d_{z^2-y^2}$ 軌道の重ね合せになっている。そのことを考えると，$d_{z^2-x^2}$ 軌道と $d_{z^2-y^2}$ 軌道および $d_{x^2-y^2}$ 軌道を加えたものは球形のローブになることが分かる。この $d_{z^2-x^2}$ 軌道および $d_{z^2-y^2}$ 軌道の重ね合せのため，節面が 2 つの円錐曲面になる。d_{z^2} 軌道が他の d 軌道のローブより z 軸方向に 2 倍程度の大きさをもつ理由も明らかである。

9-7-2　6 配位八面体の結晶場分裂

さて，ここでは思考実験として，**図 9-16** のように 6 配位八面体の金属錯体を使って，x 軸，y 軸，z 軸方向からそれぞれ配位子 ● を点電荷とみなして近づけていったときの様子を考えてみる。このとき，配位子 ● は軸上に存在する e_g 軌道 ($d_{z^2}, d_{x^2-y^2}$) の電子が存在できる軌道ローブと静電的に反発するものと考える。この反発のため，e_g 軌道が不安定化し，t_{2g} 軌道 (d_{xy}, d_{yz}, d_{zx}) が安定化する。この配位子と軌道ローブの静電的な相互作用の強さによって，6 配位八面体の金属錯体の d 軌道の分裂幅などが決まってくる。例えば金属の自由イオンに対して，配位はしていないが 6 つの配位子 ● が軸上から均等に近づいている状態 (仮想球対称イオン) は，均一な静電反発のため，まず d 軌道は縮退を保ったまま全エネルギーが不安定化する。さらに，これらの配位子が配位結合すると軸上にある 2 つの e_g 軌道が不安定化してエネルギーが高くなり，その分だけ結合に使われない 3 つの t_{2g} 軌道は安定化してエネルギーが低くなる。d 軌道内では，2 つの軌道のエネルギー準位が高くなり，3 つの軌道のエネルギー準位が低くなるように縮退しながら分裂する。この分裂のエネルギー差を**結晶場安定化エネルギー** (crystal field stabilization energy) または**結晶場分裂エネルギー** (crystal field splitting energy) (CFSE) といい，その分裂の幅を Δ_o や $10D_q$ として表す。そして，この結晶場による分裂は「重心則」に則っており，分裂前の d 軌道の位置から，3 つの t_{2g} 軌道では $-0.4\Delta_o$ ($-4D_q$) ずつ安定となり，e_g 軌道では $+0.6\Delta_o$ ($+6D_q$) ずつ不安定化する。

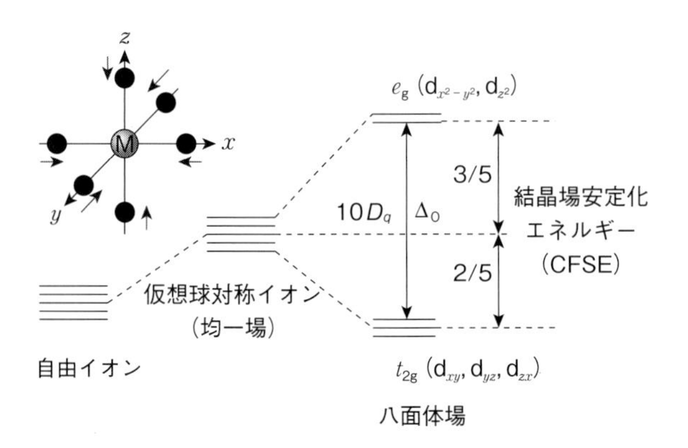

図 9-16　6 配位八面体錯体 (Oh) による結晶場の分裂

9-7-3　高スピンと低スピンの錯体

6 配位八面体構造をもつ金属錯体の d 軌道は分裂することを見てきたが，分裂した軌道に電子を入れていくと，どのような電子配置の錯体が現れてくるのかを次に見ていく。**図 9-17** に示したように，d^1 ～ d^3 の金属錯体では，t_{2g} 軌道に 3 つまで，フント則によってスピン平行に入っていく。ところが，d^4 ～ d^7 までの金属錯体では，その電子の入り方が 2 種類存在する。Δ_o がスピン対形成エネルギー P よりも大きなエネルギーをもつ場合，Δ_o を越えた e_g 軌道へスピンを入れることができず，t_{2g} 軌道でスピン対をつくり，低スピン (low spin: LS) 錯体となる。ところが，Δ_o が P よりも小さければ，フント則によって Δ_o を越えてスピン平行に e_g 軌道へ電子が入る高スピン (high spin: HS) 錯体となる。すなわち，強い結晶場による Δ_o の大きな分裂は，図 9-17 の上部に示したように，まず t_{2g} 軌道を満たしてから e_g 軌道に電子が入る LS 錯体の電子配置をとる。弱い結晶場に

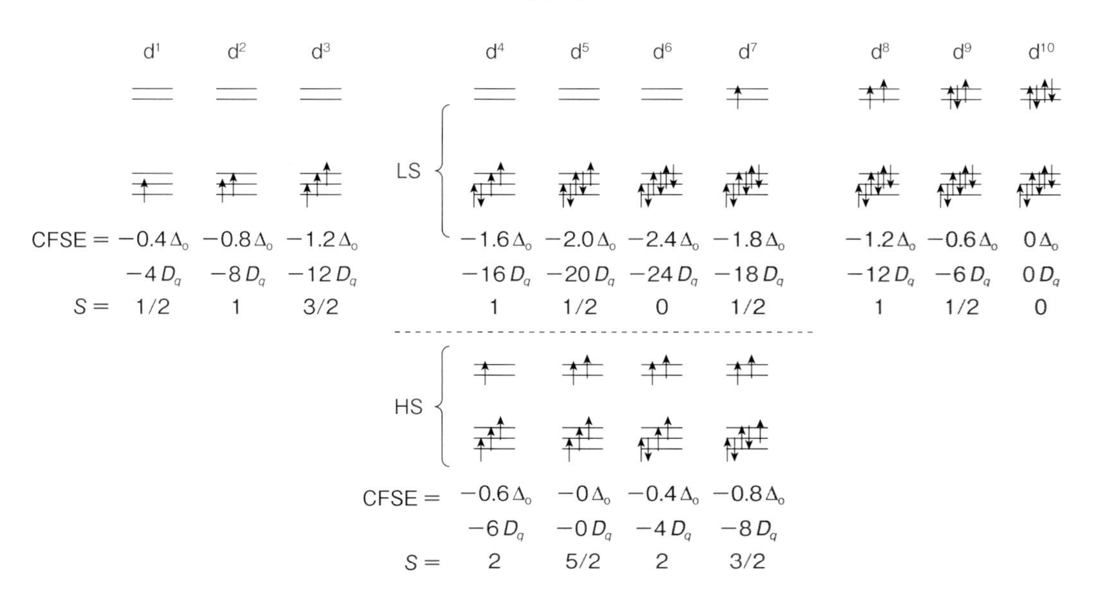

図 9-17　高スピン錯体と低スピン錯体の電子配置

よる Δ_o の小さな分裂は，図 9-17 の下部に示したようにスピン対をつくらないような HS 錯体の電子配置をとる。例えば同じ d^5 錯体の LS と HS の錯体を比べた場合，LS では $S = 1/2$ であるが，HS では $S = 5/2$ と，常に HS の S が高い状態にあるため，HS 錯体といわれている。スピン対形成エネルギーについては 9-7-9 項で詳述する。

9-7-4　CFSE

図 9-17 に示したように，6 配位八面体構造の金属錯体では，5 つの d 軌道が分裂して e_g ($d_{x^2-y^2}, d_{z^2}$) 軌道と t_{2g} (d_{xy}, d_{yz}, d_{zx}) 軌道に分かれ，そのエネルギー差が結晶場安定化エネルギー Δ_o になる*3。一方，結晶場安定化エネルギー CFSE を各 d 軌道錯体に対して求めていくと，t_{2g} 軌道に入る電子は，1 つにつき $-0.4\Delta_o$ ($-4D_q$) の CFSE を得ることができる。逆に e_g 軌道に電子が入るごとに $+0.6\Delta_o$ ($+6D_q$) だけ CFSE は不安定化する。HS や LS は，電子の入り方によってそれぞれ異なった CFSE が得られるのである。LS と HS のそれぞれの d 電子錯体に対して CFSE を求めたものを**表 9-2** に示した。

表 9-2　遷移金属錯体の CFSE の値

金属イオン		LS [D_q]	LS [Δ_o]	HS [D_q]	HS [Δ_o]
d^0	Ca^{2+}, Ti^{4+}	0	0	0	0
d^1	Sc^{2+}, Ti^{3+}	−4	−0.4	−4	−0.4
d^2	Mn^{5+}, V^{3+}	−8	−0.8	−8	−0.8
d^3	Cr^{3+}, Mn^{4+}	−12	−1.2	−12	−1.2
d^4	Cr^{2+}, Mn^{3+}	−16	−1.6	−6	−0.6
d^5	Mn^{2+}, Fe^{3+}	−20	−2.0	0	0
d^6	Fe^{2+}, Co^{3+}	−24	−2.4	−4	−0.4
d^7	Co^{2+}	−18	−1.8	−8	−0.8
d^8	Ni^{2+}, Rh^{+}	−12	−1.2	−12	−1.2
d^9	Cu^{2+}	−6	−0.6	−6	−0.6
d^{10}	Cu^{+}, Zn^{2+}	0	0	0	0

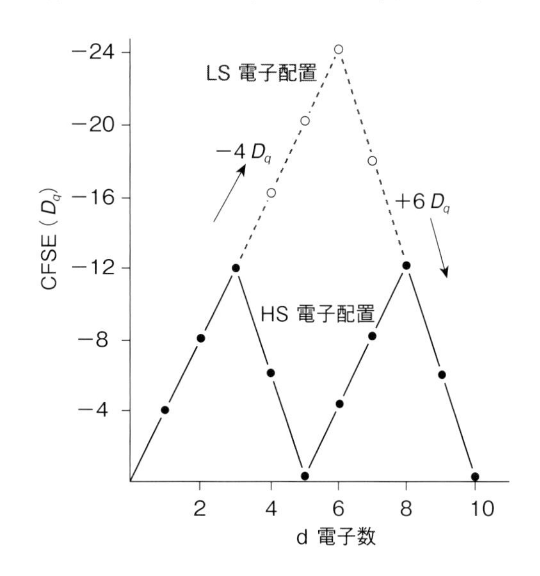

図 9-18　高スピン錯体と低スピン錯体の CFSE

＊3　この Δ_o のエネルギー差を $10D_q$ として表す場合もある。

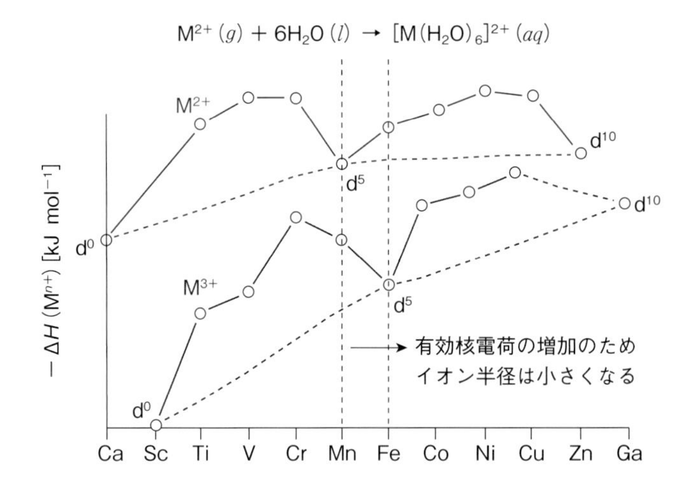

図 9-19 高スピン錯体と低スピン錯体の水和エンタルピーの傾向（M^{n+} は M^{2+} と M^{3+} の総称）

また，**図 9-18** に示したように，HS 錯体は d^3 錯体と d^8 錯体のところでどちらも $-1.2\Delta_o$（$-12D_q$）の最も安定な2つの部位を有する。一方，LS 錯体は d^6 錯体のときに CFSE が最も大きな値 $-2.4\Delta_o$（$-24D_q$）になり安定化する。HS 錯体で半閉殻になる d^5 錯体では，5つの d 軌道に均等に不対電子が存在するため，$0\Delta_o$（$0D_q$）となり CFSE による安定化は得られない。

9-7-5 高スピンと低スピンの錯体物性

遷移金属錯体の HS に由来する物性のグラフは，d^1 ～ d^{10} の錯体のうちで d^3 錯体と d^8 錯体を頂点とする“フタコブラクダ”のような形になる。それに対して LS に由来する物性は，d^6 錯体を頂点とする“ヒトコブラクダ”のような形になる。例えば M^{2+} イオンの水和エンタルピーでは，一般に H_2O が配位する水溶液中のイオンで HS 錯体に相当する物性が得られる。そのため，**図 9-19** のように，d^3 と d^8 遷移金属錯体の二か所で最も水和エンタルピーが大きくなる傾向が見られる。一般に遷移金属イオンでは，周期表を左から右に移動するにつれて有効核電荷が増大するためにイオン半径は減少し，水和エンタルピーが増加する傾向にある。このようなフタコブラクダのような変化は，HS 金属錯体に特有な現象である。その水和エンタルピーの増大は，d^0, d^5, d^{10} の金属錯体では CFSE が $0D_q$ でまったく効いていないため，CFSE による水和エンタルピーの増大は見られない。

一方，結晶場理論ではなく，9-8 節で詳述する配位子場理論で分かることだが，e_g 軌道は反結合性軌道に属し，t_g 軌道は結合性軌道に属する。そのため，金属イオンの電子が e_g 軌道に入るたびに結合が弱くなり，配位結合距離が伸びる。しかし，t_{2g} 軌道に電子が入るたびに結合が強くなり結合距離が縮む。そのため，遷移金属錯体に使われているイオン半径は，HS と LS の電子配置ではっきりとした違いが現れている。6配位八面体構造をもつ金属錯体で，d 軌道の電子数が異なる M^{II} 錯体のイオン半径を**図 9-20** にまとめた。HS 錯体では d^3 錯体と d^8 錯体で最も結合距離が短くなり，d^5 錯体で最も大きなイオン半径をもつ。LS 錯体では，d^6 錯体が最も小さいイオン半径をもち，e_g 軌道と t_{2g} 軌道の電子の入り方によってイオン半径が異なってくる。

9-7-6 金属錯体の配位構造による結晶場分裂の変化

6配位八面体構造（Oh）をもつ金属錯体では，5つの縮退している d 軌道が6つの配位子の結晶場によって e_g 軌道と t_{2g} 軌道の2つに分裂することを見てきた。それでは，他の構造をもつ金属錯体の d 軌道の分裂はどのようになるのだろうか。

4配位正四面体（Td）の構造をもつ金属錯体は，**図 9-21 (a)** に示したように，4つの配位子が軸方向ではなく，軸方向に対して斜め45°の方向から近づいてくる。すると，軸方向にある d_{z^2} 軌道と $d_{x^2-y^2}$ 軌道は影響されず，斜め45°に張り出した d_{xy}, d_{yz}, d_{zx} が反発を受ける。Oh の金属錯体とは逆に分裂し，3つの t_2 軌道が不安定化され，2つの e 軌道は安定化される。その Td 金属錯体の結晶場分裂エネルギー Δ_t は，6つ配位している Oh 金属錯体の Δ_o よりも配位子数が4つと少ないので弱くなる。そのため，結晶場による分裂の程度は $\Delta_t = 4/9\Delta_o$ と，Oh 金属錯体の半分以下になる。

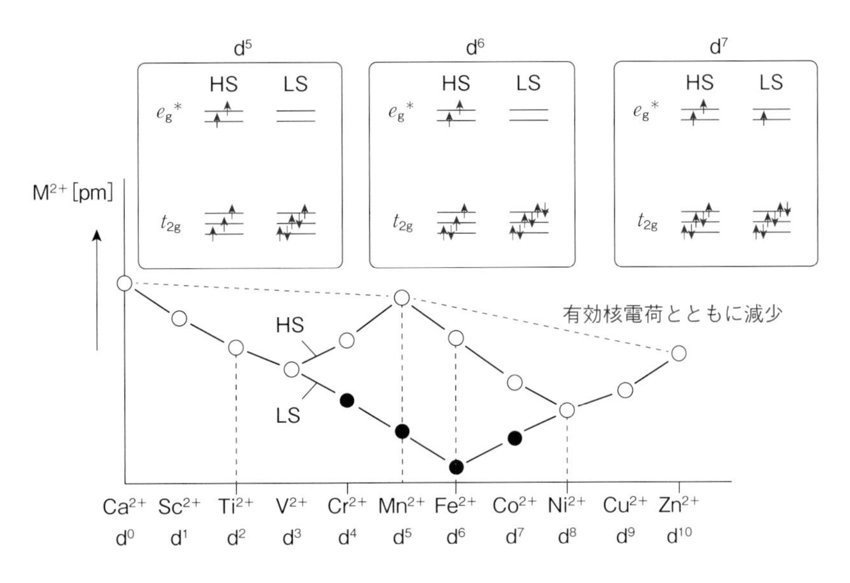

図 9-20 高スピン錯体と低スピン錯体のイオン半径の傾向

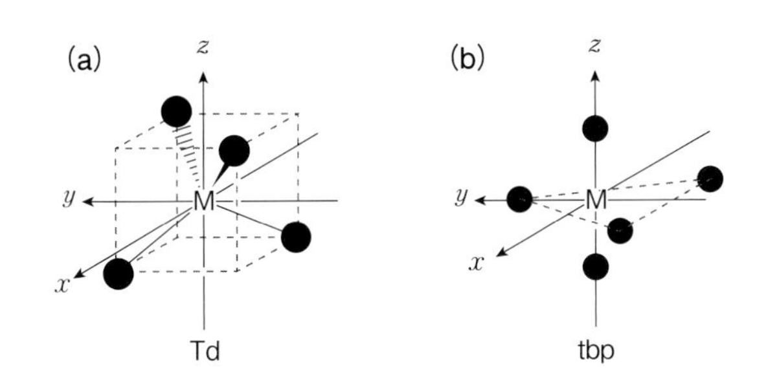

図 9-21 正四面体と三方両錐型の配位子の考え方

5 配位四角錐 (spy) や 4 配位正方平面 (sp) の構造をもつ金属錯体の d 軌道の分裂を見ていく (**図 9-22**)。この spy と sp の構造は，6 配位八面体の Oh 金属錯体の e_g 軌道と t_{2g} 軌道の分裂に対して，z 軸方向の配位子を 1 つずつ取り除くことで 5 配位 spy，4 配位 sp へと変化する。これに伴って，z 軸方向に軌道ローブが張り出している d 軌道は静電反発が解け安定化する。例えば，Oh 金属錯体の e_g 軌道では d_{z^2} 軌道は安定化し，そのため $d_{x^2-y^2}$ 軌道が不安定化して 2 つに分裂する。t_{2g} 軌道では z 軸方向に張り出して互いに縮退した d_{zx} 軌道と d_{yz} 軌道が安定化するため，d_{xy} 軌道が不安定化して 2 つに分裂する。4 配位 sp 構造の金属錯体では，z 軸方向の 2 つの配位子を取り除くために，z 軸方向の軌道がさらに安定化し，d_{z^2} 軌道と d_{xy} 軌道のエネルギー準位が逆転することになる (**図 9-23**)。

5 配位三方両錐構造 (tbp) をもつ金属錯体は，四角錐構造 (spy) をもつ金属錯体とエネルギー的にほとんど変わらないが，d 軌道の分裂は大きく異なる。図 9-23 の spy と tbp の構造は，あくまで理論上での d 軌道の分裂である。図 9-21 (b) のように，tbp の電子配置は Oh の金属錯体の 3 つの x 軸と y 軸の配位子をとって，さらに xy 平面上で斜め 45° 方向から 2 つの配位子を加えている。xy 平面上の軌道では，$d_{x^2-y^2}$ 軌道が最も安定化して，d_{xy} 軌道が不安定化するように分裂する。そのため，

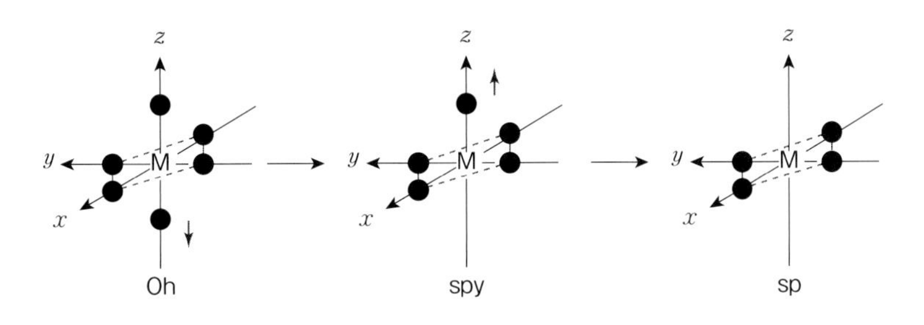

図 9-22 八面体と四角錐型および正方平面型の配位子の考え方

第9章

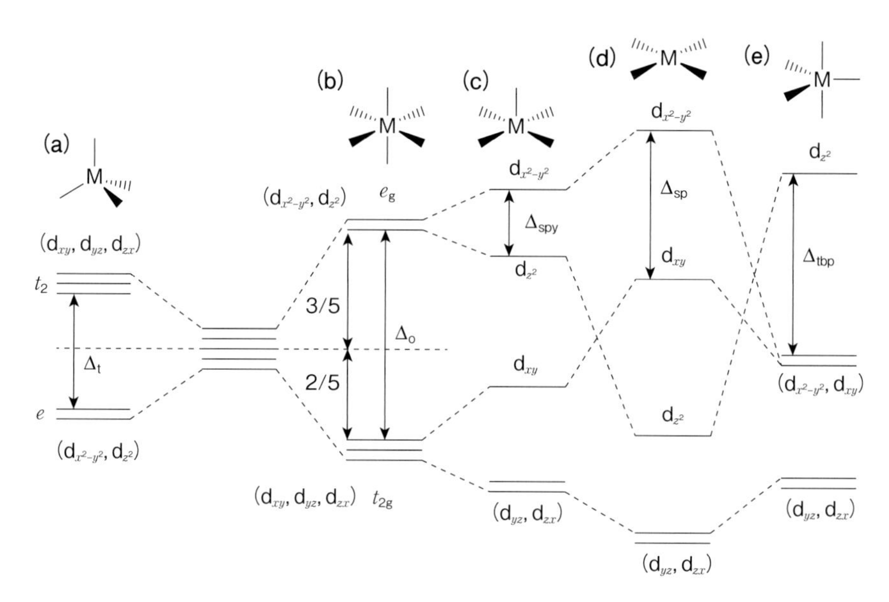

図 9-23　配位構造による d 軌道の分裂

$d_{x^2-y^2}$ 軌道と d_{xy} 軌道は縮退するようになる。もちろん，d_{z^2} 軌道は $d_{x^2-y^2}$ 軌道が安定化したぶん不安定化することになる。一方，d_{zx} 軌道と d_{yz} 軌道は Oh の軌道よりも不安定化される。そのため，図 9-23 (e) のように分裂する。

9-7-7　ヤーン-テラー効果

金属錯体や結晶性無機固体の機能性に関わる重要な効果に**ヤーン-テラー効果** (Jahn-Teller distortion) がある。電子的に縮退した軌道を基底状態にもつ分子は，変形することで軌道の縮退が解けて錯体のエネルギーが下がり安定化する。この電子的に縮退した非線形分子は安定ではないことを群論で証明したヤーン (Jahn, H.) とテラー (Teller, E.) によって見出された。特に Cu^{2+} などの d^9 錯体や，Co^{2+} HS などの d^7 錯体，および Mn^{4+} HS などの d^4 錯体などで顕著に見られる効果である。d^9 の Oh 金属錯体を例に考えてみる (**図 9-24**)。z 軸方向が伸びたり縮んだりすることで e_g 軌道が分裂し，その歪みによる安定化エネルギーを得られる。HS の d^7 錯体や HS の d^4 錯体でも，構造の歪みによって分裂した e_g 軌道に入った 1 つの電子により錯体の安定化が得られるのである。ヤーン-テラー効果の分裂に伴って，t_{2g} 軌道も d_{xy} 軌道と d_{yz}, d_{zx} 軌道に分裂することが分かる。

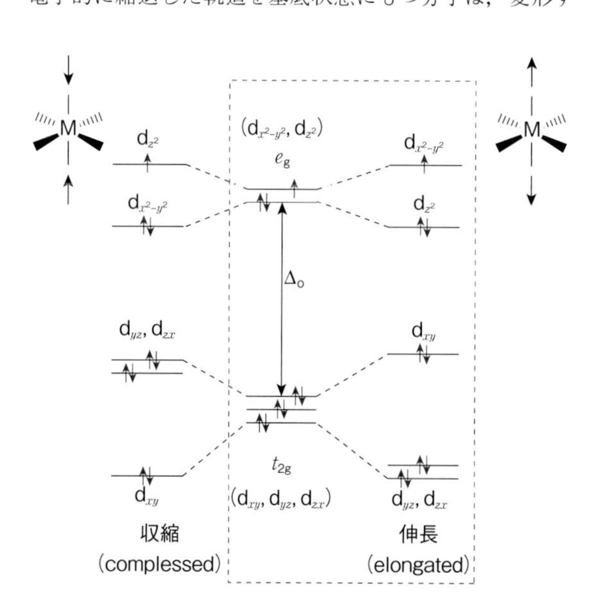

図 9-24　6 配位八面体のヤーン-テラー効果

9-7-8　ヤーン-テラー効果とキレート効果

ヤーン-テラー効果とキレート効果が錯体の安定性に大きく関与する場合がある。M^{2+} に二座キレート配位子 en (ethylene diamine) を 3 つ配位させたとき，逐次生成定数 K_1, K_2, K_3 を式 9-1 のように表す*4 (脚注次頁)。

$$\left.\begin{array}{l} [M(H_2O)_6]^{2+} + en \xrightarrow{K_1} [M(H_2O)_4(en)]^{2+} + 2H_2O \\ [M(H_2O)_4(en)]^{2+} + en \xrightarrow{K_2} [M(H_2O)_2(en)_2]^{2+} + 2H_2O \\ [M(H_2O)_2(en)_2]^{2+} + en \xrightarrow{K_3} [M(en)_3]^{2+} + 2H_2O \end{array}\right\}$$

$$en = H_2N\frown NH_2 \tag{9-1}$$

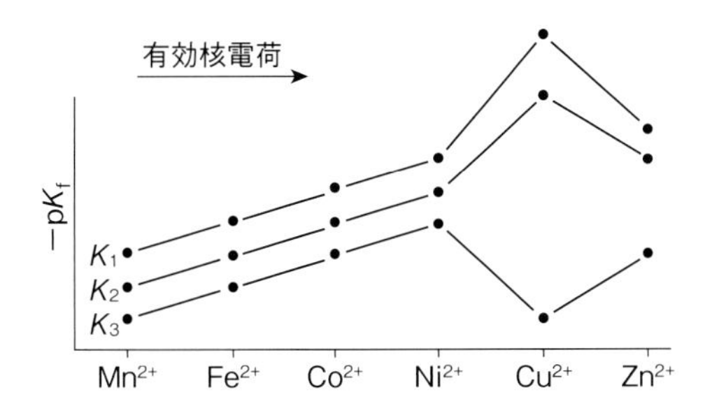

図 9-25　$[M^{II}(en)_3]^{2+}$ の逐次生成定数

Mn^{2+}, Fe^{2+}, Co^{2+}, Ni^{2+}, Cu^{2+}, Zn^{2+} のそれぞれの錯体を合成し，その安定度定数 $-pK_f$ をプロットした（**図 9-25**）。このような M^{2+} の金属錯体は，水溶液中の錯体の安定度の指標であるアーヴィング-ウィリアムソン（Irving-Williamson）の系列（式 9-2）に沿って，$[M(H_2O)_4(en)]^{2+}$，$[M(H_2O)_2(en)_2]^{2+}$ および $[M(en)_3]^{2+}$ の順に安定性が増加していく。

$$Ba^{2+} < Sr^{2+} < Ca^{2+} < Mg^{2+} < Mn^{2+} < Fe^{2+} < Co^{2+} < Ni^{2+} < Cu^{2+} > Zn^{2+} \quad (9\text{-}2)$$

しかし，Cu^{2+} 錯体のみ，$[Cu(en)_3]^{2+}$ の安定性が極端に下がっている。これは，キレート効果のために，Cu^{2+} に特有なヤーン-テラー効果を得られなかったためである。すなわち，$[Cu(H_2O)_4(en)]^{2+}$ と $[Cu(H_2O)_2(en)_2]^{2+}$ では，**図 9-26** に示すように上下の H_2O 配位子が伸縮できるため，ヤーン-テラー効果による安定化が観測される。しかし，$[Cu(en)_3]^{2+}$ では，キレート効果でがっちり上下の配位子が固定されてしまうため，自由に伸縮できない。このように，Cu^{2+} の d^9 錯体では，キレート効果によって上下の配位子の歪みによるヤーン-テラー効果が得られない場合には錯体が不安定化するのである。

＊4　M^{2+} は水溶液中では $[M(H_2O)_6]^{2+}$ として存在し，en との配位結合は H_2O 配位子との交換反応であることに注意する。

9-7-9　スピン対形成エネルギー

さて，6 配位八面体 Oh の HS 錯体は，d 軌道を電子が埋めていくときに，結晶場分裂エネルギー Δ_o が小さいため，フント則に沿った電子配置をもつ。一方，LS 錯体は Δ_o が大きいため，フント則に従わないで，いったん t_{2g} 軌道を電子が埋めてから e_g 軌道に電子が入る。それでは，HS 錯体と LS 錯体のちょうど境界にあるエネルギー領域は，いったいどのような性質をもつのであろうか。HS 錯体と LS 錯体の境界にある錯体は，**スピンクロスオーバー**（spin crossover）を示す。このスピンクロスオーバー現象は，小さなエネルギーで HS 錯体と LS 錯体を切り替えることができ，温度や圧力，光などの物理的な相互作用により，HS 錯体や LS 錯体を制御することが可能である。そのため，分子素子などのメモリ材料として期待がもたれている。一般に，フント則に従うか従わないかは Δ_o の大きさに左右され，スピン対形成エネルギー P と Δ_o のエネルギーの大きさの違いによって競合する（式 9-3）。P はクーロン反発（Coulomb repulsion；P_c）と交換エネルギー（exchange energy；P_e）の和で表せる。P はクーロン反発が小さく，交換エネルギーが小さいほどスピン対をつくりやすくなる。

$$P = P_c + P_e \quad (9\text{-}3)$$

すなわち，P が Δ_o より小さければ（$P < \Delta_o$），電子はスピン対をつくる LS 錯体を形成しやすい。一方，P が Δ_o より大きければ（$P > \Delta_o$），電子はスピン対をつくらないで HS 錯体をつくる。一般に，スピン対形成エネルギー P が大きければスピン対をつくりにくく，P が小さければスピン対をつくりやすいので注意が必要である。

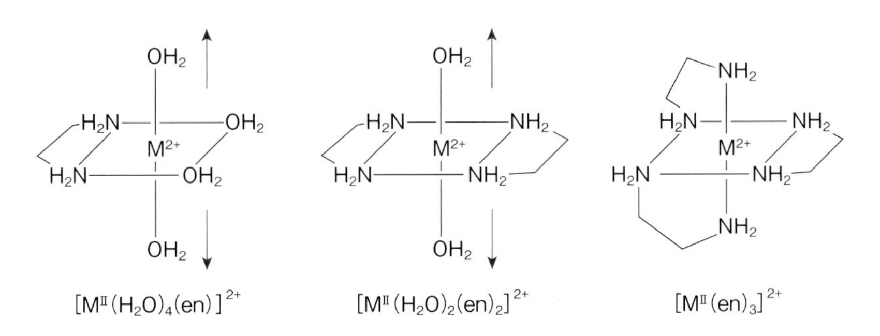

図 9-26　$[M^{II}(H_2O)_4(en)]^{2+}$, $[M^{II}(H_2O)_2(en)_2]^{2+}$, $[M^{II}(en)_3]^{2+}$ の構造

第9章

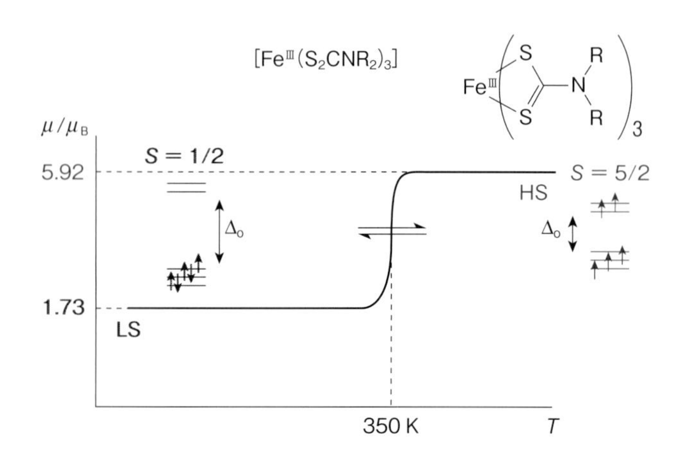

図 9-27　温度によるスピンクロスオーバー錯体

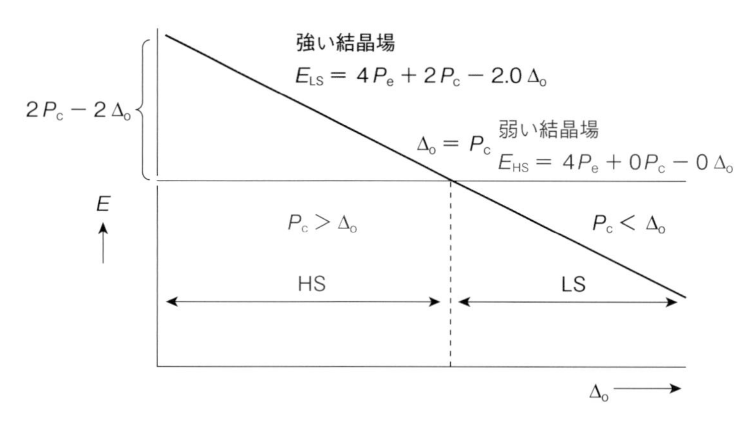

図 9-28　d^5 金属錯体の Δ_o による P の変化

9-7-10　スピンクロスオーバー

例として，Fe^{3+} (d^5) 錯体 [$Fe^{III}(S_2CNR_2)_3$] (S_2CNR_2: dialkyl carbamate) のスピンクロスオーバー現象について見ていく。この錯体は，昇温過程の 77 °C (350 K) のところで LS から HS への変化が見られる。すなわち，温度によって LS から HS へ変化させることが可能である。このとき，磁化率 χ_M の変化も見られ，磁気モーメント μ/μ_B が LS ($S = 1/2$) 1.73 μ_B 付近から HS ($S = 5/2$) 5.92 μ_B 付近へと磁性の変化も観測された (**図 9-27**)。このスピンクロスオーバーは，低スピン状態のエネルギー (E_{LS}) と高スピン状態のエネルギー (E_{HS}) の等しいところで起こりやすく，どの程度のエネルギーであるかを Δ_o で表すことができる。$\Delta E = E_{HS} - E_{LS} = 0$ のところがスピンクロスオーバーを起こすエネルギー値である。よって，d^5 の金属錯体の場合，先に求めた CFSE の E_{CFSE} (HS) $= 0\Delta_o$，E_{CFSE} (LS) $= -2.0\Delta_o$ を考慮すると，$\Delta E = E_{HS} - E_{LS} = (4P_e + 0P_c - 0\Delta_o) - (4P_e + 2P_c - 2.0\Delta_o) = -2P_c + 2.0\Delta_o = 0$ である。したがって，$\Delta_o = P_c$ のところでスピンクロスオーバーを起こすことになる。

図 9-28 に示したように，d^5 の金属錯体のスピンクロスオーバーを理解するため，横軸に結晶場分裂エネルギー Δ_o，縦軸に金属錯体のエネルギー E をプロットして，それぞれ Δ_o の分裂に対する HS 錯体と LS 錯体のエネルギーを示した。$\Delta E = E_{HS} - E_{LS} = 0$ のところがスピンクロスオーバーだから，ちょうど $\Delta_o = P_c$ のところで交わっている。弱い結晶場では HS が基底状態のとき $E_{LS} > E_{HS}$ になっているため，$\Delta E = E_{LS} - E_{HS} = 2P_c - 2.0\Delta_o > 0$ になるので，$P_c > \Delta_o$ となり，P_c より Δ_o が小さければ HS 錯体となる。一方，強い結晶場で LS が基底状態のときは $E_{HS} > E_{LS}$ になり，$\Delta E = E_{HS} - E_{LS} = -2P_c + 2.0\Delta_o > 0$ になるので，$P_c < \Delta_o$ となり，P_c より Δ_o が大きければ LS 錯体となる。

【問題】CFSE と P_c, P_e を用いたスピンクロスオーバーエネルギーの計算

以下同様に，d^4, d^5, d^6, d^7 の各金属錯体に対して，スピンの交換エネルギー P_e とクーロン反発 P_c の値を考え，表 9-1 の CFSE の値を用いて，スピンクロスオーバーエネルギー Δ_o を示せ。

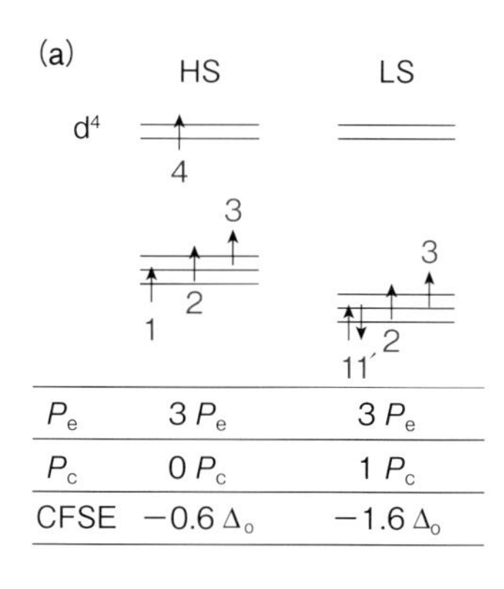

(b)
HS　LS
d5
4 5
3
1 2
3
11′22′
4 Pe　4 Pe
0 Pc　2 Pc
0 Δo　−2.0 Δo

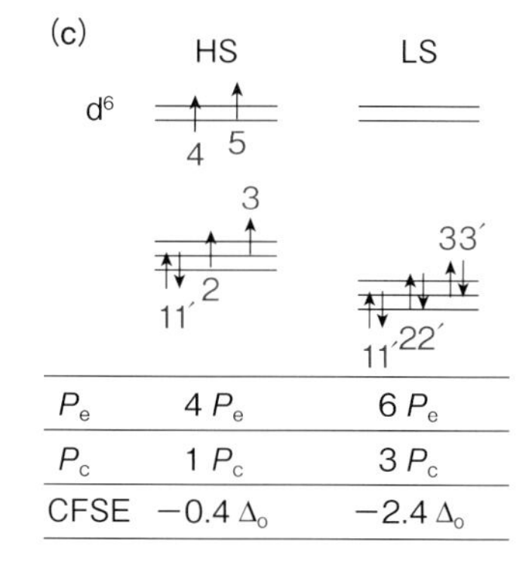

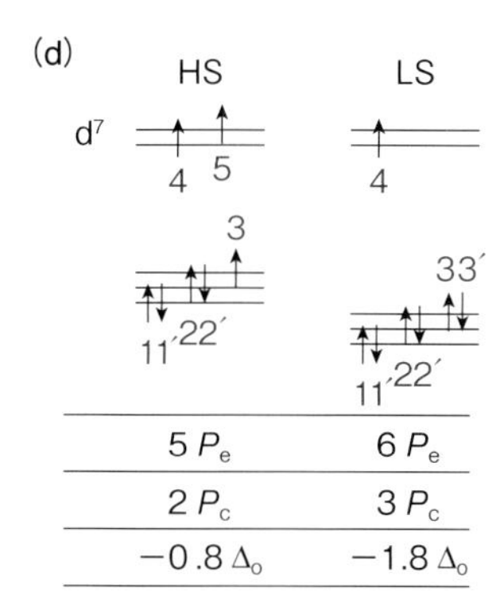

図 9-29　(a) d^4, (b) d^5, (c) d^6, (d) d^7 錯体のそれぞれ HS と LS の P_e 値, P_c 値, CFSE 値の比較

【解答】

P_c の求め方：クーロン相互作用は 1 つの軌道に 2 つ入った電子対が何個存在するかで求められる。例えば**図 9-29 (d)** の d^7 金属錯体の HS 錯体では，電子対は t_{2g} 軌道の (1-1′, 2-2′) の 2 つしかないので $2P_c$ となる。

P_e の求め方：交換エネルギーは e_g 軌道と t_{2g} 軌道のそれぞれ縮退している電子ごとに別々に考え，各軌道で同じ向きの電子に番号を付け，その電子が交換できる電子の組合せの個数を数え上げることで求められる。例えば**図 9-29 (d)** の d^7 金属錯体の HS 錯体では，t_{2g} 軌道に上向きの 3 つの電子 (1, 2, 3) と下向きの 2 つの電子 (1′, 2′) がある。また，e_g 軌道には，上向きの 2 つの電子 (4, 5) が存在している。そのため，交換できる電子は，t_{2g} 軌道で (1-2, 1-3, 2-3) と (1′-2′) の 4 通り，e_g 軌道では (4-5) の 1 通りであるので，$5P_e$ となる。

(a) d^4 金属錯体

$$E_{HS} = 3P_e + 0P_c - 0.6\Delta_o$$
$$E_{LS} = 3P_e + P_c - 1.6\Delta_o$$
$$\Delta E = E_{HS} - E_{LS} = -P_c + 1.0\Delta_o = 0$$
$$\therefore\ \Delta_o = P_c$$

(b) d^5 金属錯体

$$E_{HS} = 4P_e + 0P_c - 0\Delta_o$$
$$E_{LS} = 4P_e + 2P_c - 2.0\Delta_o$$
$$\Delta E = E_{HS} - E_{LS} = -2P_c + 2.0\Delta_o = 0$$
$$\therefore\ \Delta_o = P_c$$

(c) d^6 金属錯体

$$E_{HS} = 4P_e + P_c - 0.4\Delta_o$$
$$E_{LS} = 6P_e + 3P_c - 2.4\Delta_o$$
$$\Delta E = E_{HS} - E_{LS} = -2P_e - 2P_c + 2.0\Delta_o = 0$$
$$\therefore\ \Delta_o = P_e + P_c = P$$

(d) d^7 属錯体

$$E_{HS} = 5P_e + 2P_c - 0.8\Delta_o$$
$$E_{LS} = 6P_e + 3P_c - 1.8\Delta_o$$
$$\Delta E = E_{HS} - E_{LS} = -P_e - P_c + 1.0\Delta_o = 0$$
$$\therefore\ \Delta_o = P_e + P_c = P$$

9-8　配位子場理論と角重なり理論

9-8-1　分光化学系列

同じ金属イオンの錯体でも，配位子の種類によって色が異なるものがある。金属錯体がきれいな色を示すのは，結晶場の分裂 Δ_o による光の吸収が可視光領域にあるためである。そして，配位子による配位結合の強さによって結晶場の分裂の大きさが異なるため，様々な色を示すのである。このような結晶場分裂 Δ_o の大きさを大きい順に並べたものを**分光化学系列** (spectrochemical series) という。**図 9-30** に結晶場を分裂させる程度が弱い順に配位子を並べた。**図 9-31** には $[Cr^{III}Cl_6]^{3-}$,

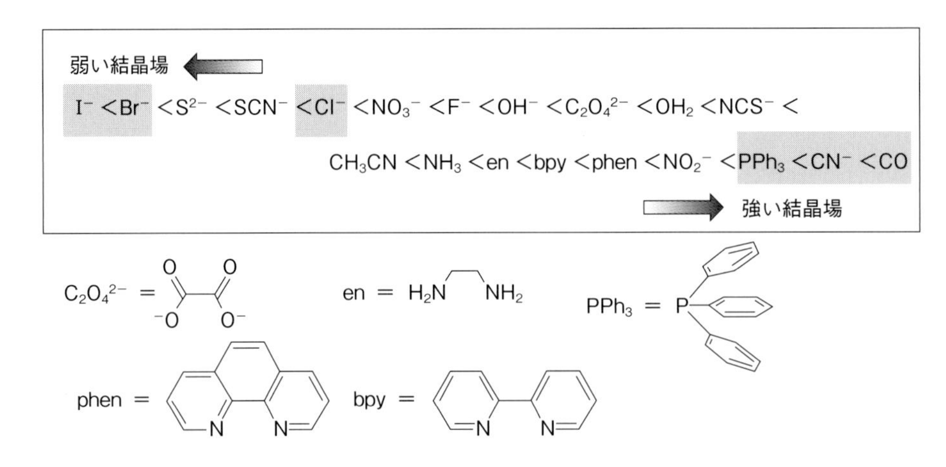

図 9-30　配位子の分光化学系列

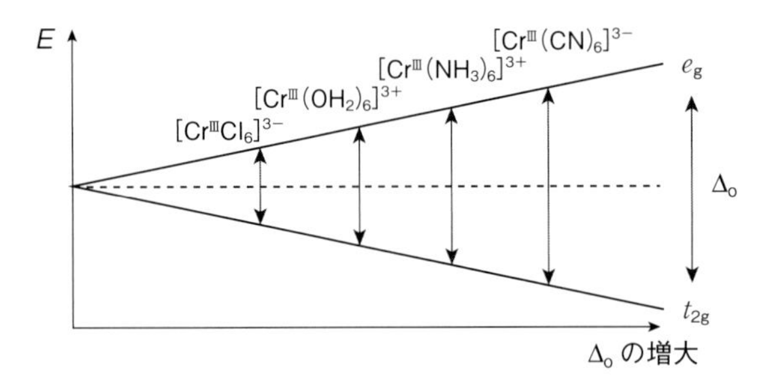

図 9-31　分光化学系列の配位子による結晶場 Δ_o の変化

$[Cr^{III}(OH_2)_6]^{3+}$, $[Cr^{III}(NH_3)_6]^{3+}$, $[Cr^{III}(CN)_6]^{3-}$ について，結晶場分裂 Δ_o の大きさを模式的に示した。分光化学系列によると $Cl^- < OH_2 < NH_3 < CN^-$ である。この順に配位させた Cr^{III} 錯体では，Δ_o の大きさが順次大きくなっていくことが分かる。それでは，どうしてハロゲン化物イオン X^- がつくる結晶場は分裂が小さく，PPh_3, CN^-, CO などの配位子では分裂が大きくなるのであろうか。

通常の σ 結合的な配位結合だけでは，このような分光化学系列の順番は生まれない。実際に分光化学系列が存在するためには，配位子と金属イオンとの $p\pi$-$d\pi$ 相互作用（**逆供与**; back donation）などが重要である。例えば PPh_3 が配位子の場合，配位結合する電子対の σ 結合に加えて，P 原子の空の 3d 軌道と金属イオンとの逆供与による $d\pi$-$p\pi$ 相互作用により，結晶場の分裂エネ

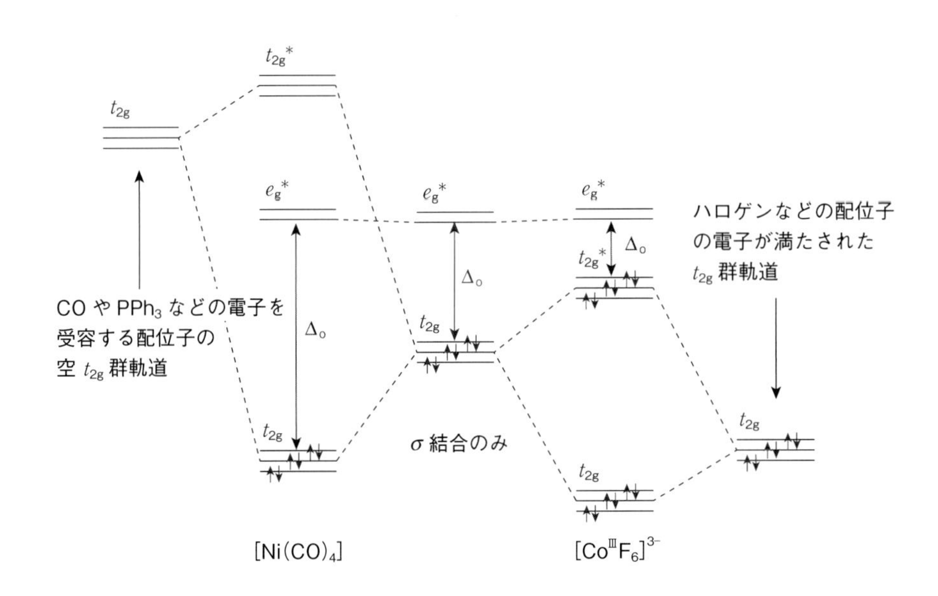

図 9-32　分光化学系列の配位子の π 結合による結晶場 Δ_o の変化

ルギー Δ_o が大きくなる。そのため，PPh_3 などは分光化学系列の上位を占めることになる。一方，CO が分光化学系列で上位を占めるのは，反結合性の性格が強い pπ 軌道の LUMO に金属イオンから dπ 電子が流れ込み，結合が強くなることで，結晶場の分裂エネルギー Δ_o が大きくなるためである。

分光化学系列では下位に位置するハロゲン化物イオン X^- のように，すべて pπ 軌道が電子で満たされた配位子が配位する場合と，上位に位置する空の pπ 軌道あるいは dπ 軌道をもつ PPh_3，CN^-，CO などの配位子が配位する場合では，結晶場の分裂エネルギー Δ_o はどのように変化するだろうか。**図 9-32** に示した分子軌道のエネルギー準位図から，配位子の pπ 軌道は t_{2g} 群軌道として取り扱い，**図 9-33** に示したように，金属イオンの t_{2g} 軌道の dπ 軌道と π 結合するものとする。

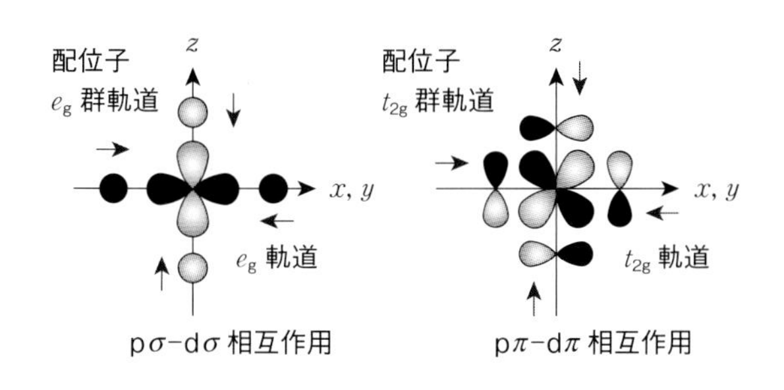

図 9-33　配位子 e_g 群軌道および t_{2g} 群軌道の d 軌道との相互作用

$[Co^{III}F_6]^{3-}$ の X^- の配位子の t_{2g} 群軌道は電子に満たされており，結合性軌道に関与するため金属イオンの t_{2g} 軌道よりも下部に位置し，エネルギー的に安定化している。一方，$[Ni(CO)_4]$ の CO などの空の t_{2g} 群軌道は，電子が存在しないので，金属イオンの反結合性軌道の $e_g{}^*$ 軌道よりもエネルギー的に上部に位置する。そのため，金属イオンの t_{2g} 軌道と配位子 t_{2g} 群軌道がそれぞれ相互作用した場合は，結晶場分裂エネルギー Δ_o が大きくなる。X^- の配位子の t_{2g} 群軌道は，金属イオンの t_{2g} 軌道と相互作用するとより小さな結晶場分裂エネルギー Δ_o になる。そのため，分光化学系列では，X^- の配位子は下位に位置し，PPh_3，CN^-，CO などの配位子は上位に位置することになる。このように，配位結合において配位子との σ 結合だけではなく，π 結合を考えることで分光化学系列を説明することができる。

9-8-2　配位子場理論

金属錯体の結晶場理論（CF 理論）は，配位子 L を単なる負の点電荷とし，主として d 軌道との静電反発を考えた。しかし，**配位子場理論**（ligand field theory；LF 理論）は，L の軌道と金属イオン M^{n+} の最外殻電子の軌道を分子軌道法に則って考える理論である。この CF 理論と分子軌道 MO 理論の融合は，グリフィス（Griffith, J. S.）とオーゲル（Orgel, L. E）によって確立された。例えば複数の L を含む金属錯体は，L を群軌道の対称性で分類し，配位子群軌道として M^{n+} の d 軌道と相互作用するものだけを考える。MO 理論の拡張で，M^{n+} 上の d 軌道と L 上の p 群軌道との重なり合いが生じ，L の非共有電子対は完全に L に属し，M^{n+} の周りの L の対称性で配列できる電場を与える。これを解析したのが LF 理論である。

6 配位八面体構造（Oh）をもつ金属錯体は，CF 理論と同様に x 軸，y 軸，z 軸に沿って，σ 供与性の 6 つの配位子 $L_6\sigma$ が近づくものと考える。このとき，M^{n+} に存在する 3d 軌道はそれぞれ結合性軌道（$3d_{z^2}, 3d_{x^2-y^2}$），非結合性軌道（$3d_{xy}, 3d_{yz}, 3d_{zx}$），および配位子からの結合性配位子（4s, 4p）となっている。この M^{n+} に存在する 3d 軌道と 4s, 4p 軌道のそれぞれに対して，L の 6 つの配位子群軌道 $L_6\sigma$ が，式 9-4 のように Oh の可約表現に使える対称性 Γ_σ で制限される。

$$\Gamma_\sigma = A_{1g} + T_{1u} + E_g \qquad (9\text{-}4)$$

この可約表現 Γ_σ にある対称性の A_{1g}, T_{1u}, E_g に分類される 6 つの配位子群軌道のみ，それぞれ相互作用する 3d 軌道と 4s, 4p 軌道を**図 9-34** に示した。すると，配位子群軌道の A_{1g} 軌道に対して M^{n+} の 4s 軌道が，T_{1u} 軌道に対して $4p_x, 4p_y, 4p_z$ 軌道が対応し，E_g 軌道については $3d_{z^2}$ と $3d_{x^2-y^2}$ が対応する。Oh の対称性に影響を与えない T_{2g} の $3d_{xy}, 3d_{yz}, 3d_{zx}$ は非結合性軌道となる。

一般に ML_n の配位子をもつ金属錯体は，s, p, d 軌道の 9 個の原子軌道 AO（atomic orbital）と n 個の L から，全 MO の軌道数は $(9+n)$ 個，結合性軌道は n 個，反結合性軌道は n 個，および非結合性軌道は $(9-n)$ 個生じる。これは $n = 6, 5, 4$ で適用される法則である。さて，CF 理論と LF 理論では，どちらも Oh 金属錯体では，t_{2g} 軌道 → e_g 軌道のところで，結晶場（配位子場）分裂エネルギー Δ_o を生じる。しかし，LF 理論では $e_g{}^*$ 軌道が反結合性軌道であることが明示されるが，CF 理論では t_{2g} と e_g の性質について何も言っていない（**図 9-35**）。

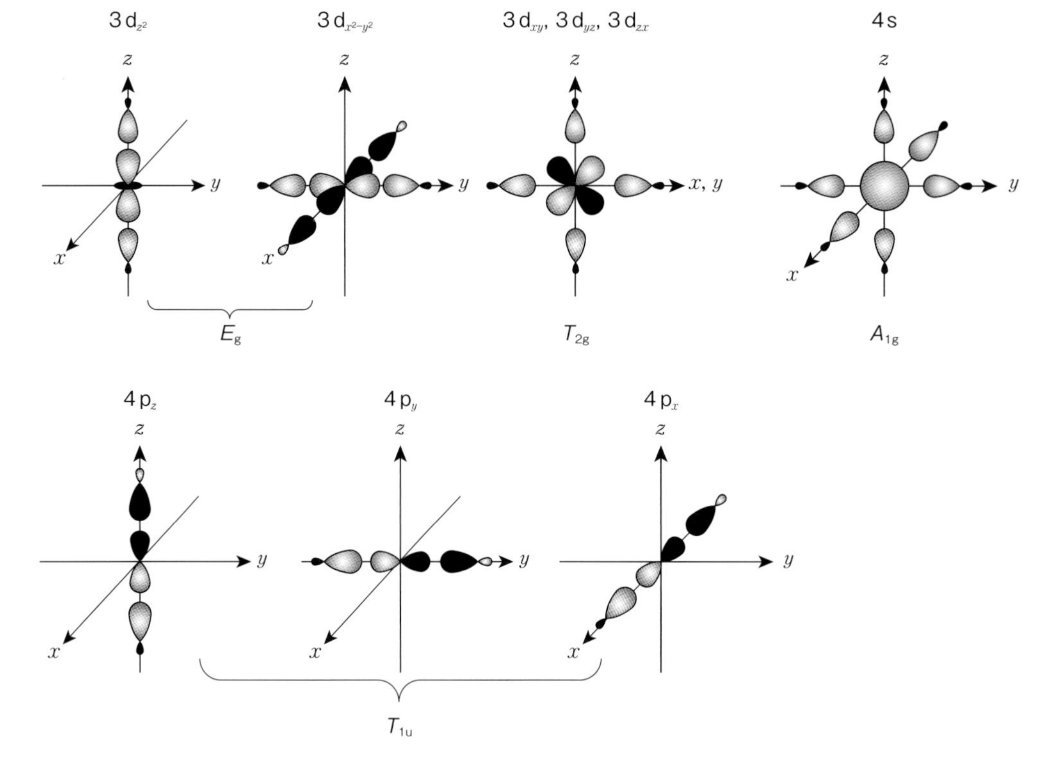

図 9-34　Oh に関係づけられる配位子群軌道

さらに，LF 理論で L の π 結合を考えてみると，π 結合で相互作用する 6 つの L は，**図 9-36** で示した座標系で考える必要がある。y 軸方向に L に配位した M^{n+} がくるようにして，L はすべて右回り（右手の法則）で，x 軸あるいは y 軸方向を向いて配位しているものとする。配位子 L は，x 軸，y 軸，z 軸方向から 6 箇所での π 結合を考えるが，1 つの L の $4p_x$ と $4p_z$ はそれぞれの L の中で縮退しているため，全部で 12 個の群軌道として考

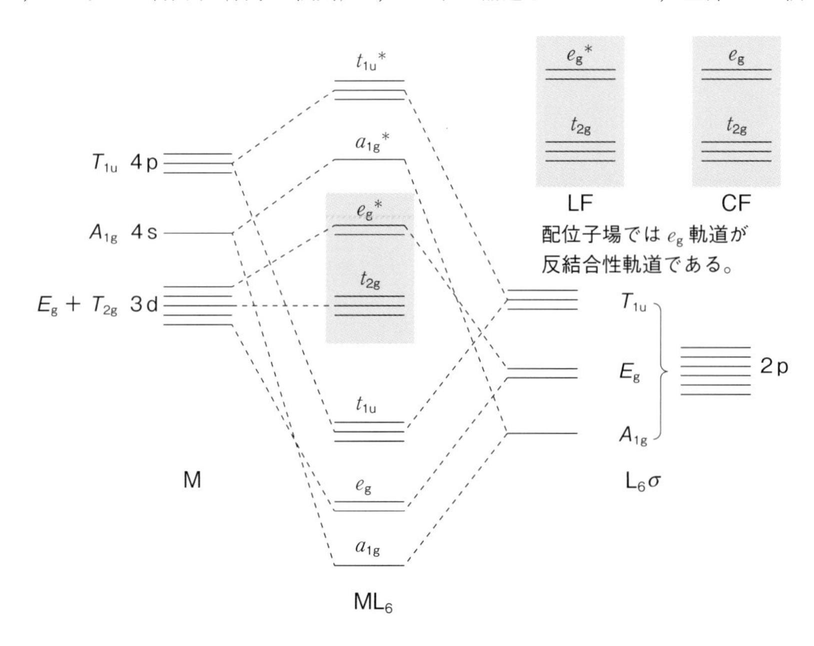

図 9-35　配位子場理論による 6 配位八面体の軌道の分裂

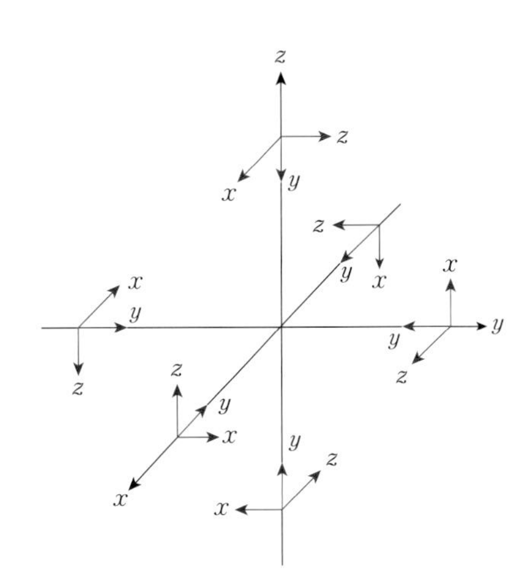

図 9-36　Ohの金属錯体の π 結合に用いられる右手系座標

えられる。さらに，Ohの点群の π 結合に関する可約表現の式9-5から，T_{1g} と T_{2u} はどの金属d軌道とも一致しない。

$$\Gamma_{\pi} = T_{1g} + T_{2u} + \boxed{T_{1u} + T_{2g}} \qquad (9\text{-}5)$$

また，σ 結合のときに非結合性軌道だった T_{2g} 軌道は π 結合では M^{n+} の $3\,d_{xy}, 3\,d_{yz}, 3\,d_{zx}$ と対称性が合うため互いに結合することができる。T_{1u} 軌道はLの中で M^{n+} の $4\,p_x, 4\,p_y, 4\,p_z$ と対称性が合うのだが，この4p軌道はすでにLとの σ 結合に使われている。また π 結合の錯体では結合距離が長くなり，重なりが小さく弱い結合になってしまうため，4p軌道は π 結合に使われない。この π 結合による相互作用は，図9-32に示したエネルギー準位図と同じような配位子場分裂エネルギー Δ_o を与える。すなわち，満たされた配位子群軌道 T_{2g} は Δ_o を小さくするが，空の T_{2g} 軌道は Δ_o の分裂を大きくし，錯体を安定化する。

9-8-3　角重なりモデル

1）σ 結合相互作用

配位子場理論では，OhやTd, sp, tbp, spyなどの配位構造によって，その金属イオンのd軌道の分裂をそれぞれ考えることができる。このような軌道のエネルギー準位の変化は金属イオンの配位構造によって異なる。しかし，生じる軌道エネルギー準位から具体的に化学的な性質の何が分かるのかについては何も述べられていない。混合配位子や配位構造などが変化した場合に，より自由度の高いモデルとして**角重なりモデル**（angular overlap model）がある。個々の位置にある配位子の軌道と金属d軌道の重なり積分に基づいて，相互作用の強さを推定する。そして，すべての配位子Lに対してd軌道の相互作用を加算して，具体的なエネルギー準位図をつくるものである。

まず，Ohの錯体で配位した d_{σ}-p_{σ} 軌道の相互作用で最も大きなものは，d_{z^2} 軌道と配位子 σ_1 との相互作用であるとする（**図 9-37**(a)）。z 軸方向からの σ_1 の接近に対して，d_{z^2} 軌道と σ 結合の最大の重なり積分を e_{σ} とする。このときのエネルギー準位は，**図 9-37**(b)で示したように，電子が満たされた配位子の σ_1 が結合性軌道をもち $-e_{\sigma}$ 安定化すると，d_{z^2} 軌道は反結合性軌道となり e_{σ} だけ不安定化する。反結合性軌道のエネルギーの増加分は，結合性軌道エネルギーの減少分より大きいが，d軌道による増加分を e_{σ}，結合性軌道エネルギーによる減少分も同様に $-e_{\sigma}$ として分子軌道を近似している。

z 軸方向の σ_1 と d_{z^2} 軌道との最大の重なり積分を相対値1として，d軌道ごとに σ_1 との相互作用を M^{n+} からのある一定な配位結合距離 r の関数として求め，その相対値を主な配位構造でまとめたものを**表 9-3**に示す。

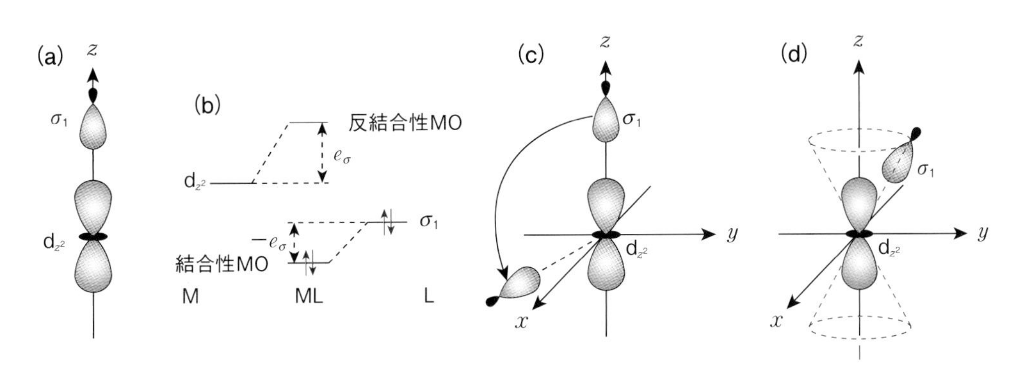

図 9-37　角重なり法による d_{z^2} 軌道と配位子 σ_1 との相互作用

表 9-3　各配位構造における σ 結合の重なり積分の相対値

		d_{z^2}	$d_{x^2-y^2}$	d_{xy}	d_{zx}	d_{yz}
Oh	1	1	0	0	0	0
	2	1/4	3/4	0	0	0
	3	1/4	3/4	0	0	0
	4	1/4	3/4	0	0	0
	5	1/4	3/4	0	0	0
	6	1	0	0	0	0
Td	7	0	0	1/3	1/3	1/3
	8	0	0	1/3	1/3	1/3
	9	0	0	1/3	1/3	1/3
	10	0	0	1/3	1/3	1/3
tbp	11	1/4	3/16	9/16	0	0
	12	1/4	3/16	9/16	0	0

Toma and Creutz,1977 [13] より。

図 9-38　σ_1 の極座標表示

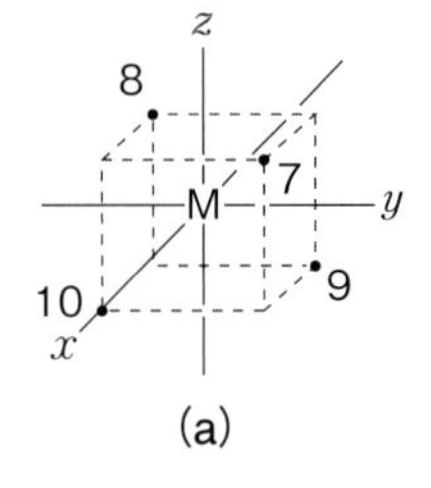

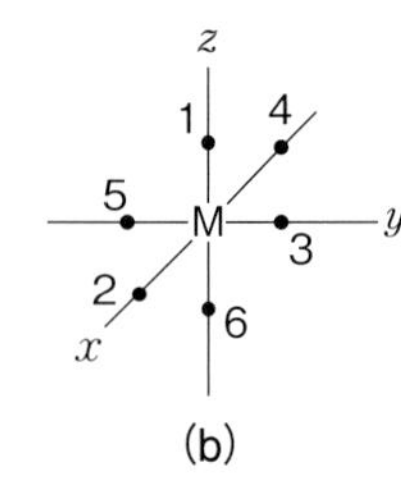

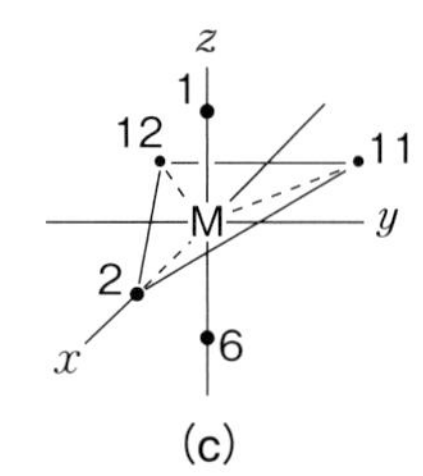

図 9-39　角重なり法による配位構造による配位子 σ_1 の番号付け

この σ_1 を一定な結合距離 r を保ちながら自由に動かすことで，各d軌道との相互作用を求めている（**図 9-37 (c)**）。例えば**図 9-37 (d)** に示したように，d_{z^2} 軌道の節面は2つの円錐状の頂点を連結した構造をもつが，この節面に σ_1 がきたとき，相互作用は0になる。実際の計算では**図 9-38** で示した極座標表示 $\sigma_1(x, y, z) = \sigma_1(r, \theta, \phi)$ によって σ_1 の位置を計算できる。

図 9-39 (b) に示したように，Oh構造をもつ錯体の σ_1 の位置は1～6と決められている。この位置にある σ_1 と各d軌道との相互作用を表9-3に示す。例えばOh構造の σ_1 では，d_{xy}, d_{yz}, d_{zx} 軌道とは非結合性であるから，相互作用はすべて0となる。一方，d_{z^2} では，z 軸上にある1と6の位置では相互作用は1であるが，x 軸と y 軸方向にある2,3,4,5の位置では1/4に減っていることが分かる。また，$d_{x^2-y^2}$ では，z 軸上の1と6では軌道のローブがないため0であり，x 軸と y 軸方向では，それぞれ3/4の値をもつことが分かる。d_{z^2} や $d_{x^2-y^2}$ 軌道のどちらも重なり積分は $3e_\sigma$ となり，σ_1 との相互作用で $3e_\sigma$ のエネルギーの不安定化が起こる。表9-3の横の列は σ_1 の各位置での相互作用を示しているが，各 σ_1 ですべて重なり積分を加えると1になる。

さて，角重なり法で求めたOh錯体のエネルギー準位図を**図 9-40** に示す。基本的には配位子場LF法で求めたエネルギー準位図と同じである。金属d軌道で，d_{z^2} と $d_{x^2-y^2}$ の2つの軌道はエネルギーが不安定化し，d_{xy}, d_{yz}, d_{zx} の3つの軌道は非結合性軌道で変わらない。そして，6つの配位子群軌道 $L_6\sigma$ は安定化してエネル

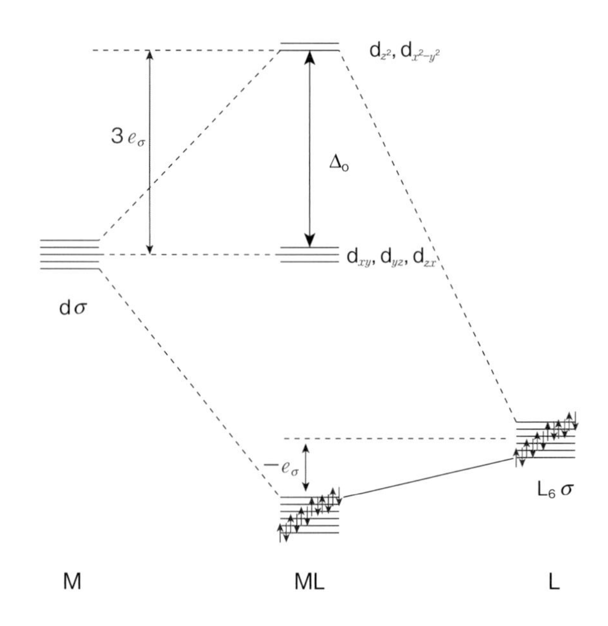

図 9-40　σ 結合のみのOh錯体でのエネルギー準位図

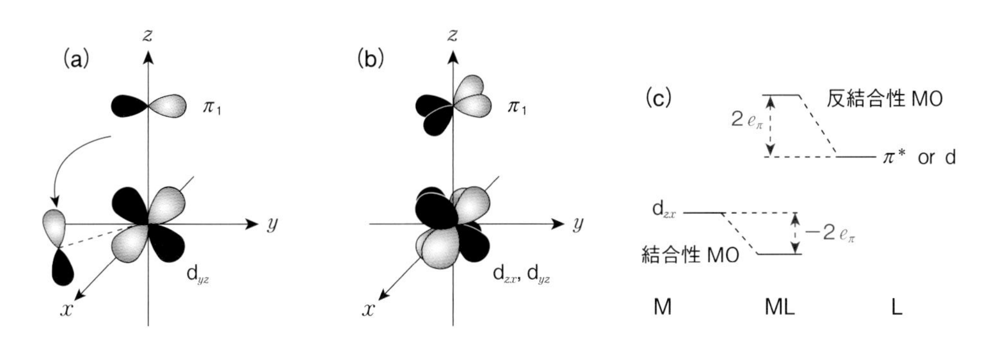

図 9-41 d 軌道と π 受容体配位子との相互作用

表 9-4 各配位構造の配向における π 結合の重なり積分の相対値

		d_{z^2}	$d_{x^2-y^2}$	d_{xy}	d_{zx}	d_{yz}
Oh	1	0	0	0	1	1
	2	0	0	1	1	0
	3	0	0	1	0	1
	4	0	0	1	1	0
	5	0	0	1	0	1
	6	0	0	0	1	1
Td	7	2/3	2/3	2/9	2/9	2/9
	8	2/3	2/3	2/9	2/9	2/9
	9	2/3	2/3	2/9	2/9	2/9
	10	2/3	2/3	2/9	2/9	2/9
tbp	11	0	3/4	1/4	1/4	3/4
	12	0	3/4	1/4	1/4	3/4

ギーが減少する。$L_6\sigma$ の 12 電子がそれぞれ $-e_\sigma$ ずつ安定化するため，$-12e_\sigma$ の安定化エネルギーが得られる。そのため，e_g 軌道に入る 4 つの電子はどれも $3e_\sigma$ だけ不安定化することになる。

2) π 受容性配位子の相互作用

CO, CN^-, PPh_3 などの配位子には，M^{n+} から電子を受け取る空の d 軌道が存在し，π 受容体の配位子として錯体を安定化することが知られている。配位子 π_1 と T_{2g} 軌道の d_{xy}, d_{yz}, d_{zx} 軌道との π 結合の相互作用が最も重なり積分が大きいため，この値を 1 として相対的に相互作用の大きさを示す。**図 9-41** (a) に示したように，配位子の π_1 を動かして，各配位構造にある π_1 の位置と各 d 軌道との相互作用をまとめたのが**表 9-4** である。

この相互作用で気をつけなければいけないことは，π_1 には x 軸方向と y 軸方向の 2 つの π 軌道が縮退していることである (**図 9-41** (b))。例えば z 方向にある π_1 では，d_{yz} と d_{zx} の 2 つの d 軌道と相互作用することになる。そのため，π_1 の相互作用の大きさは最大 2 となっている。配位子 π_1 は反結合性軌道 π^* であり，M^{n+} から電子を受け取って π 逆供与結合をつくるため，金属 d 軌道よりもエネルギーが $2e_\pi$ 分だけ高くなる。そのため，相互作用する d 軌道は $-2e_\pi$ 分だけエネルギーが安定化する (**図 9-41** (c))。**図 9-42** に，この π 結合相互作用を含めた Oh 錯体のエネルギー準位図を示した。6 つの π_1 の軌道はすべて $2e_\pi$ だけ不安定化するため，電子対に換算すると $24e_\pi$ 不安定化することになる。これに対して，安定化する d_{xy}, d_{yz}, d_{zx} の 3 つの軌道では 6 電子対が入ることができるため，d 軌道としては $-4e_\pi$ だけ安定化することになる。そのため，配位子場分裂エネルギー Δ_o $(=3e_\sigma+4e_\pi)$ は $4e_\pi$ 分大きくなり，錯体が安定化することが分かる。一般に π 結合の重なりは，

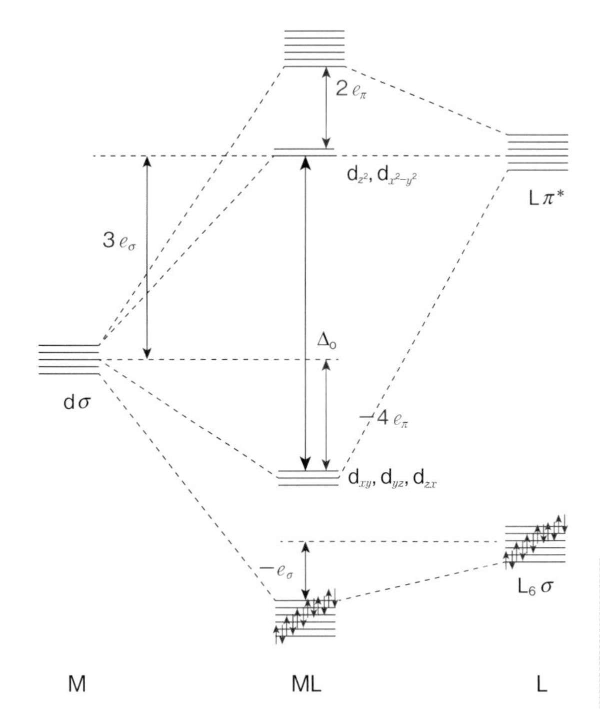

図 9-42 π 受容体配位子の Oh 錯体でのエネルギー準位図

第9章

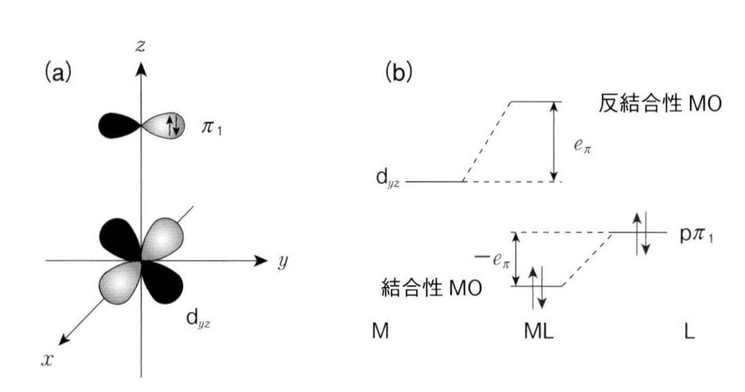

図 9-43　π 供与体配位子の Oh 錯体での相互作用

σ 結合の重なりよりも重なり積分は小さく，$e_\sigma > e_\pi$ といえる。

3) π 供与性配位子の相互作用

ハロゲン化物イオン X^- などは，配位子 π_1 に対して，π 結合する p 軌道に電子が満たされており，金属 d 軌道に電子が供与的に働く。**図 9-43** (a) に示したように，先の π_1 が電子受容体として働くのと対照的である。この場合，配位子 σ_1 と同じように，d_{yz} 軌道が反結合性軌道として e_π だけエネルギーが高くなり，$p\pi_1$ 軌道は結合性軌道として $-e_\pi$ だけ安定化する（**図 9-43** (b)）。一般的に，π 受容体と π 供与体が 2 つとも存在するような L の場合，π 受容体の性質が優位になる。すなわち，L の π 供与体による Δ_o の減少分よりも，π 受容体が Δ_o を増加させる効果の方が大きくなる。**図 9-44** には，π 供与体と σ 供与体の L が配位した Oh 錯体のエネルギー準位図を示す。配位子の $L_6\sigma$ 群軌道の L は，$-e_\sigma$ の安定化を得られていたが，さらに π 供与体によっても $-2e_\pi$ の安定化を得られる。一方，金属 d 軌道は，$L_6\sigma$ によって d_{z^2} と $d_{x^2-y^2}$ は，ともに $3e_\sigma$ の不安定化を受ける。さらに，d_{xy}, d_{yz}, d_{zx} は $4e_\pi$ だけ不安定化される。

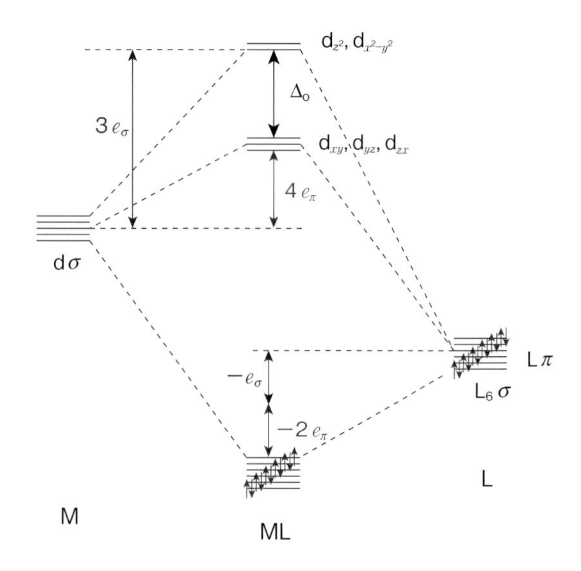

図 9-44　π 供与体配位子の Oh 錯体でのエネルギー準位図

6 つの π 供与体の $L\pi$ によって各 $-2e_\pi$ だけ安定化すると，全部で $-12e_\pi$ 安定化する。したがって，金属の t_{2g} 軌道 (d_{xy}, d_{yz}, d_{zx}) は 3 つの軌道をもつので $4e_\pi$ だけ不安定化される。そのため，Δ_o は $3e_\sigma - 4e_\pi$ に減少する。

第 II 部

非金属元素の各論

第II部では，主な非金属元素（典型元素）についての性質や特徴について詳細に見ていきたい。周期表の元素は118番元素まで見つかっており，メンデレーエフの周期表はすでに完成している。118番元素よりも大きな原子番号Zをもつ新しい元素は存在しないのだろうか。もし119番元素や120番元素のように118番元素より大きな元素が見つかったら，メンデレーエフの200年にわたる周期表理論が崩れるだけではなく，新しい周期表時代の到来となる。このように元素は，どんどん新しいモノが発見され，つくり出されている。

これまで統一的な化学的性質の理解には，元素を集めたメンデレーエフの周期表が役立ってきた。この周期表では，周期（periods）や族（groups）といわれる化学的性質が似た元素が周期的に現れてくる。そのため，大まかな元素の性質は周期表の周期や族を知ることで理解されてきた。しかし，元素の化学的性質や化学的用途は，個々の元素によって異なる。これを元素の各論として見ていくことは意義のあることである。そして，メンデレーエフの周期表の最後の第7周期では，族による周期性が成り立たなくなることが分かってきた。

第10章　水　素

水素Hは，陽子1個と電子1個をもつ，原子の中で最も単純な元素である。そのため水素は，ビッグバン以来，元素の中で最も多く宇宙に存在している*1。しかし，地球のHは地殻中あるいは海水中を含めて酸素Oやケイ素Siに次いで3番目に多い元素になる。地殻に限ると，**クラーク数**（Clarke number）で第9位（0.15%程度）でしかない。これは，Hの多くがH_2Oとして存在し，Hが非常に軽い元素のため地球の重力では捉えきれず，宇宙に放出されてしまうからである。地殻に残った水素は，鉱物中で化合物や結晶水として存在して，その元素数を保っているのである。

イギリスのキャベンディッシュ（Cavendish, H.）が1766年に初めて鉄Feと酸を反応させ，水素ガスH_2としてH元素を発見した。そのH_2をフロギストン（燃える素）と命名したことは有名である。1783年に，高温のFeパイプに水蒸気を通すと，燃えるガスであるH_2が生成し，それはH_2Oの成分であることが判明した。そして，ラボアジェ（Lavoisier, L. de）は初めてギリシャ語の“hydro（水）”と“genno（発生）”から水素（hydrogen）と命名した。水素とは元素を意味する他，水素分子や水素ガスの総称として使用される。水素分子としてのH_2は地球上で安定に存在し，酸素O_2が存在する空気では4～74%の濃度で着火する。H_2はたいへん危険だと思われているが，発火温度は570℃と高いために自然発火はしない。かつて20世紀の前半に，「飛行船」や「気球」の浮上材料として使用されたが，1937年の飛行船ヒンデンブルク号の大爆発事故以来，H_2の危険なイメージができあがった。

H_2はO_2といっしょに燃やすことで水が生じるだけなので，クリーンな燃料として注目を集めている。これは燃料電池（fuel cell）を使用した電気自動車のエネルギー源として使われ，Li電池に替わる性能をもつ。ロケット燃料としても，JAXA（宇宙航空研究開発機構）のH-2Aロケットの第一段ロケットの推進材料として液体水素が使われている。このように，水素は単純な原子である故いろいろなものに役立っているのである。

*1　宇宙全体の元素重量70%が水素である。

10-1　水素の形態

水素原子H·（hydrogen）の電子配置は$1s^1$である。原子核は陽子H^+（proton）1つであり，1つの電子e^-（electron）が，この原子核の周辺を回っている（**図10-1**）。Hがe^-を出してイオン化すると原子核の陽子だけが残るため，H^+は陽子と同等なものになる。原子の大きさが～10^{-8} cmに対して，H^+は～1.5×10^{-13} cmの大きさしかない。陽子は小さな領域に1つの正電荷をもつため，非常に大きな正電荷密度をもち，H^+は単独では存在できない。気体イオンビームではH^+単独で存在するが，それ以外では必ず何かの化合物として存在している。例えば水中の酸・塩基の理論では，しばしばH^+が単独で扱われる。通常はH_2Oと結合して，**オキソニウムイオン**H_3O^+（oxonium ion）として存在している。このH_3O^+は水溶液中で，さらにH_2Oと**水和付加物**（hydrate adduct）をつくり，$H_5O_2^+$（Zundel ion）あるいは$H_9O_4^+$（Eigen ion）として存在している。一方，H原子は$1s^1$の電子軌道をもつため，もう1つのe^-を1s軌道に取り込み，水素化物イオンH^-（hydride）といわれる反応性の高い化学種になる。このH^-は狭い1s軌道に負電荷をもつe^-が2つ存在するため，クーロン反発により反応性が高くなり，他の化合物に電子を与える強い還元剤としての性質をもつ。

H原子は1s軌道上に1個の価電子をもつため，周期表では1族のアルカリ金属の上に置かれている。しかし，Hは非金属であるため，化学的にも物理学的にもア

H^+（プロトン）

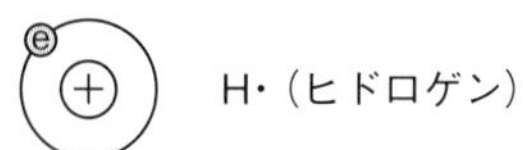

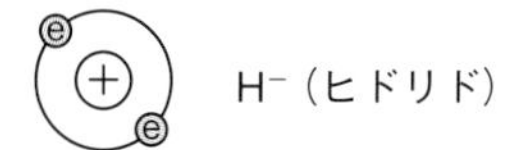

図10-1　水素の形態

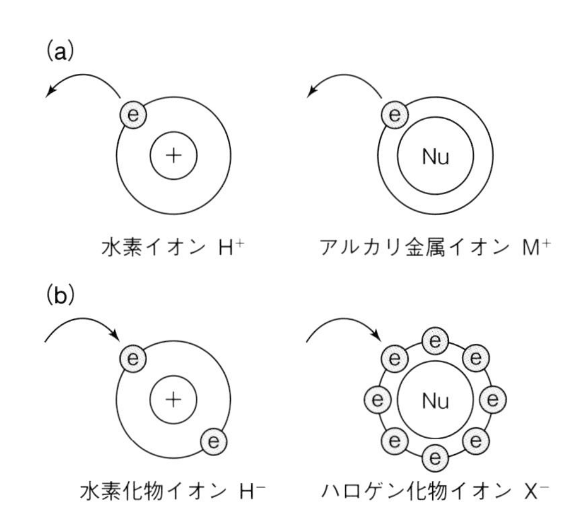

図 10-2　水素の (a) アルカリ金属 (M·) (b) ハロゲン (X·) との類似性

ルカリ金属とは性質が似ていない。H はハロゲンのように 1 つの e^-をもらって 1s 軌道を閉殻できるため，ハロゲンと類似した性質が見られる。次にアルカリ金属やハロゲンと H 原子との違いについて見ていく。

図 10-2 に示すように，H^+とアルカリ金属イオン M^+，H^-とハロゲン化物イオン X^-は，似たように+1 価のカチオンや−1 価のアニオンになるが，それぞれ異なった化学的性質を示す。例えば，H 原子の $1s^1$ とアルカリ金属 M（$\sim n\mathrm{s}^2 n\mathrm{p}^6 (n+1)\mathrm{s}^1$）はともに 1 つの e^-を取り除いて H^+と M^+の+1 価のカチオンになりうる。M は 1 つ e^-をとって M^+にすると貴ガスの閉殻の電子配置をもち安定化する。M の内殻コア電子（$\sim n\mathrm{s}^2 n\mathrm{p}^6$）は閉殻構造のため遮へい効果が大きく，M の最外殻電子 $(n+1)\mathrm{s}^1$ は有効殻電荷 Z_{eff} が小さくなり，容易に取れるようになる。しかし，H の場合は，1s 軌道の e^-は最も原子核に近い軌道にあるため Z_{eff} が強く，$1s^1$ 軌道の電子は取れにくい。すなわち，最も原子核に近い 1s 軌道は，2 つの e^-でしか核電荷を遮へいしない "不完全な遮へい効果" のため Z_{eff} が大きくなる*2。そのため，H 原子は大きなイオン化エネルギー I_1（1312 kJ mol^{-1}）をもつ。この大きな I_1 は，H の関わる反応が共有結合的であることを示している。一方，H· 原子とハロゲン原子 X· も互いに 1 つの電子を受け取り閉殻構造の陰イオンになる。X· は 7 つの最外殻電子をもち，もう 1 つの e^-を $\sim n\mathrm{s}^2 n\mathrm{p}^5$ 軌道に取り込むと閉殻の陰イオン X^-になって安定化する。一方，H 原子が 1s 軌道にもう 1 つの e^-を取り込むと，閉殻の $1s^2$ の電子配置をもつ H^-の陰イオンになる。H^-が e^-を出しやすく還元剤としての機能性をもつことはすでに述べた。

10-2　水素の同位体

同位体（isotope）は，陽子数が同じで中性子数が異なる元素である。**図 10-3** のように，水素では通常 3 つの同位体が存在する。**軽水素** H（protium）（^{1}H）は，1 つの e^-に対して陽子（p^+）1 個に中性子（n^0）0 個からなる。**重水素** D（deuterium）（^{2}H）は陽子 1 個に中性子 1 個，**三重水素** T（tritium）（^{3}H）は陽子 1 個に中性子 2 個からなる。一方，水素イオンでは同位体ごとにそれぞれ名前が付いており，H^+（proton）（$^1H^+$），D^+（deuteron）（$^2H^+$），T^+（triton）（$^3H^+$）となっている。地球上の水素全体の中で H は 99.985%，D は 0.0154% および T は 1×10^{-15}% の割合で存在している。同位体を含む水素イオンすべてを総称して**ヒドロン**（hydron）と呼んでいる。

*2　スレーター則では 1s 軌道の電子の遮へい定数は $\sigma = 0.30$ と小さくなる。

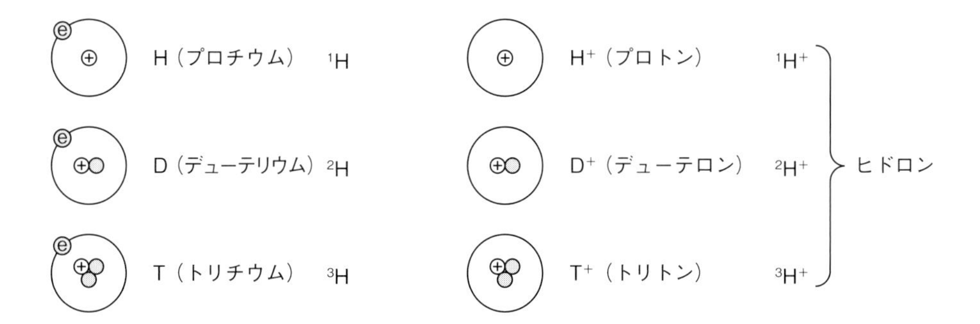

図 10-3　水素同位体とそのイオンの構造

10-2-1 軽水素

H_2は水に不溶な無色無臭の気体である。実験室系ではZnなどの金属を希酸で処理したり（$M + 2HX \rightarrow MX_2 + H_2$），水の電気分解（$2H_2O \rightarrow 2H_2 + O_2$）から得られる。工業的にはNiを触媒として，～750 ℃でCH_4や軽油を用いた**水蒸気改質法**（steam reforming）でCOとともに得られる。（$CH_4 + H_2O \rightarrow CO + 3H_2$）このCOは，触媒を用いた**水性ガスシフト反応**（water gas shift reaction）（$CO + H_2O \rightarrow CO_2 + H_2$）によって$H_2$の割合を高めることができる。得られた“$CO + H_2$”のガスは**合成ガス**（syngas: synthesis gas）といわれる。CH_4の代りに石炭のコークスを使用してH_2を発生させる**水性ガス反応**（water gas reaction）からもH_2が得られる。（$C + H_2O \rightarrow CO + H_2$）

10-2-2 H_2の反応

マーガリンなどの油脂の水素添加や，NH_3, HCl, MeOHなどの合成に，H_2は多量に用いられる。ライムライト（石灰灯）などのガス燈に使われた“酸水素ガス”（$O_2 / H_2 = 1/2$）などは，H_2Oを多量に生じる。また，H_2は金属酸化物の還元反応などに用いられる。液化水素は冷却剤として気体の中で最も軽く熱伝導率も大きいため，冷却効果は大きい。常温では反応性が低く，直接反応するのはF_2だけである。Sなどの還元反応でH_2Sを合成する他，Cl_2とは青色光の照射で爆発的に反応する。$O_2 / H_2 = 1/2$の混合気体は爆鳴気とも呼ばれる。

H_2は高温で活性となり，多くの金属や非金属と化合して水素化物をつくる。水素の分圧が高いと吸収し，低くなると放出するPdやNiなどの水素吸蔵合金がある。触媒を用いたCOとの反応では，MeOHやCH_4, C_2H_6などが合成されている（**図10-4**）。水素はあらゆる元素の中で一番小さいため，例えばH_2の高圧ガスボンベでは，高圧でのシール材として使われている高分子の分子間にH_2が入り込む。そのため，高圧状態から常圧に戻ったとき，入り込んでいたH_2が膨張し，高分子を破断させてしまう。また，ガスボンベの金属に入ったH_2も，金属中を移動し，局所的に高濃度に集まることで金属を脆（もろ）くして破断させる（水素脆（ぜい）性）。これらの性質が，安全な高圧の水素ボンベをつくることを困難にしている。

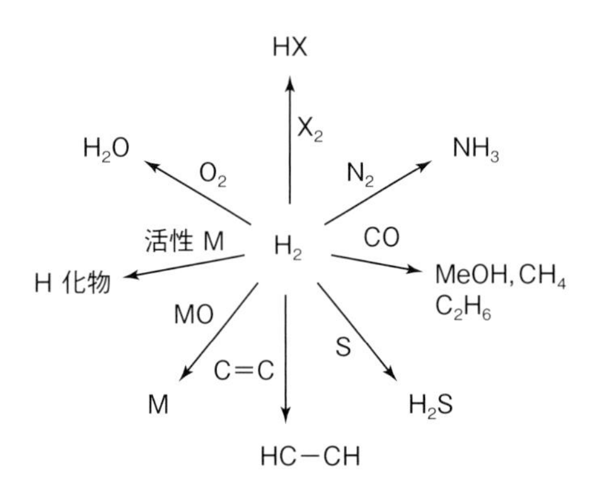

図10-4 水素ガスの反応

10-2-3 重水素

先に述べたように，軽水素Hの原子核に中性子を1つ加えたものを**重水素**D（^2H）という。D_2は常温，常圧で無色無臭の気体であり，融点18.7 K，沸点23.8 Kである。軽水素のH_2（融点14.0 K，沸点20.6 K）に比べ，質量が重いため融点や沸点が高くなる。Dは高速中性子のエネルギーを室温くらいの熱中性子に変換できる。そのため，Dを含むD_2Oは原子炉内で中性子の**減速材**（moderator）としてトン単位で利用される。D_2OはH_2Oより1/300ほど中性子を吸収しにくいため，D_2Oの方が優れた減速材である。D_2Oは通常の水からGS法 → 分別蒸留 → 電気分解で分離・精製でき，100%近くまで濃縮できる。Hと比較してDは2倍の質量をもつため，物理的性質がHとは異なり，化学反応の速度が異なる（同位体効果H / Dの質量比～0.5）。

10-2-4 三重水素

T（^3H）は半減期が12.26年の放射性元素であり，式10-1のようにβ崩壊して^3_2Heを生じる。

$$^3_1T \rightarrow {}^3_2He + e^- \ (12.26\,Y) \qquad (10\text{-}1)$$

放射性元素であるにもかかわらず，地球上では1×10^{-15}%が常に存在している。これは，高層大気中で宇宙線がN_2と反応して少量のTを常に生じるためであり，$^{14}_7N(n, {}^3_1H)\,{}^{12}_6C$の核反応によってTが生成する。エネルギー問題の解決のためTを用いた核融合反応が注目されているが，原子爆弾以外は地球上で核融合反応を起こすことは難しい。これは，地球上では太陽内部の高圧高温よりも高い温度・圧力が得られないためである（2-6節参照）。最も注目されている核融合反応は式10-2と式10-3に示す軽い核同士の融合反応で，D-TあるいはD-D反応といわれている（2-7節参照）。

$$^{2}_{1}D + ^{3}_{1}T \rightarrow ^{1}_{0}n + ^{4}_{2}He + 17.8\,MeV$$ （D-T 反応）　（10-2）

$$^{2}_{1}D + ^{2}_{1}D \rightarrow ^{1}_{0}n + ^{3}_{2}He + 3.27\,MeV$$ （D-D 反応）　（10-3）

この核融合反応の原材料として放射性元素は $^{3}_{1}T$ だけで，$^{2}_{1}D$ は海水中に豊富に存在する。また，反応生成物は ^{4}He, ^{3}He と中性子である。D-T 反応では，電荷の反発力に打ち勝って衝突させるために 1000 km s^{-1} 以上の速さが必要で，加熱温度では 1 億度以上に相当する。実験室系で $^{3}_{1}T$ を発生させるには，高速中性子を LiD, LiF あるいは Mg / Li に照射して合成する（中性子捕獲：式 10-4）。あるいは $^{9}_{4}Be$ と $^{2}_{1}D$（式 10-5），および $^{2}_{1}D$ と $^{2}_{1}D$ の核反応（式 10-6）から合成される。

$$^{6}_{3}Li + ^{1}_{0}n \rightarrow ^{4}_{2}He + ^{3}_{1}T \qquad (10\text{-}4)$$

$$^{9}_{4}Be + ^{2}_{1}D \rightarrow 2\,^{4}_{2}He + ^{3}_{1}T \qquad (10\text{-}5)$$

$$^{2}_{1}D + ^{2}_{1}D \rightarrow ^{3}_{1}T + ^{1}_{1}H \qquad (10\text{-}6)$$

高純度の液体 $^{3}_{1}T_2$ は，核融合反応の D-T 反応を起こすのに必須の核燃料であり，水素爆弾の原料の一つとしても利用されている。$^{3}_{1}T$ は反応機構の研究でトレーサー（tracer）として用いられている。生体分子を構成する元素の一部を検出感度の高い放射性 ^{3}T に置き換えた化合物で，生体内の分子の移動を調べることができる。

10-3　重水の製造 ―ガードラー-スペバック法（二重温度交換法）による重水の濃縮―

図 10-5 は，低温槽と高温槽を接続したプラントを模式的に表したものである。この方法は D_2O を製造するときに前処理段階で重要である。通常の水に含まれる D_2O は，水中にある D の存在割合が 0.0154％である。そのため，100％近くの D_2O を製造するためには工夫が必要になる。この GS 法（Girdler-Spevack 法，または二重温度交換法）は，HDO（液体）＋ H_2S（気体）⇄ H_2O（液体）＋ HDS（気体）の交換反応の平衡が低温 25 ℃と高温 100 ℃で異なることを利用して，重水素化物を濃縮する方法である。これによって，水中の重水濃度は 2 ～ 20％まで濃縮される*3。

この重水素交換反応は，30 ℃で平衡定数 $K = 2.33$，130 ℃で $K = 1.82$ となるので，低温では HDS の重水

*3　HDO が溶液中で増加してくると平衡反応によって D_2O も増加する。

Column【トリチウムは安全か？】

福島の原発事故で最も問題なのは，放射性物質の $^{3}_{1}T$ の処理である。これは放射能物質を除去する装置（ALPS：advanced liquid processing system）を用いても除去できないので，通常は海洋に投棄・放出されている。ALPS は 63 種類の放射性元素を除去することができる最先端の放射能除去システムである。しかし，トリトン $^{3}_{1}T^{+}$ を含むイオンのみを除去することは技術的に難しい。それでは，この放射性 $^{3}_{1}T$ を含む $^{3}_{1}T_2O$（トリチウム水）は安全なのだろうか？

図　福島原子力発電所のトリチウムタンク（東京電力ホールディングスホームページより）

例えば T_2O は，口や呼気，皮膚を通して人体に入り，体内では H_2O と同様に細胞内の代謝に関与する。そして，生体タンパクや DNA を構成する H 原子に $^{3}_{1}T$ が取り込まれる。この $^{3}_{1}T$ は放射性崩壊によって非常に弱い β 線を出すが，T_2O として代謝している間は，細胞や遺伝子にはダメージを与えない。しかし，細胞の構成分子に取り込まれると $^{3}_{1}T$ の放射性崩壊によって $^{3}_{2}He$ になり，その骨格自身が崩れて破壊される。そのため，DNA の一部が壊れて遺伝子が機能しなくなり，$^{3}_{1}T$ による催奇形性は非常に高い。放射性 Cs^{+} はイオンとして体内に存在して放射線障害を引き起こす。T_2O の半減期は～ 10 日，構成成分としては～ 40 日である。人体では代謝が非常に速い放射性物質であるため，放射性障害は起こりにくいといわれている。また，大量の H_2O の中から T_2O を分離することは現在の科学技術では難しい。

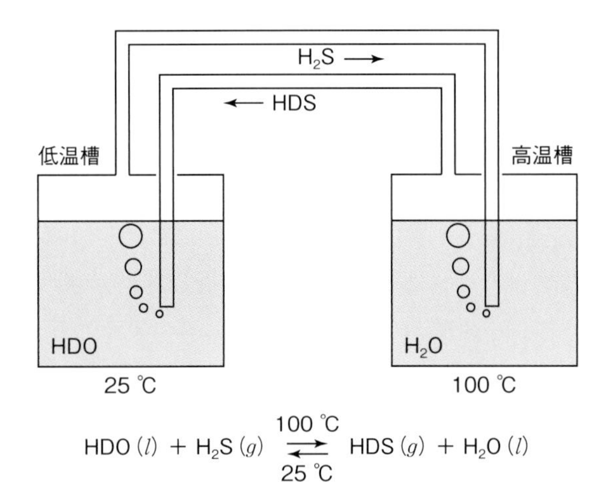

図 10-5　GS 法による H_2S を用いた D_2O の濃縮

素の一部が H_2O に移り半重水（HDO）になる。高温ではHDOの重水素の一部が H_2S に移りHDSができる。高温槽と低温槽の2つを結び，低温槽へ原料水を流入させるとともに，両方の槽に H_2S ガスを循環させる。H_2S やHDSのガスは水に溶けにくいので，高温槽で生成したHDSガスを低温槽でHDOや D_2O に変換させることで，重水素を含む水を濃縮することができる。

次に，D_2O / H_2O をGS法で濃縮した溶液を D_2O（沸点101.44 ℃），HDO（沸点100.7 ℃）と H_2O（沸点100 ℃）の沸点の違いを利用した分別蒸留を行って，水の重水素濃度を～90%まで上げる。さらに，**図 10-6** のように，0.5 M の NaOH 水溶液にして Ni 電極を用いた電気分解によって ＞ 98%以上の高濃度の D_2O を製造することができる。$2H_2O \rightarrow 2H_2 + O_2$ よりも $2D_2O \rightarrow 2D_2 + O_2$ の方が反応性は低く進みにくい。還元されやすさが $H_2O > D_2O$ であり，活性化エネルギーは $H_2 < D_2$ なので，D_2 の方が電気分解によって発生しにくいからである。そのため，電気分解の時間とともに D_2O が濃縮され，高濃度になる。

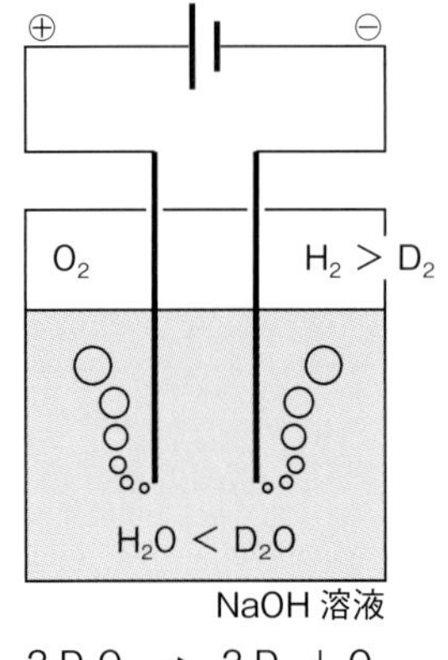

図 10-6　電気分解法による D_2O の濃縮

10-4　水素分子の核スピン異性体

Hは1つの陽子の核スピン $I = 1/2$ をもつ元素である。そのため，水素分子 H_2 になるときに核スピン同士が相互作用した異性体を生じる。2つのH同士の核スピンが $I = 1$ の平行（+1/2, +1/2）に並んだものをオルト水素（o-H_2）といい，$I = 0$ の逆平行（+1/2, −1/2）に並んだものをパラ水素（p-H_2）と呼ぶ（**図 10-7**）。一般にエネルギー準位は o-H_2 の方が高いため，室温では o-H_2 : p-H_2 = 75 : 25 で存在するが，0 K では o-H_2 : p-H_2 = 0 : 100 である。沸点や融点も o-H_2 と p-H_2 では違いがあり，例えば p-H_2 は o-H_2 より～50%も大きな熱伝導率をもち，p-H_2 のみ超流動を示す。この o-H_2 から p-H_2 への変換は，Hの電子雲を通して行われ，速度論的にとても遅い反応である。そのため，室温から20 K まで急冷した液体 H_2 は，o-H_2 : p-H_2 = 75 : 25 の割合を維持する。しかし，約1ヶ月後には20 K 以下の低温のため o-H_2 : p-H_2 = 0.30 : 99.7 まで割合が変化する。そのとき，液化水素の64%は o-H_2 から p-H_2 の変換による発熱のため蒸発してしまう。

この液化水素の蒸発を防ぐため，触媒を用いて強制的に液体 H_2 を o-H_2 から p-H_2 へ変換しておくことが必要になる。一般に核スピンの変換触媒は，低温時には活性炭が使用され，常温では常磁性物質（O_2, NO, NO_2, Cr_2O_3），

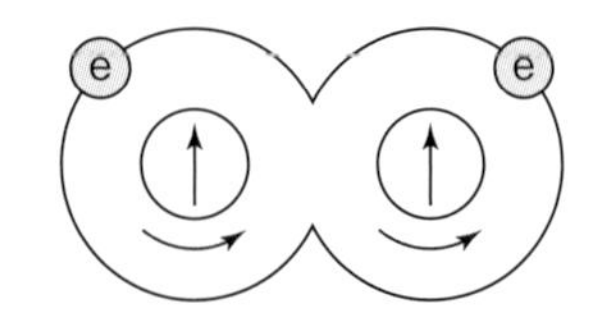

オルト水素（平行スピン型）o-H_2

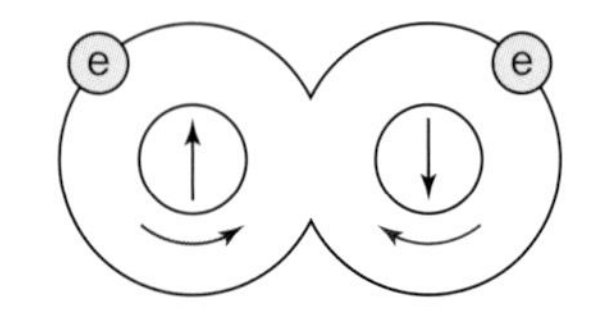

パラ水素（逆平行スピン型）p-H_2

図 10-7　H_2 の核スピン異性体

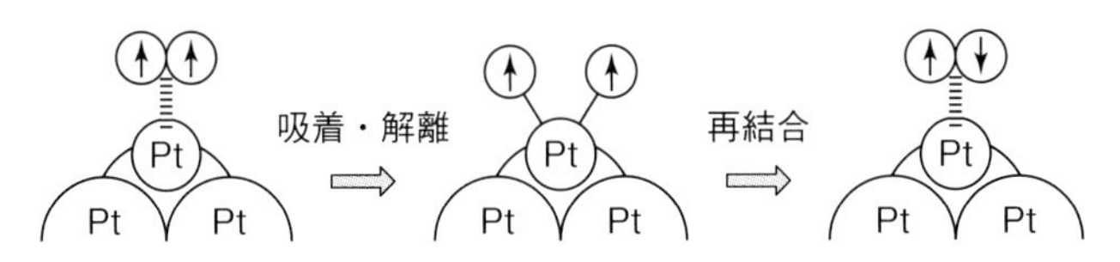

図 10-8 Pt 金属上での o-H_2 から p-H_2 への触媒メカニズム

あるいは金属（Pt, Fe, Ni, W）などが使用されている。**図 10-8** に，Pt 上での o-H_2 から p-H_2 への変換メカニズムを示す。Pt 金属表面に吸着した H_2 は，H 原子状態で Pt 原子へ解離吸着した後，再結合するときに o-H_2 から p-H_2 へ変換する。o-H_2 では核スピンが同じ方向を向くため小さな磁気モーメントをもつが，p-H_2 は磁気モーメントをもたない。H_2 の原子核間の磁気モーメントは非常に小さいため，o-H_2 の影響は弱く，核スピンが平行でも反磁性を示す。D_2 にも同様な D の核スピン（$I = 1$）による異性体があり，低温では H_2 とは逆に o-D_2 の方が安定で，室温では 33.3% の p-D_2 を含んでいる。

10-5 水素化物

水素を含むすべての化合物は**水素化物**（hydride）といえるが，そのすべての化合物が水素化物の性質を示すものではない。水素化物は，電子供与体として働くか，H^- を含む化合物のことである。

10-5-1 塩類似水素化物

イオン化エネルギーが小さく，電気的陽性の強い（電気陰性度の低い）元素であるアルカリ金属やアルカリ土類金属，一部のランタノイドからつくられるイオン結合性の化学量論的な水素化物を**塩類似水素化物**（saline hydrides）という。高い融点で融解すると電気伝導性をもち，還元剤として使用される。この塩類似水素化物で，例えば LiH や BaH_2 を高温で融解し（$MH \rightleftarrows M^+ + H^-$），電気分解すると陽極から水素 H_2 が発生する（$2H^- \rightarrow H_2 + 2e^-$）ので，化合物中に H^- が存在することを証明できる。酸である H_2O と反応させると H_2 を容易に放出して激しく反応するのは（$MH + H_2O \rightarrow MOH + H_2$），

Column【金属水素】

木星や土星などのガス状惑星の中心核は，液体の金属水素からつくられている。そのため，地球の地磁気と同じく，これらのガス状惑星も磁気をもつ。地球の中心には金属 Fe 核があり，これが地磁気の原因である。一方，木星などのガス状惑星の磁気は，外層がつくる大きな重力で圧縮され金属化した水素が原因である。H_2 が**図**のように結晶化して固体になったとする。この結晶に非常に大きな圧力を掛けると，H 原子は 1s 軌道しかないため，互いの 1s 軌道が重なり合って，すべての e^- が自由に動ける（自由電子）1 つの大きな軌道が生じて金属になる。木星の中心部の圧力は 3600 GPa といわれており，地球上では金属水素をつくりだすことは難しいといわれている。1996 年に，1/100 万秒という一瞬で 140 GPa，数千℃に到達させ金属水素を観測したと報告されているが[14]，高圧を掛けたダイヤモンドアンビルセル*4 が壊れて確証が得られなかった。金属水素は室温で超伝導（電気抵抗がゼロ）を示すとされており，現在でも盛んに実験が行われている。現に周期表で水素のすぐ下の Li では，30 GPa 以上の比較的高温（T_c = 20 K，48 GPa）で超伝導になる。2015 年には硫化水素が超高圧（～150 GPa）下～－70 ℃で超伝導になることが報告されており[15]，室温超伝導の研究は順調に進んでいるようである。

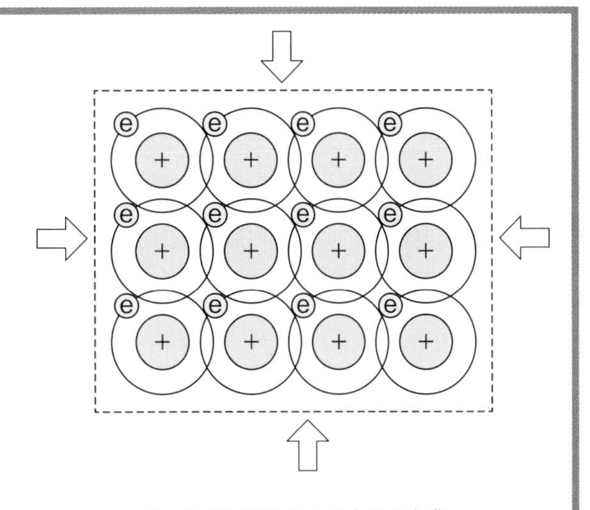

図 H 原子固体による金属の生成

*4 2つのダイヤモンドで挟まれたガスケット内で～数百 GPa の高圧を掛ける装置である。

H^-が強い塩基性をもつからである。

CsHやRbHは空気中で酸素と反応して発火する。CsHなどの水素化物の密度（3.42 g cm^{-3}）はCs金属のもの（1.90 g cm^{-3}）より大きくなる。有機合成試薬の原料として使われ，$LiAlH_4$や$NaBH_4$など有用な還元剤をつくる。（$4LiH + AlCl_3 \rightarrow LiAlH_4 + 3LiCl$）（$2NaH + B_2H_6 \rightarrow 2NaBH_4$）合成は，例えばアルカリ金属（M）を加熱して液体とし，H_2ガスを直接反応させることでアルカリ金属水素化物MHが得られる。アルカリ金属水素化物の合成反応（$2M(l) + H_2(g) \rightarrow 2MH(s)$）は，すべて大きな生成熱を生じる発熱反応である。水素化物合成の反応性は$Li > Cs > K > Na$となる。

10-5-2　共有結合性水素化物

共有結合性水素化物（covalent hydrides）*5は，電気陰性度χが比較的高い元素によって形成される。水素の電気陰性度（$\chi_H = 2.2$）との差が比較的小さいため，ある元素と共有結合性化合物をつくるのに有利である。この水素化物の分子内は飽和した共有結合でつくられており，分子間はファンデルワールス力や水素結合などの分子間力で結びつけられている。この水素化物の固体は，特有な性質である分子状格子をもち，柔らかく，低融点，低沸点で蒸発しやすく，絶縁性などの性質を示す。もちろん，共有結合性水素化物は完全な共有結合性ではなく，Hと結合する元素の電気陰性度が異なるほどイオン結合性も現れてくる。

表10-1は，共有結合性水素化物を生成する周期表の13～17族をまとめたものである。17族のハロゲンではHFの水素化物が弱酸性を示すが，強酸性のHX（X = Cl, Br, I）の水素化合物を生成する。16族のカルコゲンでは弱酸性のH_2X（X = O, S, Se, Te, Po）の水素化物を生成する。H_2Oのみ水素結合のため沸点や融点が他の水素化物よりも高くなっている。15族のニクトゲンでは，弱塩基性を示すH_3X（X = N, P, As, Sb, Bi）の水素化物を生じる。14族では主に中性のH_4X（X = C, Si, Ge, Sn, Pb）の水素化物を生じる。13族は電子不足な水素化物$(H_3X)_n$（X = B, Al, Ga）をつくり，多核の水素化物に重合しやすい。InH_3やTlH_3は未発見である。

表10-1　共有結合性水素化物の性質

族番号	13	14	15	16	17
周期					
2	B	C	N	O	F
3	Al	Si	P	S	Cl
4	Ga	Ge	As	Se	Br
5		Sn	Sb	Te	I
6		Pb	Bi	Po	
水素化物	$(H_3X)_n$	H_4X	H_3X	H_2X	HX

*5　分子性水素化物ともいわれる。

10-5-3　遷移金属水素化物

遷移金属元素とBe, Mgは，Hと反応すると**遷移金属水素化物**（transition metal hydrides）を形成する*6。この水素化物は可逆にH_2をHに解離・吸収し，非化学量論的な水素化物を形成する。Hは金属格子のすき間を占め，固溶体を形成し，元の金属より密度が小さくなる。この水素化物は元の金属と同じ性質を示し，Hは原子状態で存在するため強い還元性をもつ。空の格子点をもつ金属Pdに室温で水素を吸収させるとNaCl型の水素化物を形成し，$PdH_{0.6}$の非化学量論的な化合物になる。例えば$LaH_{2.87}$, $TiH_{1.70}$, $ZrH_{1.90}$なども非化学量論的な組成をとる。しかし，純粋な試料からは化学量論的な二水素化物のTiH_2やZrH_2などが合成できる。H_2がH原子として金属の結晶格子のすき間に吸収されたとき，わずか数%吸収しただけでも金属格子に変化が起こり，金属原子の配列を変化させる。例えば金属Pdは水素の吸収によって，α相の構造に変化はないが，ccp（立方最密構造）の格子定数が383.3 pmから389.4 pmに変化する。さらに，H_2を吸収すると格子定数が401.8 pmに増加したβ相が現れてくる。

遷移金属水素化物に取り込まれたHは遷移金属中でH^-として存在し，H^+や$H\cdot$で存在しているのではない。取り込まれたHが$H\cdot$で存在すると，ほとんど金属の伝導バンド構造に変化を与えないが，H^+で存在するとH原子の電子を一部金属に与えるため，伝導電子が増えて電気伝導度が増加するはずである。この遷移金属水素化物はH^-で存在するため金属にある電子が減少し，常磁性の磁化率や電気伝導度などはHが金属に多く吸収されるほど減少する傾向がある。また，H^-で吸収されると，H^-のイオン半径は130 pmであるため，金属格子の膨張が観測される。さらに，理論計算によると，7族の金属元素ではH^-として取り込んだ遷移金属水素化物は不安定である。実際に7族のMn, Tc, Reの遷移金属

*6　侵入型水素化物（interstitial hydrides）ともいわれる。

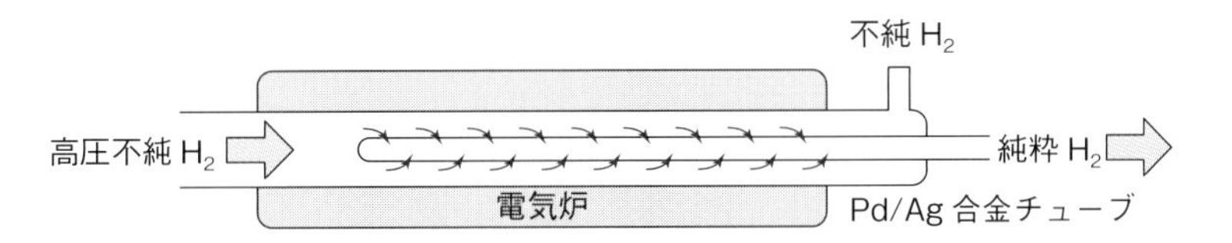

図 10-9　純粋な H_2 を精製する装置

水素化物は知られていない。

LnH_3（Ln: ランタノイド）は，遷移金属水素化物と塩類似水素化物の境界領域に位置する化合物である。化学量論的に理想的な LnH_3 構造に近づくにつれて，常磁性や伝導性が失われて，金属の伝導電子が空になった塩類似水素化物になってしまう。遷移金属水素化物は，温度を上昇させると水素が固体中を迅速に移動拡散する。この移動性は，**図 10-9** のように，加熱した Pd/Ag 合金のチューブ中に不純物を含む H_2 ガスを拡散させて，純粋な H_2 を精製するために利用される。

10-6　水素結合

10-6-1　水素結合とは

H が電気陰性度の大きな原子 X（F, O, N）に共有結合すると X−H 結合の極性が大きくなり，結合電子は X

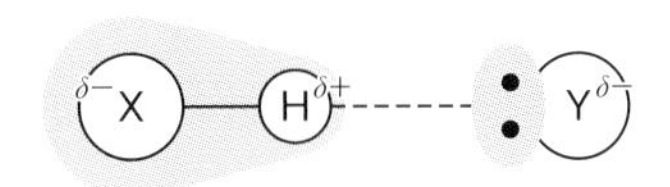

図 10-10　水素結合の形成

に引きつけられ，部分的に H の正電荷 $\delta+$ が大きくなる。そのため，電気陰性度の大きな原子 Y（F, O, N, Cl）の電子リッチな部分と静電的な相互作用によって**水素結合**（hydrogen bond）することができる（**図 10-10**）。かつて水素結合の構造科学的な証拠は，水素結合に H^+ が存在すると，X…Y 間の距離がファンデルワールス距離よりも短くなることであった。しかし，結晶中では水素結合した X…Y の静電的な相互作用は，かなり遠くまで働くことが分かっている。そのため，現在ではファンデルワールス半径の和より長くなっても水素結合として認

Column【反物質と反水素】

宇宙にはビックバン以来，物質と反物質が存在していた。しかし，南部陽一郎らによって示された CPT 対称性の崩れから，物質のみが存在する宇宙になったといわれている。CPT 対称性*7 は，粒子とその反粒子が物理学的に等価であることを予言している。そして，1930 年にディラック（Dirac, P.）は，反物質として**陽電子**（positron）が存在することを理論的に予言した。そして，反粒子からなる反物質は，1932 年に実際に陽電子の存在が実証された。現在，医学での PET（陽電子放射断層写真）の利用は，反物質を利用して実用化された例である。反物質と物質は接触するとたいへん大きなエネルギーを出して消滅することが知られている。物質で満たされた宇宙では，反物質は非常に不安定になる。そのエネルギーは，質量が直接エネルギーに変化するため膨大である。1 g の反物質は，$\sim 9 \times 10^{10}$（90 億）kJ g^{-1} のエネルギーに相当する。これは自動車 10 万台を 1 年間走らせるエネルギーに相当する。**図**のように，反物質で負電荷の**反陽子** p^-（antiproton）と正電荷の**陽電子** e^+（positron）をもつ**反水素**（antihydrogen）は，2002 年に存在が確認された[16]。反水素は $\overline{H}$（エイチ・バーと読む）と表す。SF 映画の『スタートレック』に出てくる宇宙船エンタープライズ号の光子エンジンのエネルギー源は反水素を使っていることになっている。

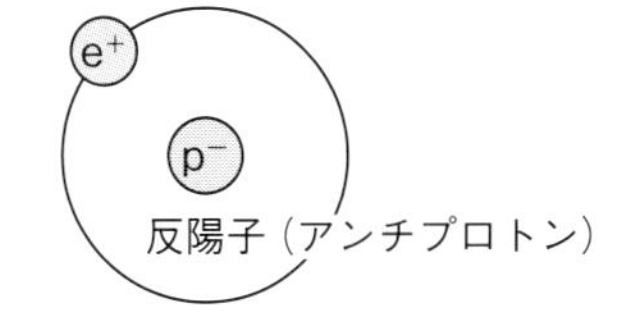

図　反水素 $\overline{H}$（アンチヒドロゲン）の構造

*7　荷電共役変換（C: charge conjugation），空間反転変換（P: parity transformation），時間反転変換（T: time reversal）の三つの変換を同時に行うことを意味する。

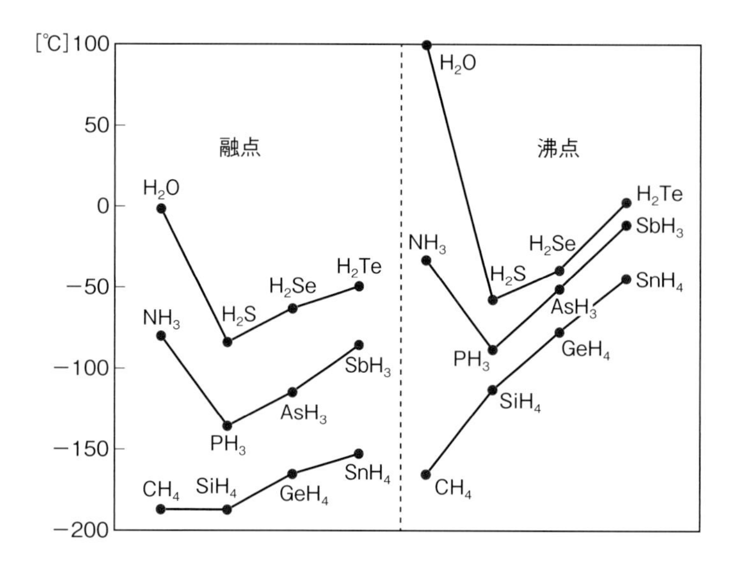

図 10-11 14 族, 15 族, 16 族の水素化物の融点・沸点

められている。結晶中での∠(X−H…Y) = α が 90°< α < 180°に X と Y があるものを水素結合と呼ぶようになった。

水素結合の存在は，周期表の族ごとに水素化物の融点や沸点を比較すると見えてくる。例えば**図 10-11** には，14 族，15 族，16 族の水素化物の融点と沸点を示す。H_2O や NH_3 は，融点も沸点も他の水素化物と比較すると異常に高くなっている。これは，水中で H_2O が互いに水素結合を形成して，水素結合を切断しながら氷から水へ融解したり，自ら水蒸気へと蒸発したりするからである。NH_3 も H_2O と同様に水素結合をつくるが，水素結合の総数が H_2O より少ないため，融点や沸点は H_2O より NH_3 の方が低くなる。CH_4 は水素結合をつくらず，分子間相互作用が弱いため融点や沸点が低くなる。各族の水素化物では，重くなるほど融点や沸点が上昇する分子間力の傾向に一致している。

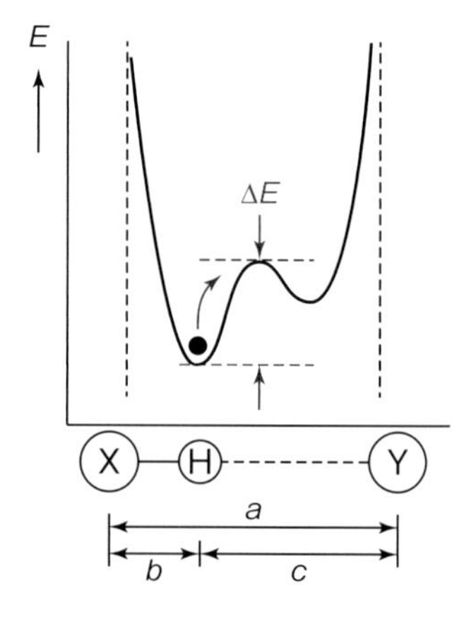

図 10-12 水素結合のダブルポテンシャル

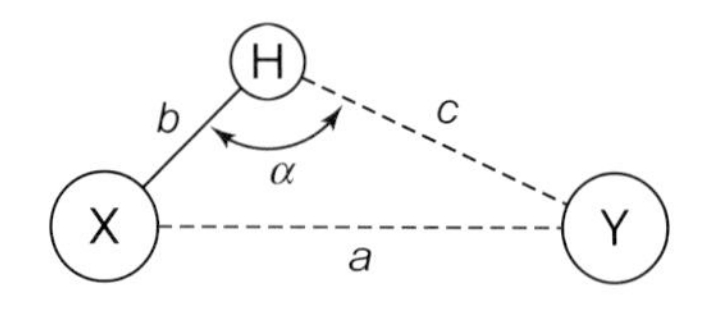

図 10-13 水素結合三角モデル

10-6-2 水素結合のポテンシャル表示

水素結合は，縦軸に結合電子のポテンシャルエネルギー，横軸に原子間の結合距離をプロットすると，**図 10-12** に示した非対称なダブルポテンシャルになる。それぞれ X と Y の原子では，原子核のところでポテンシャルは無限大の障壁になっている。H^+ はダブルポテンシャルの低い方の原子に結合して安定化している。X−H 距離 b は共有結合距離であり，H…Y 距離 c が水素結合距離を示している。水素結合が強くなると X…Y 間の距離 a は徐々に短くなり，それと同時に b は伸びて，c は短くなる。通常の水素結合は**図 10-13** のように，X…Y の直線上に H^+ は存在しない。∠X−H…Y = α の角度は，弱い水素結合ほど 90°に近づき，強い水素結合ほど 180°に近くなる。したがって，非常に強い水素結合のみ，X…Y の直線上に H^+ が存在する。先に述べたように，α < 90°であれば水素結合とはいわない。また，極めて強い水素結合であれば，$b = c = 1/2a$，α = 180°になり，水素結合がシングルポテンシャルになる。水素結合が強くなると IR（赤外線吸収スペクトル）の X−H 伸縮振動 ν (XH) が低波数側（低エネルギー側）

へシフトし，^{1}H-NMR（核磁気共鳴スペクトル）の δ（XH）は低磁場側へ大きくシフトする。

10-6-3 極めて強い水素結合

$[F\cdots H\cdots F]^-$ の水素結合は非常に強く結合しており，弱い共有結合並（～50 kJ mol^{-1}）の結合エネルギーをもつ。この水素結合した $[F\cdots H\cdots F]^-$ は溶液中でもアニオンとして振舞い，$K[HF_2]$ は塩として安定である。**図 10-14** のように H^+ がちょうど F…F 間の真ん中にあり（$b = c = 1/2a$，$\alpha = 180°$），F－H 距離 b も H…F 距離 c も同じ 2.26 Å の結合距離をもつ。通常の水素結合はダブルポテンシャルを基本とするが，この $[F\cdots H\cdots F]^-$ の極めて強い水素結合はシングルポテンシャルをとる。そのため，H^+ はその位置をほとんど動くことはできない。

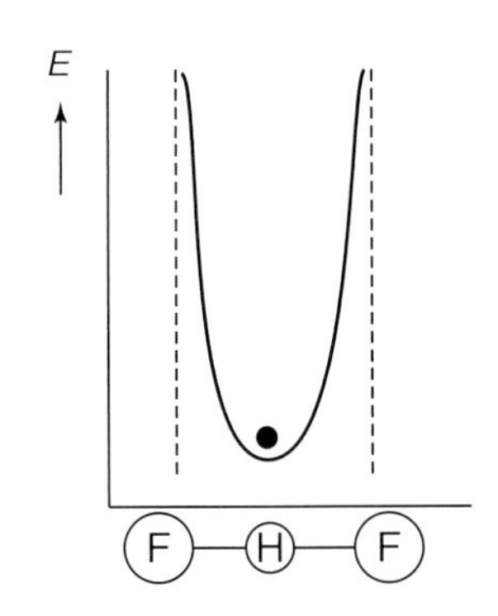

図 10-14 非常に強い水素結合のシングルポテンシャル表示

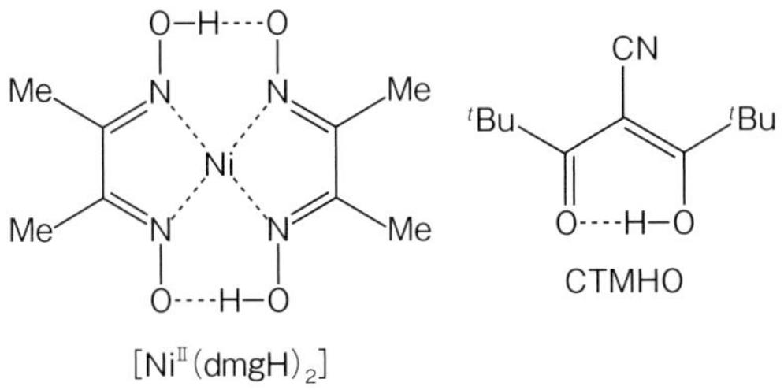

その他，**図 10-15** に示したように，$[Ni^{II}(dmgH)_2]$（$dmgH^-$：ジメチルグリオキシム）や 4-シアノ-2,2,6,6-テトラメチル-3,5-ヘプタンジオン（CTMHO）などの結晶も，O…O 間で極めて強い水素結合が観測されている。溶液中では溶媒和の影響を受けて，シングルポテンシャルをとる水素結合は少なくなる[17]。

図 10-15 非常に強い水素結合をもつ化合物

10-6-4 カルボン酸の水素結合二量体

安息香酸などのカルボン酸は，気相中や結晶中で水素結合の二量体構造をとる。例えば安息香酸は，結晶中で**図 10-16** に示した水素結合二量体を形成する。

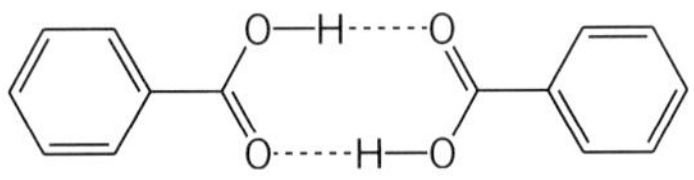

図 10-16 安息香酸の水素結合二量体

この水素結合した 2 つの H^+ は，カルボン酸二重結合の結合交代と共鳴して協奏的に動けるため，左右に移動しやすい（concerted hydrogen bond）。この水素結合のダブルポテンシャルを**図 10-17**（b）に示した。**図 10-17**（a）と**図 10-17**（c）の左右の水素結合のポテンシャルが 2 つ重なると（b）のダブルポテンシャルが得られ，しかもエネルギー障壁の低いほぼ左右対称なポテンシャルをもつ。通常，H^+ が水素結合を移動すると －O…H－O－ → －O－$H^+\cdots O^-$－ のような正電荷と負電荷に分離して静電引力が働く“電荷分離状態”になる。そのため，移動した H^+ はすぐに逆反応を起こして戻ってし

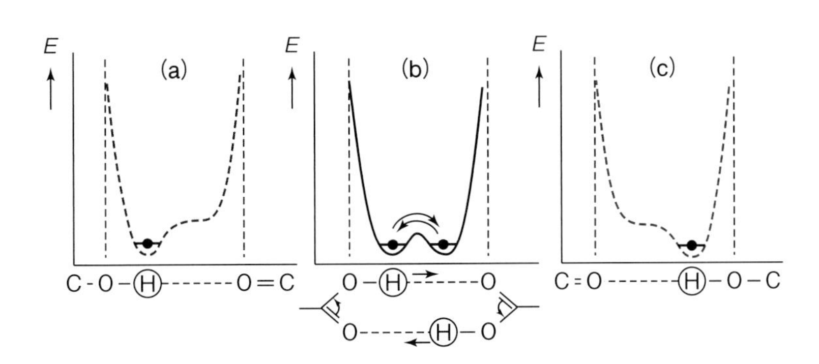

図 10-17 安息香酸の水素結合二量体の共鳴構造とポテンシャル

まう。しかし，カルボン酸骨格は …H^+−O=CR−O^- … → …H−O−CR=O… と二重結合を介して電子を結合交代によって移動できる。そのため，H^+を移動させた電荷分離状態を緩和し，基底状態を保ったままH^+を移動できる。カルボン酸の水素結合二量体では，2つのH^+を動かすと同時に電子の結合交代も動かすことで，スムーズなH^+移動を達成している。カルボン酸の水素結合は，溶液中では溶媒分子との相互作用でわずかに非対称なダブルポテンシャルになる。

10-6-5 低移動障壁型水素結合

酵素のタンパク質の活性中心には，アミノ酸残基やペプチド結合などが複雑な水素結合のネットワークをつくっていることが多い。例えば紅色光合成細菌の光センサーとしての働きをもつイエロープロテイン（PYP）の活性中心では，ヒスチジンのイミダゾール環とグルタミン酸などのカルボキシ基が強い水素結合をしている。そして，H^+移動を起こしながら基質を活性化し，触媒反応を行っている。このときの水素結合の1つが**低移動障壁型水素結合**（low barrier hydrogen bond; LBHB）といわれる特殊な水素結合をもつ[18]。異なる官能基間の水素結合にもかかわらず，H^+が移動しやすい水素結合をとるのは，H^+のドナー基とアクセプター基のそれぞれpK_aとpK_bが等しくなっているからである*8。タンパク質内部では，官能基のpK_aとpK_bはH_2Oの影響を受けないため，水溶液中とは異なることに注意したい。水素結合のX…Y距離aはそんなに短くないのに，**図10-18**に示したように，H^+の移動障壁が小さくなり，非常にH^+が移動しやすくなっている*9。

図10-19のように，PYP酵素の活性中心であるπ電子系の発色団（p-CA）は，タンパク質の疎水性環境に存在する。そのため，疎水性環境の中の負電荷は不安定になるが，グルタミン酸Glu-46とp-CAでLBHBを形成することで，一体となった分子のように負電荷をなるべく薄く分散させ，疎水性環境でも安定化できるように配置していると考えられる[18]。

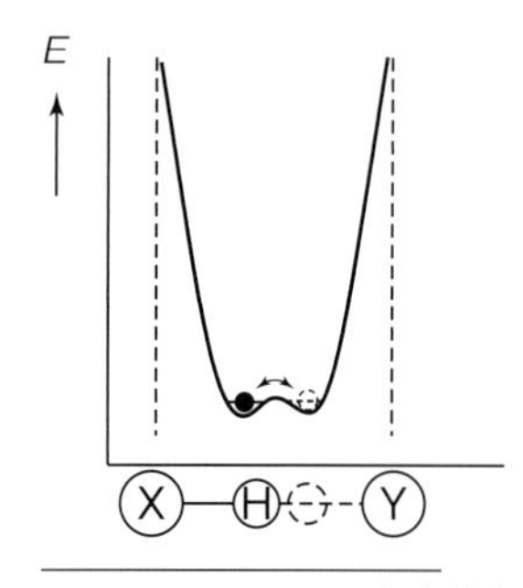

図10-18 LBHBの水素結合ポテンシャル

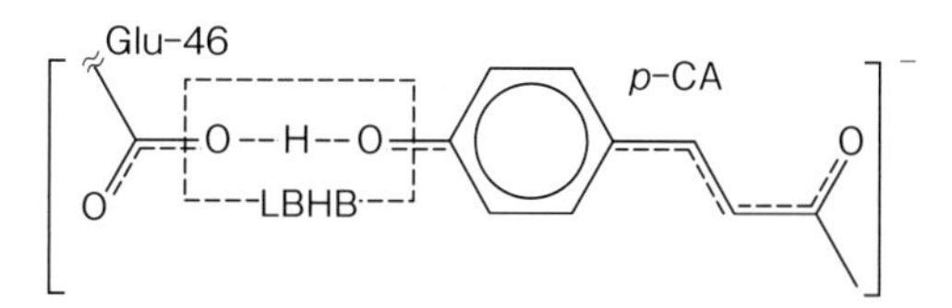

図10-19 PYPの活性部位における発色団（p-CA）

10-7 氷と水

10-7-1 水とは？

水は生体にとって必要不可欠な物質であるが，水の機能はいまだ完全に分かっていない。個々の水分子のH_2Oとしての性質だけではなく，水としての集団的な性質の解明が必要である。地球上では水のほとんどは海洋や大気中に存在する。しかし，最近海洋以上に水の存在が注目されている場所は，地殻や比較的浅いマントル中であり，鉱物の結晶水として存在している。これらは海洋水よりも多量な水を含んでいるといわれている[19]。

水は，2020年現在18種類以上の氷相と2種類の非晶質（アモルファス）相，また2種類の液相が存在しており，物質の中で最も相が多い化合物である。大気中（1気圧）で安定に存在する氷は氷I相のみであり，cubic氷I_cとhexagonal氷I_hの2種類の多形が知られている。

また，液体の水は大気中1気圧，100℃で沸騰するが，例えばある条件では100℃以上でも沸騰しない水に**過加熱水**（superheated water）がある。氷は0℃で融解するが，水は0℃では凍らず，−20℃以下で凍るような**過冷却水**（supercooled water）が安定化される。現在知られている最も低い氷になる温度は−41℃であり，これ以降の低温では水ではいられず，必ず氷になる。水の圧力と温度の相図では，このような領域を「No man's land」*10という。この領域には液体の水として重要な「ガラス転移点」や「液−液転移点」などがあるといわれ

*8 −AH…B−の水素結合で−AHのようにH^+を放出できるものを水素結合性ドナーと呼び，:B−のようにH^+を受け取れるものを水素結合性アクセプターと呼ぶ。−AHおよびB−の水素結合をつくる官能基はそれぞれ固有のpK_aとpK_bをもつ。

*9 どちらかというと，H^+がほとんど平らなポテンシャルを揺らいでいるというイメージが正しい。

*10 どうしても氷になり，水の物性が測れない領域を「No man's land（無人島）」と呼ぶ。

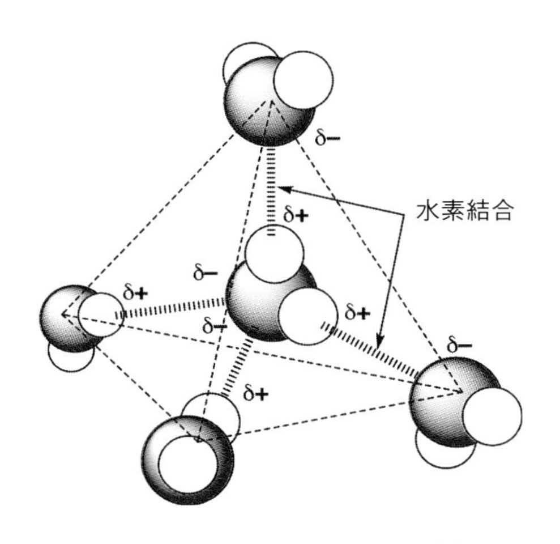

図 **10-20**　水の正四面体型水素結合

ている。− 100 ℃以下になると高濃度電解質液体やアモルファス氷の相が存在してくる。通常，氷の状態は必ず**図 10-20** に示したような正四面体構造をもつ水素結合が起点となって結晶をつくっていく。しかし，溶液中の水の場合も，このような正四面体型の水素結合が起点となって動いているとされている。

10-7-2　バナール-ファウラーの規則 ―完全な氷をつくるための規則―

完全な水素結合をもつ氷をつくるために，バナール（Bernal, J.）とファウラー（Fowler, R.）らが提案した 2 つの規則が知られている[20]。実際は H_2O が互いに水素結合して氷をつくるときに，水素結合間に H^+ がない L 欠陥や，H^+ が 2 つある D 欠陥ができて完全な氷の結晶はつくれない（**図 10-21**）。しかし，バナールとファウラーは，次の 2 つの規則を守れば完全な氷をつくれることを示した。① 1 つの H_2O の O 原子には必ず 2 つの H 原子が存在する（水分子の完全性）および ②水素結合の O…O 間には必ず 1 つの H 原子がある（水素結合の完全性）である。氷の水素結合ネットワークは三次元的に形成されているため，必ず L 欠陥や D 欠陥が存在した氷が形成され，この欠陥が起点となり，氷の伝導性や誘電性などの物性が発現している。

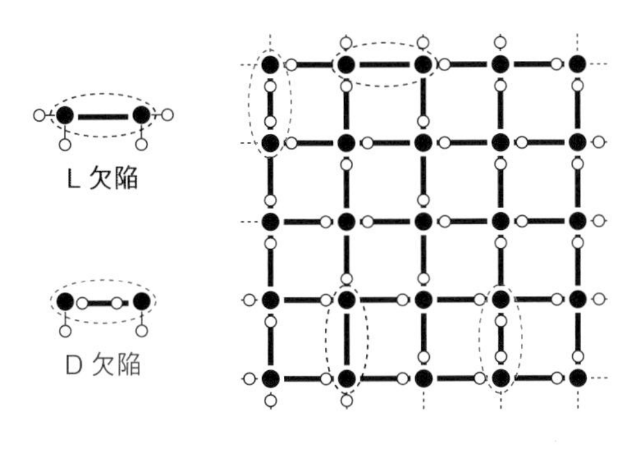

図 **10-21**　氷の中の水素結合欠陥

10-7-3　大気圧で生成する 2 つの氷

氷 I_h（hexagonal ice）は，大気中 1 気圧のとき，私たちが普通に冷蔵庫でつくることができる氷である。氷 I_h は 0 ℃で融点をもち，低温にすると過冷却状態を経るため −20 ℃ぐらいで凍り始める。一方，氷 I_c（cubic ice）は，大気下 −80 ℃以下で存在する準安定な氷相であり，氷 I_h の多形である。上空の雲の細かい氷晶やゼオライトなどのナノ細孔内に生じる氷など，極限状態で見られる氷相である。大気圧下の氷はこの I_h と I_c の 2 種類が存在する。

氷の水素結合はすき間をもつ構造のため，液体の水（4 ℃で～1.00 g cm^{-3}）よりも氷の密度（0 ℃で～0.92 g cm^{-3}）は低い。そのため，氷が水の上に浮くことになる。海洋で観測される氷山や流氷などで海上に現れている部分は，氷山全体の 11％程度とまさに“氷山の一角”であり，大部分の氷は海中に沈んでいることになる。

図 10-22 に氷 I_c と氷 I_h の結晶構造の繰返し単位を示した。氷 I_h の結晶は 1 つの H_2O に 4 つの水素結合を形成するのが基本であり，六方晶の ZnS ウルツ鉱型構造と同じである。この構造は炭化水素化合物のアイサン（iceane）型を構造単位としてつくられている。例えば，氷の構造はいす形と舟形の構造をもつヘキサンのように，6 つの H_2O を水素結合した環状ヘキサゴン（H_2O 六量体）を構造単位として表せる。この 2 つの H_2O 六量体を連結したものを最小単位とする図を**図 10-23** に示した。2 つ連結された H_2O ヘキサマーを基本とすると，I_h は舟－舟形といす－舟形の 2 つの構造をもつ。氷 I_c

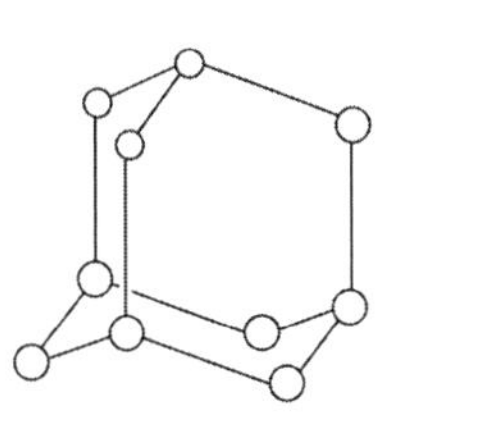

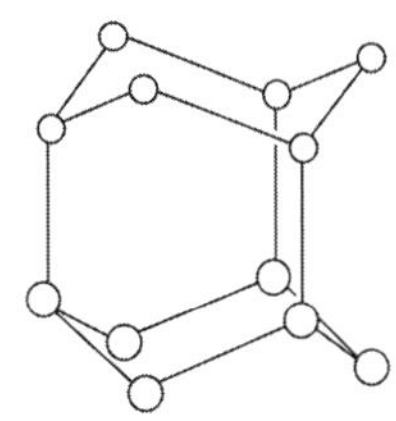

図 **10-22**　氷 I_c と氷 I_h の繰返し単位構造

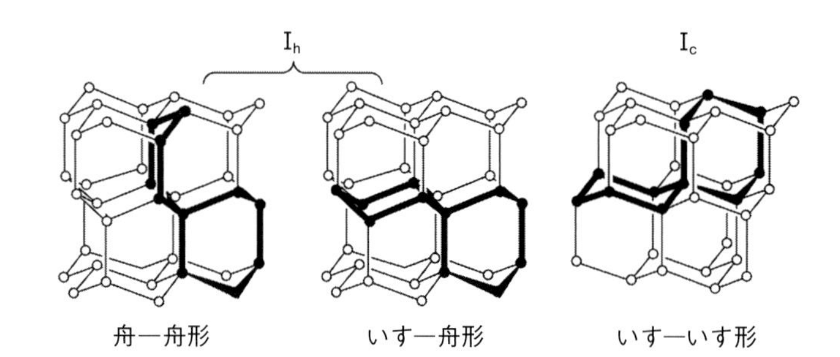

図 10-23　結晶構造中での氷 I_h と氷 I_c の構造

の結晶も，立方晶を基本とするZnSの閃亜鉛鉱型（ダイヤモンド型）と同じ構造をもつ。これは，アダマンタン（adamantane）型構造を構造単位としてつくられている。連結した2つの H_2O 六量体構造を基本とすると，いすーいす形のみの構造が基本となる。

10-8　イオンの水和

H_2O は大きな双極子モーメント（$\alpha = 1.85$ D）をもち，液体の水としても大きな誘電率（27 ℃で $\varepsilon' = 78$）をもつ。また，H_2O はイオン化しやすい溶媒であり，水素結合性ドナーの H^+ 供与体，あるいは水素結合性アクセプターの非共有電子対が H^+ 受容体として働く両性物質である。そのため，**図 10-24** に示したNaClなどの電解質塩を溶かした水溶液中では，陽イオン Na^+ では周りに H_2O の非共有電子対が配位（水和）することで各イオンの電荷を中和し，安定化している。また，陰イオン Cl^- では周囲を H_2O のH部分で水和し，イオンとしての引力を減少させ，電解質を水に溶解させることができる。

一方，金属イオンの種類によっても水和の性質が異なる。例えば，細胞の外側と内側では，それぞれ Na^+ と K^+ の濃度が高くなっている。Na^+ は H_2O との水和を構造化する正の水和の働きをもつが，K^+ は水和構造を破壊する負の働きをもつ。そのため，刺激によって細胞内に Na^+ が流入すると水和構造が変化して，細胞自身が興奮する。これは，細胞内の Na^+ 濃度が変化することで細胞内の水和構造が変わり，それを刺激に変えているらしい。

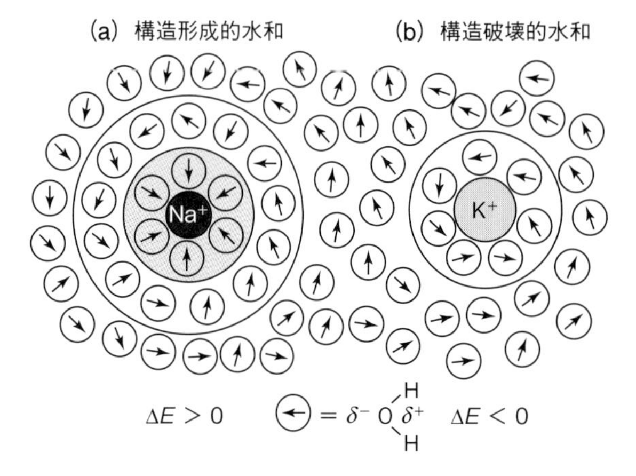

図 10-24　フランク-ヘンの (a) Na^+ と (b) K^+ の水和モデル

10-9　水の構造

水の構造は，H_2O が常にピコ秒（ps = 10^{-12} 秒）オーダーで動いているために，測定方法の時間的および速度的な違いによって構造が異なってくる。永遠に停止した水の構造というものはなく，水は絶えず動いて変化している。そのため，水の構造には現在，「水クラスターモデル」と「ランダム配向モデル」の2つの考え方が知られている。

水クラスターモデルでは，$10^{-11} \sim 10^{-12}$ s の間の瞬間的な水の構造を見ると氷のような部分構造を残しており，H_2O の水素結合による不均一な水クラスター構造をつくっている。**図 10-25** にフランク（Frank, H. S.）とヘン（Wen, W.-Y.）らによる水クラスターのモデル[21]を示している。これは，H_2O による水素結合の編み目に属さない H_2O が存在するため，密度が大きくなる。また，その秩序範囲は短く，常に再配向した**クラスター（flickering cluster）構造**をもっている。編み目構造はつぎはぎだらけで，編み目に属さない H_2O も単独では存在せず，必ず異なった編み目に属している。これは H_2O が1分子当たり4.4個の水素結合をつくる描像と一致する。そして，この水クラスターモデルは，**図 10-26** のように水が4 ℃で最大の密度をもち，液体の水が4 ℃から0 ℃の間に密度が減少する描像を説明する。すなわち，0 ℃で融けつつある水の密度は4 ℃の水よりも小さく，これは，まだ氷のような水素結合した部分

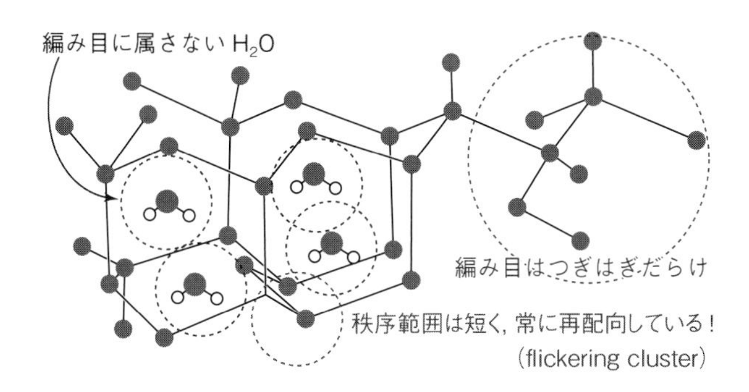

図 10-25　フランク-ヘンの水クラスターモデル
網目の間にH_2Oが入るので密度が大きくなる。

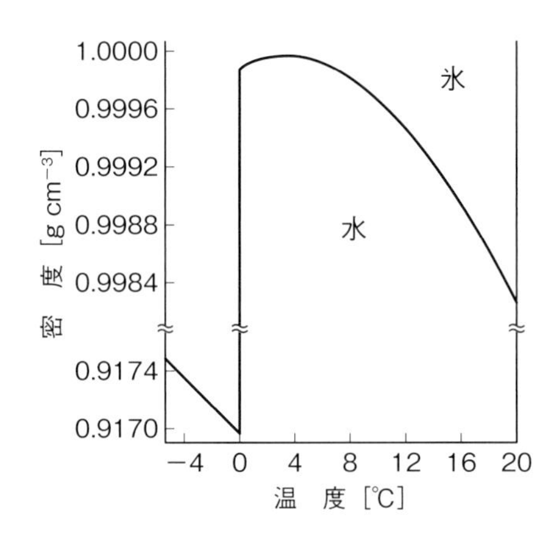

図 10-26　水の密度の温度変化

構造を多くもつためと考えられる。この部分構造によって4℃では最大限に溶解して，密度が大きくなる。それ以降はH_2Oの熱振動により密度は次第に小さくなっていく。

このとき，間違えてはいけないのは，形が決まった水クラスターは存在しないということである。不均一のクラスター集団が絶えず，できては消えていくモデルになる。一方，ランダム配向モデルでは，H_2Oは常に揺らいでおり，系内に存在するすべてのH_2Oは水素結合によって連結され，不均一系の成分は部分的に切れた水素結合の歪みによるものと考えられるため，クラスターのようなものはつくらない。主に理論化学で使われているのは，H_2Oが5分子水素結合した$H_{10}O_5$の正四面体水素結合の構造モデルである（図10-20参照）。この正四面体モデルもピコ秒オーダーの非常に短い時間の描像である。ランダム配向モデルでも水が4℃で最大の密度をもつことを説明できる。すなわち，水素結合が切れてH_2Oの最密構造に近づくことと，H_2Oの熱振動による膨張が釣り合うため，4℃で密度が最大になる。最近では水には長距離秩序が存在しないことが指摘されており，水中のクラスターの存在には否定的な見解が多い。

10-10　クラスレートハイドレート（CH）

クラスレートハイドレート（CH: clathrate hydrate）は，日本語では**包接水和物**といわれ，イオンなどの電解質が導入されたイオンハイドレート（IH: ion hydrate）や，CH_4, H_2, CO_2などのガスが導入されたガスハイドレート（GH: gas hydrate）およびTHFやアセトン溶媒などの小分子が挿入されたハイドレートなどがある。このうちGHは，挿入されたゲストの大きさによって天然にわずか3種類のI型（SI型）とII型（SII型），およびH型（SH型）しか知られていない（Sはstructureの略）。

SI型のGH構造は天然に最も広く分布する。主な繰返し構造は，46個のH_2Oからつくられる単位格子である。H_2Oが水素結合した5員環クラスターが12個集まってつくられた十二面体型（5^{12}）のクラスターと，5員環クラスターが12個と6員環クラスターが2個集まった十四面体型（$5^{12}6^2$）のクラスターからつくられている。それぞれ5^{12}のものが2個と$5^{12}6^2$のものが6個からなる単位格子をつくっている。また，SII型のGH構

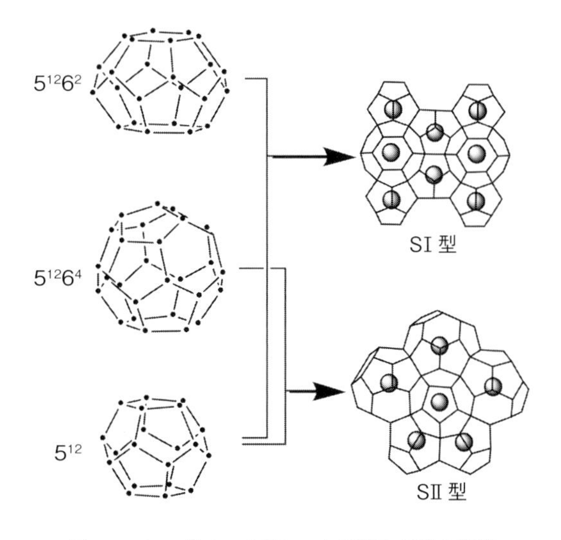

図 10-27　ガスハイドレートI型とII型の構造

造の単位格子は，5^{12} クラスターが16個と，5員環のものが12個，および6員環のものが4個からなる十六面体型（$5^{12}6^{4}$）のクラスターを8個組み合わせた構造からなる（**図10-27**）。一方，H型のGH構造の単位格子は特殊であり，4員環のものが3個および5員環のものが6個，6員環のものが3個からなる十二面体型（$4^{3}5^{6}6^{3}$）クラスターを2個と，5員環のものが12個と，6員環のものが8個からなる二十面体型（$5^{12}6^{8}$）のクラスターを1個と，5^{12} クラスターを3個もつ単位格子からつくられている。このGHを構成する氷の構造は，常圧で見られる安定な氷 I_h 相や準安定な氷 I_c 相の配列とは異なって，ゲスト分子を包接するためのすき間（void space）をもつことが特徴的である。

10-10-1　メタンハイドレート（MH）

このうち，CHのSI型は CH_4 を含んだ**メタンハイドレート**（methane hydrate: MH）が有名である。MHは日本近海の水深1500 mの海底の大陸棚に多量にある。MHは理論的に，水深500 mより深く海水温が4 °C以下のところに安定に存在する。CH_4 を液化するためには −40 °C以下で40 MPaの高圧が必要である。しかし，MHでは40 MPa以上の高圧があれば室温でも安定化できる。

MHは水1 Lに対して216 Lの CH_4 ガスを貯蔵することができる。その炭素源としての埋蔵量は，現在の石油や石炭の埋蔵量をはるかに超えて，天然ガスの資源量の221兆～1650兆 m^3（ > 10,000 Gt（1 Gt = 10^{15} g））に匹敵するため，次世代のエネルギー源として注目を集めている。CH_4 は臨界液体であり，臨界温度の −82.6 °Cより高い温度では高圧でも液化せず，気体状態でのみ存在する。CH_4 を液化させるためには臨界温度以下の低温が必要である。しかし，MHは CH_4 を液化するより穏やかな条件でつくられる。0 °Cで～30 atm程度で生成し，MHの固体として存在できる。常圧（1 atm）ではMHをつくるために～ −80 °Cまで下げる必要があるが，通常の CH_4 は，常圧では −162 °C以下の低温で液化させる。液化メタンを常圧で保存しておくためには，−162 °C以下に保たれなければならない。

10-10-2　水素ハイドレート（HH）

燃料電池自動車の燃料としての水素は燃焼時に H_2O しか排出しないため，クリーンなエネルギー源といわれている。水素は臨界温度 −239.9 °Cの臨界液体であり，ほとんど極低温まで高圧でも液化しない。そのため，**水素ハイドレート**（hydrogen hydrate: HH）を使って，水素を貯蔵できる燃料タンクをつくるための研究が進んで

Column【邪魔者だったメタンハイドレート】

天然ガスは，主に CH_4, C_2H_6, C_3H_8 などのガスでつくられており，現在でもエネルギー源として天然ガスの開発が続いている。この天然ガスの輸送では，シベリアやアラスカなどの北極周辺の寒冷地において，パイプラインを使った輸送が用いられていた。このときパイプラインに原因不明の閉塞や爆発事故が相次いでいた。1934年にハマーシュミット（Hammerschmidt, E. G.）らは，パイプラインの閉塞の原因がGHであることを明らかにした。充分に H_2O を含んだ天然ガスを寒冷地のパイプラインで輸送したとき，GHが生成したのである。現在では H_2O の中にMeOHを入れるなど，GHを抑制する技術開発が行われている。

自然界でMHが発見されたのは，比較的新しく1960年代，シベリア西部の永久凍土地帯である。その数十年後にはアラスカ北部でも確認された。さらに，グアテマラ沖の深海掘削でもMHが大量に見つかり，MHが広範囲に分布していることが明らかになった。GHは，天然ガス輸送の邪魔者から，天然資源として再認識されていったのである。

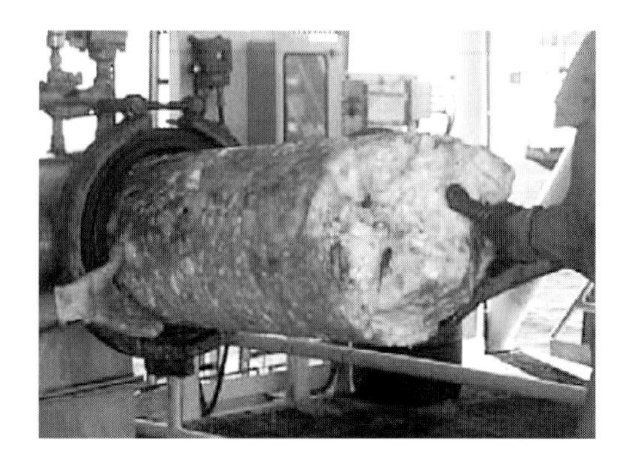

図　パイプライン中に生成したメタンハイドレート
（Zarinabadi and Samimi, 2011[22] より転載）

いる。

HHは水素質量密度が5.3 w%であり，水素を吸蔵したエネルギー密度が大きいことから，水素貯蔵材料として注目されている。通常の金属の水素ボンベではH_2として貯蔵するため，小さな水素が金属の配列のすき間を通して浸透してしまい，“水素脆化”（10-2-2項）を引き起こす。HHはこのような水素脆化を起こさないため，安心安全な水素貯蔵材料になる。しかし，HHは非常に不安定な物質であり，通常のHHでは高圧（>2000 atm）と低温（<24 K）でなければ安定につくることはできない。そのため，HHは将来有望な水素貯蔵材料ではあるが，実用化にはほど遠いものと考えられてきた。しかし，例えばTHF（tetrahydrofuran）との共結晶化によってつくられるHHは，通常のボンベ圧（150 atm）以下でHHを安定化できることが分かった。具体的には，H_2の質量密度はH_2だけを取り込んだHHの5.3 w%と比較すると化学量論的に～1 w%と低くなる。高圧（>50 atm）と低温（<7 ℃）でTHFを共存させると，SII型のCH構造をもつHHがつくられる。大きな$5^{12}6^4$クラスターの中にTHFが包接されると，HH全体を安定化すると同時に，小さな5^{12}クラスター中に水素を閉じ込めることができる。このように，HHによる水素貯蔵は現実的な問題として認識されてきた。

第11章 ホウ素

13族で第2周期に属する元素のホウ素（$_3B$）は，最外殻電子が3つしかないため，一般に電子対を取り込む性質をもつルイス酸性が強くなる。結晶性Bの単体は，黒色の金属光沢をもった硬い固体である。モース硬度でも，最も大きなダイヤモンドに次ぐ9.3の硬度をもつ。化学的に不活性（$E^\circ = 0.87$ V）で耐酸性であり，フッ化水素酸や塩酸にも冒されない。ホウ素は宇宙における存在量が少ないため，地球の地殻中でも9.5 ppm（0.001%）しか含まれていない。しかし，ホウ素はホウ酸塩の形で温泉などに濃縮された鉱床をつくるため，容易に採掘できる。そのため，ホウ素は現在年間100万t近く消費されている。

ホウ素（boron）の名称の由来は，温泉などで採掘される白色のホウ砂（しゃ）を意味するアラビア語の“bruaq”あるいはペルシャ語の“burah”に起源があるといわれている。ホウ素は昔から，鋼を硬くするための鋼の焼き入れ剤や，ホウ酸団子のゴキブリ殺虫剤として使われてきた。あるいは木材の防虫剤としてのPolybor®や，欧米などでは洗剤中の光沢増強剤としてホウ酸塩の添加が認められている。陶磁器に使用される釉薬（ゆうやく）の材料や皮革製品のエナメル塗料，洗濯糊（のり）（ポリビニルアルコール）を利用したスライムなどの合成試薬としても知られている。しかし，最もホウ素を使用するものは，ホウケイ酸ガラス（Pyrex）の製造である。アメリカでは，採掘したホウ酸塩の～60%ぐらいが，このガラスの製造に使用されている。このホウケイ酸ガラスは，シリカ（SiO_2）に5～30%のB_2O_3を含むため加熱したときの膨張率が小さく，急冷したときに割れにくい。そのため，加工しやすく，酸やアルカリに強い耐熱性ガラスになる。また，ホウ酸（$B(OH)_3$）は水泳などが終わった後で目の消毒薬として使われる。本章では，このように身近なところに利用されているホウ素について，その化合物や性質を学んでいく。

11-1 ホウ素の化学的性質

$_5B$の電子配置は[He] $2s^2 2p^1$であり，最外殻電子を3つ含む。この最外殻電子のイオン化エネルギーは大きく，格子エネルギーや水和エネルギーでは，B^{3+}を安定化するために必要なイオン化エネルギーを供給できない*1。そのため，電子がイオン化できず共有結合性の化合物をつくりやすい。ハロゲンXをBに配位させたハロゲン化ホウ素BX_3などは，平面的なsp^2混成軌道を使って3つの最外殻電子でXとそれぞれ3つの共有結合をつくるが，常に配位不飽和になり，オクテット則を満たしていない。そのため，強いルイス酸性をもち，ルイス塩基と配位して**配位付加物**（coodination adduct）をつくる傾向がある。また，Bの化合物の結合は内向的な傾向があり，カルボランや高級ボランなどのクラスターをつくりやすい。

11-2 ホウ素とケイ素の化学的類似性 —周期表対角関係—

さて，14族の第3周期にあるSiと13族の第2周期にあるBはちょうど周期表の対角関係にあり，化学的性質が似てくる（**図11-1**）。すなわち，13族でBの真下にある同族のAlよりも，Siと化学的な類似性が高い。これはBとSiの電気陰性度（$\chi_B = 2.04$，$\chi_{Si} = 1.90$）の類似性を見ても明らかである。例えばCとHの電気陰性度（$\chi_H = 2.20$，$\chi_C = 2.55$）を比較してみると，C−H結合は$C^{\delta-}-H^{\delta+}$になっているが，B−H結合やSi−H結合は，それぞれ$B^{\delta+}-H^{\delta-}$と$Si^{\delta+}-H^{\delta-}$になっている。これらの結合したH原子はH^+のような正電荷ではなく，H^-のような負電荷の性質が大きくなる。

SiやBの単体はどちらも半金属に属し，温度が上がると電気伝導性が増し半導体的な性質を示す。B_2O_3とSiO_2のどちらも酸性酸化物であり，NaOH水溶液に溶

図11-1 第2周期と第3周期の対角関係

*1 $I_1 = 801$ kJ mol^{-1}，$I_2 = 2427$ kJ mol^{-1}，$I_3 = 3659$ kJ mol^{-1}

解させると弱酸塩を生じる。$B(OH)_3$ と $Si(OH)_4$ は弱酸性を示し，加熱すると重合して高分子をつくる。これに対して，Al_2O_3 や $Al(OH)_3$ は両性化合物である。Al_2O_3 は，NaOH に溶解させると弱酸塩ではなく塩基性の錯体 $[Al(OH)_4]^-$ を形成する。ホウ酸塩とケイ酸塩は，O 原子とガラスのような共有結合的なネットワークをつくって重合する。ハロゲン化物の BX_3 や SiX_4 は加水分解して $B(OH)_3$ と $Si(OH)_4$ になるが，AlX_3 は水にほとんど溶解しないイオン性固体を形成する。$(BH_3)_n$ と SiH_4 などの水素化物は，自然発火する揮発性の物質であり，加水分解しやすい。しかし，$(AlH_3)_n$ は重合体である。このように，B と Si は多くの似たような化学的性質を示す。

11-3　ホウ素の単離

B は多くの**同素体**（allotrope）をもち，高い融点やその侵食性のため，純粋な B の結晶として取り出すのが難しい。B を精製するための主な原料は**ホウ砂**（しゃ）（borax）$Na_2B_4O_7 \cdot 10H_2O$ であり，ホウ酸塩鉱物として存在している。その他，輸入されている鉱石は，コレマナイト（$Ca_2B_6O_{11} \cdot 5H_2O$）やウレキナイト（$NaCaB_5O_6(OH)_6 \cdot H_2O$）などがある。

ホウ砂は H_2SO_4 などの酸で処理すると**ホウ酸**（boric acid）$B(OH)_3$ になり，これを加熱すると 130 ℃ でメタホウ酸 $H_3B_3O_6$ に，さらに B_2O_3 の酸化ホウ素に変化する。この B_2O_3 を金属 Mg や Al で還元し（$B_2O_3 + 3Mg \rightarrow 2B + 3MgO$），アルカリや酸の洗浄によって無定型の純度が悪い粉末 B が得られる。純度の高い B の製造は，B_2H_6 や BX_3 を 1000 ℃ 近くの高温で触媒を用いた加熱分解でつくられる。（$2BCl_3 + 3Zn \rightarrow 3ZnCl_2 + 2B$（900 ℃）あるいは $2BX_3 + 3H_2 \rightarrow 6HX + 2B$（触媒 Ta, W））半導体などに用いられる結晶は，さらに超高純度の結晶性の B が必要になるため，まず高温で B_2H_6 の分解によって結晶性 B を合成し，ゾーンメルティング法（帯域溶融法；コラム）によってさらに高純度の結晶性 B を精製する。ホウ砂は良い緩衝溶液であり，pH 標準溶液をつくるのに用いられる。0.01 M の $Na_2B_4O_7 \cdot 10H_2O$ は pH = 9.18（25 ℃）になる。（$Na_2B_4O_7 \cdot 10H_2O \rightarrow 2B(OH)_3 + 2Na[B(OH)_4] + 3H_2O$）

11-4　ホウ素の同位体

B の主な原産地は米国カルフォルニアやトルコが有名である。天然の B には ^{10}B（19.9%）と ^{11}B（80.1%）の同位体が存在する。アメリカ産の鉱物では ^{10}B が少なく，トルコ産の鉱物では ^{10}B が多いなど，原産地によって $^{10}B / ^{11}B$ の比が異なる。そのため，B の原子量は 10.811

第11章

Column【ゾーンメルティング法 ―帯域溶融法―】

B の結晶性固体を棒状に成形し，**図**のように円形ヒーターを使って結晶の一部を融解（melt）させる。この融解した部分（zone）をゆっくりと再結晶させながら反対側の端まで移動させていく。これによって不純物が融解した部分に排出され，不純物は両末端に濃縮される。さらに，この操作を何回も行うことで，より高純粋な結晶性 B を精製できる。これらは，半導体で使われる高純度の Si や Ge の精製にも使われ，イレブンナイン（99.999999999%）などの高純度のものが得られている。この手法を発明したプファン（Pfann, W. G.）は，メールボーイとしてベル研究所に雇われていたが，実験助手として雑用を任されるようになり，昼寝から目覚めたときに，純度を上げるゾーンメルティング法を思いついたそうである。

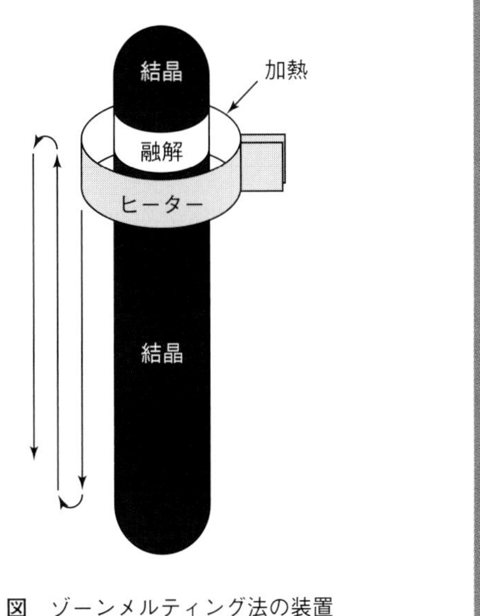

図　ゾーンメルティング法の装置

(7) となり，有効数字の桁数が他の元素の原子量に比べて比較的低い。周期表の中で，最も有効数字の桁数が大きく，正確な原子量をもつ元素はフッ素Fで18.998403163(6)*2 である。最も有効数字の桁数が小さな原子量をもつ元素は鉛 Pb 207.2 (1) である。Pb は安定同位体の数が多いため，原子量の有効数字の桁数が低くなっている。B の同位体のうち，^{10}B は中性子をよく吸収し，$^{10}_{5}$B (n, α) $^{7}_{3}$Li の核反応 ($^{10}_{5}$B + $^{1}_{0}$n → $^{11}_{5}$B → $^{4}_{2}$He (α) + $^{7}_{3}$Li) によって非放射性元素の $^{7}_{3}$Li と $^{4}_{2}$He を生じるため安全である。そのため，炭化ホウ素や金属ホウ化物が，原子炉の制御棒や中性子遮断剤に使用されている。また，B_{12} クラスターをガン細胞周辺に取り込ませ，^{10}B の核反応によって選択的にガン細胞を殺す治療法 (BNCT: boron neutron capture therapy) が知られている。この核反応の α 粒子のエネルギーは弱く，ガン細胞のみを攻撃し，体内での周辺組織への影響は低い。

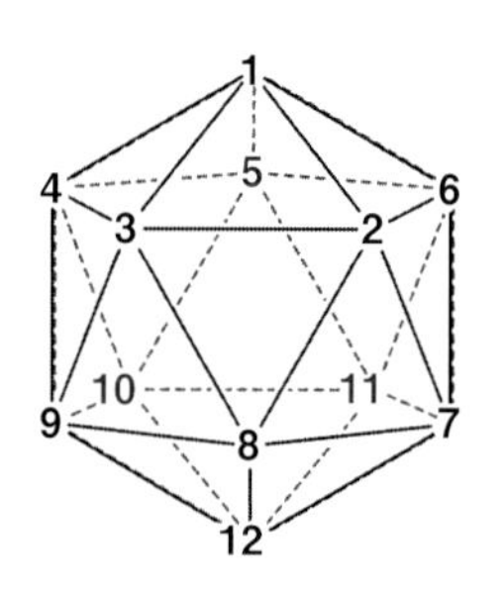

図 11-2　B_{12} クラスターの構造と番号

11-5　ホウ素の同素体

α-菱面体，β-菱面体，β-正方晶があり，特殊な条件下では α-正方晶や γ-斜方晶のような形もとる。アモルファスの同素体には，微細な粉末状のものとガラス状のものの2つがある。結晶性Bは，すべて正二十面体のB_{12} クラスターを構成単位としてつくられており，この B_{12} クラスターの配列の違いから各種同素体がつくられている。また，この B_{12} クラスターのB原子の番号は決

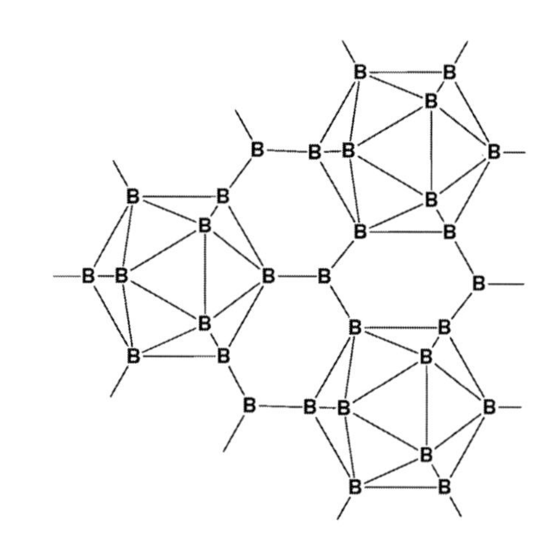

図 11-3　α-菱面体の構造

*2　日本化学会原子量専門委員会の原子量表 (2021年) による。

Column【正二十面体をもつ B_{12} クラスターの描き方】

正二十面体の B_{12} クラスターの簡便な描き方を**図**に示した。(A) では，2つの正六角形にそれぞれ逆向きの正三角形を加える。この正三角形の各頂点と正六角形の各頂点を線で結ぶ。この2つの図形を重ねることで，正三角形が20個存在する正二十面体をつくることができる。一方，(B) では正五角形の各頂点へ中心から5つの線で結び，上下2つの異なった向きのものを用意する。この2つの正五角形同士を，中心を揃えて重ねる。そして，この上下2つの五角形の頂点を互いに結び，五角形の中心は重なっているので，少しずらせば正二十面体の B_{12} クラスターを描くことができる。本書では，簡便のため (A) の描き方の正二十面体を用いることにする。

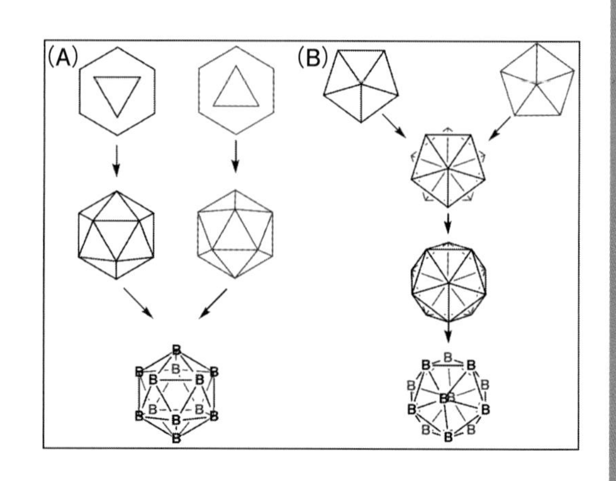

図　正二十面体構造の描き方

まっており，その番号順を**図 11-2** に示した。**図 11-3** の α-菱面体構造は，B_{12} の正二十面体クラスターの立方最密充填構造からつくられている。標準状態において最も安定なものは β-菱面体の結晶であり，他の同素体はすべて準安定状態である。

11-6　ヒドロホウ酸イオン

ヒドロホウ酸イオン（$[BH_4]^-$）は，還元剤や水素の供給源として重要である。$[BH_4]^-$ を含む $NaBH_4$ は，NaH に $B(OMe)_3$ を～250 ℃で加熱反応させ合成する。（$4NaH + B(OMe)_3 \rightarrow NaBH_4 + 3NaOCH_3$）$NaBH_4$ は無色の結晶で空気中でも安定であり，H_2O や THF から再結晶できる。この $NaBH_4$ は，酸性条件では水素を発生して $B(OH)_3$ に分解する。（$[BH_4]^- + H^+ + 3H_2O \rightarrow 4H_2 + B(OH)_3$）現在では，$Na[BH_3(CN)]$ のように酸性溶媒中でも安定な還元試薬が開発されている。$[BH_4]^-$ の H 原子は，電気陰性度の関係（$\chi_B < \chi_H$）から $\delta-$ 性を帯びており，ヒドリドに近い性質をもつ。$[Zr^{IV}(BH_4)_4]$ 錯体のように，$B-H^{\delta-}$ は金属イオンに配位できる。この $[BH_4]^-$ と Zr^{4+} の Zr－H－B 結合は 3 中心 2 電子結合になる（**図 11-4**）。

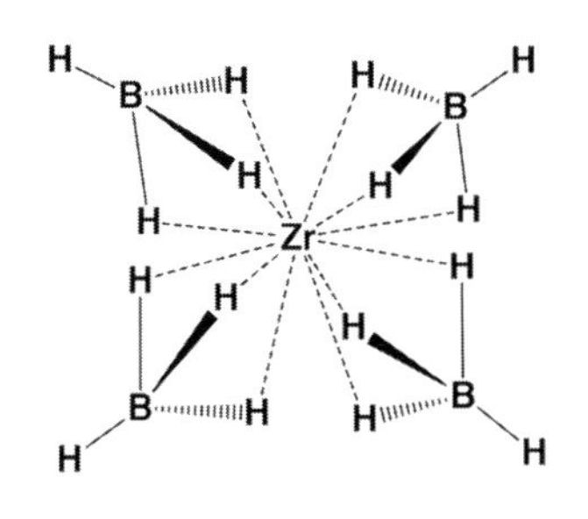

図 11-4　$[Zr^{IV}(BH_4)_4]$

11-7　優れた性質をもつホウ化物

金属ホウ化物は，高硬度，高融点，低反応性などの性質を示し，B を混ぜたときに非化学量論的になるものが多い。ホウ化チタンには，TiB, TiB_2, Ti_3B_4, Ti_2B_5 などが知られている。TiB_2 などは金属 Ti よりも硬度，融点，電気伝導度がはるかに大きくなる[*3]。そのため，ロケットノズルやタービンの羽根などに使用されている。ホウ化鉄では Fe_2B, FeB, FeB_5 などが知られているが，製鉄の原料にわずかな B を加えるだけで焼き入れ性が増し，鋼の強度が向上する。炭化ホウ素の場合，金属ではないが B にわずかな C を加えることで単位重量当たりの強度が増え，B_4C としてダイヤモンドに次ぐ硬度になる。そのため，戦車の装甲や防弾チョッキとして使われる。ホウ化マグネシウム MgB_2 は金属間化合物の中で最も高い超伝導転移温度 $T_c = 39$ K をもち，これは従来使用されていた Nb_3Ge（$T_c = 23$ K）をしのぐものである。ま

＊3　例えば金属 Ti では融点が 1660 ℃であるが，TiB_2 では 2920 ℃に上昇する。

Column【生物とホウ素】

植物などの必須元素の 1 つとして B が知られている。その～98% 近くは細胞壁に存在することから，細胞壁の補強・構築や細胞膜の維持，糖などの膜輸送などに関わっていると考えられている。この B の欠乏で，植物の成長阻害が引き起こされる。動物にとっては過剰なホウ酸 $B(OH)_3$ の摂取は，代謝が阻害され毒として働く。そのため，$B(OH)_3$ などは防腐剤や殺菌剤として使用されている。腎臓などで血液中から尿として $B(OH)_3$ を排出できる哺乳動物に対しては，それほど B の毒性は強くない。しかし，このような機能がない昆虫などには効果てきめんである。ホウ酸団子（ジャガイモ，タマネギ，小麦粉，砂糖を米ぬかなどに入れ，$B(OH)_3$ を加えて団子状にしたもの）は，昔からゴキブリ退治の餌として使用されてきた。食べられたホウ酸は代謝しないので，ゴキブリの死骸や糞，あるいは体に付いた $B(OH)_3$ をなめるだけでも死に至る。

ゴキラボ〈https://goki.jp/〉（シェアリングテクノロジー株式会社）より

た，世界最強の磁石として知られているネオジウム磁石 $Nd_2Fe_{14}B$ も，B を含む金属ホウ化物に属する。

11-8 ボ ラ ン

ボラン（borane）は B と H の 2 つの原子からなる二元化合物であり，一連の水素化ホウ素の化合物を示す。1912 年にストック（Stock, A.）により，空気にも湿気にも弱い不安定な物質を取り扱うために開発された**真空ライン技術**（vacuum line technique）によって単離できるようになった。反応・蒸留・分離などをすべて不活性ガス下のガラス容器内で行うことで，B_2H_6, B_4H_{10}, B_5H_9, B_6H_{10}, $B_{10}H_{14}$ などの**低級ボラン類**（lower boranes）が単離された。$B_{20}H_{26}$ などの**高級ボラン類**（higher boranes）も単離されている。ボランは一般的に B_nH_{n+2}, B_nH_{n+4}, B_nH_{n+6} の 3 種類に分けることができる。低級ボラン類ほど揮発性，反応性に富む。ボラン BH_3 は，ジボラン B_2H_6 の反応中間体と考えられるが，単独の分子としては不安定で極めてわずかな量が存在しているだけである。

ボラン類は燃焼するときに大きな反応熱を放出するので，ロケット燃料剤として研究されている。ボラン類には，B－H－B のような H による橋架け構造が含まれており，通常の原子価結合法の考え方では，その結合を説明できない。3 中心に 2 つの電子をもつ特殊な結合をもつ。ボラン類の構造は，正二十面体の B_{12} クラスターを基本単位として考え，B 数の少ない低級ボランも正二十面体構造からいくつかの B 原子が脱落した構造と考えられる。これらはウェイド（Wade）則（11-8-7 項）としてまとめられ，骨格電子数を数えるだけでクラスター構造を予測することができる。B 数の少ない低級ボランは空気との反応性が高く自然発火するが，B 数が 6 個のヘキサボラン以上では空気中で安定に存在する。このようなボランのうちで重要なものにペンタボラン B_5H_9 およびデカボラン $B_{10}H_{14}$ があり，それらはジボラン B_2H_6 の熱分解によって生成される。

11-8-1 ジボランの構造

ジボラン B_2H_6 については，分子軌道法の 3 中心 2 電子結合のところ（8-15 節）ですでに説明しているので復習に留めるが，**図 11-5** のように，B_2H_6 の架橋した 2 つの H は，2 つの $>BH_2$ がつくる平面に対して垂直に結合している。この形は sp^3 混成軌道を利用して説明できる。しかし，原子価結合法で説明した場合，架橋した H

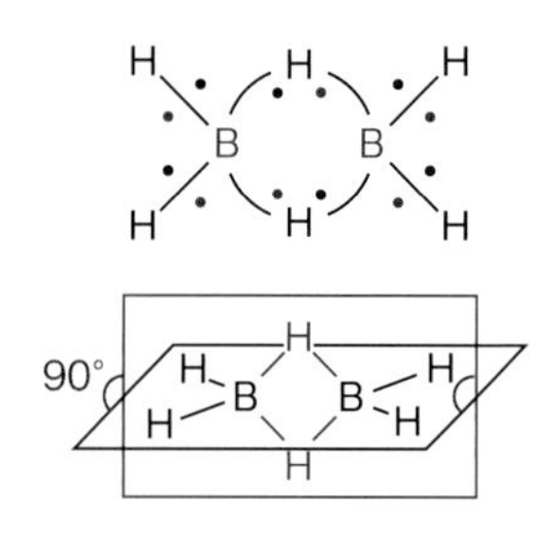

図 11-5 B_2H_6 の構造

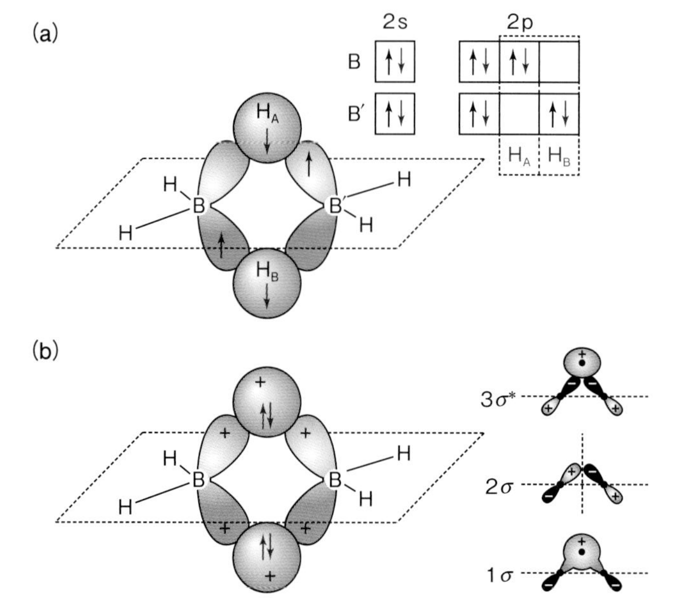

図 11-6 (a) VB 法と (b) MO 法による B_2H_6 の形成

原子の電子は，通常の共有結合を考えると2つのB原子のどちらか一方の電子としか結合せず，架橋させることはできない（**図 11-6 (a)**）。そのため，分子軌道法ではB−H−B結合を1つの軌道として考えた3中心2電子結合を用いることで架橋できる（**図 11-6 (b)**）。

原子価結合法では，sp^3混成軌道のうち，BあるいはB′の2つの原子にH_AまたはH_Bが結合すると，電子対がない混成軌道が存在し，架橋構造をつくることができない。しかし，分子軌道法による考え方では，B−H−B結合からなる1つの同位相の結合性軌道1σが出現するため，この結合性軌道に2電子を電子対として加えれば安定な3中心2電子結合をつくれる。このB−H−B結合の1つのB−Hの結合次数は0.5となる。架橋したB−H結合の結合距離は133 pm，末端のB−H結合距離は119 pmとなっており，結合次数を反映している。

11-8-2 ジボランの合成

ストックらははじめ，ホウ化マグネシウムMgB_2を酸の溶液で加水分解し，ボラン類を発生させた。（$2MgB_2 + 4Mg + 12HCl \rightarrow B_4H_{10} + H_2 + 6MgCl_2$）さらに，得られたボラン類を熱分解させ，ジボランや高級ボラン類を発生させていた。現在のB_2H_6の合成は，エーテル中で$NaBH_4$とBF_3を反応させたり（$3NaBH_4 + 4BF_3 \rightarrow 3NaBF_4 + 2B_2H_6$），あるいはジグリム（エチレングリコールジメチルエーテル）中で$NaBH_4$とBF_3を反応させたり（$3NaBH_4 + BF_3 \rightarrow 3NaF + 2B_2H_6$），$LiAlH_4$に$BF_3$を反応させる（$3LiAlH_4 + 4BF_3 \rightarrow 2B_2H_6 + 3LiF + 3AlF_3$）ことで定量的に得られる。$NaBH_4$をジグリム中で$I_2$によって酸化したり（$2NaBH_4 + I_2 \rightarrow 2NaI + H_2 + B_2H_6$），濃硫酸$H_2SO_4$を用いた反応（$2NaBH_4 + H_2SO_4 \rightarrow Na_2SO_4 + B_2H_6 + 2H_2$）でも合成される。NaHなどの金属ヒドリドを177 °CでBF_3と加熱反応させることでもB_2H_6を合成できる。（$2BF_3 + 6NaH \rightarrow B_2H_6 + 6NaF$）また，高圧$H_2$を$AlCl_3$触媒の存在下で$B_2O_3$と反応させるテルミット反応によっても$B_2H_6$が得られる。（$B_2O_3 + 2Al + 3H_2 \rightarrow B_2H_6 + Al_2O_3$）$BCl_3$の蒸気と$H_2$を静電気で点火すると$B_2H_6$を生じる。（$2BCl_3 + 6H_2 \rightarrow B_2H_6 + 6HCl$）

$NaBH_4$をトリグリム（トリエチレングリコールジメチルエーテル）中でHg陰極を用いた電解によって高純度のB_2H_6を発生する。（陰極の反応　$2[BH_4]^- \rightarrow B_2H_6 + H_2 + 2e^-$）この反応の場合，電解電流の約半分が$B_2H_6$の発生前に流れ，次に$B_2H_6$が理論値の倍の速さで発生する。これは電解反応がヘプタヒドロ二ホウ酸イオン$[B_2H_7]^-$（**図 11-7**）を経て二段階で進行するため，このような特異な振舞いをする。（$4[BH_4]^- \rightarrow 2[B_2H_7]^- + H_2 + 2e^-$ および $2[B_2H_7]^- \rightarrow 2B_2H_6 + H_2 + 2e^-$）[23]

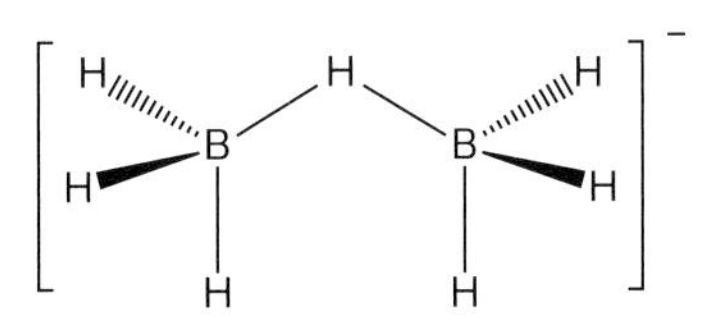

図 11-7　$[B_2H_7]^-$の構造

11-8-3 ジボランの反応（I）

B_2H_6は空気に触れると自然発火する。これはO_2と直接反応してB_2O_3ができるからである。（$B_2H_6 + 3O_2 \rightarrow B_2O_3 + 3H_2O$）この反応熱は$\Delta H^\circ = -2160$ kJ mol^{-1}である。日本のH-IIAロケットで用いられた液体H_2と液体O_2を反応させる爆鳴気の反応熱は$\Delta H^\circ = -286$ kJ mol^{-1}であり，B_2H_6よりも〜1/10倍近くも小さな値である。B_2H_6はロケットの推進燃料として非常に優れているが，このような激しい燃焼に耐えられる材料がほとんどないため，ロケット燃料には使われない。また，H_2OとはH_2を出しながら激しく反応する。（$B_2H_6 + 6H_2O \rightarrow 2B(OH)_3 + 6H_2$）アルコールROHとも反応してホウ酸エステル$B(OR)_3$を生成する。（$B_2H_6 + 6MeOH \rightarrow 2B(OMe)_3 + 6H_2$）塩素$Cl_2$と反応してハロゲン化ホウ素$BX_3$を生成し（$B_2H_6 + 6Cl_2 \rightarrow 2BCl_3 + 6HCl$），金属ヒドリドMHとは，有機合成で有用な還元剤$[BH_4]^-$の試薬を生成する。（$B_2H_6 + 2LiH \rightarrow 2LiBH_4$）$B_2H_6$はルイス酸なのでCOとも容易に反応する。（$B_2H_6 + 2CO \rightarrow 2H_3BCO$）

11-8-4 ジボランの反応（II）

B_2H_6から他のボラン類を合成している例がある。例えば，正二十面体をもつB_{12}クラスターの$[B_{12}H_{12}]^{2-}$は，$NaBH_4$とB_2H_6との反応で合成できる。（$2NaBH_4 + 5B_2H_6 \rightarrow Na_2[B_{12}H_{12}]$）さらに，$B_2H_6$を加熱することによって，$B_4H_{10}$（$B_2H_6 \rightarrow B_4H_{10}$；80 °C/200 atm, 5 h）や$B_5H_9$（$B_2H_6 \rightarrow B_5H_9$；$H_2$/200〜240 °C），$B_{10}H_{14}$（$B_2H_6 \rightarrow B_{10}H_{14}$；160〜200 °C）を合成する。$B_2H_6$の圧力や反応時間，温度，溶媒を変えることで，$Na[B_3H_8]$, $Na_2[B_{10}H_{10}]$, $Na[B_{11}H_{14}]$, $Na_2[B_6H_6]$などの各種イオン性化合物も得

られる。ボラン類の加水分解では，B_4H_{10} のクラスターがつくりやすい。($B_5H_{11} + 3H_2O \rightarrow 2H_2 + B(OH)_3 + B_4H_{10}$ (0 ℃, 定量的) あるいは $B_6H_{12} + 6H_2O \rightarrow 4H_2 + 2B(OH)_3 + B_4H_{10}$)

11-8-5　ジボランを用いたヒドロホウ素化

ブラウン (Brown, H. C.) らによって見出されたボランを使った有機合成反応が，**ヒドロホウ素化反応** (hydroboration) である。B_2H_6 はオレフィン (アルケン) の二重結合に付加し，条件によっては可逆的に付加および解離できる。この反応途中で中間にある二重結合を，末端まで移動させる性質をもつ (式 11-1)。

$$\text{-C-C-C-C=C-C} + 1/2\,B_2H_6 \rightarrow \text{-C-C-C-C-C-C-BH}_3 \rightarrow \text{-C-C-C-C-C-C-OH}\ (H_2O_2) \quad (11\text{-}1)$$

この反応は速度論的であり，内部のオレフィンは末端へと移動する。次にアルカリ性で過酸化物による反応を行うことで，オレフィン混合物から末端アルコールのみを選択的に合成できる。$NaBH_4$ などを $Et_2O\cdot BF_3$, HCl, H_2SO_4 などの酸と反応させ，常に溶液中では B_2H_6 を発生させる必要がある。そして，B_2H_6 に配位して単量体 BH_3 に解離させる Et_2O や THF などの溶媒や，Me_2S, NEt_3 の添加剤を用いる (式 11-2)。

$$3\,RCH{=}CH_2 + 1/2\,B_2H_6 \rightarrow (RCH_2\text{-}CH_2\text{-})_3B \rightarrow RCH_2\text{-}CH_2\text{-}OH \quad (11\text{-}2)$$

B は置換基の立体障害の少ない方へ，H は置換基の立体障害の多い方へ結合する逆マルコフニコフ付加反応に従う。これは BR_3 を経由するために生じる現象である。

11-8-6　リプスコムの半位相幾何学的表現

電子不足化合物である高級ボラン類の構造は，構成単位として，末端の B−H 結合 (2c-2e: 2 中心 2 電子結合) や B−H−B 結合 (3c-2e: 3 中心 2 電子結合) の数「s」，B−B−B 結合 (3c-2e) の数「t」，B−B 結合 (2c-2e) の数「y」，そして，B−H_2 結合 (2c-2e) の数「x」から，骨格電子数を数えることによって説明できる。これはリプスコム (Lipscomb, W. N.) の半位相幾何学的表現といわれ，より複雑なボラン類の原子価構造を得るための手法である。分子式や分子構造が与えられた場合に電子構造を推測するのに用いられた。実際には「$styx$」の数に応じて候補となる構造を絞り込むことができる。

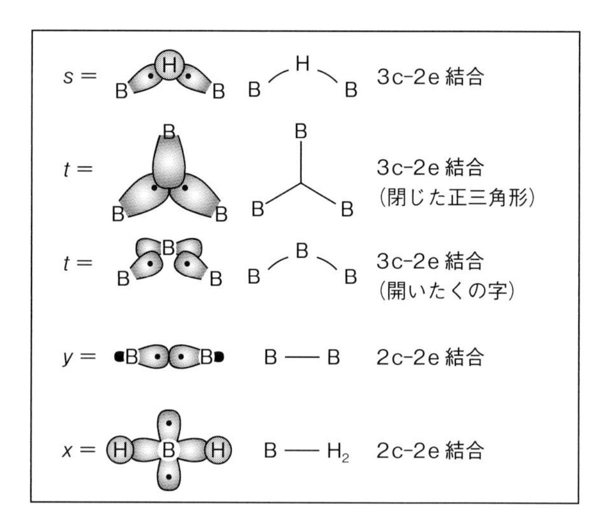

図 11-8　ボラン類の骨格構造の構成単位

図 11-8 に，そのポリボラン類の骨格構造の構成単位を示している。すべて 1 つの構成単位につき 2 e⁻ として数える。このうち，「t」の B−B−B の 3 中心結合は「閉じた正三角形型」と「開いたくの字型」の 2 つが存在する。また，B−H 結合は骨格をつくる電子数とは無関係である。一方，B−H_2 結合であると，余分な B−H 結合は骨格構造に 2 e⁻ 供与する。B_2H_6 の場合，**図 11-9** のように B−H−B 結合 2 つと B−H_2 結合 2 つのため，$[styx] = [2002]$ となり $2s + 2x = 8e^-$ を骨格構造に使っている。一方，B_4H_{10} の場合，B−H−B 結合 4 つと B−B 結合 1 つ，B−B−B 結合はなく，B−H_2 結合 2 つのため $[styx] = [4012]$ となり，$4s + y + 2x = 14e^-$ を骨格構造に使っている。同様に B_5H_9 の場合 $[styx] = [4120]$ となり，$14e^-$ を骨格構造に使い，B_5H_{11} の場合は $[styx] = [3203]$ となり $16e^-$ を，B_6H_{10} の場合は $[styx] = [4220]$ の $16e^-$ を，$B_{10}H_{14}$ の場合は $[styx] = [4620]$ の $24e^-$ を骨格構造に使用していることになる。

11-8-7　ポリボラン類とウェイド則

ウェイド則は，1971 年にウェイド (Wade, K.) が提唱した，ポリボラン類の骨格電子数 F と安定な多面体の立体構造の関係を示したものである。すなわち，ポリボラン類のクラスターの形は，その骨格をつくる電子数を数えることで予測できる。例えば，$[B_nH_n]^{2-}$ のポリボラン類の中でクラスター骨格をつくっている電子総数 F を見てみる。

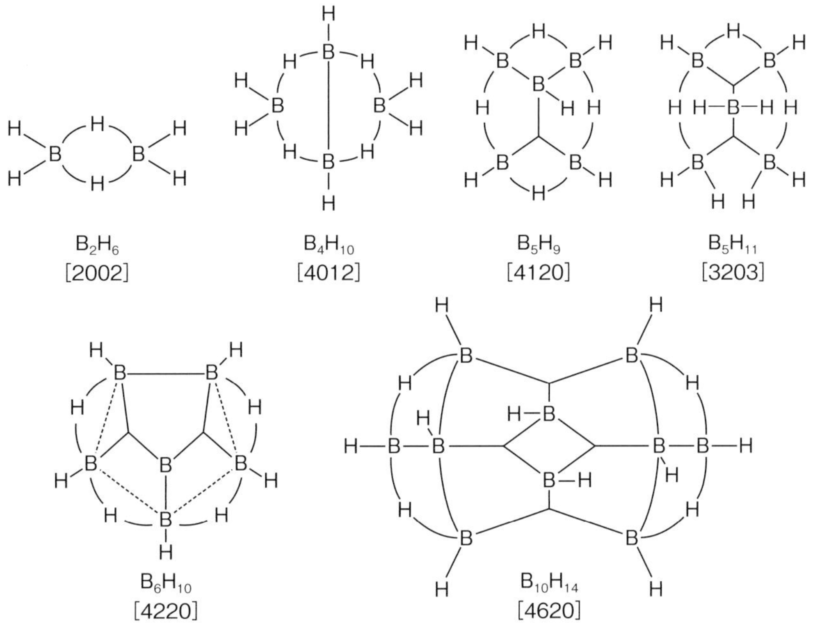

B_2H_6 [2002]　B_4H_{10} [4012]　B_5H_9 [4120]　B_5H_{11} [3203]

B_6H_{10} [4220]　$B_{10}H_{14}$ [4620]

図 11-9　リプスコムによる骨格電子数の表現

この n 核クラスターの頂点にあるB−H結合は，Bの最外殻電子が3つ（B:[He] $2s^2 2p^1$），Hの最外殻電子は1つ（H: $1s^1$）で計 $4e^-$ をもっている。このうち，このB−H結合ではクラスター骨格に使われないB−H結合が必ず1つ存在するので，その $2e^-$ を差し引き，残りの $2e^-$ が骨格構造をつくる。Bの n 核クラスター $[B_nH_n]^{2-}$ では全電子数 F が，$F = 3B + H + 2$（B: B原子の電子数，H: H原子の電子数）であり，最後にB−H結合に関わる $2n$ 個の e^- を差し引く必要がある。よって，骨格に使われている電子数 F は $F = 3B + H + X - 2n$（X: イオンの負電荷数）となる。n 数はBの数に等しいため（$n = B$），$F = B + H + X$ と簡単になる。例えば $[B_6H_6]^{2-}$ の6核クラスターでは，B−H結合が6つあるため，骨格をつくる電子総数は $F = 3 \times 6 + 6 + 2 - 2 \times 6 = 14e^-$ となる（簡単な式では $F = 6 + 6 + 2 = 14e^-$）。

ポリボラン類の中には，**カルボラン**（carborane）といわれる，$[B-H]^-$ 結合をC−H結合で置き換えた化合物も知られている。$[B-H]^-$ 結合とC−H結合は等電子的である。Cの最外殻電子が $4e^-$ をもつため，クラスターの全電子数では $4e^-$ を加えなければならない。そのため，カルボランを含めたウェイド則は，**図 11-10** のように $F = 3B + 4C + H + X - 2n$（C: C原子の数，$n = B + C$）となり，さらに簡単にすることで，$F = B + 2C + H + X$ となる。

ウェイド則

$F = 3B + 4C + H + X - 2n$　（$F = B + 2C + H + X$）

B：B原子の数
C：C原子の数
H：H原子の数
X：そのイオンの負電荷数
n：頂点の数（$B + C$）

クロソ	電子対（$n+1$）	全電子数（$2n+2$）
ニド	電子対（$n+2$）	全電子数（$2n+4$）
アラクノ	電子対（$n+3$）	全電子数（$2n+6$）
ヒホ	電子対（$n+4$）	全電子数（$2n+8$）

図 11-10　ポリボラン類の骨格電子数 F による分類

11-8-8 クロソ・ニド・アラクノ・ヒホの構造

B−H結合には，例えばBの2sとHの1sの共有結合で2軌道と$2e^-$が使われたとすると，3軌道($2p_x, 2p_y, 2p_z$)と$2e^-$が存在する。**図11-11**のように，クラスターをつくるB−H結合は，Bの2p軌道($2p_x, 2p_y$)に関係するクラスターの面方向にある2つのタンジェンシャル(tangential)軌道と，2s軌道と$2p_z$軌道によるsp混成軌道でクラスター内部に向かう1つのラジアル(radial)軌道の2種類がある。この2種類の3つの軌道には，B−H結合で使われないでBの骨格形成に使われる$2e^-$が入ってくる。$[B_nH_n]$のかご状クラスターでは，タンジェンシャル方向の$2n$個の軌道から反結合性軌道n個と結合性軌道n個がつくられる。しかし，ラジアル方向のn個の軌道からは，1つの強い結合性軌道と$(n-1)$個の非結合性軌道が得られる。そのため，$[B_nH_n]$のかご状のクラスターには$(n+1)$個の結合性軌道が存在する。n個のB−H単位からn個の結合性軌道の電子対(電子数は$2n$個)しかないので，さらに1つの電子対をもった強い結合性軌道を必要とする。これが，$[B_nH_n]^{2-}$が$[B_nH_n]$よりも$2e^-$余分にもらうことで安定化する理由である。

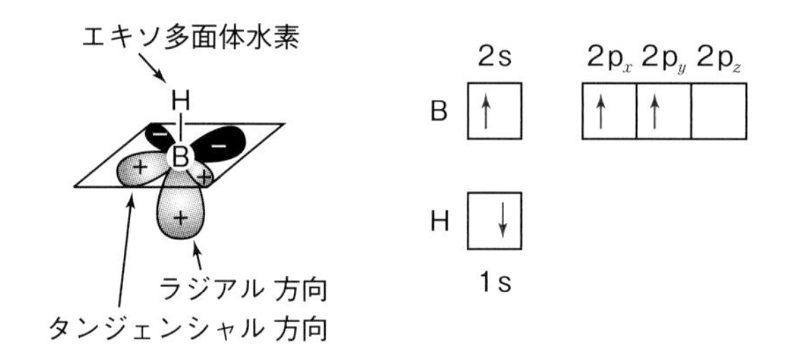

図11-11 B−H結合の軌道の様子

B_nクラスターは結合性軌道が$(n+1)$個の電子対を満たすことが安定なので，$[B_nH_{n+2}]$であるとB_nクラスターは完全に閉じた多面体構造になる。したがって，$(2n+2)$個の骨格電子数をもつものを**クロソ**(*closo*; かご)構造とする。$[B_nH_n]^{2-}$は，B_nH_{n+2}の電子数を変えずにH^+を2つなくしたものと同じである。$[B_{n+1}H_{n+1}]^{2-}$ ($B_{n+1}H_{n+3}$)のクロソ構造の1つのB−H結合の頂点をとり，代りに4つのH(2つのH)を加えたものはB_nH_{n+4}となり，$(2n+4)$個の骨格電子数をもつ**ニド**(*nido*; 鳥の巣)構造になる。また，$[B_{n+2}H_{n+2}]^{2-}$ ($B_{n+2}H_{n+4}$)のクロソ構造の2つのB−Hの頂点をとり，代りに6つのH(4つのH)を加えたものはB_nH_{n+6}となり，$(2n+6)$個の骨格電子数をもつ**アラクノ**(*arachno*; クモの巣)構造になる。同様に$[B_{n+3}H_{n+3}]^{2-}$ ($B_{n+3}H_{n+5}$)のクロソ構造のB−Hの頂点を3つとったものに8つのH(6つのH)を加えたものはB_nH_{n+8}となり，$(2n+8)$個の骨格電子数をもつ**ヒホ**(*hypho*; 網)構造になる。

実際にクロソ・ニド・アラクノ構造を見ていくことにする。**図11-12**は，$[B_6H_6]^{2-}$のクロソ構造の頂点から順次B−H結合をとったニド構造とアラクノ構造のクラスターを示している。ニド構造やアラクノ構造では，ポリボランクラスターの頂点のB−H結合をとったものに2つHを加えなければいけない。これは，B−H結合の骨格構造に寄与するe^-は2つあり，2つのHを加えて新たなB−H結合をつくらなければいけないからである。$[B_6H_6]^{2-}$のクロソ構造の頂点からB−H結合の1つを取り除き，クラスター電荷の−2価の2つのH^+および2つのHを加えると，B_5H_9のニド構造になる。さらに，ニド構造から1つのB−H結合を取り除き，2つのHを加えると，B_4H_{10}のアラクノ構造が連続して得られ

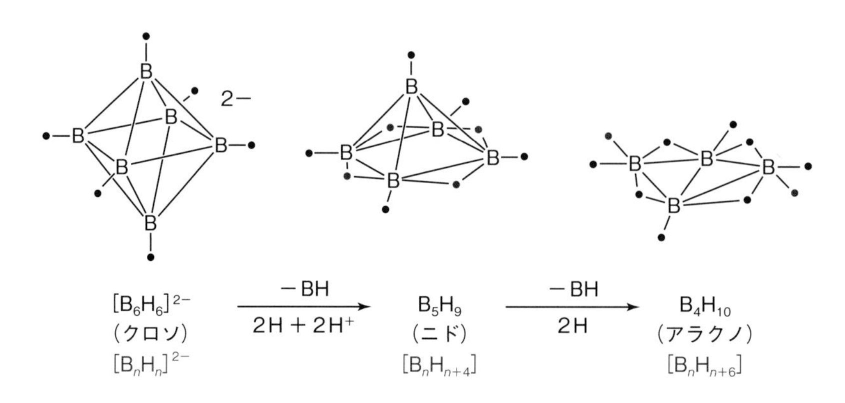

図11-12 *closo*-$[B_6H_6]^{2-}$から*nido*-, *arachno*-への変化

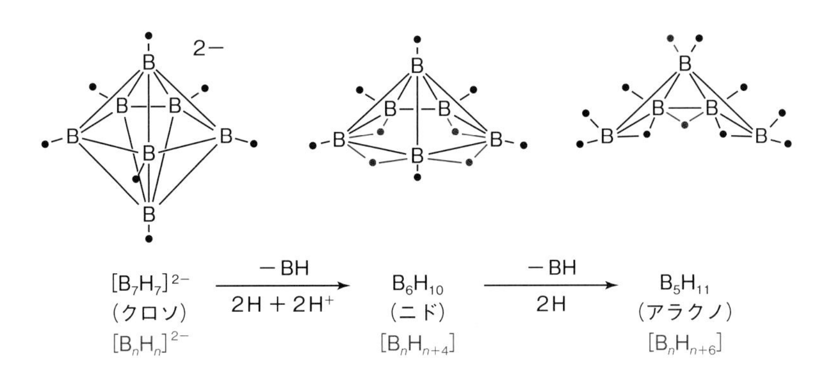

図 11-13 *closo*-$[B_7H_7]^{2-}$ から *nido*-, *arachno*- への変化

る。新しく増えたH^+やHについて●で示してある。

$[B_6H_6]^{2-}$がクロソ構造，B_5H_9がニド構造，B_4H_{10}がアラクノ構造であることは，骨格構造に使われている電子数を数えることによっても求められる。ウェイド則より，それぞれの骨格電子数Fの値は，$[B_6H_6]^{2-}$が$F = 6 + 6 + 2 = 14\,e^- = 2 \times 6 + 2\,(2n + 2)$，$B_5H_9$が$F = 5 + 9 = 14\,e^- = 2 \times 5 + 4\,(2n + 4)$，$B_4H_{10}$が$F = 4 + 10 = 14\,e^- = 2 \times 4 + 6\,(2n + 6)$と，それぞれの電子数がクロソ構造$2n + 2$，ニド構造$2n + 4$，アラクノ構造$2n + 6$を満たしている。

また，**図 11-13** のように$n = 7$のクラスター$[B_7H_7]^{2-}$はクロソ構造，B_6H_{10}がニド構造，B_5H_{11}がアラクノ構造を示す。ウェイド則によってそれぞれ$[B_7H_7]^{2-}$が$F = 7 + 7 + 2 = 16\,e^- = 2 \times 7 + 2$，$B_6H_{10}$が$F = 6 + 10 = 16\,e^- = 2 \times 6 + 4$，$B_5H_{11}$が$F = 5 + 11 = 16\,e^- = 2 \times 5 + 6$となり，それぞれクロソ構造$2n + 2$，ニド構造$2n + 4$，アラクノ構造$2n + 6$を満たしていることがわかる。

図 11-14 は，一般的な教科書に載っている各ポリボランのクラスターの核数と当てはまるクラスター構造についてまとめたものである。クロソ構造，ニド構造，アラクノ構造を横軸に，縦軸にはそれぞれのクラスターの頂点の数を4～12核までまとめてある。骨格電子数を数えてクロソ構造，ニド構造，アラクノ構造のどれかが分かれば，そのクラスターの核数と対応する構造から，どのようなクラスター構造をつくるのか一目で分かる。このクラスターの赤丸の点線はニド構造あるいはアラクノ構造になるときに除去されるBH結合を示している[24]。

11-8-9　カルボラン

カルボラン (carborane) は，ポリボランクラスターのB−H結合がC−H結合に置き換わった化合物をいう。例えば$[B_{10}H_{10}]^{2-}$のうち，2つのB−H結合をC−H結合に置き換えた化合物$[B_8C_2H_{10}]$は，**図 11-15** のようにオルソ (*o*-) カルボラン (1,2-dicarba-*closo*-dodecaborane)，メタ (*m*-) カルボラン (1,7-dicarba-*closo*-dodecaborane)，パラ (*p*-) カルボラン (1,12-dicarba-*closo*-dodecaborane) の3つの異性体がある。カルボランのC−H結合のC原子は，最外殻電子が4つあるため，$[B_8C_2H_{10}]$は$[B_{10}H_{10}]^{2-}$のようにクロソ構造であるが，−2価の負電荷をもたない。$[B-H]^-$結合とC−H結合は等電子的である。そのため，カルボランも骨格電子数が$F = 8 \times 3 + 2 \times 4 + 10 - 20 = 8 + 2 \times 2 + 10 = 22\,e^- = 2 \times 10 + 2$となり，$2n + 2$を満たすクロソ構造であることが分かる。このオルソカルボランは，450 ℃でメタカルボランに (1,7)-転移を示し，またメタカルボランも620 ℃に加熱することでパラカルボランに (1,12)-転移することが知られている。

11-8-10　カルボリン

カルボリン (carboryne) は**図 11-16** のように合成され，$[B_{10}C_2H_{10}]$で表せる，*o*-カルボランから誘導される不安定な化合物である。デヒドロカルボラン (1,2-dehydro-*o*-carborane) ともいわれる。*o*-カルボランのC−H基のH原子がなくなっており，**ベンザイン** (benzyne) と等電子構造である。合成は，THF中で*n*-BuLiを反応させ，低温でBr_2によって処理した後，35 ℃まで加熱すると得られる。ジエン化合物との反応に用いられる[25]。

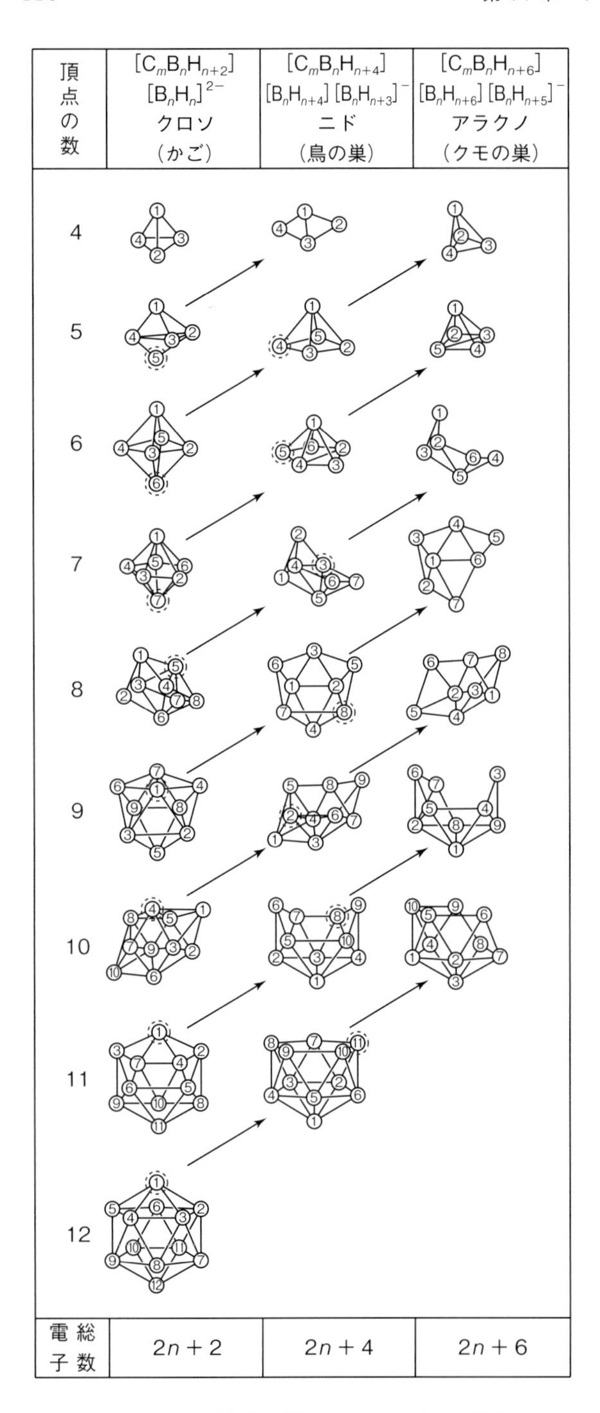

図 11-14 骨格電子数によるポリボラン構造
(文献[24] を改変)

11-8-11 カルボラン酸

カルボラン酸 (carborane acid) は**図 11-17** のような構造をもち，$H[B_{11}CHCl_{11}]$ で表せる超強酸の一種で，単独分子の酸としては最も強い酸である。pK_a ～ −18 と，H_2SO_4 に比較して 6 桁，フルオロスルホン酸 FSO_3H より 2 桁も高い。FSO_3H と五フッ化アンチモン SbF_5 は，マジック酸といわれており，ブレンステッド酸としては最強とされてきた。$[B_{11}CHCl_{11}]^-$ は，このマジック酸より酸性度は小さいが非常に安定であり，腐食

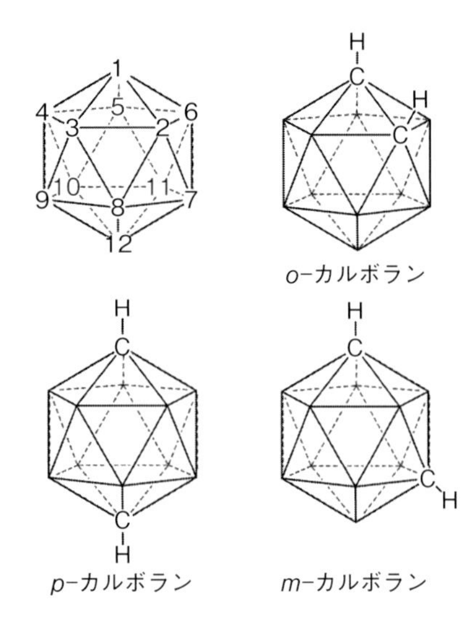

図 11-15 カルボランの構造

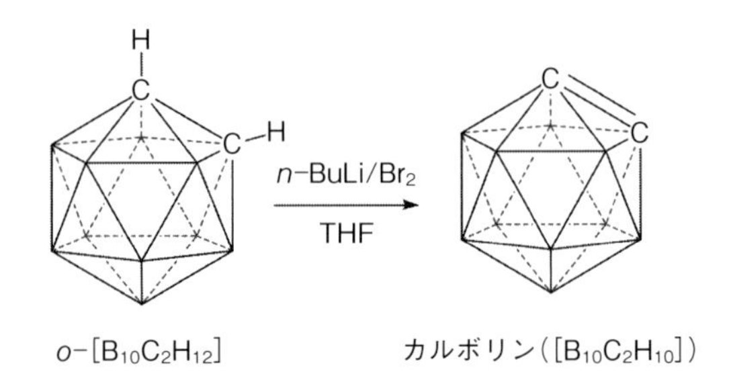

図 11-16 カルボリンの生成

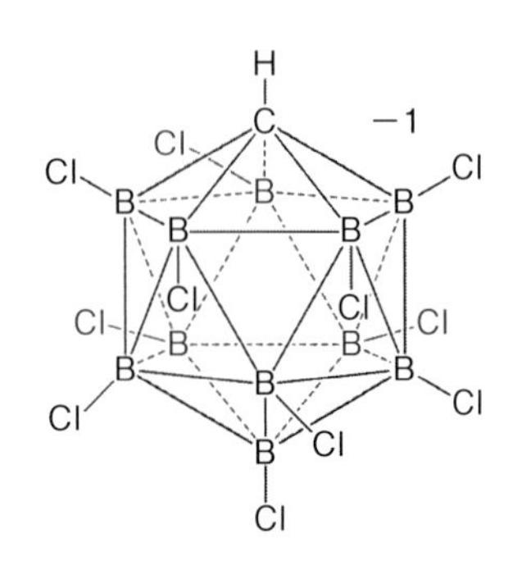

図 11-17 カルボラン酸の構造

性が小さい。カルボカチオンなどの不安定なカチオンを安定化できる[26]。

11-8-12　ボランからカルボランへの反応

デカボラン（decaborane）$B_{10}H_{14}$ は，空気中でも取扱い可能であり，**図 11-18** のようにかご状の構造を示す。$[B_{12}H_{12}]^{2-}$ から隣り合っている B−H 基を 2 つ取り去り，次いで 2 つの H^+ と 2 つの H を加えて，3 中心 2 電子結合の B−H−B 結合を 4 つもつと $B_{10}H_{14}$ になる。このデカボランは 10 核のニド構造（$F = 10 + 14 = 24\,e^- = 2 \times 10 + 4$）になる。この $B_{10}H_{14}$ は，MeCN などのルイス塩基の存在下，アセチレン類と反応して**図 11-19** のように *o*-カルボラン誘導体をつくる。有機合成では一般性な反応であり，アセチレン部位を有する有機物に選択的にカルボランをつくることができる。例として，**図 11-20** のように 2 つの *o*-カルボラン骨格を有する誘導体の合成例について示した[27]。

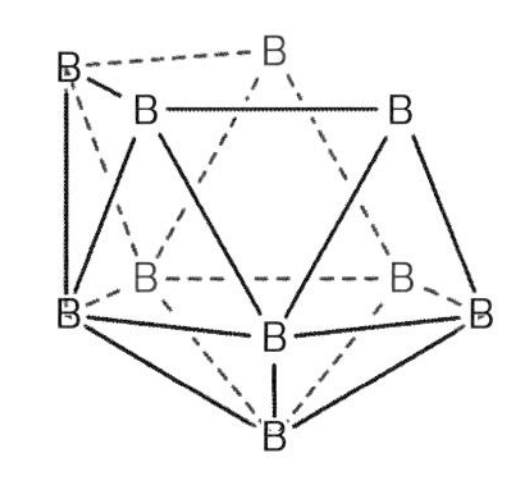

図 11-18　デカボランの構造

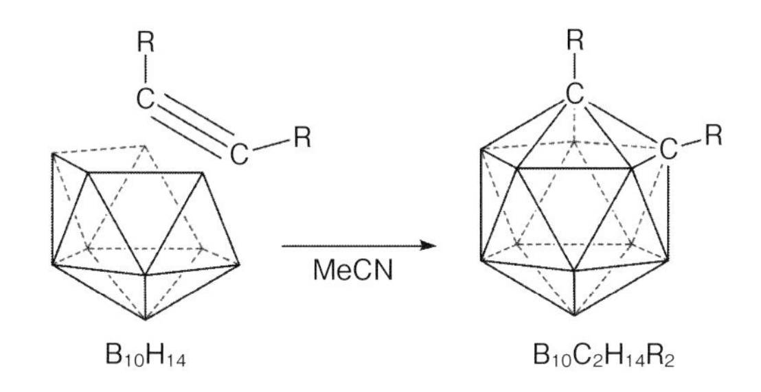

図 11-19　デカボランからのカルボランの合成

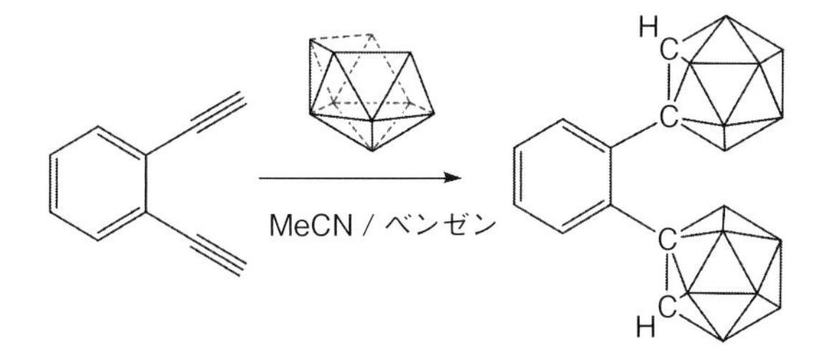

図 11-20　デカボランからのカルボラン誘導体の合成

11-8-13　ジカルボリドイオン

図 11-21 のようなジカルボリドイオン（dicarbollide ion）$[B_9C_2H_{11}]^{2-}$（*nido*-1,2-ジカルボリドイオン）（$F = 9 + 2 \times 2 + 2 + 11 = 26\,e^- = 11 \times 2 + 4$）は，$2e^-$ を酸化還元して *closo*-$B_9C_2H_{11} + 2e^- \rightleftarrows$ *nido*-$[B_9C_2H_{11}]^{2-}$ を可逆に往来できる（式 11-3）。この $[B_9C_2H_{11}]^{2-}$ は壺型の形をとっており，金属イオンを配位させることができる[28]。

$$closo\text{-}B_9C_2H_{11} + 2e^- \rightleftarrows nido\text{-}[B_9C_2H_{11}]^{2-} \quad (11\text{-}3)$$

closo-$B_{10}C_2H_{12}$ は，式 11-4 のように強い塩基により 1 つの B を放出し *nido*-$[B_9C_2H_{12}]^-$ となる。強い酸の共役塩基である陰イオンは，式 11-5 のようにさらに強い塩基 NaH により *nido*-$[B_9C_2H_{11}]^{2-}$ を生成する。

$$closo\text{-}B_{10}C_2H_{12} + [MeO]^- + 2\,MeOH \rightarrow nido\text{-}[B_9C_2H_{12}]^- + H_2 + B(OMe)_3 \quad (11\text{-}4)$$

$$nido\text{-}[B_9C_2H_{12}]^- + NaH \rightarrow nido\text{-}[B_9C_2H_{11}]^{2-} + H_2 + Na^+ \quad (11\text{-}5)$$

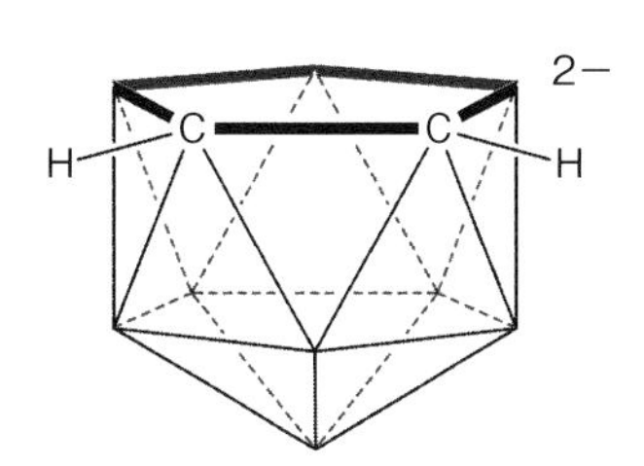

図 11-21　ジカルボリドイオン $[B_9C_2H_{11}]^{2-}$ の構造

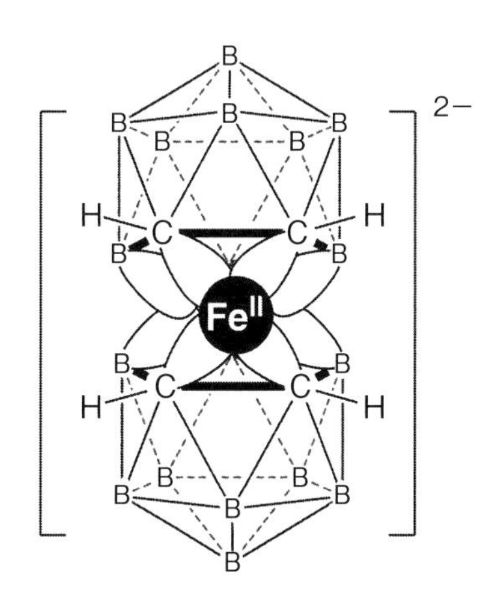

図 11-22　メタロセンカルボラン化合物 $[(B_9C_2H_{11})_2Fe^{II}]^{2-}$

この $[B_9C_2H_{11}]^{2-}$ は，開口部にある3つのBと2つのCが，それぞれ sp^3 混成軌道にあるとする。すると，もう1つBがあった頂点方向へ6つの軌道を向けて，それぞれ $1e^-$ が入った状態で存在する。これはシクロペンタジエニル陰イオンのp軌道と等電子的である。**図 11-22** のように，2つの $[B_9C_2H_{11}]^{2-}$ を用いてメタロセンカルボラン化合物が合成された。サンドウィッチ化合物である $[(B_9C_2H_{11})_2Fe^{II}]^{2-}$ は，フェロセン $[Fe^{II}(Cp)_2]$ と同じように $FeCl_2$ を用いて合成される[29]。

11-9　B−N 化合物

11-9-1　B, C, N の性質

共有結合半径は，B (81 pm)，C (77 pm)，N (74 pm) となっているので，B−N 結合長 (155 pm) は C−C 結合長 (154 pm) にほぼ等しくなる。このように，B−N 結合と C−C 結合をもつ化合物は似た分子構造をつくる。しかし，B−N 結合に極性が存在するため，その化学的性質は異なってくる。例えば H_3B-NH_3 (ボラザン) と H_3C-CH_3 (エタン) は，等電子的な構造をもち，ルイス構造で示すと**図 11-23** のようになり，ほぼ同じ結合距離を示す。しかし，室温では H_3B-NH_3 は 104 °C に融点をもつ固体であり，H_3C-CH_3 は気体である。この違いは，B−N 結合は電気陰性度の違いから分極しており，H_3B-NH_3 が双極子に沿って結晶を生成できることによる。

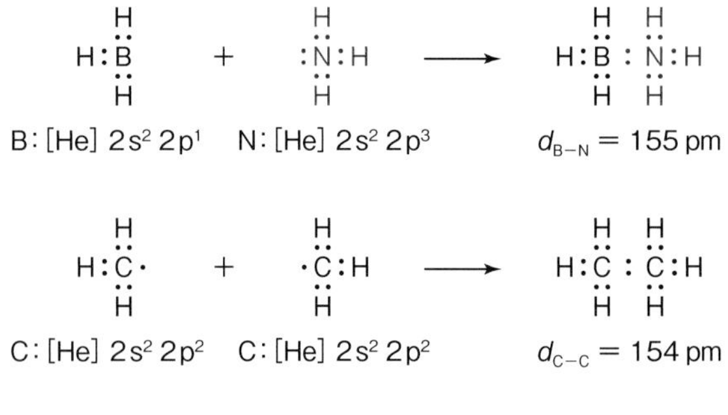

H:B(H)(H) ＋ :N:H(H)(H) ⟶ H:B:N:H (H)(H)

B: [He] $2s^2\,2p^1$　N: [He] $2s^2\,2p^3$　$d_{B-N} = 155$ pm

H:C·(H)(H) ＋ ·C:H(H)(H) ⟶ H:C:C:H (H)(H)

C: [He] $2s^2\,2p^2$　C: [He] $2s^2\,2p^2$　$d_{C-C} = 154$ pm

図 11-23　B−N 結合と C−C 結合の化合物

11-9-2　窒化ホウ素

1) グラファイトと窒化ホウ素の構造

窒化ホウ素 $(BN)_n$ は，B−N 化合物を加熱分解したときにできる最終生成物であるが，純粋なものは B_2O_3 を NH_4Cl ($B_2O_3 + 2NH_4Cl \rightarrow 2BN + 3H_2O + 2HCl$) あるいは NH_3 ($B_2O_3 + 2NH_3 \rightarrow 2BN + 3H_2O$) とともに高温で加熱することで得られる。グラファイトの六角形のC原子のような，sp^2 混成軌道の二次元平面シートからつくられている。化学的には不活性な物質で耐火性があり，研磨剤としての用途がある。$(BN)_n$ の結晶構造は，B−N 結合が6員環構造を単位として面内にシート状に広がり (d_{B-N} (intra) = 145 pm)，1つの6員環構造の真上に，もう1つ別なシートの6員環構造が六角形を揃えて積層する AAAA 型 ($d_{B\cdots N}$ (inter) = 333 pm) 構造をとっている。また，電子対で満たされたルイス塩基である N: の $2p_z$ 軌道から，ルイス酸であるBの空の $2p_z$ 軌道へ π 結合に伴う部分的な電子移動が起こるため，**図 11-24** のように，BとNはそれぞれ負電荷 $B^{\delta-}$ と正電荷 $N^{\delta+}$ を帯びている。この弱い静電的な相互作用によって，$\cdots B^{\delta-}\cdots N^{\delta+}\cdots B^{\delta-}\cdots N^{\delta+}\cdots B^{\delta-}\cdots N^{\delta+}\cdots$ のようにシート構造のBとNを順次反転しながら，電荷を中和するように積層している (**図 11-25 (a)**)。

一方，グラファイト $(C)_n$ の結晶構造は，$(BN)_n$ の結晶構造と同様に，C−C 結合が6員環構造を単位として面内でシート状 (d_{C-C} (intra) = 142 pm) に広がる。しかし，6員環同士は1層ごとに互い違いになった ABAB 型 ($d_{C\cdots C}$ (inter) = 335 pm) の積層構造をとる (**図 11-25 (b)**)。$(BN)_n$ が AAAA 型の積層構造をとるのは，BとNの電気陰性度が $\chi_B = 2.04$ と $\chi_N = 3.04$ のように異なっており，BとNに電荷分布の偏りができるからとも考えられる。一方，$(C)_n$ の積層構造は，ファンデルワールス力による π-π 相互作用によるスタッキングからつくられており，このような ABAB 型の積層構造は HOMO-LUMO の分子軌道の重なりが影響している。

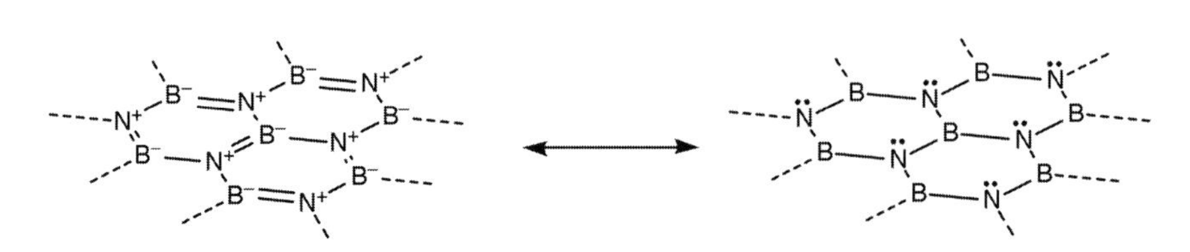

図 11-24　$(BN)_n$ シートの極性構造

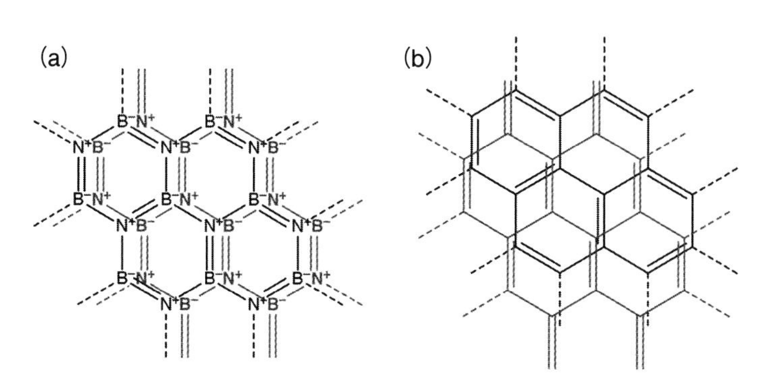

図 11-25　二次元シートの積層構造
(a) $(BN)_n$　(b) グラファイト $(C)_n$

2) グラファイトと $(BN)_n$ における π 電子系の非局在化

グラファイト $(C)_n$ の基底状態では，シート内の各 C 原子の $2p_z$ 軌道が同位相で重なり合って，基底状態で 1 つの大きな π 結合の連結帯（バンド構造）ができあがっている。この軌道に電子が入ると，電子は動くことができる（**図 11-26 (a)**）。一方，$(BN)_n$ では，N から B へ 1 つの電子が非局在化したときに，$-B^{\delta-}=N^{\delta+}-$ のように電荷の偏りが生まれ，**図 11-26 (b)** のように $(BN)_n$ の π 結合系を N から隣接した B へ e^- が移動するだけで，電子は部分的に非局在化しかできない。この電子移動によって $-B^{\delta-}=N^{\delta+}-$ の部分電荷が発生し，電子はトラップされてそれ以上動けなくなる。例えば**図 11-27** のように，一次元のジグザグ鎖で (a) $(C)_n$ と (b) $(BN)_n$ の一次元鎖構造を見ると分かりやすい。$(C)_n$ は $\cdots=C-C=C-C=C-\cdots$ と互いに同位相で重なって 1 つの長いバンド構造をつくることができ，電子がスムーズに移動する。しかし，$(BN)_n$ の軌道の重なりは，π 結合的には $-B^{\delta-}=N^{\delta+}-B^{\delta-}=N^{\delta+}-B^{\delta-}=N^{\delta+}-$ のように電荷の偏りを生じ，しかも σ 結合的にも B と N の電気陰性度の差があり，電子移動がトラップされて動くことができなくなる。

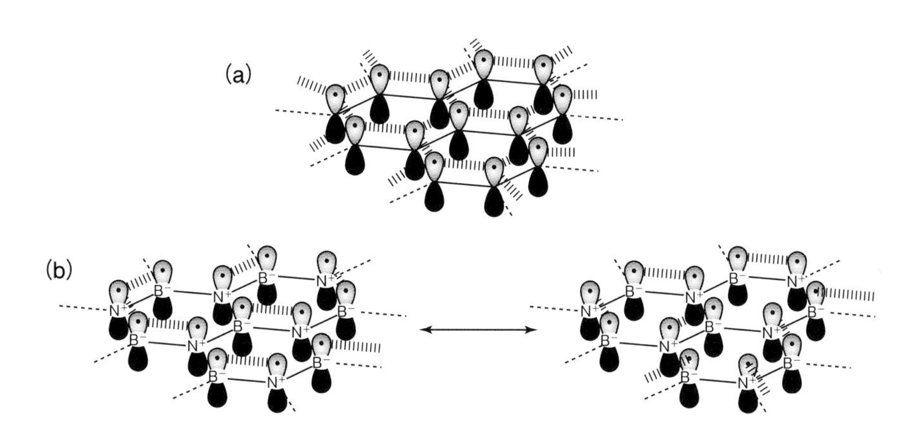

図 11-26　(a) グラファイトの基底状態と (b) $(BN)_n$ の非局在化構造

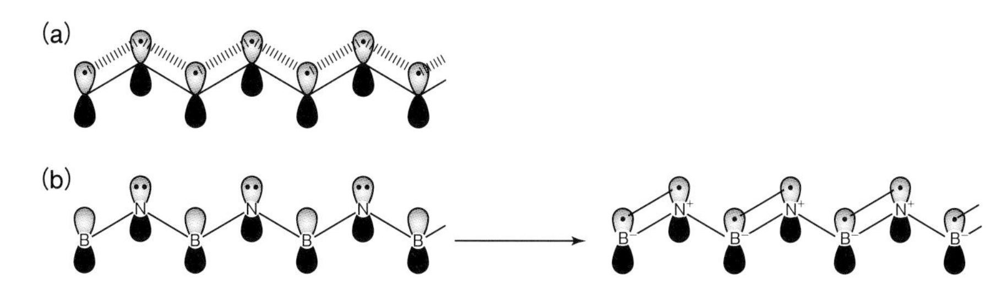

図 11-27　(a) グラファイトと (b) $(BN)_n$ の電子伝導性の違い

11-9-3 ボラザン

ボラザン（borazane）は，アンモニアボランの総称であり，H_3N-BH_3 で表される無機物である。ボラザンが等電子的なエタンに比べて高い融点をもつのは，その高い分極性による。ボラザンの B に結合する H は $H^{\delta-}$ 性であり，N に結合する H は $H^{\delta+}$ 性である。熱すると H_2 が発生し容易に $\left[NH_2-BH_2 \right]_n$ または $\left[NH=BH \right]_n$ の高分子鎖に重合する。ボラザンは無色の固体であり，液化 H_2 よりも高濃度（19.3 w%）の H を含んでおり，水素の貯蔵材料として注目されている[30,31]。

ボラザンは，$NaBH_4$ や $BF_3 \cdot OEt_2$ に NH_4Cl や NH_3 などを，式 11-6 や式 11-7 のように Et_2O 中で反応させて合成する。

$$NaBH_4 + NH_4Cl \xrightarrow[Et_2O]{室温} H_3N\text{-}BH_3 + NaCl + H_2 \quad (11\text{-}6)$$

$$BF_3 \cdot OEt_2 + NH_3 \xrightarrow[Et_2O]{-78\,^\circ C} H_3N\text{-}BH_3 \quad (11\text{-}7)$$

ジボランを用いてボラザンを合成するとき，ルイス塩基による対称開裂と非対称開裂に注意する必要がある（**図 11-28**）。トリアルキルアミン NR_3 などの強いルイス塩基を反応させると，ジボランの対称的な開裂が優勢になる（式 11-8）。NH_3 など弱いルイス塩基を反応させた非対称開裂では，ジボランのジアンモニア和物（diammoniate）が生成するボロニウムイオン（boronium ion）などのカチオン $[BH_2(NH_3)_2]^+$ が発生する（式 11-9）。ボラジンの HCl 付加体の $B_3N_3H_9Cl_3$ は，$NaBH_4$ で処理することにより，シクロヘキサンのいす形構造のような環状のボラザンの $B_3N_3H_{12}$ が得られる（**図 11-29**）。ジボランを $NaNH_2$ で処理すると，式 11-10 のようにアミノボランの高分子が得られる。この高分子は水素貯蔵材料として期待が寄せられている。

$$B_2H_6 + NaNH_2 \rightarrow \left[H_2B\text{-}NH_2 \right]_n + NaBH_4 \quad (11\text{-}10)$$

11-9-4 ボラゾン

層状構造をもつ窒化ホウ素 $[>B^-=N^+<]_n$ や，二重結合をもつボラジン $\left[B^-H=N^+H \right]_n$（11-9-5 項）などを，**図 11-30** のように Li_3N または Mg_3N_2 の触媒存在下，高温高圧（> 2000 K, > 5 GPa）で加熱すると，閃亜鉛鉱型構造をもつ立方晶窒化ホウ素 $[>B-N<]_n$ **ボラゾン**（borazon）（**図 11-31**）になる。これはダイヤモンドに類似した構造をもち，ダイヤモンドと同程度に硬い物質である。層状窒化ホウ素は，高温高圧でダイヤモンドに似たボラゾンの結晶をつくれる。この物質は機械的な強度はダイヤモンドより低い。研磨のときにダイヤモンドでは金属カーバイドをつくるため，ダイヤモンドが使えない材料の研磨剤として使用できる[32]。

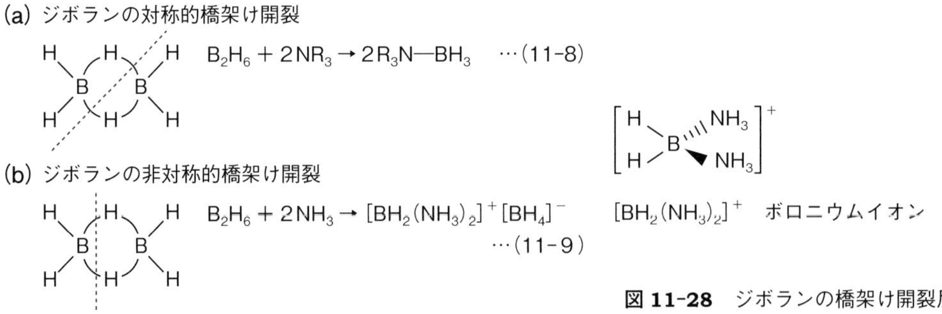

(a) ジボランの対称的橋架け開裂

$$B_2H_6 + 2NR_3 \rightarrow 2R_3N{-}BH_3 \quad \cdots(11\text{-}8)$$

(b) ジボランの非対称的橋架け開裂

$$B_2H_6 + 2NH_3 \rightarrow [BH_2(NH_3)_2]^+[BH_4]^- \quad \cdots(11\text{-}9)$$

$[BH_2(NH_3)_2]^+$ ボロニウムイオン

図 11-28 ジボランの橋架け開裂反応

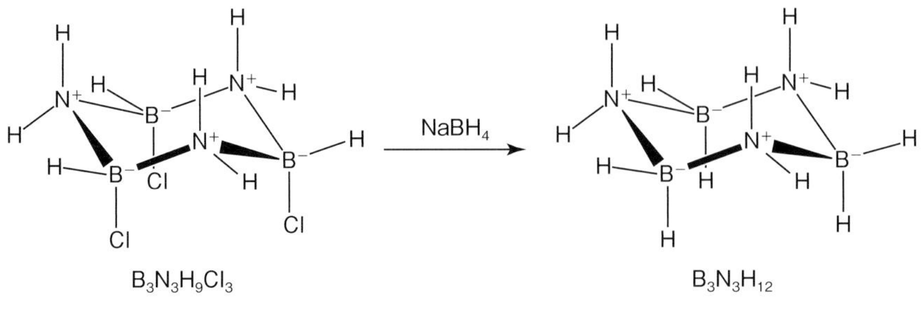

$B_3N_3H_9Cl_3$ →($NaBH_4$)→ $B_3N_3H_{12}$

図 11-29 ボラジンの HCl 付加体の $NaBH_4$ 処理

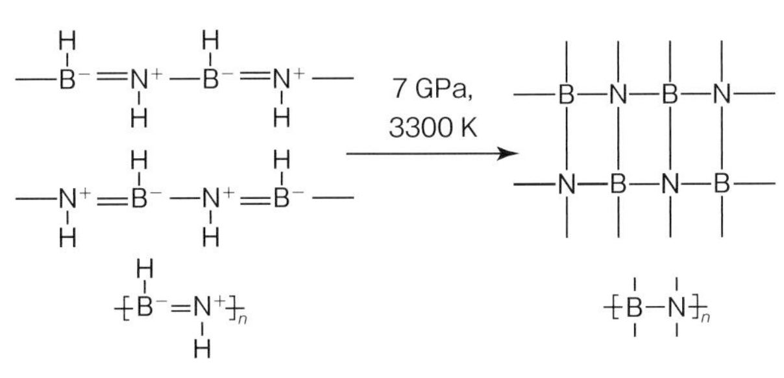

図 11-30　ボラジンからのボラゾンの合成

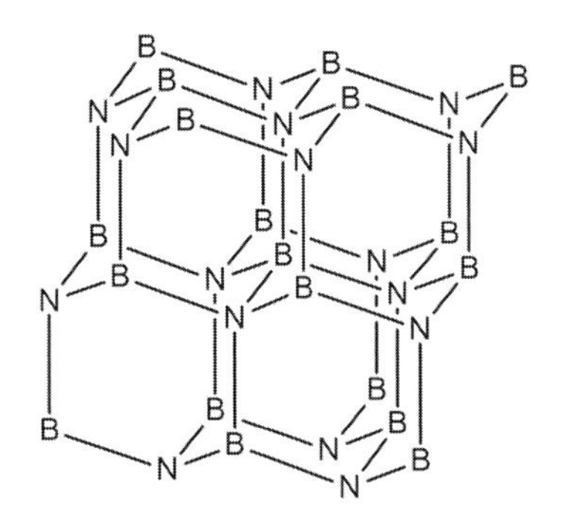

図 11-31　立方晶ボラゾン

11-9-5　ボラジン

1）ボラジンの合成と反応性

ボラジン $B_3N_3H_6$ (borazine) は，BCl_3 と NH_4Cl からトリクロロボラジン $B_3N_3H_3Cl_3$ をつくり，これを $NaBH_4$ でヒドリド化することで得られた（**図 11-32 (a)**）。また，別のルートでは，$NaBH_4$ と NH_4Cl からボラザンを合成し，これを加熱縮合することでボラジンが得られる（**図 11-32 (b)**）。ボラジンは無機ベンゼンとも呼ばれており，室温では無色の液体である（融点 −58 ℃，沸点 55 ℃）。水中では加水分解を受け（**図 11-33**），HCl との付加反応も容易に起こす。B−N 結合の距離は 143.6 pm と，ベンゼンの C−C 結合（139.7 pm）よりかなり長い[33]。

図 11-34 のように，ボラジンの B−H 基と N−H 基を部分的に Me 基に置き換えたボラジンをつくることができる。B−Me 基をもつボラジンは，$B_3N_3H_3Cl_3$ の B−Cl 基をグリニャール試薬 MeMgBr と反応させると，B−Me 基で置換した B-$Me_3B_3N_3H_3$ をつくることができる。一方，$MeNH_3Cl$ に $NaBH_4$ を作用させると，N−Me 基で置換した N-$Me_3B_3N_3H_3$ をつくり分けることができる。

2）ボラジンの共鳴構造

ボラジンは無機ベンゼンとも呼ばれており，ベンゼンのケクレ構造と同じような共鳴構造を描くことができ

Column【最も硬い物質はダイヤモンド？】

世の中で最も硬い物質はロンズデーライト (lonsdaleite) といわれる，六方晶系のウルツ鉱型結晶構造をもつ C の同素体である（**図**）。ロンズデーライトは，立方晶系の結晶構造をもつ，通常の立方晶系のダイヤモンドより 58% も高い硬度をもつとされている。従来，ダイヤモンドが物質の中で最も硬い物質といわれているが，それは間違いである。また，火山から得られる材料でつくられたウルツ鉱型 $(BN)_n$ は六方晶系のロンズデーライトと同様な結晶構造をもち，通常のダイヤモンドよりも 18% も硬度が高く，世界で 2 番目に硬い物質であるとされている。したがって，通常のダイヤモンドは，世界で 3 番目に硬い物質になる。

この六方晶系ダイヤモンドであるロンズデーライトは，隕石が地球に衝突したときの大きな熱や圧力で隕石中のグラファイトの構造が変化してつくられたとされている。さらに，B 元素を含むボラゾン（立方晶系の $(BN)_n$）は B と N の混合物からなり，4 番目に硬い物質といわれている。ボラゾンは人工的な物質であり，B と N を 1800 ℃の超高温で加熱することで造られる。研磨剤としての用途があるが，残念ながらダイヤモンドより硬度は小さい。

図　ロンズデーライトの鉱石（Wikipedia より）

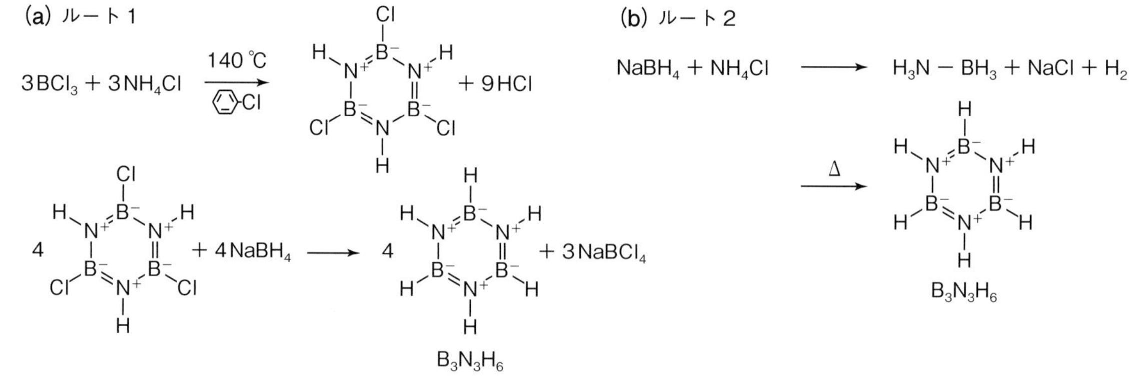

(a) ルート1

$$3BCl_3 + 3NH_4Cl \xrightarrow[\text{C}_6\text{H}_5\text{Cl}]{140\,℃} B_3N_3H_3Cl_3 + 9HCl$$

$$4\,B_3N_3H_3Cl_3 + 4NaBH_4 \longrightarrow 4\,B_3N_3H_6 + 3NaBCl_4$$

(b) ルート2

$$NaBH_4 + NH_4Cl \longrightarrow H_3N-BH_3 + NaCl + H_2$$

$$\xrightarrow{\Delta} B_3N_3H_6$$

図 11-32 ボラジンの合成（Δは加熱を表す）

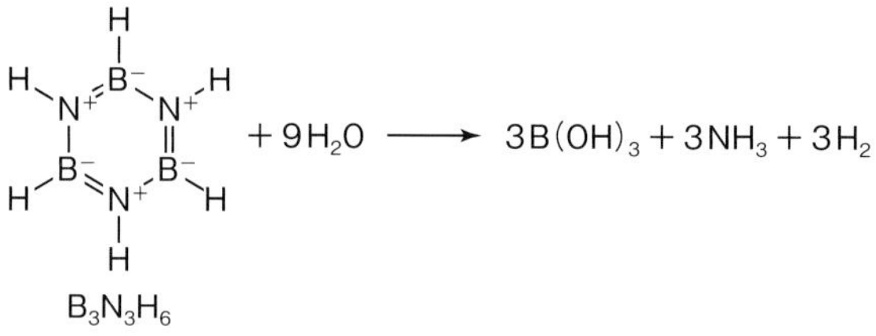

$$B_3N_3H_6 + 9H_2O \longrightarrow 3B(OH)_3 + 3NH_3 + 3H_2$$

図 11-33 ボラジンの加水分解反応

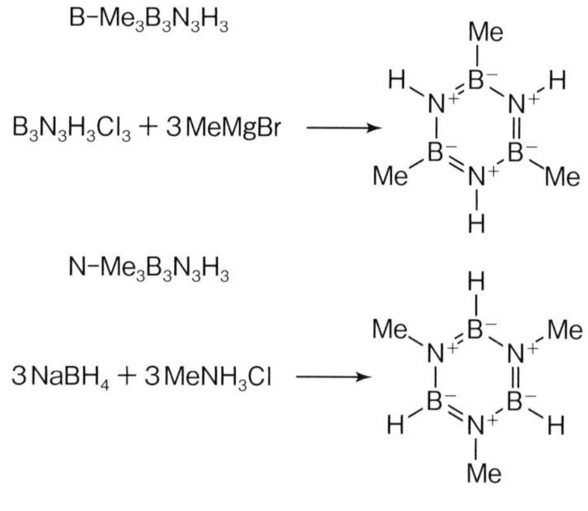

B-$Me_3B_3N_3H_3$

$$B_3N_3H_3Cl_3 + 3MeMgBr \longrightarrow$$

N-$Me_3B_3N_3H_3$

$$3NaBH_4 + 3MeNH_3Cl \longrightarrow$$

図 11-34 ボラジンのB－Me基とN－Me基の置換体の合成

$$\ddot{N}-B \longleftrightarrow N^{+}=B^{-}$$

図 11-35 BNの共鳴構造

る。**図 11-35**のようにN－B結合は，Nのp_z軌道からBの空のp_z軌道へe^-がπ結合することで電荷が発生する。そのため，無機ベンゼンのケクレ構造では，$N^{\delta+}$と$B^{\delta-}$の部分電荷が発生する（**図 11-36**）。平面B_3N_3環内のB－N距離は143.5 pmとなっており，この距離はボラザン（H_3N-BH_3）の結合距離（156 pm）に比べてずっと短い。そのため，環内のπ結合がある程度非局在化した共鳴構造をとっていると考えられる。このボラジンの反応性は，BとNの電気陰性度の違い，あるいはπ結合によって発生する電荷のため，ボラジンのπ電子雲には凸凹ができる。環内のπ結合は部分電荷によって弱められ，ボラジンは電気陰性度の違いでルイス塩基（求核的な置換基）がBに付加し，ルイス酸（求電子的な置換基）はNに付加する性質をもつ。それゆえ，ボラジンはベンゼンと異なって容易に付加反応を起こしやすい。

ベンゼンのπ結合は，基底状態で1つの大きな結合性軌道をつくることができる。そのため，各C原子の$2p_z$軌道に存在する電子は，連結した1つの大きな結合性軌道上を自由に動くことができる芳香族性をもつ。一方，ボラジンはπ結合を通した電子移動によって，Nの$2p_z$軌道にある非共有電子対から一部電子がBの空の$2p_z$軌道へ移動することで，二重結合性が現れている。しかし，$N^{\delta+}$と$B^{\delta-}$と各原子上に部分電荷が付与されることになり，電子は**図 11-37**のように移動を制限され，非局在化はするが芳香族性はない。この部分電荷の不均一性や電気陰性度の違いにより，ボラジンではベンゼンのような芳香族性は存在しない。

3）ボラジンの付加反応

ボラジンへのHClやBr_2の付加反応について**図 11-38**に示す。ベンゼンは通常付加反応はせず，置換反応が起こる分子である。ベンゼンとHClは通常の条件では反応しないが，ボラジンはHClと反応して$B_3N_3H_9Cl_3$

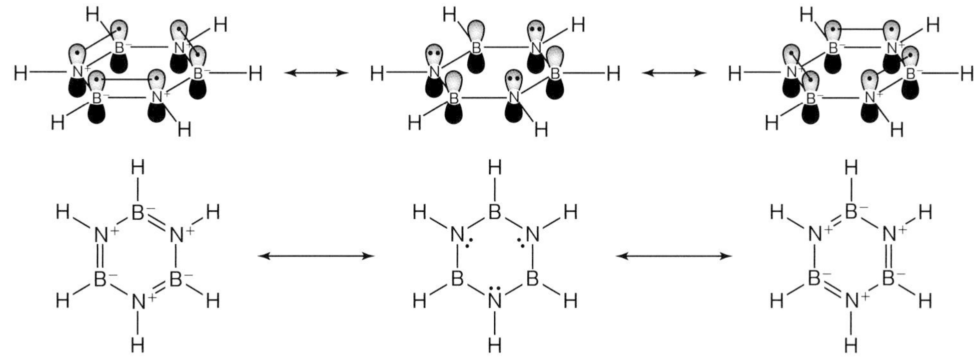

図 **11-36**　ボラジンの共鳴構造

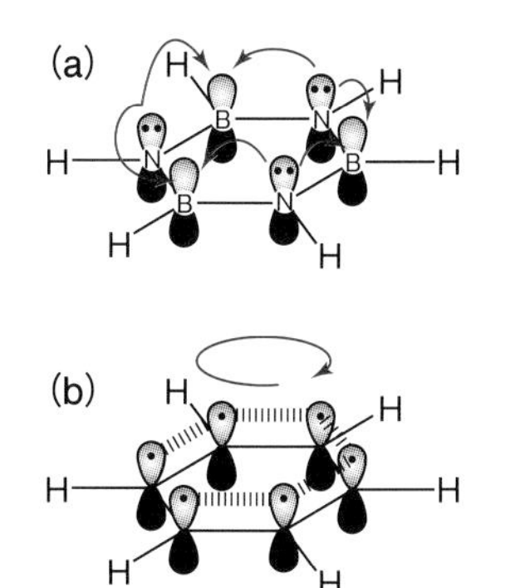

図 **11-37**　(a) ボラジンと (b) ベンゼンの π 電子の非局在化

の付加体を生成し，加熱によって $B_3N_3H_3Cl_3$ を生成する。また，ベンゼンと Br_2 は Fe 触媒下で反応して Br 置換反応が進むが，付加反応は起こらない。しかし，ボラジンは Br_2 が付加して $B_3N_3H_6Br_6$ を生じ，さらに加熱によって，$B_3N_3H_3Br_3$ を生じる。

11-10　ホウ素の酸素化合物

B の原料となるホウ砂（$Na_2B_4O_7 \cdot 10\,H_2O$）はホウ素の酸素化合物の代表例である。このホウ砂の組成は，$Na_2[B_4O_5(OH)_4 \cdot 8\,H_2O]$ とも書ける。これは，**図 11-39** に示したようにホウ酸塩化合物の中の $[B_4O_5(OH)_4]^{2-}$ が安定だからである。ケルナイト（$Na_2[B_4O_5(OH)_4 \cdot 2\,H_2O]$）などにも $[B_4O_5(OH)_4]^{2-}$ が含まれている。$[B_2O_5]^{4-}$ は $[CaB_2O_5]$，$[B_3O_6]^{3-}$ は $[K_3B_3O_6]$ などに含まれる。このように，ホウ酸塩化合物は主として三角形の $[BO_3]^{3-}$（$d_{B-O} = 136$ pm），四角形の $[B(OH)_4]^-$（$d_{B-O} = 148$ pm）の単位が入り組んだものである。$[BO_3]^{3-}$ では部分的な π 二重結合性があり，B−O 距離は短くなっ

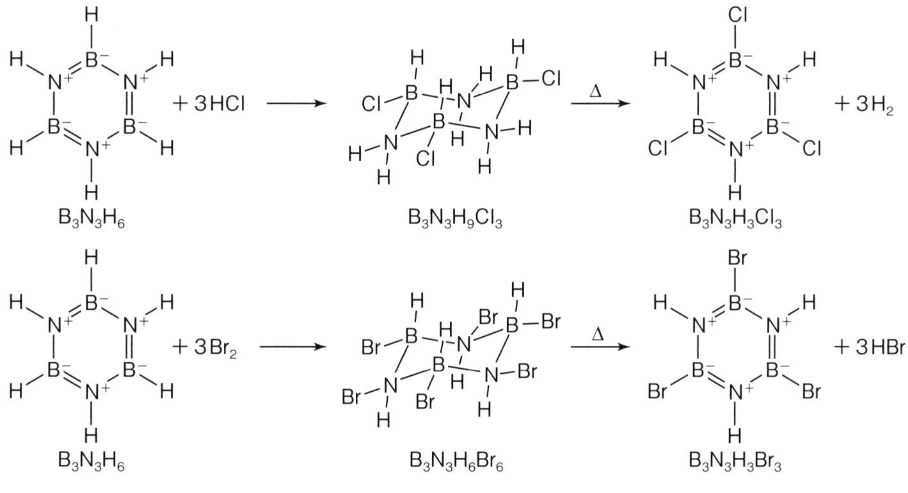

図 **11-38**　ボラジンの付加反応

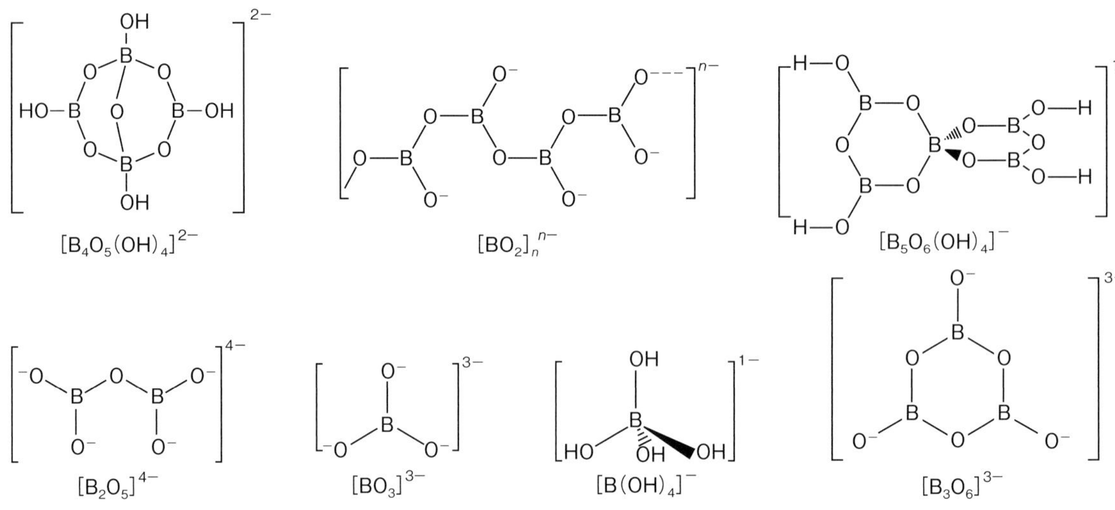

図 11-39　ホウ酸塩化合物の主な構成単位

ている。しかし，$[B(OH)_4]^-$は四面体型であり，その B−O 距離は π 結合性が失われて長くなっている。このように，$[BO_3]^{3-}$や$[B(OH)_4]^-$が構造単位となって O 原子を共有し，環状や直鎖状のポリオキソ陰イオンを生成する。

ケイ酸塩と同じく，ホウ酸塩もガラスをつくる傾向にある。一般に$[BO_3]^{3-}$や$[B(OH)_4]^-$が同時に含まれているホウ酸塩は，$[B(OH)_4]^-$の数によって負イオンの電荷数が決まってくる。例えば$[Ca_2B_6O_{11} \cdot 7H_2O]$のホウ酸塩では，$2 \times Ca^{2+} = +4$価であるので，4つの$[B(OH)_4]^-$単位を含む。ホウ酸（11-10-1項）（オルトホウ酸$[B(OH)_3]$やメタホウ酸$[B_3O_3(OH)_3]$）のような$[B(OH)_4]^-$をもたない陰イオンは，水中では安定ではなく，速やかに水和する。その他のホウ酸塩化合物は，$([BO_2]_n)^{n-}$や$[B_2O_5]^{4-}$，$[B_5O_6(OH)_4]^-$などの骨格をもつものが存在する。

11-10-1　ホ ウ 酸

ホウ酸（boric acid）$B(OH)_3$は，ホウ砂を加熱して得られるB_2O_3やB_2H_6あるいはBX_3を加水分解するか（$B_2O_3 + 3H_2O \rightarrow 2B(OH)_3$），ホウ砂に直接 HCl などの無機酸を反応させることによって得られる。（$Na_2B_4O_7 \cdot 10H_2O + 2HCl \rightarrow 4B(OH)_3 + 2NaCl + 5H_2O$）ホウ酸の結晶は無色針状結晶で，$B(OH)_3$は**図 11-40**のように互いに水素結合によって連なり，六角形の二次元シート構造をつくっている（**図 11-41**）。$[B(OH)_3]_n$のシート構造同士は，3.12 Å の距離でファンデルワールス相互作用によって積層している。

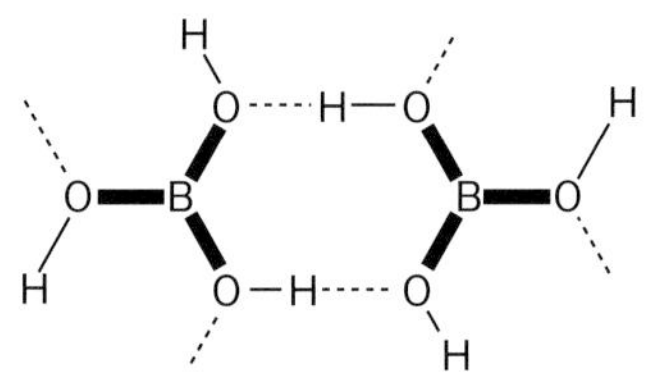

図 11-40　$B(OH)_3$の水素結合

ホウ酸を加熱すると順次脱水され，中間物質として3つの物質が知られている。130 ℃以下の加熱では**図 11-42**のようなメタホウ酸（$H_3B_3O_6$）が生成し，このメタホウ酸も OH 基間の水素結合によって層状構造をつくっている。130 〜 150 ℃の加熱では，水素結合鎖中でBO_4四面体とB_2O_5原子団の両方を含む。150 ℃以上の加熱ではすべてBO_4四面体からなる立方晶のホウ酸結晶をつくる。さらに高い温度でホウ酸を完全に融解させるとガラス状のB_2O_3になる。この融解塩はホウケイ酸ガラス（Pyrex）の原料となる。

ホウ酸は無色の結晶であり，水に溶かすと吸熱的である。（$B(OH)_3(s) \rightleftarrows B(OH)_3(aq)$　$\Delta H = 22.01\ \mathrm{kJ\ mol^{-1}}$）そのため，10 ℃の冷水に対する溶解度は 3.65 g/100 mL でしかないが，100 ℃の熱湯に対する溶解度は 37.9 g/100 mL と，温度上昇に伴い溶解度が大幅に上昇する。ホウ酸は水に溶けると弱いルイス酸（$pK_a = 9.24$；25 ℃）として働き，$[B(OH)_4]^-$を形成する。（$B(OH)_3 + 2H_2O \rightleftarrows [B(OH)_4]^- + H_3O^+$）ホウ酸は非常に弱い酸の

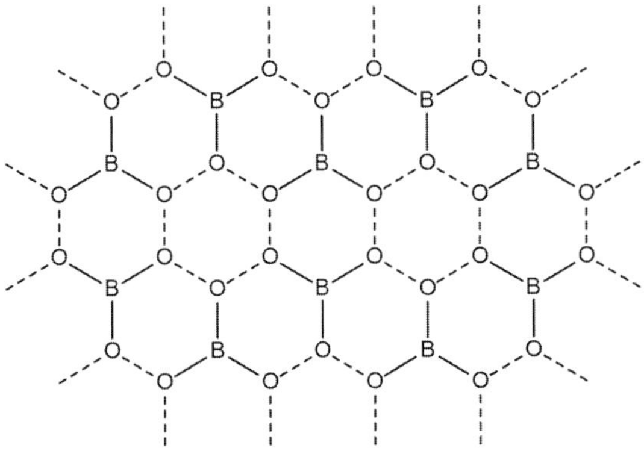

図 11-41　$B(OH)_3$結晶の水素結合シート構造（H は省略）

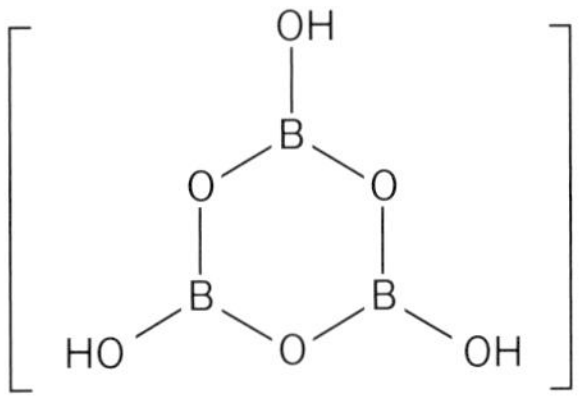

図 11-42　メタホウ酸 $H_3B_3O_6$

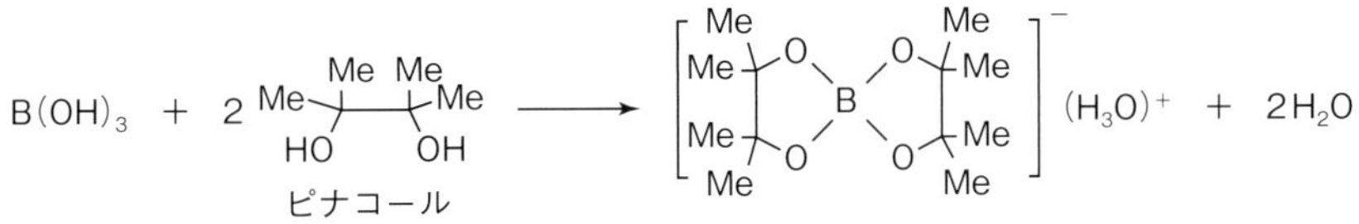

図 11-43　$B(OH)_3$濃度の滴定のためのキレート錯体

ため酸解離定数が小さく，中和滴定曲線の等量点が不明確となり，NaOH で中和滴定することが難しい。そのため，ピナコールのようなジオール類と反応させて**図 11-43** のように安定なキレート錯体にする。このジオール錯体は安定なので，NaOH によって滴定することが可能になる。

11-10-2　ペルオキソホウ酸ナトリウム

ホウ酸に Na_2O_2 を反応させるとペルオキソホウ酸ナトリウム $Na_2[B_2(O_2)_2(OH)_4]\cdot 6H_2O$ が生じる。水中で加水分解して H_2O_2 を生じるため，脱色剤として洗剤などに混入される。**図 11-44** に示すように，四面体型の B 原子 2 つを過酸化物イオン O_2^{2-} 2 つで橋架けした構造をもつ。

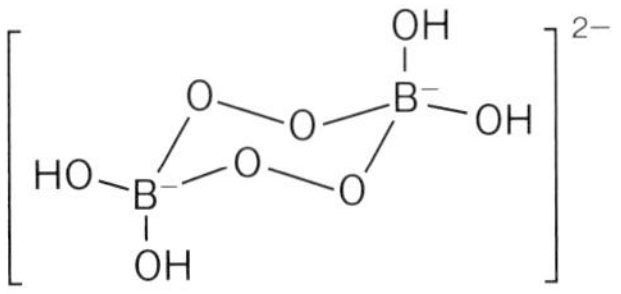

図 11-44　ペルオキソホウ酸イオン

11-11　ハロゲン化ホウ素

BF_3 は刺激性の無色の気体であり，ステンレスなども水蒸気の存在下で腐食する。強いルイス酸であるため，エーテル，アルコール，アミンなどのほとんどのルイス塩基と簡単に反応する。F^- と反応して BF_4^- を生成する。($CsF + BF_3 \rightarrow CsBF_4$) BF_3 の一般的な合成は，B_2O_3 と CaF_2 の混合物に濃 H_2SO_4 を加える。($B_2O_3 + 3CaF_2 + 3H_2SO_4 \rightarrow 2BF_3 + 3CaSO_4 + 3H_2O$) 反応式で出てくる H_2O は濃 H_2SO_4 によって吸収されてしまうため，BF_3 は安定である。純粋な HBF_4 は単離することができないが，BF_3 を H_2O と反応させた溶液は，$[H_3O]^+[BF_4]^-\cdot 4H_2O$ の水溶液として市販されている。この化合物は $B(OH)_3$ に HF を反応させることで得られる。($B(OH)_3 + 4HF \rightarrow [H_3O]^+ + [BF_4]^- + 2H_2O$)

11-11-1　BX_3 付加体

BF_3 はエーテル類と付加体を形成し，例えば $Et_2O\cdot BF_3$ は市販できるほど安定である（**図 11-45**）。25 ℃では液体であり，BF_3 と同じ性質をもつ物質として代用できる。BCl_3 と BBr_3 は，B に直接 Cl_2 および Br_2 を反応させれば合成できる。しかし，BI_3 の合成には工夫が必要である。BCl_3 を HI と反応させるか ($BCl_3 + 3HI \rightarrow BI_3 + 3HCl$)，$I_2$ と $NaBH_4$ を反応させる ($3NaBH_4 + 8I_2 \rightarrow 3NaI + 3BI_3 + 4H_2 + 4HI$) と BI_3 が得られる。一般に BX_3 は H_2O で加水分解して $B(OH)_3$ を生成する。($3BX_3 + 3H_2O \rightarrow B(OH)_3 + 3HX$)

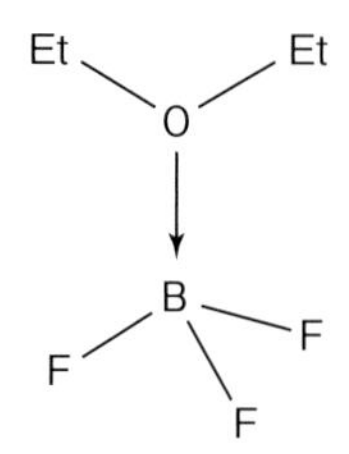

図 11-45　BF_3 付加物 $Et_2O \cdot BF_3$

11-11-2　BX_3 付加体の反応性

図 11-46 のように，BX_3 と NMe_3 との付加体をつくる反応性は，一般に $BF_3 < BCl_3 < BBr_3 < BI_3$ となる。BX_3 の X^- の電気陰性度が高いと B のルイス酸性度が増加すると考えられるため，$BF_3 > BCl_3 > BBr_3 > BI_3$ と X の電気陰性度の大きい順に反応性が高そうだが，実際には逆になる。

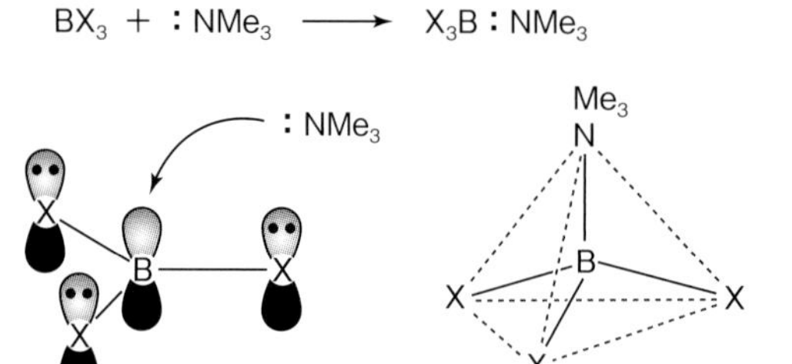

図 11-46　BX_3 付加物とその反応性

BX_3 のルイス構造を，B と X の各 $2p_z$ 軌道との π 結合について**図 11-47** に示す。sp^2 混成軌道で結合された BX_3 のルイス構造は，電子対で満たされた 3 つの X 基のどれか 1 つの $2p_z$ 軌道から，B の空の $2p_z$ 軌道へ電子が 1 つ移動することで π 結合をつくる。そして，この π 結合はそれぞれ 3 つの共鳴構造が描けるため，結合次数は 0.33 となる。そのため，B−F 結合距離は 130 pm と短くなっている。しかし，これがルイス塩基 :NMe_3 と付加物をつくるとき，この π 結合を切断して sp^3 混成軌道をとるため，B−F 結合距離は 145 pm に伸びている。すなわち，BX_3 が付加物を形成する際に B−X の π 結合

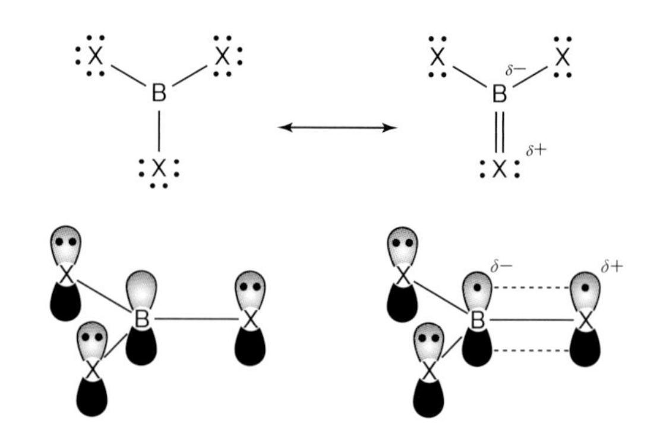

図 11-47　BX_3 の π 共役構造

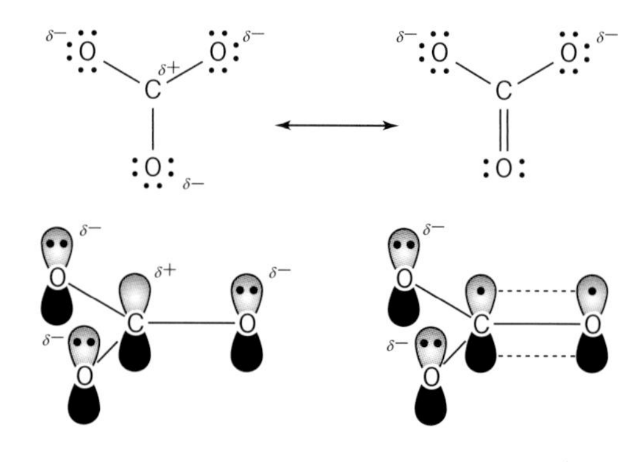

図 11-48　BX_3 と等電子構造をもつ CO_3^{2-} 構造

を切断しなければいけない。その π 結合の強さは，第 2 周期同士で B と軌道エネルギーが近い F が最も強く，次いで Cl や Br のように周期の離れた軌道エネルギーをもつ原子ほど弱くなる。この付加物をつくる反応は π 結合の切断しやすさに関係づけられるため，反応性は $BF_3 < BCl_3 < BBr_3 < BI_3$ となるのである。

このように，BX_3 と同じ電子構造をもち，π 結合の結合次数が 0.33 をとる sp^2 混成軌道をもつものは，例えば炭酸イオン CO_3^{2-} が知られている。この CO_3^{2-} は，はじめ**図 11-48** のように C の $2p_z$ 軌道が空の共鳴構造を描き，$-O^-$ 基から 1 電子を C の空 $2p_z$ 軌道へ移動させることにより，BX_3 と等電子構造をとることが分かる。ただし，2 つの $-O^-$ 基があるため −2 価の電荷をもつ。

第12章 炭　素

炭素（carbon）は宇宙では，H, He, O に次いで多い元素であるが，ビックバンではつくられなかった。しかし，恒星内では式 12-1 と式 12-2 のように，3 つのヘリウムの三重衝突（トリプルアルファ反応）によってヘリウム燃焼し，炭素が生成する。彗星や隕石の中にも炭素が豊富に存在する。

$$ {}^{4}_{2}He + {}^{4}_{2}He \rightarrow {}^{8}_{4}Be + \gamma \qquad (12\text{-}1) $$

$$ {}^{8}_{4}Be + {}^{4}_{2}He \rightarrow {}^{12}_{6}C + \gamma \qquad (12\text{-}2) $$

炭素は地球上の生物にとって最も重要な元素の 1 つである。地球以外の惑星にも生物がいたら，おそらく炭素が最も重要な働きをしているだろう。宇宙では 4 番目に豊富にある炭素だが，地殻に含まれている量は意外に少なく 0.14％であり，鉄 Fe やマグネシウム Mg よりも少ない。

炭素からつくられたもので最も身近（？）なものは，ダイヤモンドではないだろうか。ダイヤモンドは装飾品・ジュエリーとしてよく知られており，光り輝く無色透明な石である。たまに黒色（黒鉛），黄色（窒素），青色（ホウ素）に着色したダイヤモンドを見かけるが，これはダイヤモンドに入っている“(　)”で示した不純物の影響である。そして，ダイヤモンドで最も注意すべきことは，炭素でつくられているため 700 ～ 800 ℃で O_2 と反応して燃えてしまうため，必ず火気厳禁で保存しなければならない。また，ダイヤモンドは非常に硬い物質である。これは C 原子同士が，sp^3 混成軌道をとる 4 つの共有結合の手で強固な結合をつくるからである。ダイヤモンドは高温高圧のマグマのすぐ近くでつくられるキンバレー岩から採取されるが，実質 1 g/1 t しか得られない。そして，ダイヤモンドで特徴的なのは，非常に熱を通しやすく（1000 ～ 2000 W $(m\cdot K)^{-1}$），例えば金属で最も熱伝導率が高い Ag（428 W $(m\cdot K)^{-1}$）や Cu（403 W $(m\cdot K)^{-1}$），Au（319 W $(m\cdot K)^{-1}$）の 5 倍ぐらいの熱伝導率をもつことである。電子をまったく通さないのに結合の格子振動だけで熱を伝えるスーパーレアな物質である。

ここで小話がある。彼女が冬の寒い時季に彼氏からダイヤモンドの指輪をもらったとする。そのダイヤモンドが本物か偽物かを直接確かめる方法がある。それは，指輪を付けてすぐにそっと息を吹きかけてみるのである。本物のダイヤモンドなら，すでに体温で暖まっているから，彼氏の愛情と同じく決して曇ることがない。しかし，偽物のダイヤモンドの場合，まだ冷たいので彼氏の見せかけの愛情と同じく曇ってしまうのである。機会があったらぜひ，試してもらいたい。

12-1　一般的な炭素の性質

さて，C 原子の特徴として，C－C 単結合の結合力が 356 kJ mol^{-1} と他の原子の単結合に比べて強いことがあげられる。そのため，C－C 単結合が連続した高分子化合物を安定につくることができる。このように，同一種類の原子が鎖状に結合をつくる性質のことを**カテネーション**（catenation）と呼ぶ。例えば，S や Si もカテネーションの性質をもつ。このように，炭素は，原子が外に向かって発散するように高分子鎖をつくりやすく，二重結合や三重結合もつくる外向的な結合を形成する。これに対して，ホウ素などは，3 つの B 原子が三角形（deltahedron）を形成し，この三角形がタイルを貼り合わせるように大きな二十面体の分子クラスターをつくるように，閉じた形の化合物をつくる内向的な結合を形成する。

12-2　炭素の同位体

地球上で観測される炭素の同位体は，^{12}C, ^{13}C, ^{14}C の 3 種類であり，それぞれ 98.9％，1.1％，1.2×10^{-10} ％の割合で存在する。

12-2-1　同位体 ^{12}C

原子量というものは ^{12}C の炭素と関連深い。1961 年 IUPAC*1 が，原子量の定義を「^{12}C の質量を 12（端数な

*1　International Union of Pure and Applied Chemistry：国際純正応用化学連合

し）としたときの相対質量」とした。原子に同位体が存在する場合の原子量は，それぞれの同位体ごとに質量が異なるため，同位体の存在比ごとに平均化された値として表す。同位体の存在比は年によって変動するため，発表されている原子量の値も変動することがある。原子量は1モルの原子数のグラム単位の質量として扱われる。炭素の原子量は，同位体 ^{12}C と ^{13}C の加重平均として $^{12}C(12 \times 0.989) + {}^{13}C(13 \times 0.011) = 12.011$ となる。

12-2-2 同位体 ^{13}C

^{13}C は，^{1}H と同じように核スピン $I = 1/2$ をもち，^{13}C-NMRスペクトルを測定することができる。この ^{13}C-NMRスペクトルは，$^{13}C \cdots {}^{13}C$ 同士の核スピンの相互作用がほとんどないためスペクトルが単純化され，^{1}H-NMRスペクトルとともに複雑な有機化合物の同定などに用いられる。$^{13}C \cdots {}^{13}C$ の核スピンの相互作用がほとんどない理由は，^{13}C 同位体の割合が全炭素数の1.1%と，^{12}C の割合に比べて圧倒的に少ないためである。有機物の隣接したC−C結合では，ほとんどが $^{12}C \cdots {}^{12}C$ と $^{12}C \cdots {}^{13}C$ が隣接しており，$^{13}C \cdots {}^{13}C$ が隣接する確率が非常に小さく，$^{13}C \cdots {}^{13}C$ 同士の相互作用はほぼ観測されないため，スペクトルが単純化されるのである。

12-2-3 同位体 ^{14}C

^{14}C は，大気中の成層圏で宇宙線である熱中性子が $^{14}_{7}N$ に衝突することによって常時つくられている。この反応は $^{14}_{7}N(n, p)^{14}_{6}C$ となり，宇宙線からの中性子 $^{1}_{0}n$ が $^{14}_{7}N$ に衝突し，プロトン $^{1}_{1}p$ と $^{14}_{6}C$ が生成する。生成した ^{14}C は大気中の酸素と反応してただちに $^{14}CO_2$ になる。この $^{14}CO_2$ は大気中に広がり，光合成によって植物に取り込まれて植物体内に固定化される。この植物を動物が食べる食物連鎖によって，地球上にいる動・植物の生物体内には常に 1.2×10^{-10} %の一定量の ^{14}C が代謝によって取り込まれている。しかし，生物が死ぬと代謝が停止し，外界からの $^{14}CO_2$ の供給が止まり，放射性元素である ^{14}C の量は減少していく*2。そのため，出土した古代遺跡の木材や動物の骨，貝殻，あるいは化石などの ^{14}C 濃度から逆算して，遺跡や生物の繁栄していた年代を，数万年単位で解明することができる。これを**放射性炭素年代測定**（radiocarbon dating）と呼ぶ。

12-3 炭素の同素体

炭素の**同素体**（allotrope）は，ダイヤモンドや黒鉛，無定形炭素，C_{60}，カーボンナノチューブ，グラフェンなどいろいろ知られているが，C_{70}, C_{82} あるいは多層カーボンナノチューブなども含めれば，数え切れない数になる。

12-3-1 ダイヤモンドと黒鉛

ダイヤモンド（diamond）と**黒鉛**（**グラファイト**，graphite）は，C原子のみからつくられる同素体であるが，あらゆる点で異なった物性をもつ。これは，炭素の結合様式や並び方が異なるためである。ダイヤモンドは，C（[He] $2s^2 2p^2$）の最外殻電子が sp^3 混成軌道へ昇位することにより，4つの軌道すべてで同じC原子同士の共有結合を形成できる（**図12-1**(a)）。一方，黒鉛は sp^2 混成軌道で σ 結合によるシート骨格（**図12-1**(b)）を形成し，あまった $2p_z$ 軌道で π 結合を連結したシート構造（**図12-1**(c)）をつくる。このシート構造が，一般的に見られる α-黒鉛としてファンデルワールス力によってABAB型で積層している。これに対して β-黒鉛はABCABC型であるが，α-黒鉛をすり潰すと β-黒鉛に変化する。

黒鉛が電子を流しやすいのは，基底状態で同じ位相をもつ $2p_z$ 軌道がすべて重なることができ，π 電子が1つのシート面全体に広がってバンド構造を形成し，流れやすくなっているからである。一方，ダイヤモンドは π

*2 半減期 $\tau = 5730$ 年：$^{14}_{6}C \rightarrow {}^{14}_{7}N + {}^{0}_{-1}\beta$

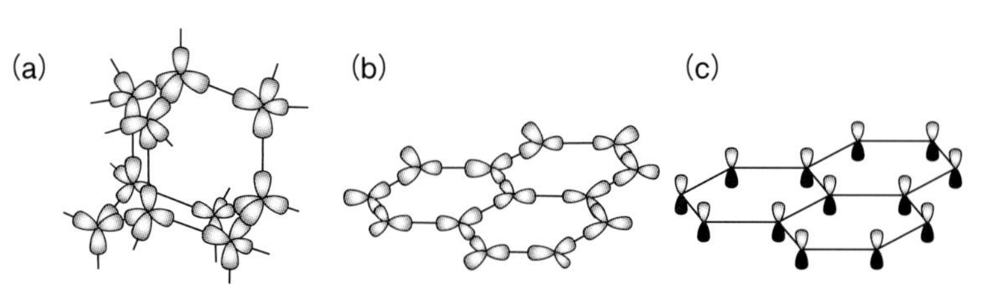

図12-1 ダイヤモンドとグラファイトの軌道の重なり

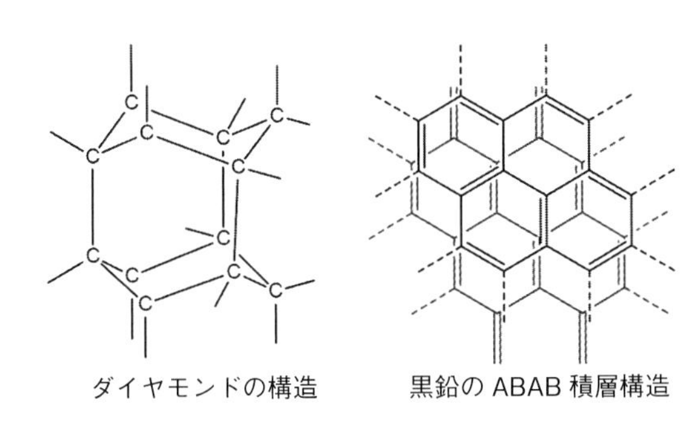

図 12-2 ダイヤモンドと ABAB 積層黒鉛の構造

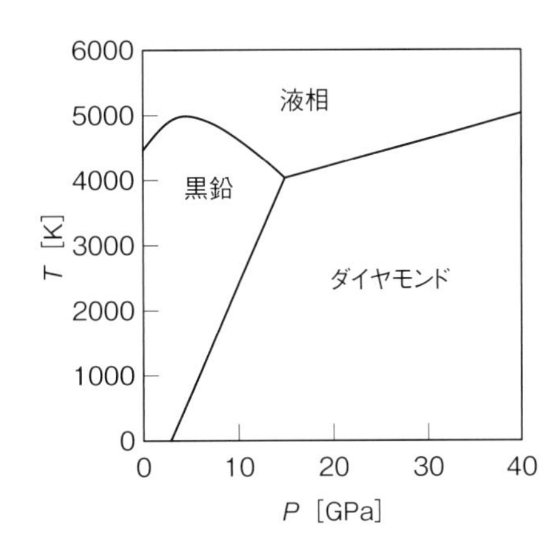

図 12-3 黒鉛とダイヤモンドの相図

結合をつくる余分な電子がないため，ほぼ絶縁体（～$10^{11}\ \Omega\,\mathrm{m}$）である。黒鉛の面内では～$10^{-5}\ \Omega\,\mathrm{m}$，面間では～$1\ \Omega\,\mathrm{m}$ と，面間になると抵抗値が5桁ほど上がり，電子が流れにくくなる。これは，面内では $2p_z$ 軌道の π 結合による重なり（$d_{C-C} = 142$ pm）が共有結合距離で連結しているが，面間ではファンデルワールス力の相互作用で重なっているだけで，結合距離（$d_{C\cdots C} = 335$ pm）が長く軌道の重なりが小さくなるためである（**図 12-2**）。また，黒鉛は一方向に劈開する性質をもつことが知られている。ダイヤモンドでも対称的な劈開性が確認されているが，一方向には限定されない*3。黒鉛は，劈開性を利用して潤滑剤として使用されている。ダイヤモンドは非常に硬いため，研磨剤として使用されている。その他，黒鉛は耐熱材，原子炉材，電極材としても使われている。**表 12-1** に黒鉛とダイヤモンドの性質の違いをまとめた。

また，密度は黒鉛（$2.26\ \mathrm{g\,cm^{-3}}$）よりダイヤモンド（$3.51\ \mathrm{g\,cm^{-3}}$）の方が高いので，高圧ではダイヤモンドの生成が有利になる。通常の大気圧ではダイヤモンドは準安定状態であり，黒鉛の方がより安定である（**図 12-3**）。自由エネルギーの差 ΔG（25 ℃）$= -2.90\ \mathrm{kJ\,mol^{-1}}$ の値は黒鉛の方がわずかに小さい。しかし，速度論的に遅いため，自然にダイヤモンドが黒鉛に変わることはない。実際に，人工ダイヤモンドをつくるときは，もし触媒がないと，超高温高圧（> 3000 K，> 12.5 GPa）で黒鉛からダイヤモンドに変化させなければいけない。1955年にゼネラル・エレクトリック社によって初めて人工ダイヤモンドが，Cr, Fe, Ni, Pt のような金属触媒を用いてつくられた。より低い高温高圧条件（> 2000 K，> 7 GPa）では，黒鉛が金属触媒表面で溶解することにより溶解度の小さなダイヤモンドが再結晶される。年間100万トン程度の人工ダイヤモンドがこの手法でつくられるようになった[36]。

*3 硬いダイヤモンドであるが，叩きどころによっては割れてしまうので注意が必要である。

12-3-2 黒鉛の反応

黒鉛を熱濃 HNO_3 などによって強く酸化すると，芳香族化合物であるメリト酸（$C_6(COOH)_6$）が得られる（**図 12-4 (a)**）。黒鉛と F_2 は 400～500 ℃（720 K）の高温で（HF の存在ではより低温）反応し，高分子性のフッ化黒鉛 CF_x($x < 1$) が得られる（**図 12-4 (b)**）。～700 ℃（970 K）では単量体の CF_4 が得られる。この CF_x は層状構造をもち，潤滑剤として用いられている。高温での空気酸化では黒鉛よりも耐久性がある。面内の C−C 間距離は $d_{C-C} = 154$ pm であるが，面間は $d_{C\cdots C} = 820$ pm となり，黒鉛の面間距離の2倍より長くなる。

表 12-1 黒鉛とダイヤモンドの性質の比較

	融点 [℃]	密度 (20 ℃) [g cm⁻³]	混成軌道	C−C 距離 [pm]	構造	抵抗率 [Ω m]	用途	熱伝導率 [W (m·K)⁻¹]	屈折率
ダイヤモンド	3550[34] (高圧下)	3.51	sp^3	154.5	正四面体	～10^{11}	研磨剤	2000	2.417
黒鉛	4300[35] (常圧下)	2.26	sp^2	142 (面内) 335 (面間)	六角形シート	5.0×10^{-6} (面内) 0.2～1.0 (面間)	潤滑剤	50～130	2.15 (面内) 1.81 (面間)

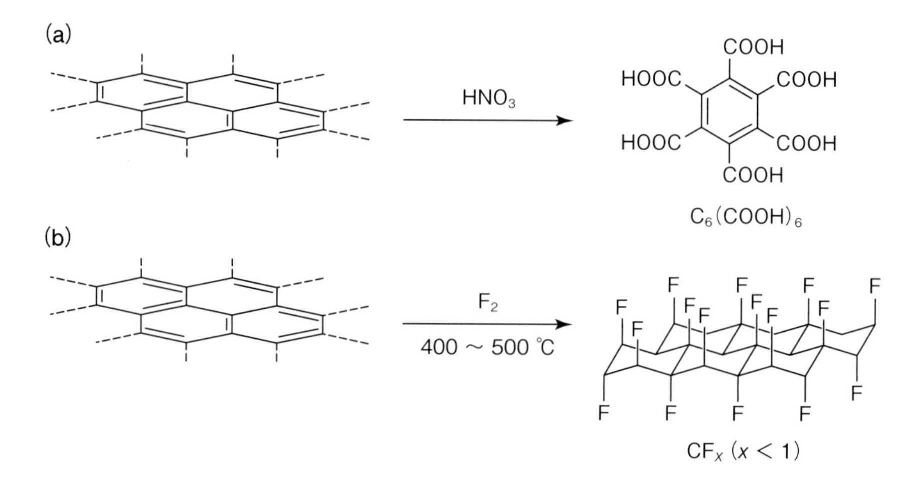

図 12-4 黒鉛の反応

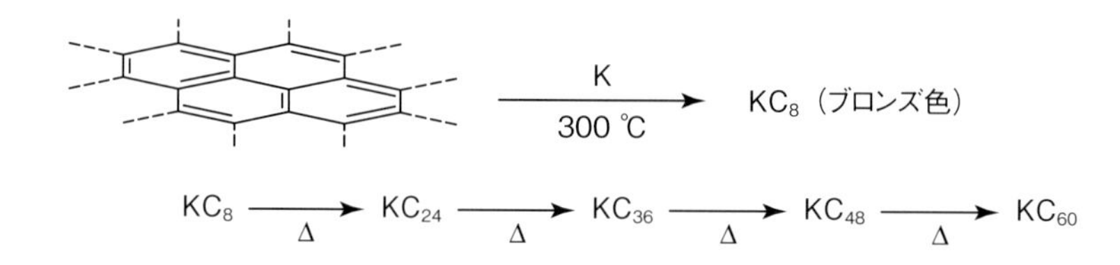

図 12-5 各種の黒鉛の K 層間化合物の合成

12-3-3 黒鉛層間化合物

黒鉛は弱いファンデルワールス力による面間結合で積層している。そのため，黒鉛の面間は容易に離すことができ，層間に原子やイオンなどを取り込める。この**黒鉛層間化合物** (intercalation compound)*4 には，金属による黒鉛の還元による挿入と，酸化剤による黒鉛の酸化によるイオンの挿入の2つが存在する。**図 12-5** のように，まず黒鉛を金属Kで処理し，未反応のKをHgで洗い流すと，$K^+[C_8]^-$ の組成のブロンズ色をした物質が得られる。黒鉛層間にKが侵入することによって，黒鉛の面間積層構造をABAB型からAAA型の重なり型へ変化させる。層間は黒鉛の 335 pm から 540 pm に広がる (**図 12-6**)。KC_8 の K^+ は面内に，**図 12-7** にあるように C_6 環上に1つおきに位置した構造をもっている。

KC_8 は黒鉛よりも金属的な性質が強く，抵抗は面内方向で1桁，面間の垂直方向で2桁ほど低下する。この KC_n の黒鉛層間化合物は非常に反応性が高く，大気中で発火したり，水と接触しただけで爆発する。KC_8 を加熱するとKが昇華し，分解物として KC_{24}, KC_{36}, KC_{48}, KC_{60}

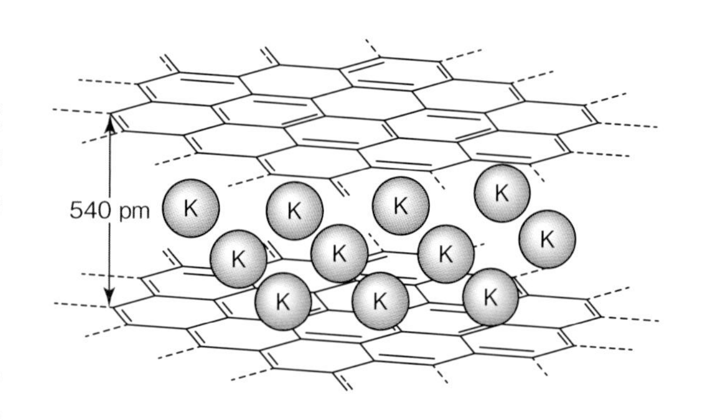

図 12-6 黒鉛の K 層間化合物

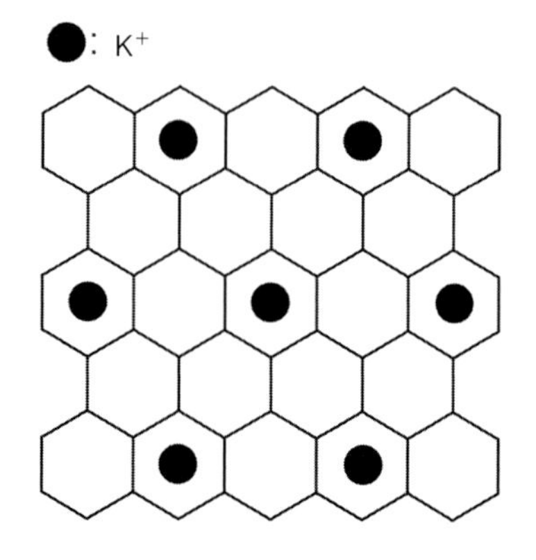

図 12-7 KC_8 の K^+ の配向

*4 または成層化合物 (lamellar compound)。

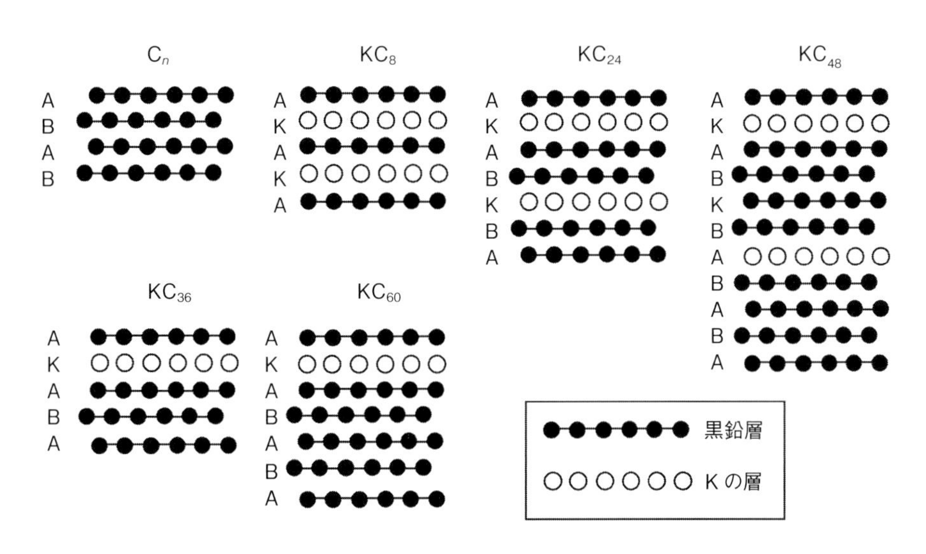

図 12-8　Kを導入した各種の黒鉛層間化合物の積層構造

の一連の化合物になる。この一連のK^+を含む黒鉛層間化合物は，K^+の数により，黒鉛の積層構造とKの入り方に違いがある。**図 12-8** に示したように，K^+が一番多いものがKC_8であるが，熱分解した後も一定の組成をもち，K^+層の決まった部分が抜けていく。K^+層と接している部分はAAAの重なり構造をもつが，Kが抜けて黒鉛層だけになるときはABAB構造になる。

酸化剤存在下で強酸により挿入した黒鉛層間化合物は，黒鉛層が電子を失って正電荷をもつ。黒鉛に濃H_2SO_4と少量のHNO_3（またはCrO_3）を反応させると，$[C_{24}]^+[HSO_4]^-\cdot 24\,H_2O$が得られる。$HClO_4$を酸として用いると，$ClO_4^-$が層間に入ったものができる。また，黒鉛と強力な酸化剤$[O_2]^+[AsF_6]^-$の反応では$[C_8]^+[AsF_6]^-$が得られる（**図 12-9**）。

12-3-4　無定形炭素

カーボンブラック（すす），活性炭（木炭），石炭，炭素繊維などの**無定形炭素**（amorphous carbon）の同素体が自然界には存在している。石炭は純粋な炭素からできているのではなく，最も純度の高い無煙炭でも炭素の含有量は95％以下である。必ず，硫黄や灰などが不燃物として残る。**コークス**（coke）は，この石炭からできるだけ揮発性の有機物や硫黄などを取り除いたものである。木炭は気体の吸収剤としても知られており，木炭の体積を1とすると，空気なら200倍以上，有毒ガスの塩素も吸着でき，ホスゲンなどはそれ以上である。第一次世界大戦では防毒マスクとして使われた。木炭を液体空気になるまで冷却すると，その吸収能力は10倍ほど増加する。

無定形炭素の反応性は高く，酸素雰囲気下で加熱によってCO_2, COができ，硫黄との反応ではCS_2などが得られる。木炭は非常に表面積が大きく，木炭表面の六角形シート構造の縁の部分はCOOH基やCHO基，OH基のような酸化生成物で覆われているため，吸着力が大きくなる。カーボンブラックは非常に細かく分散した形の炭素である。この構造は，黒鉛のような平板の積み重ねと，フラーレンC_{60}のような多層球体などが提案されている（**図 12-10**）。カーボンブラックは，印刷インク

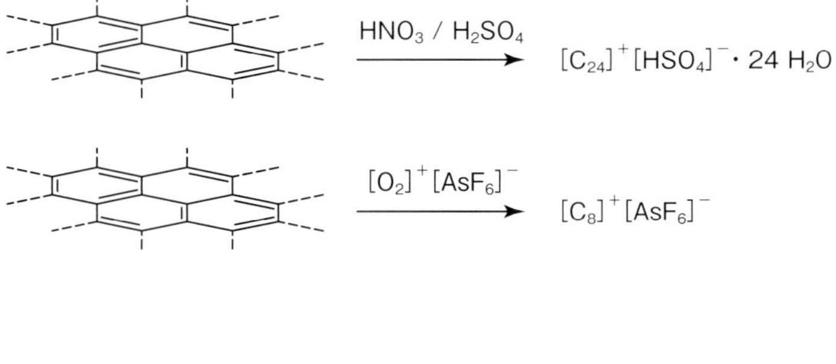

$$\xrightarrow{HNO_3\,/\,H_2SO_4} [C_{24}]^+[HSO_4]^-\cdot 24\,H_2O$$

$$\xrightarrow{[O_2]^+[AsF_6]^-} [C_8]^+[AsF_6]^-$$

図 12-9　その他の黒鉛層間化合物

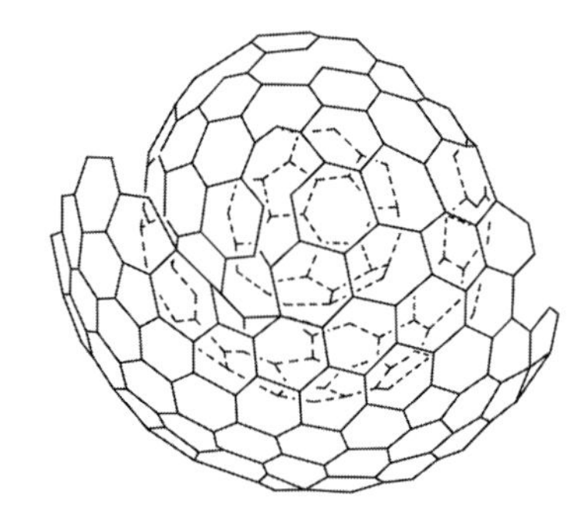

図 12-10　カーボンブラックの構造モデル

の顔料やタイヤのゴムの耐摩耗性や強度のアップに使われている。炭素繊維は，アスファルト繊維や合成繊維を熱分解して得られる。

12-3-5　フラーレン C_{60}

建築家フラー（Fuller, B.）のつくったジオデシックドームに似ていることから，C_{60} は**フラーレン**（fullerene）と呼ばれる。1985年にクロトー（Kroto, H.）とスモーリー（Smalley, R.）は，1000 K で黒鉛にレーザーを照射すると C_{60} を含むすすが得られることを見出した。また，1990年に物理学者のクレッチマー（Kratschmer, W.）が，黒鉛の抵抗加熱により，C_{60} の大量合成法を見出した。得られたすすは，ベンゼンやクロロホルムなどの溶液で抽出することができ，赤紫色の溶液が得られる。すすに含まれる主なものは C_{60} と C_{70} であるが，高速液体クロマトグラフィー（HPLC）を用いて2つを分離し，純品を得ることが可能である。かつて新しい炭素の同素体を予言する人はほとんどいなかったが，1970年に日本人の大澤映二が，C_{60} が分子として存在することを理論的に示した。しかし日本語で書かれていたため，残念ながら評価されなかったのは有名な話である。

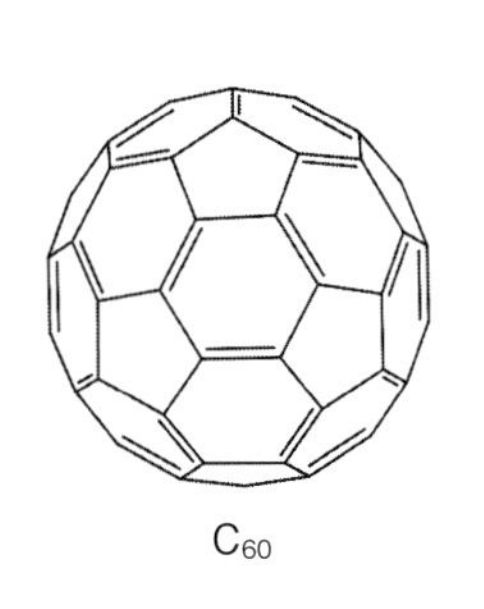

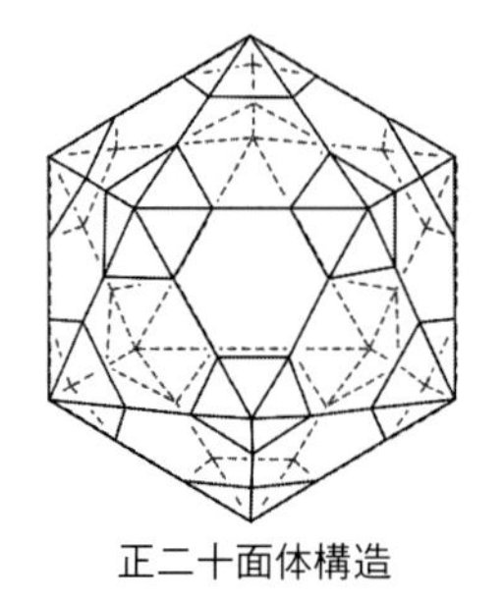

図 12-11　切頭正二十面体構造

C_{60} は六角形20個，五角形12個からなるサッカーボール形の分子である。正二十面体構造の12個の各頂点を，均等に切り離してつくり出される切頭正二十面体構造をもつ（**図 12-11**）。5員環同士は辺を共有しないという**孤立5員環則**（isolated pentagon rule：IPR）を満たしており，6員環同士が接する（6-6）接続（139 pm）と，6員環と5員環が接する（6-5）接続（145.5 pm）のみからなる。C_{60} の結晶構造では2種類のC原子が予測できるが，実際のところ ^{13}C-NMR では143 ppm のところに1個のシグナルしか観測されず，すべてのC原子は等価になっている。X線結晶構造解析では，純粋な C_{60} の良質な単結晶が得られるが，I_h の点群に属する C_{60} の結晶中での特有な回転運動のためディスオーダーが大きく，C−C結合長等を直接求めることはできなかった。

C_{60} はなぜつくられたのだろうか？　スモーリーの「ペンタゴンルール」がある。炭素の6員環からなる分子にベンゼンがある。ベンゼンのH原子を取り除いて6員環同士のラジカル炭素をつなげると，一層のみの黒鉛のシート構造であるグラフェンができる。しかし，このラジカルは非常に不安定であり，途中でなるべく5員環構造を取り入れたものが優先される。5員環を取り入れると曲率を生じるため，このラジカルがゼロになるように結合すると C_{60} が生じる。例えば，C_{60} の次に安定なフラーレンは C_{70} である。その間に別のフラーレンが存在しないのは，5員環同士が隣り合わないIPRで説明される。C_{70} は中心付近のC原子が C_{60} よりも10個多い楕円型の構造をもつ（**図 12-12**）。

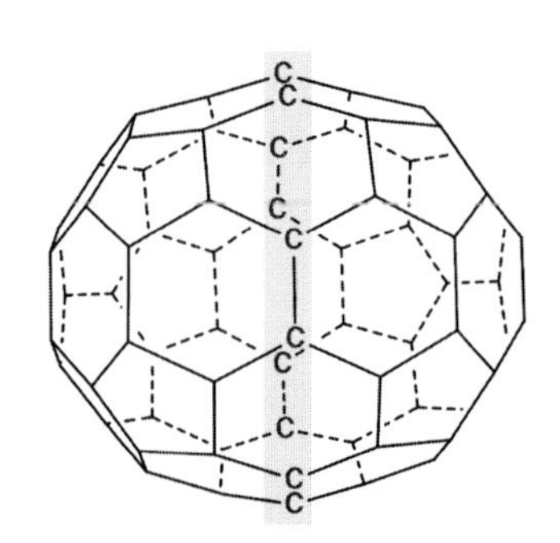

図 12-12　C_{70} の構造

1）フラーレンの錯体

オスミル化反応（osmylation）は，アルケンの二重結合にOsが付加する反応である。トルエン中0 ℃で OsO_4 と 4-^{t}Bupy（4-t-ブチルピリジン）の2当量を C_{60}

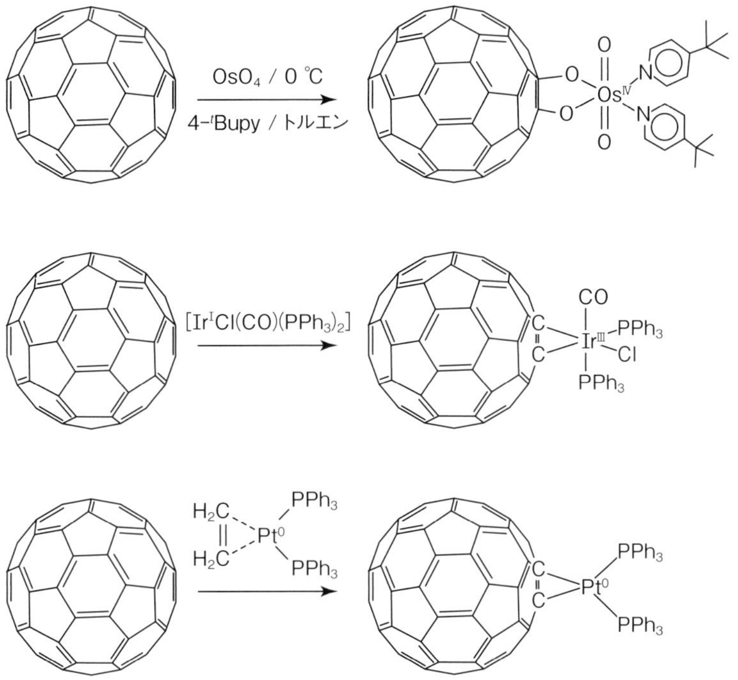

図 12-13　C_{60} の金属錯体

と反応させると，**図 12-13** のような錯体が得られる。C_{60} は C=C の歪んだ非平面性に基づくエネルギーのため反応性が高い。$[Ir^{I}Cl(CO)(PPh_3)_2]$ の酸化的付加反応や，$[(\eta^2\text{-}C_2H_4)Pt^0(PPh_3)_2]$ のアルケンの付加反応が進行するのは，C_{60} が遷移金属イオンに対してアルケンとして働くからである。これら配位化合物の X 線結晶構造解析から，C_{60} の構造が，5 員環同士の辺を共有しない構造であることが分かった。

2）フラーリド

C_{60} の理論的な研究から，LUMO が三重縮退し，HOMO-LUMO ギャップが比較的小さいことが示された。よって，C_{60} を還元した**フラーリド**（fulleride）イオン $[C_{60}]^{n-}$（$n = 1 \sim 6$）が容易に生成する。C_{60} の電気化学的な酸化還元反応をサイクリックボルタンメトリー（cyclic voltammetry；CV）によって測定したイメージを**図 12-14** に示す。CV は，電位を酸化側あるいは還元側に変化させることで，物質を流れる電流 i を測る方法である。これによって，物質の酸化還元電位を調べることができる。C_{60} の CV はフェロセニウム / フェロセン（Fc^+/Fc）の電位を 0 V とすると，ジメチルホルムアミド（DMA）/ トルエン中，− 60 ℃ で $[C_{60}]/[C_{60}]^-$（−0.81 V），$[C_{60}]^-/[C_{60}]^{2-}$（−1.24 V），$[C_{60}]^{2-}/[C_{60}]^{3-}$（−1.77 V），

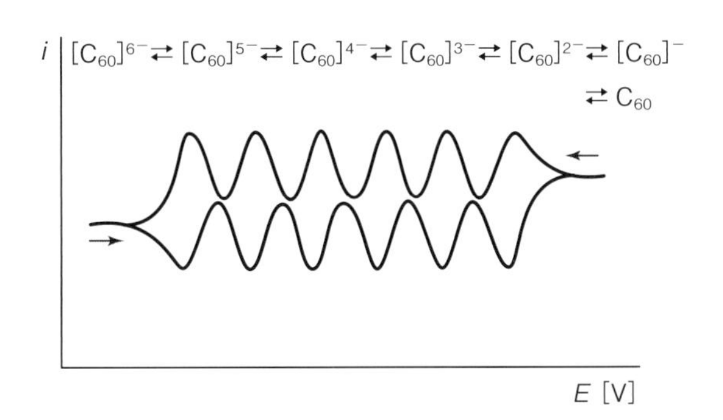

図 12-14　C_{60} のサイクリックボルタモグラム

$[C_{60}]^{3-}/[C_{60}]^{4-}$（−2.22 V），$[C_{60}]^{4-}/[C_{60}]^{5-}$（−2.71 V），$[C_{60}]^{5-}/[C_{60}]^{6-}$（−3.12 V）の，六段階 6 電子移動の酸化還元電位をそれぞれもつことが分かった。

$([M]^+)_3[C_{60}]^{3-}$（M = K, Rb, Cs）の組成をもつアルカリ金属フラーリド塩の結晶は，比較的低温で超伝導体になることが知られている（**図 12-15**）。もし，室温で抵抗がゼロの超伝導体で電線をつくれると，一度電気を流せば永久に電流が流れ続ける。現在，超伝導磁石などがつくられており，NMR やリニアモーターカーなどで役立っている。$[Rb]_3[C_{60}]$ は，超伝導になるための臨界温度が $T_c = 30$ K と比較的高い[37]。

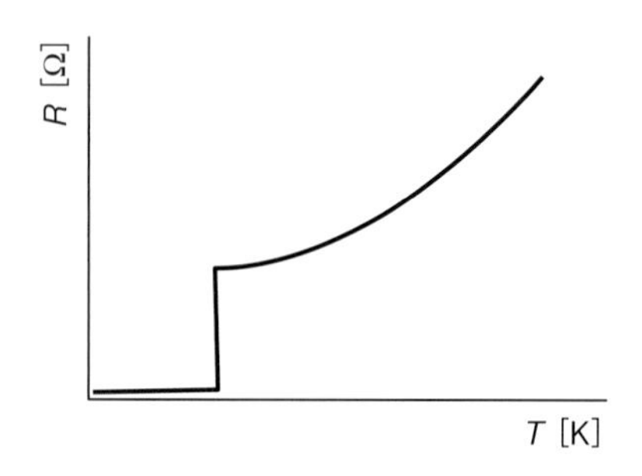

図 12-15 $([M^+])_3[C_{60}]^{3-}$ の超伝導転移

3) ヘテロフラーレン

B−N 結合は，C−C 結合と等電子的であるため，α-BN は黒鉛の類似体である。そのため，C_{60} のような分子の C 原子と BN 結合を置換した $B_{30}N_{30}$ や $C_{12}B_{24}N_{24}$ などが理論的に予想されている。しかし，まだ物質としては得られていない。現在まで得られている**ヘテロフラーレン**（heterofullerene）は，レーザーによる黒鉛の蒸発による $C_{59}B$ や $C_{58}B_2$ などがある（**図 12-16**）[38-40]。

4) 内部閉じ込めメタロフラーレン

内部閉じ込めメタロフラーレン（endohedral metallofullerene）は，金属酸化物や金属炭化物を含浸した黒鉛をレーザーで蒸発させることで合成される。[La@C_{60}], [Y@C_{82}], [Sc_3@C_{82}] などが知られている（**図 12-17**）。[La@C_{60}] の電子構造は，[La^{3+}@$C_{60}{}^{3-}$] のような状態になっている。内部閉じ込めメタロフラーレンに閉じ込められた金属イオンは，フラーレンの中で回転運動していることが観測されている。内部閉じ込めメタロフラーレンとは異なるが，H_2 や He, H_2O などの小分子が入った C_{60} なども近年では合成されている[41]。

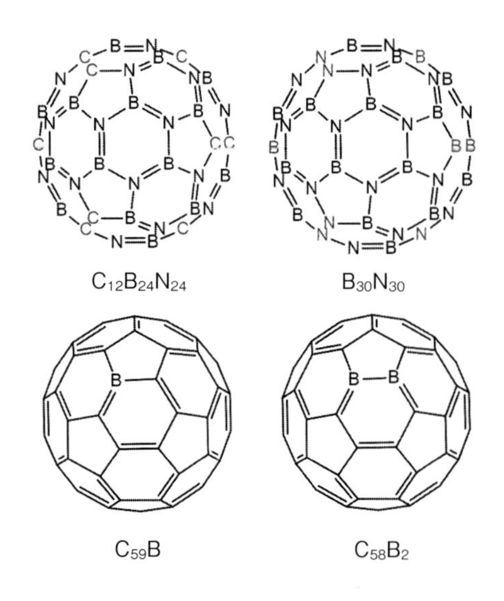

図 12-16 ヘテロフラーレンの構造

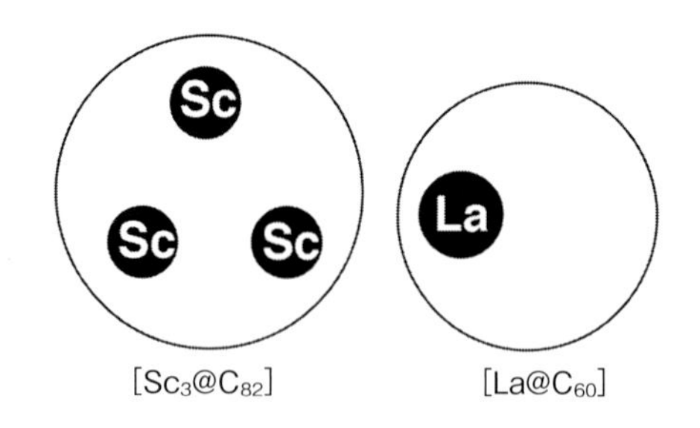

図 12-17 内部閉じ込めメタロフラーレン

5) ダンベル型フラーレン

触媒量の KCN の存在下で C_{60} を高速ですり潰すと固体反応が起こり，C_{60} は二量化して C_{120} が得られる。この C_{120} はダンベル型構造をもっており，450 K（177 °C）に加熱することで C_{60} に解離する。さらに，高温高圧条件下ではポリマー化したものが知られており，三次元のネットワークをもち，室温でも安定化する（**図 12-18**）[42]。

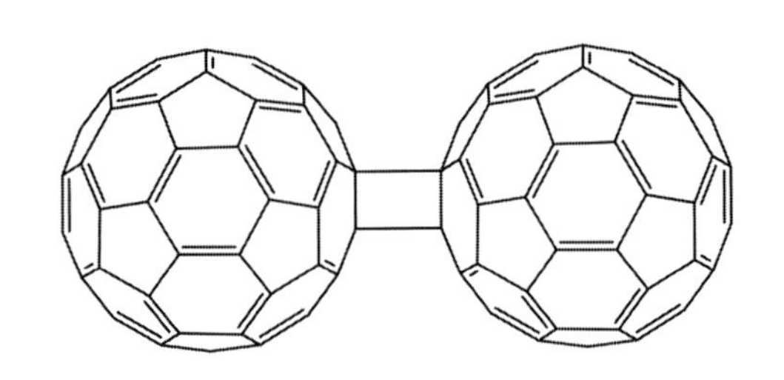

図 12-18 ダンベル型フラーレン C_{120}

12-3-6 カーボンナノチューブ

1) カーボンナノチューブの構造と性質

カーボンナノチューブ（carbon nanotube; CNT）は，1991 年に日本の飯島澄男が，黒鉛低温加熱によりフラーレンを大量に合成した炭素棒を持ち帰り，電子顕微鏡での観察により発見したのは有名な話である[43]。CNT の合成法には，炭素電極に高い電圧を掛けて放電させるアーク放電法，触媒を混ぜた黒鉛にレーザーを照射して炭素を蒸発させるレーザー蒸発法，高温に熱した触媒に炭化水素を吹き付けて CNT を成長させる化学気相（CVD）法がある。一般には，金属微粒子を触媒にして，単体炭素のガスや炭化水素を炭素源として合成される。1 枚のグラフェンを丸めてつくられる 1 層の CNT は単層カーボンナノチューブ（SWCNT）といわれる。

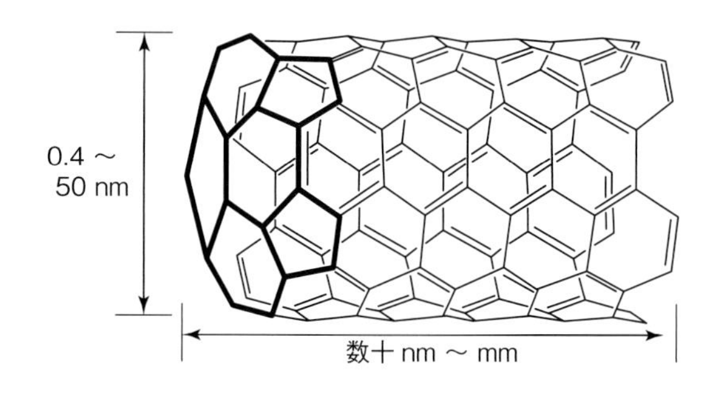

図 12-19　カーボンナノチューブの構造

SWCNT は軽量で，強度は鋼の 20 倍であり，熱伝導性は銅の 10 倍，電気伝導性は銅の 1000 倍と，極めて優れた材料である。空気中では 750 °C，真空中なら 2000 °C 以上でも耐えられる。

CNT の構造は**図 12-19** のように，側面のチューブ部分がグラフェンを巻いた炭素の 6 員環のみからつくられている。先端部分の閉じているところでは，**図 12-20** のように必ず 5 員環 6 つと 6 員環 5 つからなる，曲率をもった $5^6 6^5$ クラスターの炭素部分からなる。CNT の先端は閉じているが，この部分はやや不安定であり，酸化剤などで部位特異的に酸化されて，開いた CNT をつくることが可能である。

SWCNT 試料には，不純物として触媒の金属やアモルファスの炭素などが含まれている。欠陥がなければ CNT は酸に強いため，酸処理して触媒金属を完全に取り除くことができる。しかし，触媒金属がアモルファスの炭素に覆われていると，SWCNT の成長は停止する。そして，酸から金属を保護して取り除くことができない。アモルファスの炭素と SWCNT は，燃焼温度が 100～200 °C 程度異なるので，比較的低温で O_2 と燃焼させるか，H_2O_2 処理で触媒金属を除去することができる。

2）カーボンナノチューブ表記法

SWCNT は，グラフェンシートの丸め方によって種類や性質が異なる。特に SWCNT の端の構造に着目すると，**図 12-21** のように，とがった屋根が並んだジグザグ型や，肘掛けいすが並んだようなアームチェア型などが存在する。SWCNT の種類を表すために用いられるのが (n, m) 表記法である。例えば，アームチェア型とジグザグ型以外に，巻き方をずらすことによっていくらでもキラルな巻き方をつくることが可能である。

図 12-22 に示したように，SWCNT をつくるグラフェンシートを考えてみる。丸めたときに六角形がつな

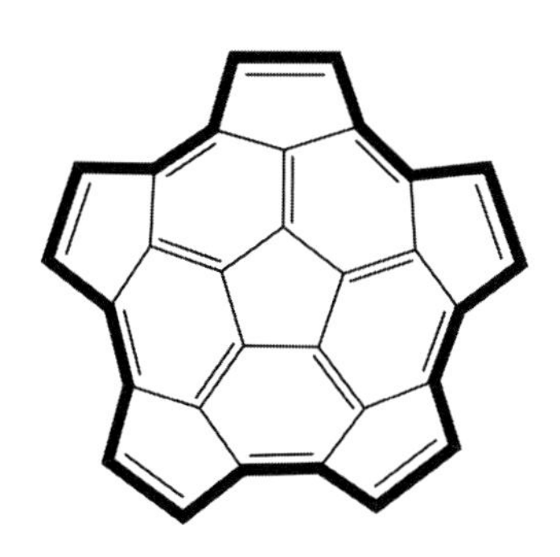

図 12-20　$5^6 6^5$ クラスター

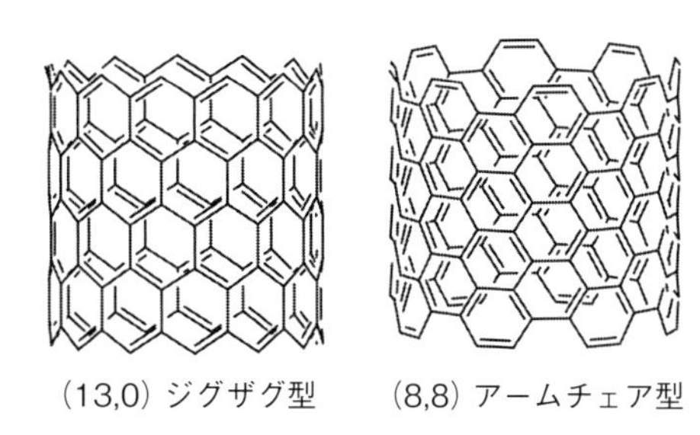

図 12-21　カーボンンナノチューブの異性体

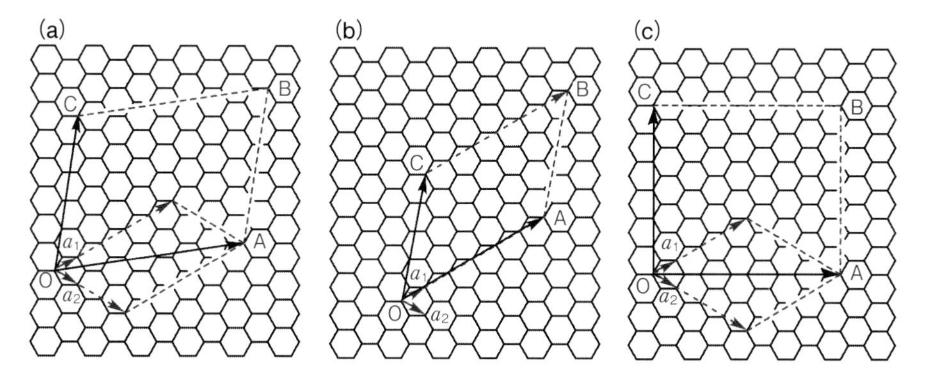

図 12-22　グラフェンシートの丸め方

第12章

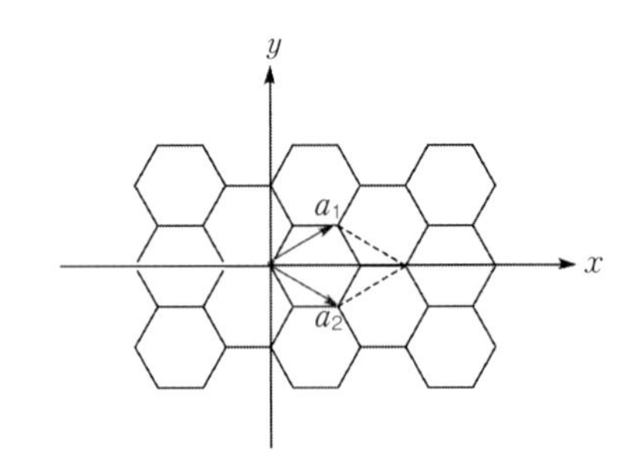

図 12-23 グラフェンの単位格子ベクトル

がるように長方形ABCOの四すみを炭素原子とする。ここで，ベクトルOCはSWCNTの長さを決める値である。それに対してベクトルOAは長方形ABCOを丸めたときの円周になる。そして，このベクトルOAは式12-3に示したように，グラフェンの単位格子ベクトルを**図 12-23**のようにa_1とa_2で表すことができる*5。

$$\mathrm{OA} = n a_1 + m a_2 \qquad (12\text{-}3)$$

このときのnとmがカイラル指数であり，SWCNTの巻き方を表す(n, m)である。**図 12-22 (a)** では$5a_1$と$3a_2$からベクトルOAがつくられているため，(5,3)の巻き方をもつSWCNTである。**図 12-22 (b)** は$6a_1$と$0a_2$からベクトルOAがつくられており，(6,0)のジグザグ型を示している。この場合，(6,0)と(0,6)のようにnとmどちらかがゼロになるものは本質的に同じジグザグ型を示す。**図 12-22 (c)** は$4a_1$と$4a_2$が等しいベクトルOAからつくられたアームチェア型を示している。円周の大きさはnとmの数字の大きさによって表されている。一般にアームチェア型は(n, m)の$n = m$であり，ジグザグ型は$(n, 0)$または$(0, m)$となる。

3）カーボンナノチューブの物性

さて，SWCNTの物性と構造との関係で重要なことがある。この巻き方によって金属的か，半導体的か，伝導性を区別できる。(n, m)で$n = m$のアームチェア型と，$(n - m)$が3の倍数になるものは金属的な電気伝導を示す。その他のキラルなものやジグザグ型は，半導体的な性質をもつ。この性質を利用した，金属的か半導体的かでSWCNTを選択的に分離する手法の開発が期待されている。ストラーノ（Strano, M. S.）らは，**図 12-24**のように，ジアゾニウム塩をSWCNTと反応させると金属的な性質をもつSWCNTのみ選択的に反応することを見出している[44]。非常に強い電子求引性をもつジアゾニウム基がSWCNTから電子を奪うと，N_2を発生するとともに表面にC−C共有結合が導入される。この金属的なSWCNTは，金属の自由電子が流れるフェルミ準位付近にエネルギーの高い電子をもつため，半導体のSWCNTと反応性が異なる。

SWCNTを高度に分散させることは難しい。これは，SWCNT間のファンデルワールス力により束状（バンドル）となって集まるからである。界面活性剤の種類によって，小さな束や単独のSWCNTとして分散できる技術が発展しつつある。オコネル（O' Connell, M. J.）らは，SDS（ドデシル硫酸ナトリウム）を用いた遠心分離法によって単独のSWCNTを分離することに成功した[45]。この原理を用いて，アーノルド（Arnold, M.）らは，金属的なSWCNTと半導体のものを密度勾配超遠心分離法によって分離することに成功している[46]。一方，SWCNTのカイラリティー（対掌性）の分離はアガロースゲルを用いて産総研の片岡宏道らが成功している[47]。

4）カーボンナノピーポッド

SWCNTを穏やかに酸化処理すると，先端部分のみ酸化して開口することができる。C_{60}のような昇華性の分子を開口したSWCNTとともに真空熱処理すると，SWCNTの内部にC_{60}が取り込まれて，SWCNTのさやにC_{60}の豆が詰まったようなピーポッド（さやえんどう）

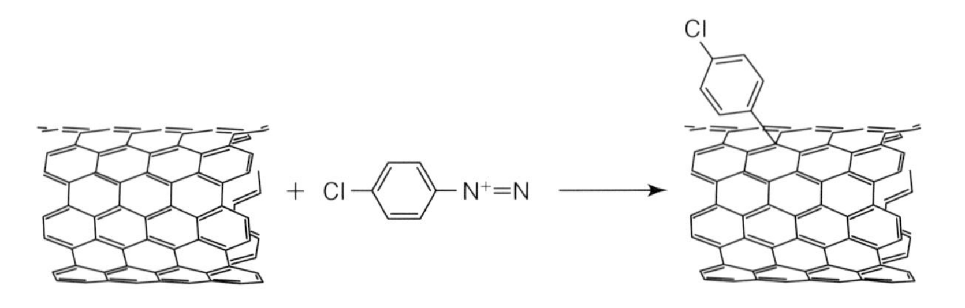

図 12-24 ジアゾニウム塩と金属的な性質をもつSWCNTのみの選択反応

＊5　通常の二次元格子ではa軸とb軸をとるが，グラフェンの場合の多くはa_1軸とa_2軸を60°として単位格子をとる。

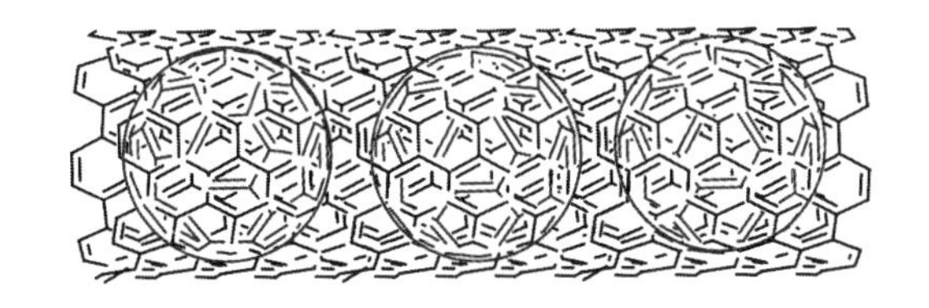

図 12-25　カーボンナノピーポッドの構造

状の包接化合物，**カーボンナノピーポッド**（carbon nano-peapod）を得ることができる[48]（**図 12-25**）。

5）合成カーボンナノチューブ

SWCNT を有機化学的に合成しようとする試みがある。伊丹健一郎らは，**図 12-26**（a）で示したカーボンナノリングを合成した[49]。この化合物は，アームチェア型の SWCNT のチューブ軸に垂直方向に切り取った構造になっている。一方，ナノリングと同じリング状の構造をもつが，ベンゼン環が角で共有してつながった，**図 12-26**（b）のカーボンナノベルトも合成した[50]。カーボンナノリングとカーボンナノベルトは非常によく似ている。しかし，カーボンナノリングは 1 つの C−C 結合の切断でリングが開環してしまうが，カーボンナノベルトは開環するまでに 2 つ切断しなければならず，環構造が安定である。また，**図 12-26**（c）で示したジグザグ型のカーボンナノベルトはまだつくられていない。

12-3-7　グラフェン

1）グラフェンの一般的性質

グラフェン（graphene）は，黒鉛を形成する六角形のシート構造である。先にこのような 1 つのシートだけ黒鉛から分離することは不可能であると考えられ，グラフェンは同素体として認められていなかった。しかし，グラフェンは非常に簡単な方法で分離できることが分かった。ノボセロフ（Novoselov, K. S.）とガイム（Geim, A.）らは 2004 年に，スコッチテープを黒鉛に貼って剥がすだけでグラフェンを分離することができ，これを基板に貼り付けるとグラフェンとして使用できることを見出した。彼らはこの発見で，2010 年度のノーベル物理学賞を受賞した。

黒鉛は，電子が流れるためにエネルギーが必要な，ギャップをもつ電気伝導体（半導体）である。しかし，グラフェンは電子が流れるためのエネルギーギャップがない半導体（ゼロギャップ半導体）である。グラフェンは，室温で大きな電気伝導度（7.5×10^5 S cm^{-1}）をもち，熱伝導度（～5000 W (m·K)$^{-1}$）は Cu（～400 W (m·K)$^{-1}$）の 10 倍以上あり，ダイヤモンド（> ～2000 W (m·K)$^{-1}$）よりも大きい。さらに，物質の中で最も軽く，最も丈夫である。同じ厚さの鉄のシートに比べて～100 倍も強く，例えば 1 m^2 のグラフェン（0.77 mg）でハンモックをつくった場合，約 4 kg のウサギなどを載せられる。グラフェンは，可視光に対してほぼ透明（透過度 98%）であり，例えば液晶パネルやタッチパネルなどの透明電極としても利用できる。現在は透明な ITO 電極（In_2O_3 と SnO_2 の混合物）が用いられているが，レアメタルであるインジウムを使うため，代替品としてもグラフェンの使用が期待されている。

2）グラフェンナノリボン

グラフェンは電子を流すためのエネルギーギャップがない，金属的な導電体として働く。このグラフェンをエネルギーギャップがある半導体として用いるため，グラフェンをナノメートルサイズの幅の帯状に切り出した**グラフェンナノリボン**（graphene nanoribbon）をつくる試みが行われている。

グラフェンナノリボンは，グラフェンからの性質に加えて，電子を流すエネルギーギャップがあるため，高いスイッチング性能をもち，シリコンを超えた半導体になると期待されている。グラフェンから切り出す形から名前が付けられており，アームチェア型，コーブ型，ジグザグ型，フィヨルド型のようにいろいろな切り出し構造がある（**図 12-27**）。このグラフェンナノリボンの切り

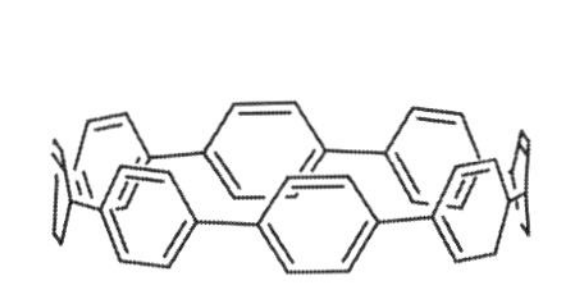

（a）カーボンナノリング

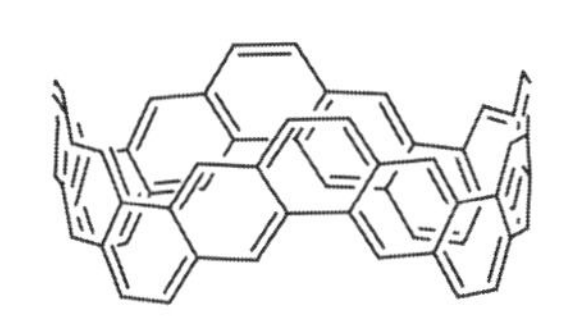

（b）カーボンナノベルト

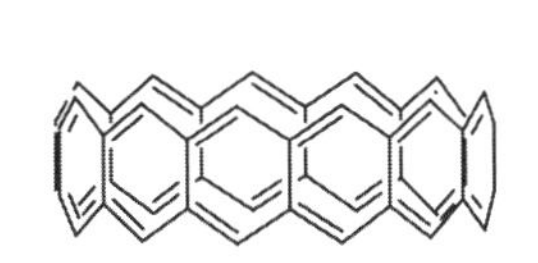

（c）カーボンナノベルト

図 12-26　カーボンナノチューブの有機合成

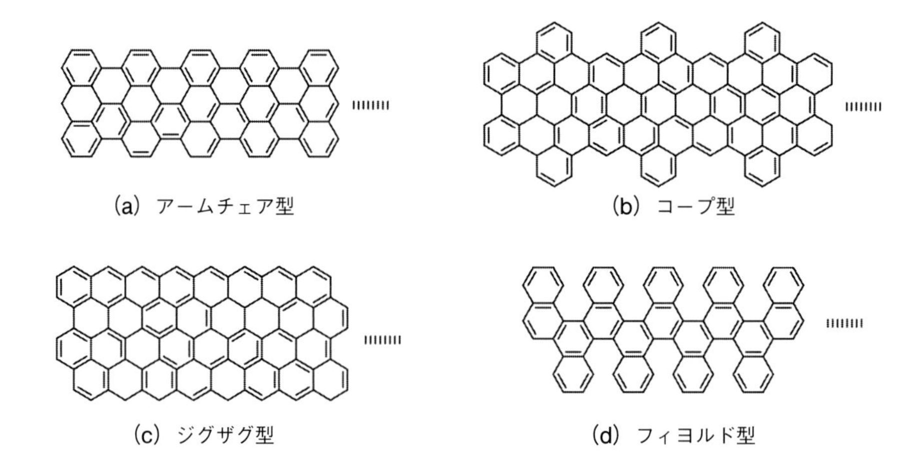

図 12-27 グラフェンナノリボンの分類

出し構造によって伝導性が変化し，また磁性も変化するので重要である。グラフェンナノリボンの切り出し方法として，物理的にレーザーで切り取る手法，ナノチューブを切り離す手法，化学気相成長法などがあるが，正確に長さ，幅，エッジ構造が揃ったものをつくることは難しい。物性を研究するためには，有機合成的な手法でつくる方法が望ましい。

3) 酸化グラフェン

酸化グラフェン（graphene oxide）は，1958年に報告され，このときは黒鉛を濃 H_2SO_4 中 $NaNO_3$ と $KMnO_4$ で酸化させて得られた[51]。ルオフ（Ruoff, R. S.）らは，単分子層のグラフェンを合成する過程で黒鉛を $H_2SO_4/KClO_4/KMnO_4$ で酸化し，OH 基，COOH 基，エポキシ基，C=O 基などが付着した酸化グラフェンを合成した（**図 12-28**）。また，得られた酸化グラフェンを還元剤（NH_2-NH_2，ビタミン C）と反応させるか，光照射によって薄層グラフェンが得られる。界面活性剤の存在下で反応を行うことで薄層グラフェンの凝集を防ぐことができる。還元された薄層グラフェンは，完全に還元することができず，OH 基や COOH 基がわずかに残った酸化グラフェンの一種となる。酸化グラフェンの水中での分散液は潤滑剤として用いられている[52]。

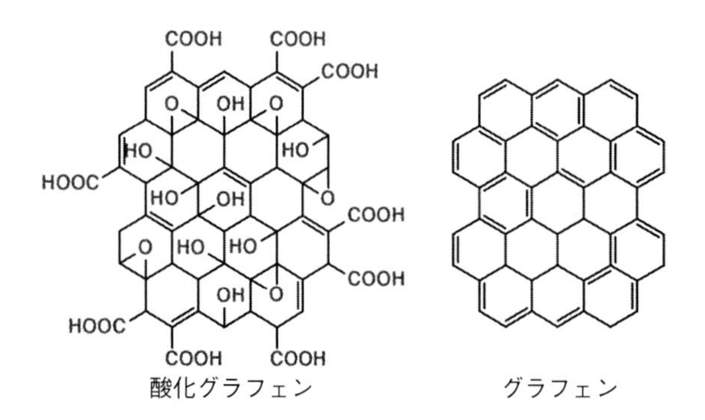

図 12-28 酸化グラフェンとグラフェン

12-4 炭素の酸化物

12-4-1 一酸化炭素 CO と二酸化炭素 CO_2

CO と CO_2 は，炭素や，炭素を含む有機物を燃焼するときに放出される。O_2 量が少ないと不完全燃焼を起こし，CO が主に発生する。この CO は，実験室スケールでは H_2SO_4 で HCOOH を加熱脱水すると得られる。CO は HCOOH の無水物と考えられるが，水にほとんど溶解しないため水上置換で集められる。

CO は私たち人間にとって非常に有毒である。人間は，赤血球に含まれるヘモグロビンの Fe イオンは O_2 分圧に応じて可逆的に O_2 を吸脱着し，呼吸することができる。ところが，CO はヘモグロビンの O_2 吸着サイトへ強力に配位して O_2 の輸送能力を奪う。そのため，細胞レベルで呼吸できなくなり窒息してしまう。CO の有毒性は，例えば浴室（5 m^3）中で，2 L のペットボトルに入った CO ガス（0.04%）を放出するだけで，ヒトは吐き気を催し，頭痛を起こす。ペットボトル 4 本（0.16%）では 2 時間で死亡してしまう。～1.3%では 2～3 分で死亡する猛毒である。また，カツオやマグロの鮮魚に CO を暴露させると，その刺身は鮮やかな赤色になり新鮮に見えるため，日本では古くから行われてきた。これは CO が O_2 を貯蔵するタンパク質の**ミオグロビン**（myoglobin）に結びついて，O_2 で酸化された褐色のミオグロビンより鮮やかな赤色を発色するからである。ヒトがCO中毒で死亡したとき，肌が鮮やかなピンク色をもつのも，ヘモグロビンとCOが結びついた物質の色による。COは高温では触媒の存在下，Cと CO_2 に不均化する。（$2CO \rightarrow C + CO_2$）

CO_2 ガスは動植物の呼吸や火山活動によって，大気中に盛んに放出されている。大気中では4番目に多い気体であり，固体はドライアイス（昇華点 −79 °C）で，昇温すると常圧では液体にならずに昇華する。日本では高圧ガス保安法により，CO_2 ボンベの色は緑色と決められている。CO_2 は三重点（−56.6 °C，0.52 MPa）以上の圧力と温度で液化し，臨界点（31.1 °C，7.4 MPa）を越えると超臨界状態を形成する。水溶液は炭酸水と呼ばれ，水に溶けて炭酸イオンを生成する。強アルカリ性のアルカリ金属イオンおよびアルカリ土類金属イオンの水酸化物の水溶液は，CO_2 を吸収して，炭酸塩または炭酸水素塩を生じる。

CO_2 は炭素固定を行う植物の光合成に必要な分子であり，大気中の有毒性はほとんど問題にならない。しかし，CO_2 濃度が上昇すると，ヒトは3～4%で頭痛やめまいを感じて，7%を越えると数分で意識を失い，この状況が持続すると CO_2 中毒で死に至る。CO_2 は地球温暖化の元凶ともいわれているが，CH_4 やフロンに比較すると分子レベルでの温室効果は小さい。しかし，地球上では莫大な存在量のため，その影響は大きい。CO_2 の温室効果は，地球全体の平均気温を上げ，台風の大型化や海面の上昇，ガスハイドレート（10-10節）の溶解など，人類存亡の危機を引き起こすため，世界的レベルで規制が始まっている。

12-4-2　COの水性ガスシフト反応

石炭のガス化といわれた反応であり，木炭や石炭のように炭素の多い物質を高温（～1000 °C）に加熱し，水蒸気と反応させると（水蒸気改質）COと H_2 が生じる。（$C + H_2O \rightarrow CO + H_2$　$\Delta H = 206.14\ \mathrm{kJ\ mol^{-1}}$；吸熱反応）この混合ガスは“**合成ガス**”（syngas or synthesis gas）あるいは“水性ガス”といわれている。昔はこの合成ガスを都市ガスとして使っていたが，CO中毒になる危険性があるため，現在では天然ガスに代わっている。この合成ガスは H_2 を発生するため，薪や木炭のみを直接燃焼させるよりもエネルギー効率が良い。工業的に重要な H_2 製造法であり，COはMeOHなどの合成にも使われる。

水性ガスシフト反応（$CO + H_2O \rightleftarrows CO_2 + H_2$　$\Delta H = -41.2\ \mathrm{kJ\ mol^{-1}}$；発熱反応）を水蒸気メタンの改質（$CH_4 + H_2O \rightarrow CO + 3H_2$　$\Delta H = 206.14\ \mathrm{kJ\ mol^{-1}}$；吸熱反応）とともに行うと，生成する H_2 量を増やすことができる。この反応は発熱反応であるが，水蒸気改質が大きな吸熱反応のため，全体として吸熱反応となる。この水

Column【CO_2 超臨界状態】

CO_2 は31.1 °C / 7.4 MPaで超臨界状態をとる（**図**）。超臨界状態は，液体・気体・固体の三態とは異なり，気体と液体の界面が消失する状態である。超臨界状態の CO_2 は液体と気体の両方の性質をもっている。非常に摩擦係数や粘性が低くなり，疎水性が上昇するため，細かい空孔などに素早く入り込んで，コーヒーや紅茶のカフェインやビールのホップの抽出，食品などのコレステロールを抽出することができる。抽出された物質を常圧に戻すことで CO_2 が気体として拡散し，純粋な抽出物が得られる。また，洗浄用溶剤としての利用が注目されている。有機溶剤が使われてきたプロセスに超臨界 CO_2 の使用が検討されており，環境問題の解決にも期待がもたれている。

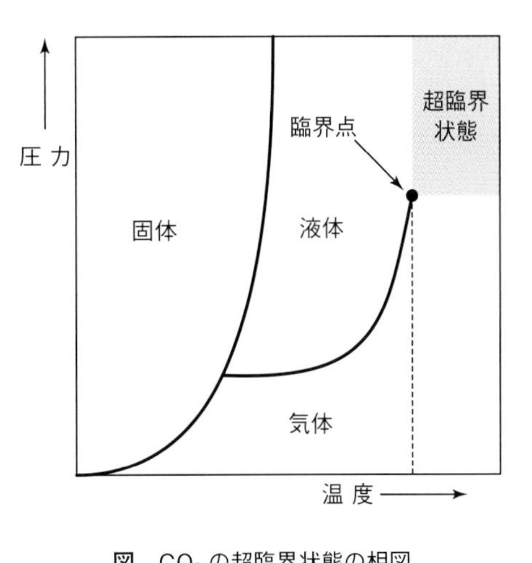

図　CO_2 の超臨界状態の相図

Column【パムッカレの巫女】

トルコの観光地であるパムッカレの石灰岩の棚上には，ローマの温泉の遺跡であるヒエラポリス（温泉保養施設）がある（**図**）。ローマ時代の温泉保養地で，神のお告げがくだされるアポロンの神殿目当てでやってくる人も多かった。現在ではパムッカレ・テレマルとして，遺跡が沈んだ温泉プールとして有料で泳げるため，人気がある観光地である。その神託を告げた巫女(みこ)は，温泉から沸き出ているわずかなCOガスでトランス状態に陥っていたという話がある。巫女が神託を告げた場所が現在でもパムッカレ・テレマルに残っているが，わずかではあるがCOガスの泡の発生が見られるため，近づくことはできない。同時にここは，動物のいけにえを捧げたという“プルトニウム”の洞窟にあり，入り口はふさがれている。

図 パムッカレ・テレマル（muratart / Shutterstock.com）

性ガスシフトの発熱反応は，なるべく低温（～500 °C）で，Ptや金属酸化物などの触媒を用いて反応させる。水性ガスシフト反応は，HCOOHを中間体として進行している。（$CO + H_2O \rightleftarrows HCOOH \rightleftarrows CO_2 + H_2$）HCOOHに濃$H_2SO_4$などを触媒として脱水反応を行うと左側に進みCOを生成するが，高温で金属触媒と作用させると右に進んでCO_2とH_2が得られる。工業的に使用するH_2のほとんどは，天然ガスの水蒸気改質により得られている。

12-5 CO_2による温暖化

12-5-1 近現代のCO_2による温暖化

地球は太陽光の当たる側では，地表の表面の温度が上昇する。夜間に太陽光が当たらないときに，地表から熱を宇宙空間に放出する。そのため，地球上の平均気温は計算上は −18 °Cになるといわれている。しかし，実際の地球の平均気温は +15 °Cぐらいである。これは，大気中にあるCO_2が夜間に地表から放出される赤外線を吸収し，熱として再放出するため気温が上がるからである。したがって，大気中のCO_2の濃度が上昇するとCO_2から放出される熱量が増加し，平均気温が上昇する。

温室効果（greenhouse effect）といわれている現象は，大気中のCO_2量が多くなるのが主な原因である。CO_2排出量は生物による呼吸によってわずかずつ増加しているが，産業革命以降，主に石油・石炭による化石燃料の燃焼によるCO_2の排出量が大きく増加している。本来，植物の光合成によるCO_2の消費と生物の呼吸は釣り合っていたはずである。しかし，森林資源の伐採や化石燃料の消費により，その均衡が破れた。1800年代以前の地球環境は～280 ppmのCO_2濃度を保っていたが，2020年には～400 ppmを越えた。地球の平均気温が上がれば，南極や北極の氷が解け，海面の上昇による陸地の減少や，海水温度の上昇による海中生物の死滅，台風の巨大化，山火事による自然災害の増大などが懸念されている。

図12-29には，19世紀の産業革命以降に増加したCO_2の大気濃度とCO_2排出量について示した。1900年

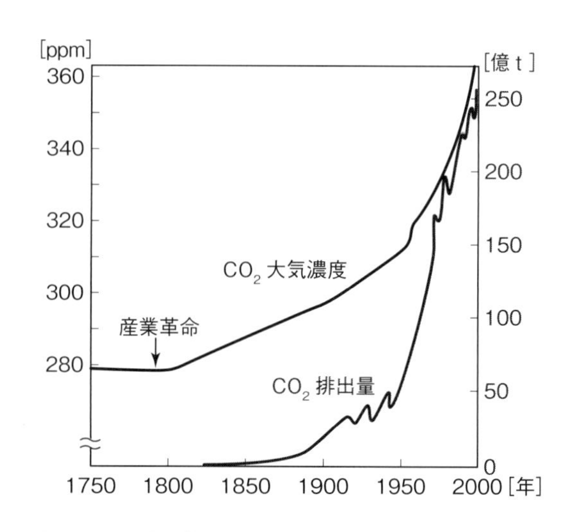

図12-29 近現代のCO_2濃度の変化（オークリッジ国立研究所のデータ）

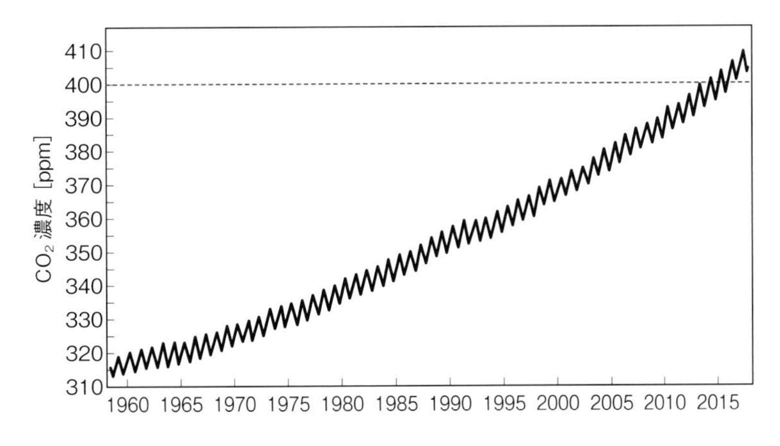

図 12-30　現代の CO_2 濃度の変化（ハワイ島マウナロア ～2018.5.1）

以降，人類による石炭や石油の化石燃料の使用が加速し，CO_2 排出量がさらに増加して大気中の CO_2 濃度が上がっている。**図 12-30** には，2018 年までの 5 年ごとにハワイのマウナロア観測所で測定された CO_2 濃度を示している。2015 年度にはすでに 400 ppm を越えている時期も見られる。グラフがジグザグな直線を描いているのは，ハワイ周辺では夏場と冬場で CO_2 の濃度が異なっているからである。北半球では夏場に気温が高くなり，光合成に伴う CO_2 消費量が増大するため CO_2 濃度が低くなる。冬場には CO_2 の濃度が高くなっている。

さらに問題なのは，CO_2 よりも温暖化効果の大きい CH_4 の大気中への放出が加速されることである。CH_4 は，微生物が有機物質を嫌気性で分解するときに発生する物質である。沼気（しょうき）ともいわれ，田畑や沼地でもよく発生している。また，ウシやヒツジ，ヤギなどの草食動物のげっぷの中にも CH_4 が大量に含まれており，地球規模での家畜の増加も CH_4 の増加を引き起こしている。最も懸念されることは，地球の海水中の～1500 m よりも深い大陸棚に大量の CH_4 を含む氷の層（メタンハイドレート層）が存在することである（10-10-1 項参照）。海水温度が上昇するとメタンハイドレート層の崩壊が起こる。大量に CH_4 が放出され，さらなる海水温の上昇や CH_4 の放出を招き，地球の温暖化のカタストロフィーを起こすことになる。CH_4 放出をどのように防ぐのかは，今後の対策に期待するしかない。

12-5-2　古生代から新生代の温暖化 —CO_2 と O_2 の濃度変化—

約 4 億年前に，オゾン層の出現によって地上の紫外線量が減り，陸上植物が誕生した。その後，中生代白亜紀の終わりまで地球は温暖湿潤であったため，植物はよく茂り巨大化した。特に約 3 億年前には，巨大シダが密林をつくり，枯木が分解されずに堆積して分厚い石炭層をつくったので，その年代は石炭紀と呼ばれる。**図 12-31** に，グラハム（Graham, D. E.）らが調べた，6 億年くらい前の古生代カンブリア紀からの O_2 と CO_2 の大気中濃度の移り変わりを示す。大気中の CO_2 の濃度は，カンブリア紀やオルドビス紀には大気中に 0.5% と，現在

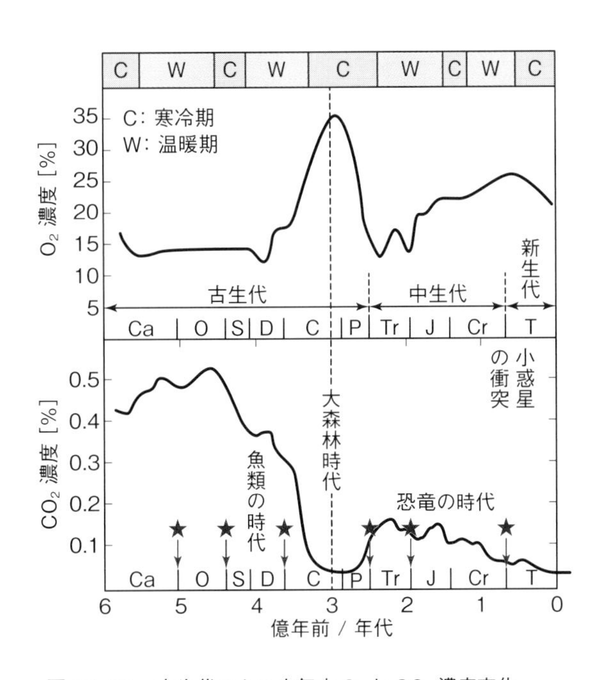

図 12-31　古生代からの大気中 O_2 と CO_2 濃度変化
Ca: カンブリア紀　O: オルドビス紀　S: シルル紀
D: デボン紀　C: 石炭紀　P: ペルム紀　Tr: 三畳紀
J: ジュラ紀　Cr: 白亜紀　T: 第三紀

の0.04%と比較するとはるかに高濃度のCO_2が含まれていた。現在は氷河期から間氷期に移る時期に当たるため，地球温暖化は時代の流れではないかと主張する人もいる。しかし，1800年代からの急激なCO_2の増加は，産業革命による化石燃料の消費の増大に関係していると判断できる。

29億年前の地球がすべて凍結した時代（地球の全球凍結）では，海が凍り，火山活動から放出されたCO_2は海に吸収されることなく大気中に蓄積した。CO_2の濃度は約2000年かけて増加し，大きな温室効果によって地球の大気温度は平均気温で40 °C程度となり，氷床が解けだして全球凍結状態を脱出したと考えられている。初期の地球大気に存在していた大量のCO_2は，のちに石灰岩のような炭酸塩として大量に地殻に取り込まれて減少した。現在の地球の炭酸塩や化石燃料に固定化されている炭素をすべて解放すると，地球の気圧は～90気圧になる。金星の大気と同じぐらいの量のCO_2が，地殻や地表に固定化されていることになる。

例えば，図12-31の点線で示した石炭紀（C）後期ではO_2濃度は35%もあり，CO_2は0.05%と異常に低い。光合成によってO_2を生産する生命体の出現により，カンブリア紀（Ca）が始まる直前にもO_2レベルの急上昇が見られた。石炭紀のO_2濃度の急上昇は，デボン紀末（D）に水中にいた植物が陸上へ進出し，陸上植物が進化し始め，シダ植物の大繁殖が始まったためである。このシダ植物群が，それまで砂漠であった陸地を次々に土壌化していった。その結果，生物の光合成により，大気中のCO_2が消費されO_2が放出された。また，O_2濃度の急上昇により，昆虫などの進化が進んだ。この高濃度のO_2を含む大気は，単純な呼吸系をもつ昆虫などの成長に有利であり，また非常に密度の濃い大気で，浮力も大きくなった。3億5000万年前の地球には巨大な昆虫などの節足動物があふれていた。例えば，全長60 cmもある巨大なウミサソリや，翼長70 cmの巨大トンボ，全長2 mの巨大ムカデなどが化石として発見されている。

カンブリア紀末から現代まで，全部で6回の生物群の大量絶滅期があった。図の★印がそれらの時期を示している。原生代，古生代，中生代，新生代の「代」の時代区分は，大量絶滅により従来の動物の多くが絶滅し，新たな動物が発生したことによる区分である。ペルム紀末では地球の歴史上最大の大量絶滅が起こった。O_2濃度が35%から15%へと急激に減少したため，海水中の生物のうち最大96%，すべての生物でも90%から95%が絶滅した。また，ペルム紀末には数百万年にわたる氷河期が到来し，多くの生物が死滅した。白亜紀末の生物の大量絶滅は，彗星や小惑星などの地球外物質の衝突による環境変化が原因とされているが，地球表層部の環境変化の影響もある。たとえば，デボン紀後期では，シダ植物が砂漠の陸地を土壌化していったため，海洋に栄養分が流れ込み，海洋表面に生物が異常発生した。そのために海底では酸欠状態になり，サンゴ礁などが壊滅的な打撃を受けたことが知られている。

12-5-3 CO_2水溶液のpHと生物

CO_2は水に溶解すると，CO_3^{2-}またはHCO_3^-などの炭酸イオンとなる。しかし，CO_2が溶解して水溶液となるためには，$CO_2 + H_2O \rightarrow HCO_3^- + H^+$ の水和反応を引き起こさなければならない。この活性化エネルギーは非常に高く，反応速度が非常に遅いので，CO_3^{2-}にはなりにくい*6。例えば，炭酸水は，圧力を掛けてCO_2を分子のまま水に溶かすことができる。常圧にすると，CO_2のままCO_2ガスがあふれ出る。すなわち，HCO_3^-として水溶液中に溶けているのではなく，CO_2ガスとして水溶液中に溶け込んでいることになる。炭酸水のCO_2がCO_3^{2-}になっていれば，水中に溶解しているはずである。

CO_2が水に溶けにくく，水に溶けやすいHCO_3^-になりにくいことは，生物が呼吸でCO_2を排出するうえで大問題である。呼吸では細胞がO_2を消費して，発生したCO_2を素早くHCO_3^-として溶解させ，肺でCO_2ガスを放出しなければ命に関わる。そのため，CO_2の水への溶解性を増大させる酵素が存在している。**炭酸デヒドロゲナーゼ（炭酸脱水素酵素）**（carbonic anhydrase）は，$CO_2 + H_2O \rightleftarrows HCO_3^- + H^+$ の反応の平衡を右に傾けてCO_2の溶解性を上げる酵素である。活性中心にはZn^{2+}などの金属イオンを含む。この酵素は反応速度をおよそ10億倍増加する。CO_3^{2-}からCO_2が生じる逆反応にも同様にこの酵素が働き，より高速で平衡に達することができる。

＊6 pH＝7でCO_2の半量が水和するには18.5秒を要する。

12-6 ハロゲン化炭素化合物

12-6-1 ハロゲン化炭素化合物とオゾン層の破壊

フロン（freon）は，クロロフルオロカーボン（CFC: chlorofluorocarbon），ヒドロクロロフルオロカーボン（HCFC: hydrochlorofluorocarbon），ヒドロフルオロカーボン（HFC: hydrofluorocarbon）の総称であり，濃アルカリや濃酸に対して不活性で，非極性の有機溶媒にしか溶解しない。主に高温の潤滑剤として使用される。式12-4のはじめの反応のように，$CHCl_3$などのClの部分的な置換で合成される。CFCは冷媒や空調，溶媒として使われてきたが，オゾン層の減少に関係するため，現在の使用は禁止されている。C_2F_4はテトラフルオロエテンと呼び，テフロンの単量体である。

$$CHCl_3 \xrightarrow[SbCl_5,\ SbF_3]{HF} CHF_2Cl \xrightarrow{970\ K} C_2F_4 + HCl \qquad (12\text{-}4)$$

12-6-2 オゾン層減少のメカニズム

CFCは，南極の成層圏に達して，高エネルギーの紫外線照射で分解する。冬の極低温で，HNO_3や窒素酸化物N_2O_5*7の溶けた氷を含む成層圏の雲が極渦を形成する。この雲の表面では式12-5のように，HClとCFCが分解した長寿命な塩素誘導体である$ClONO_2$が，Cl_2の活性種に変換される。

CFCからのCl_2発生　(12-5)

$$N_2O_5 + HCl \rightarrow HNO_3 + ClONO_2$$
$$N_2O_5 + H_2O \rightarrow 2HNO_3$$
$$HCl + ClONO_2 \rightarrow HNO_3 + Cl_2$$
$$H_2O + ClONO_2 \rightarrow HNO_3 + HOCl$$
$$HCl + HOCl \rightarrow H_2O + Cl_2$$

このCl_2が太陽光による光反応を受けて$Cl\cdot$ラジカルになり，このラジカルが式12-6のようにO_3を触媒的に分解する。もちろん，CFCから誘導される$Br\cdot$ラジカルも，式12-7のようにO_3と触媒的に反応する。

Cl_2によるO_3の分解　(12-6)

$$2Cl\cdot + 2O_3 \rightarrow 2ClO\cdot + 2O_2$$
$$2ClO\cdot \rightarrow Cl_2O_2$$
$$Cl_2O_2 \rightarrow Cl\cdot + ClO_2\cdot$$
$$ClO_2\cdot \rightarrow Cl\cdot + O_2$$
$$2O_3 \rightarrow 3O_2$$

*7　N_2O_5はHNO_3の無水物とみなしてよい。（$N_2O_5 + H_2O \rightarrow 2HNO_3$）固体では$[NO_2]^+[NO_3]^-$のイオン結晶として存在する。

Column【オゾンホール】

オゾンO_3は地表から15～30 kmの成層圏の大気中に層をつくっているが，O_3を集めると数ミリほどの薄い層にしかならない。O_3は太陽からの強い紫外線を吸収する能力があるため，地球上の生物に強い紫外線が当たることを防いでいる。CFCはこのオゾン層のO_3を破壊する物質で，南極や北極に存在する**図**のようなオゾンホールの原因物質である。そのため，CFCについては，1987年にオゾン層を破壊する物質に関するモントリオール議定書が発効し，オゾン層を破壊する物質を削減・廃止する方向性が明らかになった。

CFCだけがオゾン層を破壊するのではなく，CH_2ClBr, CF_2Br_2, CF_3Br, CCl_4, $CHCl_3$, CH_3Brなども強力な破壊物質として知られている。HCFCはCFCよりもオゾン層を破壊する効果は低いものの，規制の対象になっている。HFCはオゾン層の破壊に無関係なため，冷媒・溶媒などにCFCの代りに使用されている。オゾンホールが大きくなると，人体に有害な紫外線が降り注ぐため，皮膚ガンなどが多くなるといわれている。実際に，南極に近いオーストラリアやニュージーランドでは皮膚ガンが増えており，オゾンホールが大きくなると紫外線注意報などが発令されている。

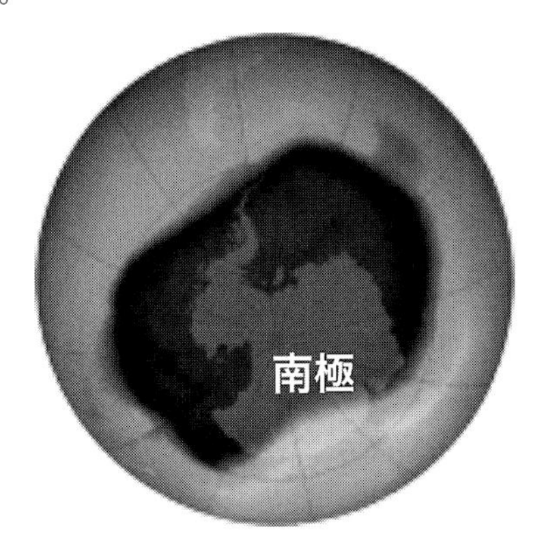

図　オゾンホール（© NASA）

Cl·ラジカルとBr·ラジカルによるO_3の分解(12-7)

$$Cl\cdot + O_3 \rightarrow ClO\cdot + O_2$$
$$Br\cdot + O_3 \rightarrow BrO\cdot + O_2$$
$$ClO\cdot + BrO\cdot \rightarrow Cl\cdot + Br\cdot + O_2$$
$$2O_3 \rightarrow 3O_2$$

12-7 炭化物

炭化物(carbide)とは，C原子が低い電気陰性度をもつ金属などと結合してつくる固体化合物のことである。例えば，O, S, P, N原子やハロゲンなどのC原子との化合物は炭化物とはいわない。Hとの化合物は炭化水素であり，炭化物ではない。炭化物は，炭素固体や炭素蒸気を金属や金属酸化物と高温で反応させることで得られる。

12-7-1 イオン性炭化物 Al_4C_3, CaC_2

アルカリ金属，アルカリ土類金属，アルミニウムなど，最も陽性の強い金属との炭化物であり，常温で希酸やH_2Oによって加水分解され，C^{4-}や$C{\equiv}C^{2-}$，$C{=}C{=}C^{4-}$イオンに対応する炭化水素ができる。CuとAgのアセチリドは爆発性なので注意を要する。

① 塩類似炭化物は，**メタニド**(methanide)と呼ばれ，Be_2C, Al_4C_3などが加水分解するとCH_4を生じる。($Al_4C_3 + 12H_2O \rightarrow 4Al(OH)_3 + 3CH_4$)

② **金属アセチリド**(metal acetylide)のMC_2(M：アルカリ土類金属)やM_2C_2(M：アルカリ金属)などが加水分解するとアセチレンを生じる。カルシウムカーバイド(calcium carbide) CaC_2は，生石灰とコークスを～2000 °Cに加熱することで得られる。($CaO + 3C \rightarrow CaC_2 + CO$) アセチレンランプは，$CaC_2$に$H_2O$を滴下して発生したアセチレンガスを燃焼させ明りにしている。($CaC_2 + 2H_2O \rightarrow C_2H_2 + Ca(OH)_2$)

12-7-2 侵入型炭化物 WC, Fe_3C

遷移金属がつくる炭化物は，最密充填構造に存在する四面体型空孔の隙間にC原子が入る。不透明な金属光沢をもち，硬く，導電性があり，融点が高い。WCはタングステンカーバイドとも呼ばれ，サファイヤやルビーに匹敵する硬度をもつ。Fe_3Cはセメンタイト(cementite)のことであり，非常に硬く，もろいが腐食しにくい，セラミックスの一種である。融解した銑鉄(せんてつ)を急冷すると得られる。

12-7-3 共有性炭化物 SiC, B_4C

C原子とSiやB原子は，電気陰性度が非常に近い。そのため，原子同士が共有結合で結びつき，三次元的に共有結合結晶をつくるため，硬く融解しにくい。SiCは商品名カーボランダム®(carborundum)として，切削具や研磨剤，耐火材として用いられている。天然には隕石中にわずかに存在する。半導体であり，電子素子材料になる。また，SiCは偽物のダイヤモンド(モアッサナイト)として販売されることもある。B_4Cは超硬化素材であり，防弾チョッキや戦車の装甲に使われる。立方晶窒化ホウ素はダイヤモンドに次ぐ硬度をもつ。原子炉の中性子吸収材として制御棒などにも使用される。

12-8 CN結合を有する化合物

12-8-1 ジシアン

ジシアン(dicyan；$(CN)_2$)は，シアンあるいはシアノーゲン(cyanogen)とも呼ばれる。また，CN·ラジカルは擬ハロゲンとも呼ばれる。ハロゲンのX_2, X^-, HXに対応する$(CN)_2$, $C{\equiv}N^-$, HCNが存在する。$(CN)_2$は毒性のある可燃性の気体である。生成熱(ΔH_f°)は25 °Cで$+297\ kJ\ mol^{-1}$と極めて吸熱的である。$N{\equiv}C{-}C{\equiv}N$の$d_{C-C} = 137$ pmと短くなっており，電子がかなり非局在化している。$(CN)_2$は300～500 °Cで加熱重合するが，IRから，**図12-32**がつくられていると考えられている。$(CN)_2$の合成は，$Hg(CN)_2$と$HgCl_2$を297 °Cで加熱すること($Hg(CN)_2 + HgCl_2 \rightarrow (CN)_2 + Hg_2Cl_2$)や，NaCNの$Cu^{2+}$による酸化反応($2CuSO_4 + 4NaCN \rightarrow (CN)_2 + 2CuCN + 2Na_2SO_4$)によって得られる。

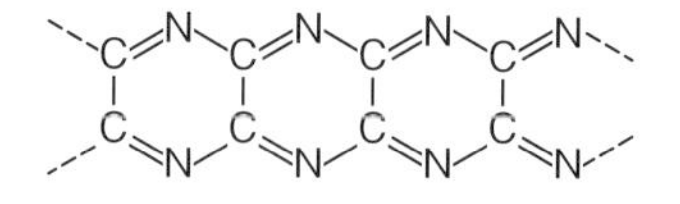

図12-32 $(CN)_2$の重合物

12-8-2 石灰窒素 $Ca(CN_2)$ カルシウムシアナミド

石灰窒素$Ca(CN_2)$は，農薬や肥料の両方の効果をもつもので，市販されている。CaC_2とN_2を反応させることで，肥料用として大量につくられる。($CaC_2 + N_2 \rightarrow Ca(CN_2) + C$ $\Delta H = -297\ kJ\ mol^{-1}$) シアナミド$CN_2^{2-}$は毒性が強いので，7～10日間かけて，尿素や$NH_4^+$に分解するまでゆっくりと待つ。土壌の塩類濃度や酸性化を防止し，Ca^{2+} などを多く含むので，肥料としても有効である。また，土壌の病害虫や雑草などを除去する農薬としての効果もある。（$Ca(CN_2) + C + Na_2CO_3 \rightarrow CaCO_3 + 2\,NaCN$）

12-8-3　シアナミド $(CN_2)H_2$

シアナミド（cyanamide）$(N=C=N)H_2$ は，直線状で CO_2 と同じ等電子構造をもつが，市販品は二量化 $[(N=C=N)H_2]_2$ している（**図 12-33**）。NH_3 中で加熱するとシアナミド三量体がメラミンに変化する（**図 12-34**）。メラミンは，尿素を使うと簡単に合成できる（**図 12-35**）。ここで生成した NH_3 と CO_2 は，尿素をつくるために再利用される。

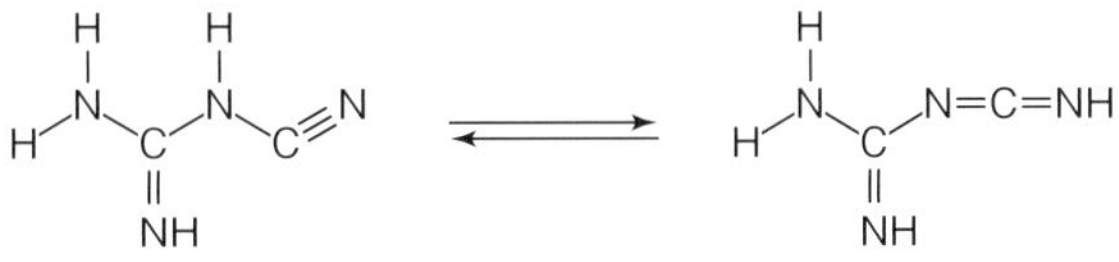

図 12-33　シアナミド二量体の異性体

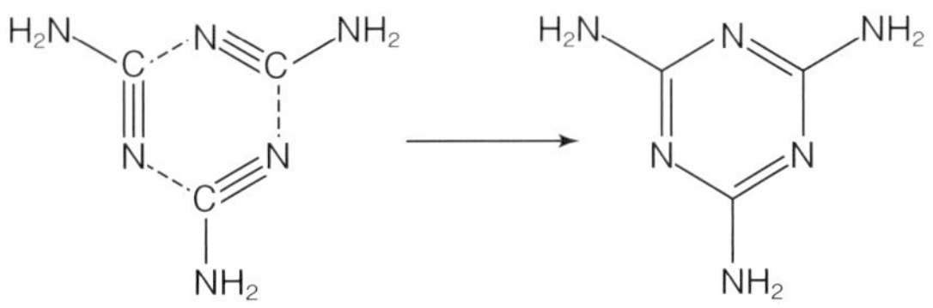

3 H_2NCN → $C_3N_3(NH_2)_3$

図 12-34　シアナミド三量体によるメラミン合成

12-8-4　シアン化水素 HCN

年間 100 万トン合成される。（$CH_4 + NH_3 \rightarrow HCN + 3\,H_2$　$\Delta H = -247\ \mathrm{kJ\ mol^{-1}}$: Pt, 1450 ～ 1550 K）高い誘電率（比誘電率 107）をもち，苦いアーモンドのような香りで，多くの物質を溶かす優れた溶媒である（沸点 25.6 ℃, $\mathrm{p}K_a = 9.21$）。高い誘電率は，液体中で HCN の極性分子が水素結合によって会合しているためである。液体 HCN は，H_3PO_4 のような安定剤がないと激しく重合する不安定な物質である。水溶液中では紫外線によっても重合する。HCN の重合する性質は，原始地球の大

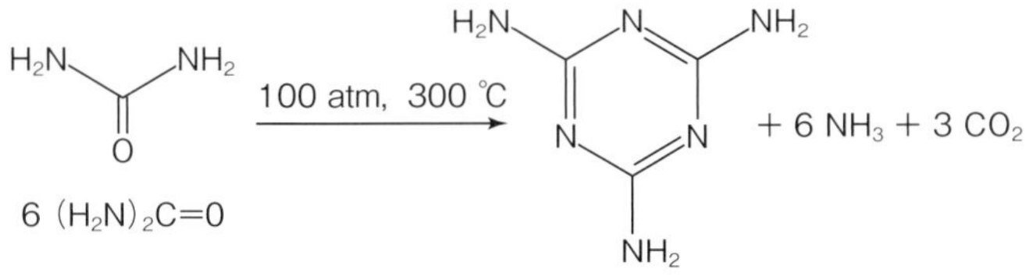

6 $(H_2N)_2C=O$ →(100 atm, 300 ℃) $C_3N_3(NH_2)_3$ + 6 NH_3 + 3 CO_2

図 12-35　尿素によるメラミン合成

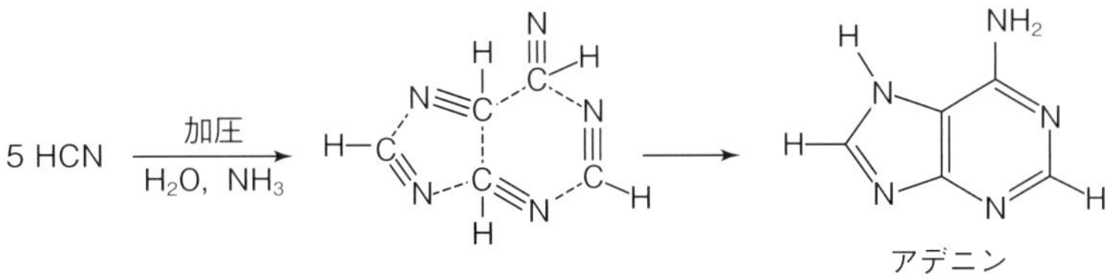

5 HCN →(加圧, H_2O, NH_3) アデニン

図 12-36　5 つの HCN によるアデニンの合成

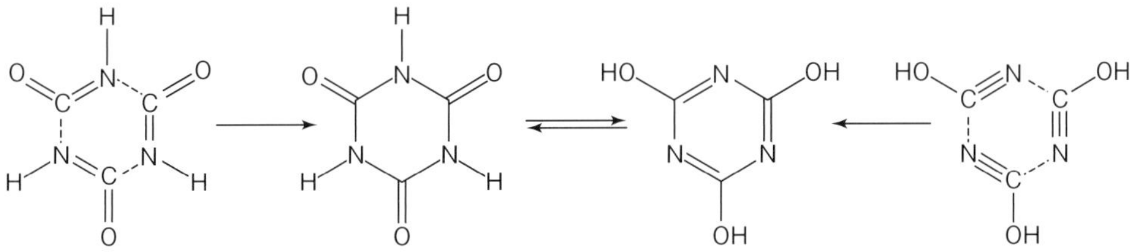

3 イソシアン酸 → イソシアヌル酸 ⇄ シアヌル酸 ← 3 シアン酸

図 12-37　シアン酸とイソシアン酸からのシアヌル酸とイソシアヌル酸の生成

気の成分であるHCNが，生物学上重要な核酸塩基アデニンなどの重合に用いられた（**図 12-36**）。工業的にはナイロンの製造やアクリル繊維の製造に利用される。

12-8-5 シアン酸 HO−C≡N とイソシアン酸 HN=C=O

通常，HO−C≡N ⇄ HN=C=O であるが，イソシアン酸は不安定であり，**図 12-37** のように急速に三量化してシアヌル酸に変化する。シアヌル酸とイソシアヌル酸はケト-エノール平衡があり，混合物である。

12-8-6 雷 酸 HC=N−O

図 12-38 のように，雷酸はシアン酸とイソシアン酸の異性体である。雷酸塩（$^{-}C≡N^{+}−O^{-}$）は非常に爆発性が高く，爆薬の起爆剤として使用される。摩擦に敏感な塩である。

$$H-C\equiv \overset{\oplus}{N}-\overset{\ominus}{O} \longleftrightarrow H-\overset{\oplus}{C}=N-\overset{\ominus}{O}$$

図 12-38 雷酸の共鳴構造

Column【青梅とシアン化合物】

「梅は食べても核（たね）食うな，中に天神寝てござる」ということわざがある。青梅などには，実や種を守るため，毒としてシアン化合物が含まれているからである。ビワ，アンズ，ウメ，モモ，スモモ，サクランボなどは，生で食べると，**図**に示したようなアミグダリン（amygdalin）や，糖が1つ外れたプルナシン（prunasin），豆科のライマメ，キャッサバの葉や根に含まれるリナマリン（linamarin）のような，シアンを発生するシアン化合物が含まれている。梅のアミグダリンの致死量（LD_{50}；50％致死量）はおよそ $5\ mg\ kg^{-1}$ で，消化管内で分解され，HCN を発生して中毒を起こすことがある。

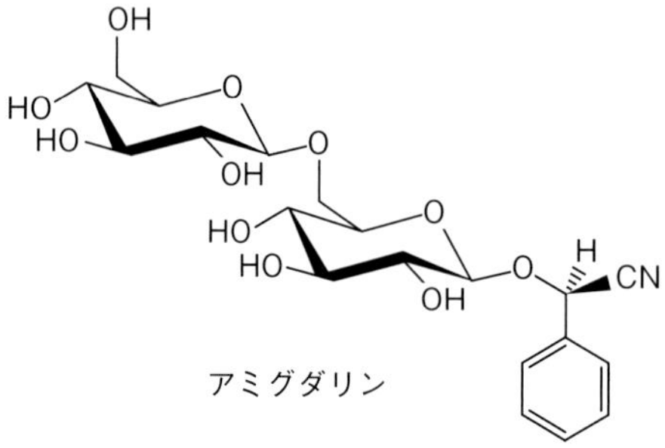

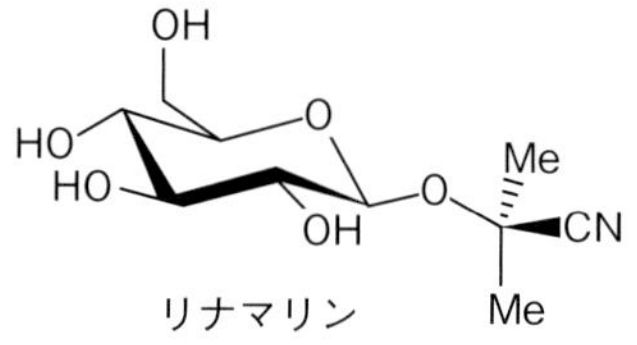

第13章 窒素

① ギリシャ語　Nitrogen（Nitro（硝石），Gen（生じる））

② フランス語　Azote（生命がない）

③ ドイツ語　Stickstoff（Sticken（窒息させる），Stoff（物質））

さて，ここでクイズである。日本語の「窒素」という言葉は，どの言語に由来しているのであろうか，3拓である。それぞれの言語の意味を見ると，日本語の「窒素」には③のドイツ語の「窒息させる物質」の意味が最も近い。周期表の中で，日本語でよく使う元素名のチタン（Titan），クロム（Chrom），マンガン（Mangan），ナトリウム（Natrium），カリウム（Kalium）は，すべてドイツ語である。日本では，明治以降から，多くはドイツへの留学によって近代科学が伝えられ発展してきた。この事実を考えると，元素名の翻訳がドイツ語に由来しているものが多いのも納得できる。一方，フランス語から由来する「Azo」も，化学で窒素原子に由来する命名法でしばしば登場する。英語の「Nitrogen」あるいは元素記号は，ギリシャ語の「Nitro」から由来している。

窒素は大気中の大部分（78.1%）を占める気体であるが，地殻での存在量は33位と低い。N_2が地殻中で少ない理由は，N_2が安定な三重結合をもつことに由来する。地殻中で元素は化合物として存在しているが，N_2は安定な三重結合を切断して化合物をつくらなければならず（$\Delta H = 994.7\ \mathrm{kJ\ mol^{-1}}$），大きなエネルギーが必要なためにN原子としての化合物をつくりにくい。

13-1 チリ硝石$NaNO_3$とハーバー-ボッシュ法

鉱石の中で硝石（KNO_3）やチリ硝石（$NaNO_3$）は，N_2の三重結合がすでに切断されている。そのため，この硝石類は植物の肥料として直接使うことができるので，食料問題の解決になくてはならないものである。また，戦争で使われる爆弾の火薬にはNO_3^-塩が使用されるため，戦略的にも重要な物質であった。チリ硝石は，チリのアタカマ砂漠にある長さ700 km × 幅30 kmの鉱床*1から産出する。この物資を巡る大きな戦争が，チリとボリビアおよびペルー間の南米太平洋戦争（1879～1884年）と，第一次世界大戦（1914～1918年）の2回も起こっている。しかし，20世紀に入るとドイツ人のハーバー（Haber, F.）とボッシュ（Bosch, C.）が，空気中のN_2を触媒的に切断するNH_3合成に成功した。また，同時期にオストワルト（Ostwald, F. W.）によって，NH_3からHNO_3まで合成する工業的手法が発見された。チリ硝石に頼っていたN源を人工的に窒素固定できるようになり，また硝酸塩にする道筋も発見されたのである。「ドイツは空気中の窒素から爆弾をつくる」といわれ，第一次世界大戦のときに敵国を恐れさせた。

13-2 ハーバー-ボッシュ法によるアンモニア合成

空気中のN_2をNH_3にするためには，N_2の三重結合を切断し，6電子を加えて還元しなければならない。（$N_2 + 6e^- + 6H^+ \rightarrow 2NH_3$）そのため，α-Feに酸化物を混ぜた$Fe_3O_4$触媒を使い，$10^2$～$10^3$ atm，400～550 °Cで反応させる。この反応は発熱反応であり，高圧で温度の低い方が反応を進めやすい。（$N_2 + 3H_2 \rightarrow 2NH_3$　$\Delta H_f = -46\ \mathrm{kJ\ mol^{-1}}$，$K(25\ °C) = 10^3\ \mathrm{atm^{-2}}$）しかし，温度が低いと反応速度が遅くなってしまうため，触媒が必要になってくる。そして，このように高温高圧の反応を維持するためには，大量のエネルギーが必要になる。現在，世界で消費されるエネルギーの2%はハーバー-ボッシュ法のNH_3合成反応に使用されており，世界のCO_2排出量のうち1%を占めている。

13-3 オストワルトの硝酸合成

まず，NH_3をPt触媒の存在下で～900 °Cに加熱するとNOが得られる。触媒とNH_3の接触時間が重要であり，接触時間が長いとNH_3とNOとが反応して窒素が生成されてしまう。得られたNO（① $4NH_3 + 5O_2 \rightarrow$

*1　$NaNO_3$ 18%，NaCl 16%，砂礫・粘土8%の平均組成。

表13-1　液体空気の組成（%）と沸点

	N_2	O_2	Ar	CO_2	Ne	H_2	He	Kr	Xe
大気成分 [%]	78.1	21.0	0.93	3.7×10^{-2}	1.5×10^{-3}	1.0×10^{-3}	5.0×10^{-4}	1.0×10^{-4}	8.0×10^{-6}
沸点 [℃]	−196	−183	−186	−78.5	−246	−253	−269	−153	−108

$4NO + 6H_2O$）は O_2 を反応させて酸化して NO_2 にして（② $6NO + 3O_2 \rightarrow 6NO_2$），最後に NO_2 を水に溶かして HNO_3 にする。（③ $6NO_2 + 2H_2O \rightarrow 4HNO_3 + 2NO$）オストワルトの硝酸合成反応をまとめると式13-1のようになる。

$$NH_3 + 2O_2 \rightarrow HNO_3 + H_2O \qquad (13\text{-}1)$$

13-4　N_2 の精製 —工業的空気の液化分留法—

大気中の空気を加圧し，生じた熱を除去して断熱膨張させることで徐々に冷却すると，N_2 と O_2 の青みのある液化空気が得られる。これを**表13-1**に従って精密に分留すると，N_2 と O_2 あるいは Ar が得られる。NMRなどの精密測定機器で液体 N_2 が必要なものは，He の断熱膨張により空気を冷却して液体 N_2 へ液化する装置が備えつけられている。化学実験では冷媒として液体 N_2 がよく使われる。液体 N_2 で冷やされたトラップを入れたデュワービンには，液体 O_2 が濃縮されている。液体 O_2 は，有機物を共存させて爆薬として使う研究が昔行われていた。そのため，わずかに残った液体 O_2 にも注意を払う必要がある。

13-5　N_2 の化学的性質

N_2 は，N≡N 間に三重結合（$d_{N-N} = 109.8$ pm）のため大きな結合エネルギー（945.4 kJ mol^{-1}）をもつ。分子の形も無極性であるため反応性は乏しく，不活性な気体として，食品のレトルトパックや缶詰などの封入に使われている。室温では金属 Li とゆっくりと反応するが（$6Li + N_2 \rightarrow 2Li_3N$），高温ではむしろ O_2 との反応が活性になり，車のエンジンから放出される NO_x（NO と NO_2）などが問題視されている。N−N 間の単結合（158 kJ mol^{-1}）は弱いため，カテネーション（12-1節参照）によって高分子化合物をつくりにくい。これは，C−C 間の単結合（346 kJ mol^{-1}）と比較して，結合エネルギーが小さいことによる。N−N 間の単結合には非共有電子対（Lp）が存在し，過酸化水素 H_2O_2（140 kJ mol^{-1}）と同じように，Lp 間の反発で結合が弱くなっていると考えられている。

13-5-1　N の多重結合性

15族の N 元素の同族である P, As, Sb などは pπ-pπ の多重結合をつくらず，電子構造から期待される数の電子対の単結合を形成する。すなわち，P_4, As_4, Sb_4 などのクラスター化合物をつくりやすい。しかし，N 原子は C 原子と同じく pπ-pπ の多重結合性をつくる傾向にある。

1）RN=NR の二重結合性

二重結合をもつ RN=NR の非直線型分子では，*cis* ⇄ *trans* の幾何異性体が存在し，例えばアゾベンゼン（Ph−N=N−Ph）や二フッ化二窒素（F−N=N−F）は光と熱によって相互に変換可能である（**図13-1**）。

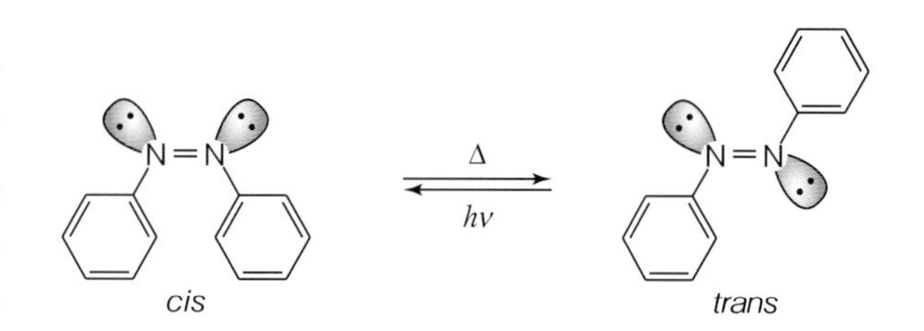

図13-1　アゾベンゼンの *cis-trans* 異性

2）窒素の鎖状化合物

N 原子はカテネーションする傾向が低いが，ある程度の長さをもった鎖状化合物をつくることができる。N の鎖状化合物は共鳴により安定化している（**図13-2**）。

図13-2　−N=N− 鎖状化合物

13-5-2　爆発性のアジ化物

アジ化物（azide）の $[N_5](AsF_6)$ は，5 mg の試料で低温測定用のラマン分光器を破壊するほど強力な爆薬である。例えば $[N_5]^+[N_3]^-$ などは，さらに強力な窒素同素体の爆薬になる。$[N_5](SbF_6)$ が，液体 HF 中で SbF_6 と反

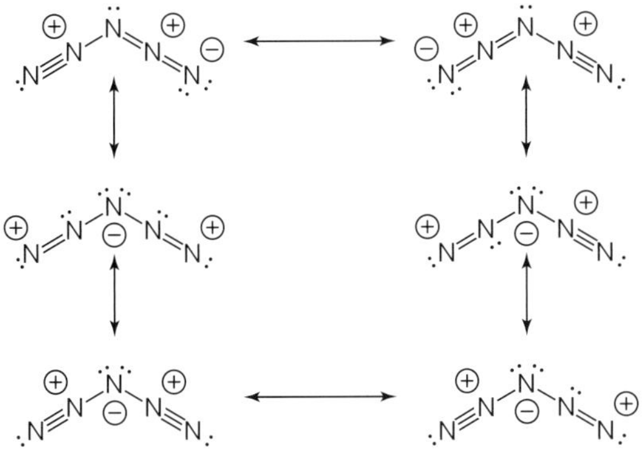

図 13-3　$[N_5]^+$ の共鳴安定化

応してできる $[N_5][Sb_2F_{11}]$ の X 線単結晶構造解析が行われた。$[N_5]^+$ の中心角は∠ N−N−N ＝ 111° であり，$d_{N\equiv N} = 111$ pm と $d_{N=N} = 130$ pm であった。**図 13-3** の共鳴安定化は，$[N_5]^+$ の安定性にとって重要な要因であり，すべての N−N 結合に多重結合性をもつ。

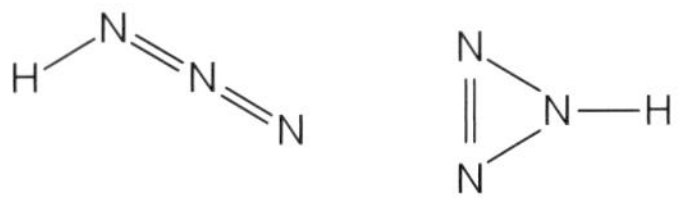

アジ化水素　シクロトリアゼン

図 13-4　アジ化水素とシクロトリアゼン

1）アジ化ナトリウム NaN_3 とアジ化水素の異性体

NaN_3 はよく使われる薬品であるが，スパチュラ（薬さじ）でこすると爆発することがある。合成は，$NaNH_2$ を 177 ℃ で $NaNO_2$ と反応させるか（$3NaNH_2 + NaNO_2 \rightarrow NaN_3 + 3NaOH + NH_3$），187 ℃ で N_2O と反応させる。（$2NaNH_2 + N_2O \rightarrow NaN_3 + NaOH + NH_3$）エアバッグの爆薬としても知られており，車の衝突の際には電気的に爆発させる。（$2NaN_3 \rightarrow 3N_2 + 2Na$）アジ化水素と，アジ化水素の異性体のシクロトリアゼンの構造を**図 13-4** に示した。

Column【分子中で N が多い化合物はなぜ危険なのか？】

N 原子を多く含む化合物が爆発性である理由は，反応したとき非常に安定な N≡N の窒素三重結合を生成するため，大きな結合エネルギー（反応熱）を放出する。さらに，放出される気体の N_2 による強い爆風が同時に発生し，大きな衝撃波として伝わるためである。N 原子を多数含む分子を扱う際は，爆発に細心の注意を払うべきである。重金属アジ化物も爆発性である。$Pb(N_3)_2$ や $Hg(N_3)_2$，$Ba(N_3)_2$ は叩いただけで爆発するため，爆薬の雷管などに使われる。

図に有名な有機物の爆薬の分子構造を示す。このような爆薬の分子に共通することは，1 つの分子内に酸化性の $-NO_2$ 基と還元性の $-CH_2-$ 基あるいは $-NR_2$ 基が存在することである。有名な TNT（トリニトロトルエン）には，還元性のあるトルエンに 3 つの酸化性の $-NO_2$ 基が付いている。そのため，発火すると分子内で酸化還元反応が起こり，熱や衝撃波を出すとともに，爆風として N_2 ガスが発生する。PETN（ペンスリット）は，還元性の $-CH_2-$ 基と酸化性の $-NO_2$ 基をもつ。RDX（サイクロナイト）には，還元性の $-NR_2$ 基に酸化性の $-NO_2$ 基が付いている。世界最強の爆薬として知られているのが，ONC（オクタニトロキュバン）であり，1 分子に 8 つの $-NO_2$ 基が，還元性のキュバンに結合している。このように，爆薬として用いられる分子は，N 原子を含み，分解/燃焼すると同時に爆風として N_2 を発生する分子である。

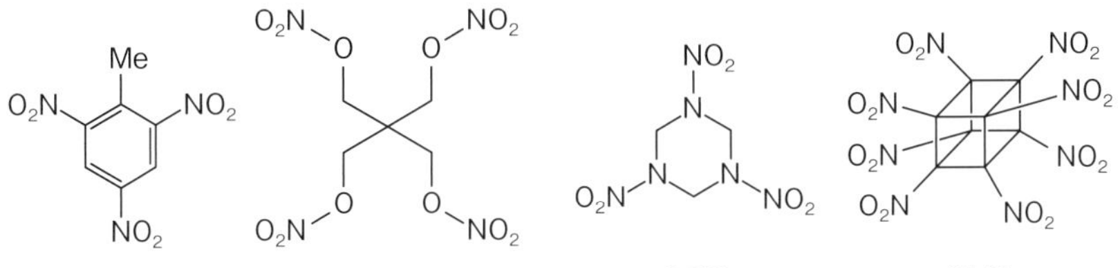

TNT　PETN　RDX　ONC

図　主な爆薬の分子構造

13-6 Nの水素化物

13-6-1 アンモニア NH_3

アンモニア(ammonia) NH_3 は年間1億トン以上製造され，化学合成品の生産重量で第2位(第1位は H_2SO_4)，物質量では第1位である。約80%は肥料，約20%は火薬，残りは繊維・樹脂などの製造に使用される。世界の人口は72億人といわれており，この人口を支える膨大な食料生産を可能にしているのが，ハーバー-ボッシュ法で製造される安価な NH_3 を使って生産される窒素肥料の大量供給である。同族の水素化物 PH_3 や AsH_3 に比較して融点や沸点が高く，NH_3 に水素結合が存在する証拠になっている。

融点・沸点ともに，H_2O より NH_3 の方が低い(**表13-2**)。これは，NH_3 の水素結合が H_2O よりも弱いためである。H_2O のO原子は2つの非共有電子対をもち，三次元的な水素結合ネットワークをつくることができる。しかし，NH_3 のN原子には1つの非共有電子対しかないので，三次元的な水素結合ネットワークをつくれない。NH_3 は弱塩基性($pK_b = 4.76$)を示す。($NH_3 + H_2O \rightleftarrows NH_4^+ + OH^-$) そして，液体 NH_3 は-50 °Cで，一部が $2NH_3 \rightleftarrows NH_4^+ + NH_2^-$ のような自己イオン化反応を引き起こすが，その平衡定数は非常に低い($K_a = [NH_4^+][NH_2^-] = 10^{-30}$; -50 °C)。一方，H_2O も $2H_2O \rightleftarrows H_3O^+ + OH^-$ の自己イオン化反応を引き起こし，$K_w = [H_3O^+][OH^-] = 10^{-14}$ である。この液体 NH_3 は電気的陽性の金属[*2]をよく溶かして，金属イオンと溶媒和電子を含む青色の溶液をつくる。また，H_2O と比較すると誘電率が低く，有機化合物に対してはよい反応溶媒となる。錯形成も H_2O と異なるところがあり，液体 NH_3 中では，正四面体構造をもつ $[Ag(NH_3)_4]^+$ が存在する。

NH_3 水溶液中では，NH_3 をしばしば NH_4OH と表記することがある。しかし，NH_3 水溶液では，低温で2種類の結晶性水和物の $NH_3 \cdot H_2O$ と $2NH_3 \cdot H_2O$ に分離されている。これらは，単に H_2O との水素結合[*3]で連結されているだけで，NH_4^+ や OH^- は含まれておらず，NH_4OH 分子でもない。NH_3 水溶液は NH_4OH の弱塩基性溶液とされているが，NH_4OH が存在している証拠はどこにもない。1N(1規定)の NH_3 水溶液には NH_4^+ や OH^- が0.0042Mしか存在していない。NH_3 水溶液は $NH_3(aq)$ と表記するべきである。

表13-2 NH_3 と H_2O の性質の比較

	融点[°C]	沸点[°C]	d(比重)	粘度	比誘電率
NH_3	−77.7	−33.4	0.683	0.254	22
H_2O	0	100	0.997	0.890	78.4

13-6-2 塩化アンモニウム NH_4Cl と硝酸アンモニウム NH_4NO_3

NH_4Cl は水中で NH_4^+ と Cl^- のイオンに完全解離する。($NH_4Cl \rightarrow NH_4^+ + Cl^-$ $K = \infty$) 解離した NH_4^+ は水中で弱酸(pH ~5.3; 25 °C) $pK_b = 4.75$ として働く。($NH_4^+ + H_2O \rightarrow NH_3(aq) + H_3O^+$ $K = 5.5 \times 10^{-10}$) 一般に，NH_4^+ 塩の水に対する溶解度はK塩やRb塩に似ている。これは，これら3種のイオン半径がほぼ同じであることから説明できる[*4]。また，多くの NH_4^+ 塩は300 °C程度で解離して昇華する。($NH_4Cl(s) \rightarrow NH_3(g) + HCl(g)$) 一方 NH_4NO_3 は弱酸性(pH > 3.5; 25 °C)を示し，中程度の加熱では可逆的に昇華し($NH_4NO_3(s) \rightarrow NH_3(g) + HNO_3(g)$)，高温では不可逆的に発熱して N_2O を生じる。さらに高温では，N_2O そのものが分解して N_2 と O_2 になる。NH_4NO_3 は他の爆発性のもので点火すると爆発する。NH_4NO_3 の水溶液も，痕跡量の酸や塩化物が存在すると爆発する。

13-6-3 ヒドロキシアミン NH_2OH

NH_2OH は白色の結晶固体で潮解性がある(融点33 °C)。NH_2OH は NH_2-NH_2 と等電子化合物で，NH_3 のH原子をOH基に置換したものと定義できる。OH基は電気的陰性の置換基になるので，NH_3 や NH_2-NH_2 より弱い塩基である($pK_b = 8.18$)。($NH_2OH + H_2O \rightarrow NH_3OH^+ + OH^-$) プロトン化された NH_3OH^+ ($pK_a = 5.82$)は，共役酸として NH_4^+ ($pK_a = 9.26$)より pK_a は低くなり，より強い酸になる。

13-6-4 ヒドラジン NH_2-NH_2

NH_2-NH_2 はガソリンのように燃焼せず，触媒を用いて NH_3 と N_2 と H_2 に分解され，化学エネルギーを放出する。安定な液体であり，正確な推進力が得られることから，ロケット燃料として高く評価されてきた。現在で

*2 アルカリ金属，Ca, Sr, Ba, ランタノイド金属など。

*3 $d_{O \cdots N} = 2.78$ Å, $d_{N \cdots O} = 3.21 \sim 3.29$ Å

*4 $NH_4^+ = 1.43$ Å, $K^+ = 1.33$ Å, $Rb^+ = 1.48$ Å

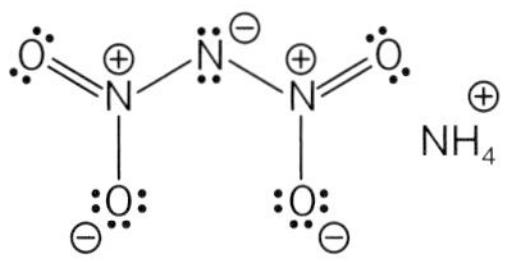

図 **13-5**　アンモニウムジニトラミド

もヒドラジンロケットとして，人工衛星などの打ち上げ燃料として液体酸素とともに使われている。($NH_2-NH_2+O_2 \rightarrow N_2+2H_2O$　$\Delta H=-622\ \mathrm{kJ\ mol^{-1}}$) しかし，その有毒性が問題になっている。打ち上げに失敗したロケットの残骸には，NH_2-NH_2 類が残っている場合があるので近づかない方がよい。現在では，NH_2-NH_2 類の代りに毒性を緩和したアンモニウムジニトラミド(**図 13-5**)などが燃料として用いられるようになってきた。

このNH2−NH2を燃料としたロケットは，誘導体のNH_2-NMe_2 などがスペースシャトルに使用されていた。NH_2-NH_2 は，比誘電率 52 (25 ℃) の無色発煙性の液体(融点 = 2.0 ℃，沸点 = 114 ℃) である。NH_2-NH_2 は $pK_{b1}=6.1$ では弱塩基性であるが ($N_2H_4+H_2O \rightleftarrows N_2H_5^++OH^-$)，$pK_{b2}=14.1$ では強酸性である。($N_2H_5^++H_2O \rightleftarrows N_2H_6^{2+}+OH^-$) この生じた $N_2H_6^{2+}$ が強酸性物質になる。($N_2H_6^{2+}+H_2O \rightarrow N_2H_5^++H_3O^+$) NH_2-NH_2 は酸性溶液中で還元剤として働く。($N_2H_4+Zn+2HCl \rightarrow 2NH_3+ZnCl_2$)

1) ヒドラジンの合成 −ラシヒ法−

NH_2-NH_2 の合成には，まず NH_3 と次亜塩素酸ナトリウム NaOCl からクロラミン NH_2Cl をつくり (式 13-2)，NH_2Cl が再び NH_3 と反応することで得られる (式 13-3)。しかし，得られた NH_2-NH_2 は，NH_2Cl と反応して，N_2 と塩化アンモニウム NH_4Cl に分解する競争反応が生じる (式 13-4)。

$$NH_3+NaOCl \rightarrow NH_2Cl+NaOH \quad (13\text{-}2)$$

$$NH_3+NH_2Cl+NaOH \rightarrow NH_2-NH_2+NaCl+H_2O \quad (13\text{-}3)$$

$$2NH_2Cl+NH_2-NH_2 \rightleftarrows 2NH_4Cl+N_2 \quad (13\text{-}4)$$

この NH_2-NH_2 合成反応はラシヒ (Raschig) 法と呼ばれ，微量な重金属イオンが触媒として働き NH_2-NH_2 の分解反応を促進する。したがって，NH_3 を大過剰にしたり，反応溶液にゼラチンとにかわを加えて，微量の重金属イオンを吸着捕捉することで，NH_2-NH_2 が分解する競争反応を抑えることができる。例えば 1 ppm の Cu^{2+} が含まれただけでも，ゼラチンを用いないとまったく NH_2-NH_2 が得られない。また，EDTA を用いてもゼラチンほど有利に反応が進行しないので，ゼラチン自身も触媒になっていると考えられる。

13-7 窒素酸化物

13-7-1 一酸化二窒素 N_2O

ヒトに対して麻酔作用があり，手術時に全身麻酔用のガスとして使われる気体である。この N_2O を吸うと，顔面の筋肉が麻痺して笑ったように見えるため「笑気ガス」と名付けられた。N_2O は NH_4NO_3 を ~250 ℃ に加熱することによって生じる気体である。($NH_4NO_3 \rightarrow N_2O+2H_2O$) ^{15}N の同位体元素を用いた実験では，^{15}N の置換体を熱分解すると，^{15}N の位置の異なる 2 つの N_2O が得られた。NH_4^+ 部分を ^{15}N 原子で置換した $^{15}NH_4\cdot NO_3$ を使用すると，$^{15}N=N=O$ の N_2O が得られた。NO_3^- 部分を ^{15}N 原子に置換した $NH_4\cdot{}^{15}NO_3$ を用いると，$N={}^{15}N=O$ が得られた。すなわち，N_2O の左の N 原子は NH_4^+ 由来，真ん中の N 原子は NO_3^- 由来である。

N_2O は CO_2 と等電子的であり，$d_{N=N}=113$ pm，$d_{N=O}=119$ pm で，単結合よりは結合距離が短くなる。そのため，$:\ddot{N}^-=N^+=\ddot{O} \leftrightarrow :N\equiv N^+-\ddot{O}:^-$ の共鳴構造があるものと考えられている。また，ホイップクリームを製造する圧縮ガスとしても使用されており，通常の空気よりもきめ細かいまろやかなクリームになる。N_2O は NH_2OH の酸化 ($NH_2OH+HNO_2 \rightarrow N_2O+2H_2O$) によっても合成される。N 原子か O 原子に負電荷をもつため，N_2O の分極率はわずか 0.17 D である。$:\ddot{N}^-=N^+=\ddot{O}$ の構造と $:N\equiv N^+-\ddot{O}:^-$ の構造が等しく寄与しているためであろう。

13-7-2 一酸化窒素 NO

NO は，NH_3 から HNO_3 を製造するオストワルト法の中間体として存在する。また，HNO_3 ($3Cu+8HNO_3 \rightarrow 3Cu(NO_3)_2+4H_2O+2NO$) や亜硝酸塩 ($2NaNO_2+2NaI+4H_2SO_4 \rightarrow I_2+4NaHSO_4+2H_2O+2NO$) の水溶液を還元して得られる。$O_2$ とは瞬時に反応して NO_2 になる。($2NO+O_2 \rightarrow 2NO_2$) NO は熱力学的に不安定であり，高圧では 30 ~ 50 ℃ で N_2O と NO_2 に不均化する。($3NO \rightarrow N_2O+NO_2$)

1) NO の生理作用

NO は小さな分子なので，細胞壁を通り抜けて拡散す

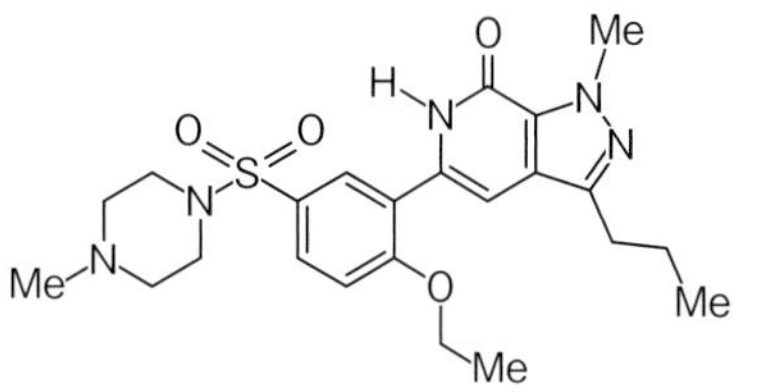

バイアグラ 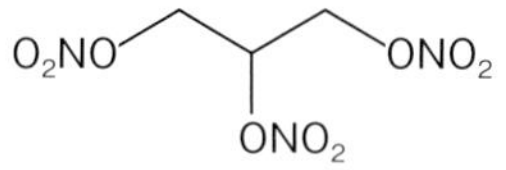　ニトログリセリン

図 13-6　NO の生理作用に関係する薬品

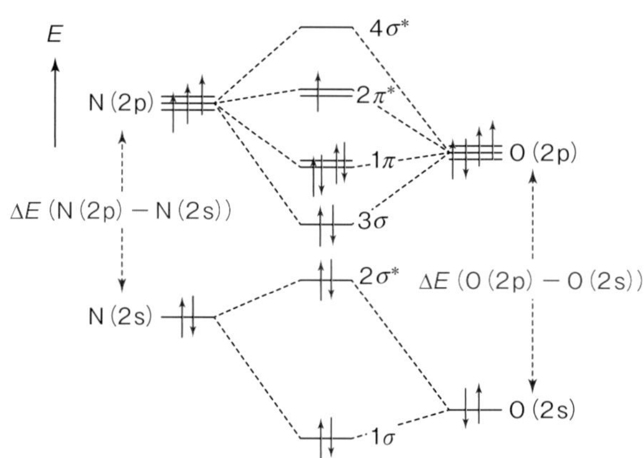

図 13-7　NO の分子軌道

ることができる。生体内の情報伝達分子として働き，血圧の制御，筋肉の弛緩，神経伝達の役割を担っている。また，NO は細胞を選択的に破壊することができ，がん細胞などを殺すような免疫機能に影響を与えている。**図 13-6** のように，例えばバイアグラ®（シルデナフィル）は，生体内で情報伝達物質の分解を行う酵素活性を阻害する。これが NO を受け取る神経に作用して血管を拡張させ，血流量を増加する。また，ニトログリセリンも血流量を増やし，狭心症の特効薬として使用される。これは，体内で分解して NO ガスを放出するため，血管を拡張する効果がある。このように，NO は生体反応にとって非常に重要な分子である。

2）NO の電子状態

NO は常磁性分子である。**図 13-7** のように，MO 法では，N ($1s^2 2s^2 2p^3$) と O ($1s^2 2s^2 2p^4$) では電気陰性度 ($\chi_N < \chi_O$) が異なり，有効核電荷の強さの違いから，2s 軌道と 2p 軌道のエネルギー準位に差が生じる。一方，有効核電荷の違いから，2s と 2p 軌道間のエネルギー準位差 (ΔE (N (2p) − N (2s)) < ΔE (O (2p) − O (2s))) にも違いが現れてくる。電子を NO 分子軌道に順次入れていくと，$2\pi^*$ 軌道に不対電子が残る＊5。この不対電子は容易に酸化され，NO^+（ニトロシルイオン）＊6 となる。NO は酸化によって反結合性の $2\pi^*$ から 1 つの電子を除かれるため，NO^+ の結合次数は増えてより強い結合になる。

図 13-8 (a) のように 1 つのラジカルをもつ NO は常磁性であり，オクテットを満たしていない。**図 13-8 (b)** のように NO が N_2O_2 の二量体を気相中でつくることが予想されるが，実際はつくらない。これは，弱い N−N 間結合に加えて，非共有電子対間の静電反発の影響で安定な二量体をつくることができないからである。

(a) ○　(b) ×

図 13-8　NO と N_2O_2 のルイス構造

13-7-3　三酸化二窒素 N_2O_3

常磁性でラジカルをもつ NO と NO_2 の 2 つの分子が結合してつくられた窒素酸化物である（**図 13-9**）。N−N 結合 (d_{N-N} = 189 pm) は弱いが辛うじて結合を維持する。気体状態ではもとの NO と NO_2 に解離してしまうため ($N_2O_3 \rightleftarrows NO + NO_2$)，液体または固体状態でしか存在しない。

＊5　結合次数 2.5，d_{N-O} = 115 pm，ν(NO) = 1840 cm^{-1}
＊6　結合次数 3.0，d_{N-O} = 106 pm，ν(NO) = 2150 ～ 2400 cm^{-1}

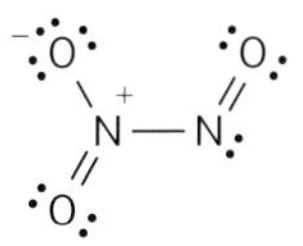

図 13-9　N_2O_3 のルイス構造

13-7-4　二酸化窒素 NO_2 と四酸化二窒素 N_2O_4

$2NO_2 \rightleftarrows N_2O_4$ の平衡は，低温になるほど褐色の NO_2（常磁性）が減り，無色の N_2O_4（反磁性）が増えて淡くなり，固体（融点 −11 °C）ではすべて無色の N_2O_4 となる。140 °C 以上（沸点 21 °C）では，すべて褐色の NO_2 の気体となる。しかし，150 °C 以上では，NO_2 は NO と O_2 に分解するので褐色が再び薄くなる。（$2NO_2 \rightarrow 2NO + O_2$）$NO_2$ は確かに二量体の N_2O_4 をつくるが，NO_2 の N−O 結合の π 電子との静電反発のため，二量体間の結合は非常に弱く（d_{N-N} = 175 pm，ΔE = 57 kJ mol^{-1}），切れやすくなっている。そのため，気相中で温度や圧力などの変化による物理的な相互作用を受けやすい。少し前の話になるが，アメリカのアポロ計画で，月面での離着陸時のロケット燃料に，液体 N_2O_4 と NH_2-NH_2 誘導体（$MeNH-NH_2$）の混合物を用いた。N_2O_4 は強力な酸化剤であるが，$MeNH-NH_2$ の還元剤との反応は爆発的である。（$5N_2O_4 + 4MeNH-NH_2 \rightarrow 9N_2 + 12H_2O + 4CO_2$）$NO_2$ や N_2O_4 は H_2O と反応して，HNO_2 や HNO_3 などの酸を生じる。そのため，大気中での NO_2 は腐食性があり，酸性雨の原因となる。（$2NO_2 + H_2O \rightarrow HNO_2 + HNO_3$）また，空気中の O_2 と紫外線照射によって反応し，有害な O_3 などを生成する光化学スモッグを発生する。

1）NO_2 と N_2O_4 のルイス構造

NO_2 のルイス構造は，1 つの不対電子が存在するため，**図 13-10 (a)** あるいは**図 13-10 (b)** のように描くことができる。N 原子の周りの電子数を数えてみると，(a) では 7 つ，(b) では 9 つとなる。N は第 2 周期のため，2s と 2p 軌道のオクテットまで最外殻電子が入れる。しかし，空の d 軌道が存在しないため，オクテットを拡張できない。オクテットを拡張した (b) では電子が入る軌道がないため，(a) のように描く方がより現実に近い。したがって，二量化した N_2O_4 は**図 13-10 (d)** ではなく，**図 13-10 (c)** のように描く。

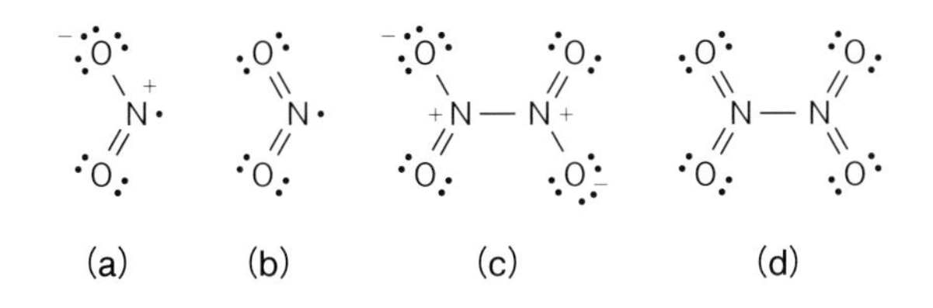

図 13-10　NO_2 と N_2O_4 のルイス構造

NO の酸化で NO^+（ニトロシルイオン），NO_2 の酸化で NO_2^+（ニトロイルイオン）をつくることができる。NO_2^+ は直線型であり，NO_2（∠ O−N−O = 115°）が屈曲型であるのと対照的である。NO^+ は，N_2O_3 に H_2SO_4 を反応させてつくることができる。（$N_2O_3 + 2H_2SO_4 \rightarrow 2NO^+ + H_2O + 2HSO_4^-$　$\Delta H = -891$ kJ mol^{-1}）また，NO_2^+ は，N_2O_5 に HNO_3 を反応させることにより発生する。（$N_2O_5 + 2HNO_3 \rightarrow 2NO_2^+ + H_2O + 2NO_3^-$　$\Delta H = -928$ kJ mol^{-1}）

13-7-5　トリニトラミド N_4O_6

トリニトラミド N_4O_6（trinitramide）は 2010 年につくられた高エネルギー化合物であり，1993 年にはすでに理論的に予測されていた。1840 年に発見された N_2O_5 以来の，窒素酸化物系の新しい化合物である（**図 13-11**）。硝酸のトリアミドに相当する構造であり，ロケット燃料として 20 〜 30% ほど既存のものより強力であり，塩素などを含まないため環境への負荷も小さい。

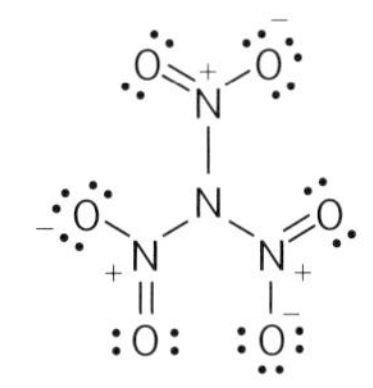

図 13-11　トリニトラミドの構造

13-8　窒素のオキソ酸

13-8-1　ニトロソアミン R_2N_2O

ニトロソアミン R_2N_2O（nitrosoamine）は，たばこの中の発ガン性物質として知られる。1957 年に，ノルウェーで亜硝酸塩をまぶした魚のニシンを食べた動物が急性中毒死したことから，毒性が明らかになった。この有毒物は，亜硝酸塩とニシンから分解されたアミンが反応した *N*-ジメチルニトロソアミンであった（**図 13-12**）。

ニトロソアミンは抗菌作用*7 があるため，以前は食

*7　ボツリヌス菌や嫌気性芽胞菌に有効。

第 13 章

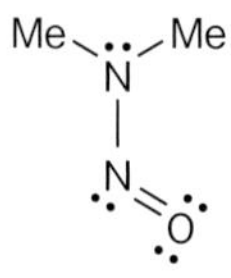

図 13-12　*N*-ジメチルニトロソアミン

品の保存料として使われていた。しかし，亜硝酸塩とタンパク質に含まれるアミン類が反応して発ガン性のあるニトロソアミン類が生じることから，保存料としての使用は禁止された。発色作用では現在でも許可され，ハムやソーセージ，ベーコンなどの発色剤として使われている。食肉の色素であるミオグロビンや，血中のヘモグロビンと反応して「赤色」を安定化させる。ニトロソアミンの合成メカニズムを**図 13-13** に示す。亜硝酸イオンから酸触媒によって NO が発生し，第二級アミンと反応してニトロソアミンが生成する。

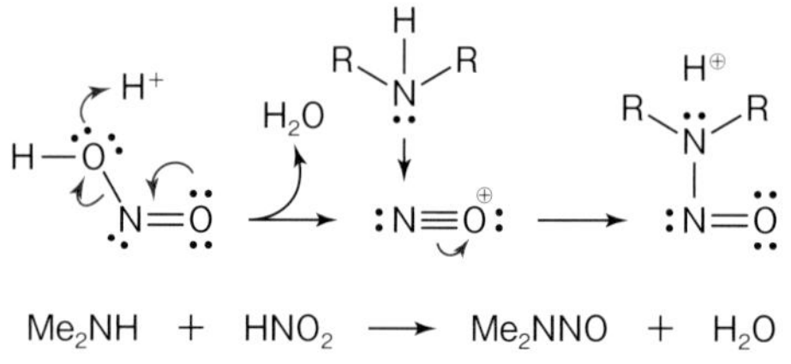

$$Me_2NH + HNO_2 \longrightarrow Me_2NNO + H_2O$$

図 13-13　ニトロソアミンの生成メカニズム

13-8-2　亜硝酸 HNO_2

亜硝酸 HNO_2（nitrous acid）は不安定な弱酸（pK_a = 3.35）であり，酸化剤として使用される。HNO_3 より弱い酸化剤であるが，速い酸化剤として機能する。HNO_2 は，水中で $Ba(NO_2)_2$ のような亜硝酸塩に H_2SO_4 などの強酸を加えることで生成する。（$Ba(NO_2)_2 + H_2SO_4 \rightarrow BaSO_4 + 2HNO_2$）$HNO_2$ は水溶液中で不安定で，熱すると急速に分解する。（$3HNO_2 \rightleftarrows H_3O^+ + NO_3^- + 2NO$）しかし，**亜硝酸塩**（nitrite）は安定である。$NaNO_2$ はジアゾニウム化合物の合成に使われ，HCl によって HNO_2 が発生する。（$PhNH_2 + NaNO_2 + 3HCl \rightarrow [PhN_2]^+Cl^- + NaCl + HCl + 2H_2O$）また，$NaNO_3$ は Pb とともに加熱することによって $NaNO_2$ を生じる。（$NaNO_3 + Pb \rightarrow NaNO_2 + PbO$）$HNO_2$ の還元生成物は，還元剤によって異なったものが得られる（**図 13-14**）。

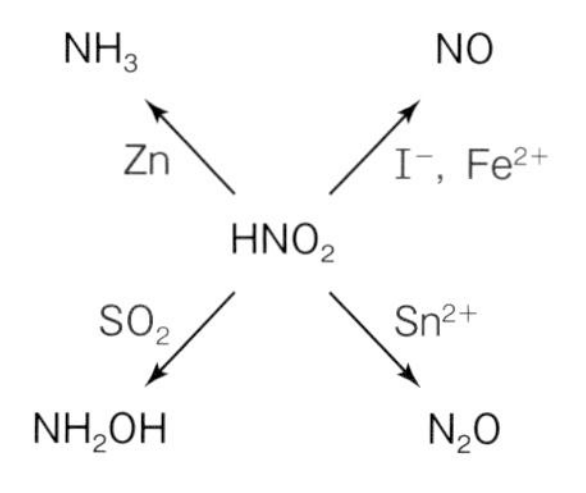

図 13-14　HNO_2 の還元生成物

13-8-3　硝酸 HNO_3

硝酸 HNO_3（nitric acid）はほとんどの金属を溶かすが，Au および Pt, Rh, Ir などの白金族は溶かさない。また，Al, Cr, Fe も不動態となり溶解しない。実験室系では，KNO_3 に H_2SO_4 を加え，真空蒸留することで純粋な HNO_3 を得られる。通常の濃 HNO_3 は，重量濃度 68% の HNO_3 を含む共沸混合物であり，120 ℃ で沸騰する。光化学的な分解反応を起こすため，褐色の容器で保存する。（$4HNO_3 \rightarrow 4NO_2 + 2H_2O + O_2$）発煙 HNO_3 は，過剰の NO_2 を含む橙色の液体である。Cu の溶解時に濃 HNO_3 を用いると NO_2 が発生し（$Cu + 4HNO_3 \rightarrow Cu(NO_3)_2 + 2H_2O + 2NO_2$），希 HNO_3 を用いると NO が発生する。（$3Cu + 8HNO_3 \rightarrow 3Cu(NO_3)_2 + 4H_2O + 2NO$）$HNO_3$ は，H^+が付いている O 原子以外は共鳴して等価であると考えられる（**図 13-15**）。NO_3^-は D_{3h} の平面三角形をもち，結合の等価性は MO 法や VB 法によっても説明できる（**図 13-16**）。

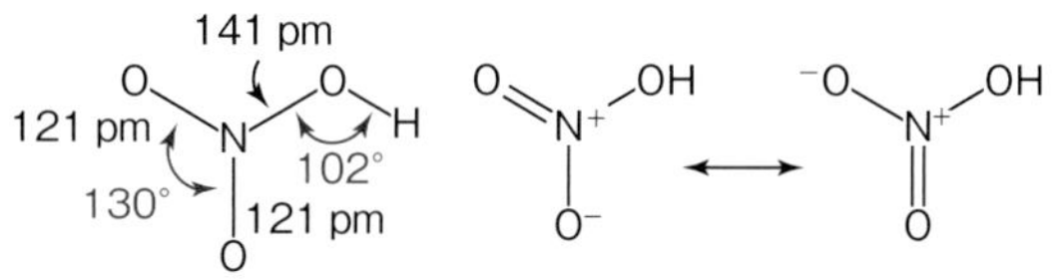

図 13-15　HNO_3 の構造と共鳴構造

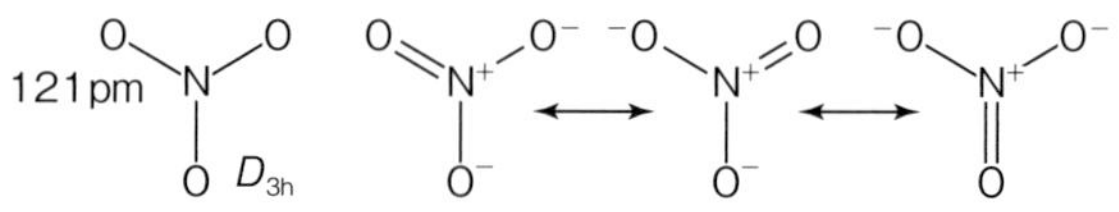

図 13-16　NO_3^- の構造と共鳴構造

13-9　窒素固定

大気中の N_2 は三重結合（N≡N）をもつため，非常に強い結合エネルギー（945.4 kJ mol^{-1}）をもつ。そのため，N 原子は生体にとって必須な原子であるにもかかわらず，通常の生物は N_2 の三重結合を切断できず，N_2 が

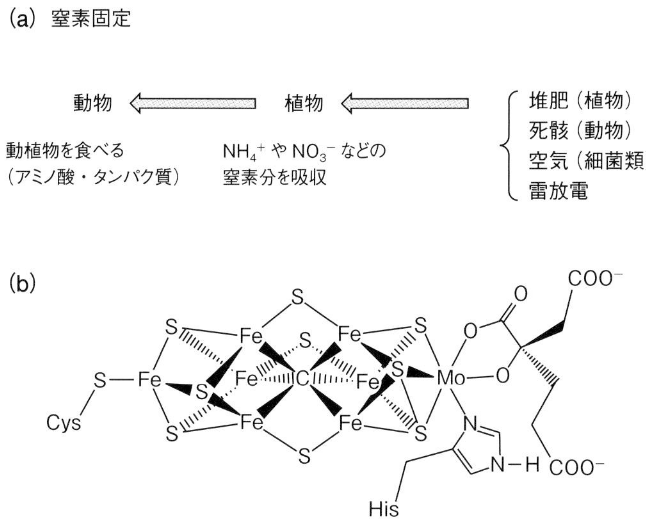

(a) 窒素固定

動物 ⟸ 植物 ⟸ 堆肥（植物）死骸（動物）空気（細菌類）雷放電

動植物を食べる（アミノ酸・タンパク質）

NH_4^+ や NO_3^- などの窒素分を吸収

(b)

S, Fe, C, Mo, O, COO^-, Cys, His, N–H

図 13-17　(a) 窒素固定と (b) FeMo コファクターの構造

豊富にある大気から直接N原子を生体に取り込めない。大気中のN_2を切断して，生物が使用できるN化合物にすることを“**窒素固定**（nitrogen fixation）”という（**図 13-17 (a)**）。自然現象では，大気中のN_2の三重結合を切断するのに，雷放電など極端な高いエネルギーが必要になる。動物の死骸や植物の堆肥など，生物の死骸を利用した肥料は，もともと三重結合を切断したN化合物であるため，生物が再利用可能である。

自然界に存在する根粒細菌や窒素固定細菌などは，大気中のN_2に8電子を押し込んでNH_3へ変換する酵素**ニトロゲナーゼ**（nitrogenase）をもっている。この酵素は，常温常圧で窒素固定をやってのける重要な酵素である。植物では，N_2の三重結合を切断したNH_4^+やNO_3^-などは，肥料として使用できる。一方，動物はこのような酵素をもたず，植物や同じ動物を消費することで体内にN化合物を取り入れている。ニトロゲナーゼの活性中心は，FeMoコファクターと呼ばれる特殊なクラスターが触媒として存在し，常温常圧でN_2の三重結合を切断している。その詳細な構造はまだはっきりと分かっていないが，最も新しい予想構造を**図 13-17 (b)** に示した。ハーバー－ボッシュ法など，工業的にNH_3を合成する際は高温高圧で触媒反応を必要とするが，ニトロゲナーゼの反応では高温高圧は必要ないので，エネルギー収支が非常に大きく，経済的な負担が小さい。そのため，FeMoコファクターの構造と機能を再現すべく，活性サイトアナログの合成が研究者によって行われている。

13-10　窒素分子金属錯体

ハーバー－ボッシュ法などではFe触媒を使用するが，これは金属イオンに配位したN_2が活性化され，三重結合が切れやすくなるためである。このように，金属イオンに配位してN_2を活性化するいくつかの金属錯体が知られている。中でも，$[Ru(NH_3)_5(N_2)]^{2+}$は昔から知られているN_2錯体である（**図 13-18 (a)**）。（$[Ru(NH_3)_5(H_2O)]^{2+} + N_2 \rightarrow [Ru(NH_3)_5N_2]^{2+}$）この中で，$N_2$の代りに$N_2O$を配位させた$[Ru(NH_3)_5(N_2O)]^{2+}$（**図 13-18 (b)**）は，$Cr^{II}$錯体で還元されて$[Ru(NH_3)_5(N_2)]^{2+}$の$N_2$錯体となる。（$[Ru(NH_3)_5(N_2O)]^{2+} + Cr^{II}$錯体 $\rightarrow [Ru(NH_3)_5N_2]^{2+} + Cr^{III}$錯体）この反応を利用して，2種類の$^{15}N$に置換した$N_2O$（$^{15}N{=}N{=}O$と$N{=}^{15}N{=}O$）を使って$[Ru(NH_3)_5(H_2O)]^{2+}$に配位させ，$[Ru(NH_3)_5(N{\equiv}^{15}N)]^{2+}$および$[Ru(NH_3)_5(N^{15}{\equiv}N)]^{2+}$をつくることに成功した。この2つの錯体はIRで区別できる。これによって，Ru^{II}錯体に配位したN_2は**図 13-19**のように中間体がside-on型[*8]をとるように回転運動してい

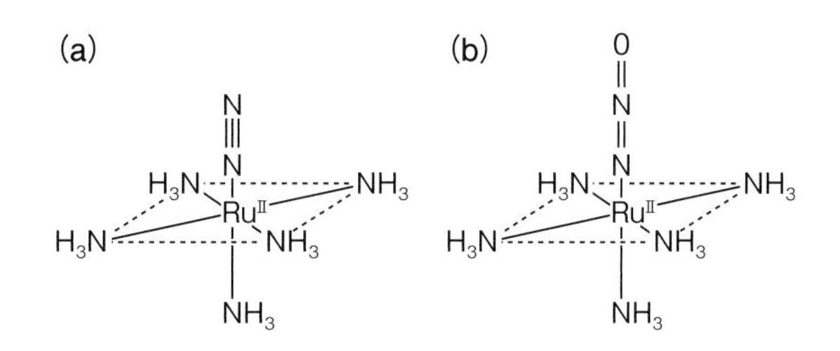

図 13-18　(a) N_2-Ru 錯体，(b) N_2O-Ru 錯体

＊8　N≡Nに対して垂直に配位する形。

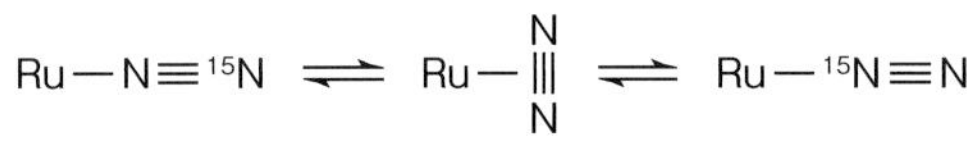

$$Ru-N\equiv{}^{15}N \rightleftharpoons Ru-\overset{N}{\underset{N}{|||}} \rightleftharpoons Ru-{}^{15}N\equiv N$$

図 13-19 Ru^{II} 錯体に結合した N_2 の構造

ることが明らかになった。結晶固体中での N_2 の回転運動の半減期は2日（22 °C）であり，水溶液中では2時間（25 °C）である。

13-11 ニトロゲナーゼの活性サイトアナログの窒素錯体

最近，話題になっているいくつかの窒素錯体を**図 13-20** に示す。これらの錯体は，金属イオン上に配位した N_2 を還元することで NH_3 まで反応させることができるため，人工ニトロゲナーゼとして注目されている。ニトロゲナーゼの FeMo クラスターをつくる Mo や Fe を錯体内に含んでおり，N_2 に8電子取り込ませ NH_3 に変換するために強力な還元剤を使用しているのが特徴である。ハーバー-ボッシュ法の Fe 触媒よりは極めて温和な反応条件で N_2 から NH_3 へ触媒的に変換できる[53-55]。

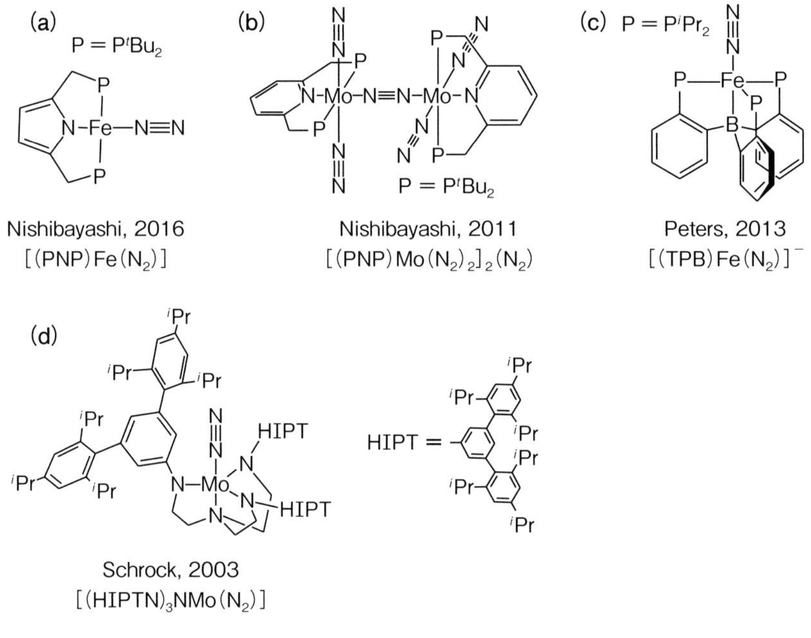

(a) P = P^{t}Bu$_2$
Nishibayashi, 2016
[(PNP)Fe(N$_2$)]

(b) P = P^{t}Bu$_2$
Nishibayashi, 2011
[(PNP)Mo(N$_2$)$_2$]$_2$(N$_2$)

(c) P = P^{i}Pr$_2$
Peters, 2013
[(TPB)Fe(N$_2$)]$^-$

(d) HIPT =
Schrock, 2003
[(HIPTN)$_3$NMo(N$_2$)]

図 13-20 ニトロゲナーゼの活性サイトアナログとしての N_2 錯体

第14章 リン

リン (phosphorus) は，1669年に尿の金色を見たブラント (Brandt, H.) が，尿から金を取り出そうとして，尿と砂を加熱して単離し，白色固体として発見した。この白色固体は金ではないが，空気中の暗所で発光するので注目を集めた。地殻中での存在量は第11位であり，主にリン酸塩鉱物として存在している。Pは核酸 (RNA, DNA) やATPあるいはリン脂質として生体内に多量に存在する。そのため，植物にとって肥料として必須であり，骨粉やグアノ（海鳥の糞が堆積したもの）などがリン肥料として用いられてきた。その他，発煙弾や花火の製造，製鉄や合金にも利用され，リン酸ナトリウム Na_3PO_4 は，硬水を軟水に変える洗剤のビルダー（洗浄助剤）や，ボイラーの湯あか防止剤として使われる。過剰に使用されたリン酸肥料や生活排水に含まれるリン酸塩は，湖や海岸で「富栄養化」を引き起こし，植物プランクトンや藻類の増殖，あるいは有毒なアオコや赤潮などを引き起こすため，法律で使用が規制されている。

リン灰石 (apatite) は，$[Ca_5(PO_4)_3]X$*1で表される鉱物である。骨の主成分は $[Ca_5(PO_4)_3](OH)$ の水酸化リン灰石 (hydroxyapatite) である。そのため，微量のNaFを含む水溶液でうがいすると，歯の表面がより難溶性のフッ素リン灰石に変わるので，虫歯予防になるといわれている。微量なNaFは歯磨き粉などにも加えられている。

14-1 リン酸肥料の製造

リン酸肥料として，過リン酸石灰 ($Ca(H_2PO_4)_2 \cdot H_2O + 2CaSO_4$) と重過リン酸石灰 ($Ca(H_2PO_4)_2 \cdot H_2O$) が知られている。水に溶けない $Ca_3(PO_4)_2$ のリン鉱石を H_2SO_4 で処理することで過リン酸石灰を得られるが ($Ca_3(PO_4)_2 + 2H_2SO_4 \rightarrow Ca(HPO_4)_2 \cdot H_2O + 2CaSO_4$)，この粉末中には水に不溶な $CaSO_4$ も含まれてしまう。一方，$Ca_3(PO_4)_2$ を H_3PO_4 で直接処理することで得られる重過リン酸石灰の場合は，$Ca(H_2PO_4)_2 \cdot H_2O$ のみが得られるため，有効なリン酸の含有量が高くなる。($Ca_3(PO_4)_2 + 4H_3PO_4 + 3H_2O \rightarrow 3Ca(H_2PO_4)_2 \cdot H_2O$)

14-2 リンの同素体

リンの単体である P_4 は，**白リン**（**黄リン**）（融点44 °C）と呼ばれ，ワックス状の柔らかい固体であり，揮発性で毒性が強く，血液や肝臓に吸収される。白リン P_4 は，はじめスラグ（鉱滓（こうさい））をつくるので，それに砂を加えて1300～1450 °Cに加熱し，コークス (C) で還元すると P_4 が得られる。($2Ca_3(PO_4)_2 + 10C + 6SiO_2 \rightarrow 6CaSiO_3 + 10CO + P_4$) 空気中では穏やかに燃焼して黄緑色に発光し，$P_4O_{10}$ になる。白リン P_4 は酸化を防ぐために水中で保存する。**図14-1**のように正四面体型の構造 ($d_{P-P} = 225$ pm) をもち，∠P−P−P = 60° で非常に歪みをもつが，～800 °Cまでこの構造を保つ。白リン P_4 の表面は酸化されて黄色に変色するため，黄リンとも呼ばれる。白リン P_4 は常温では α 型立方晶の結晶 (α-P) であるが，−77 °Cでは β 型立方晶の結晶 (β-P) に変化する。また，白リン P_4 は800 °C以上で高圧・融解させると，三重結合をもつ P_2 (:P≡P:) ($d_{P-P} = 187$ pm) を生じる。P_2 は不安定であり，H_2O が存在すると白リン P_4 に戻る傾向がある。

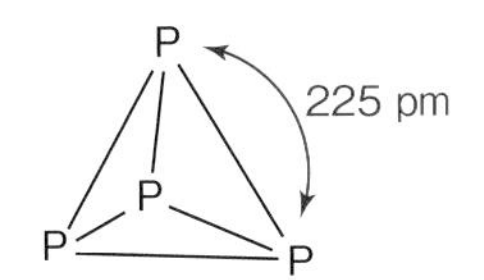

図14-1 白リンの分子構造

白リン P_4 を，数日間不活性ガス中で300 °Cで加熱すると，無定型固体の赤リンに変化する。赤リンになると毒性はなくなり，空気中で自然発火せず，250 °Cで発火するようになる。赤リンは白リン P_4 よりも安定で安全である。赤リンは繊維状赤リンとして知られているが，中には特徴的なインターロック鎖構造 ($d_{P-P} = 222$ pm) をもつ**紫リン** (Hittorf's phosphorus) も知られている。この紫リンは，I_2 触媒下で非晶質の赤リンを真空中で昇華させることで得られる。白リン P_4 を高圧下で加熱すると，550 °C以下では熱力学的に最も安定な

---

*1 X = F（フッ素リン灰石），Cl（塩素リン灰石），OH（水酸化リン灰石）

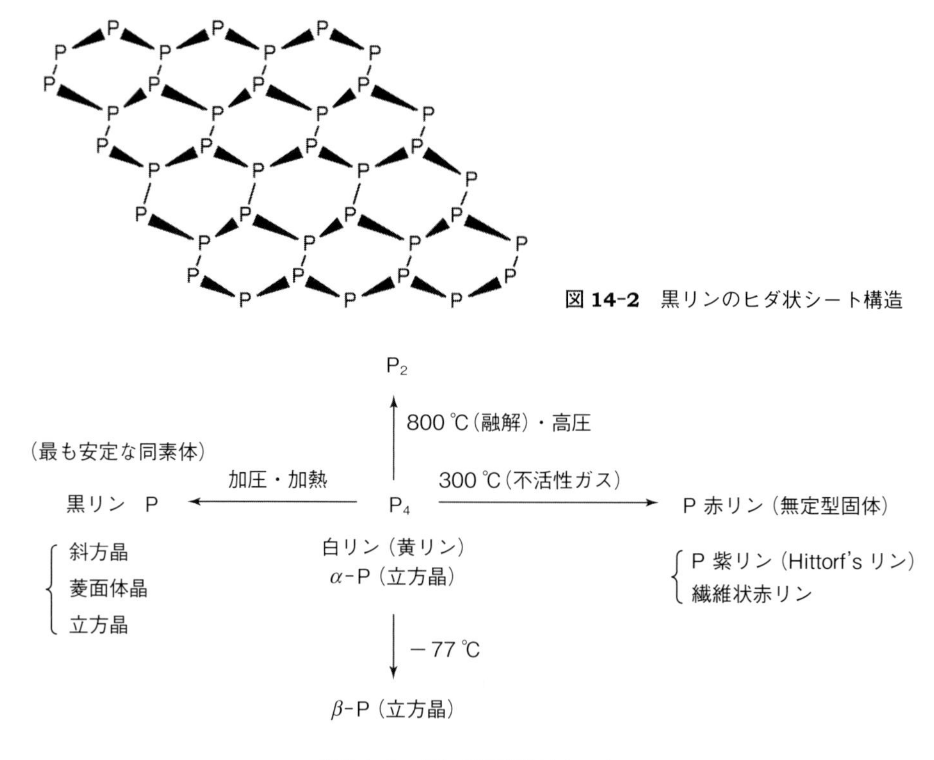

図 **14-2** 黒リンのヒダ状シート構造

図 **14-3** リンの同素体スキーム

同素体の**黒リン**が得られる。結晶では斜方晶・菱面体晶・立方晶などがあり，これらは**図 14-2** のように，ヒダ状の P 原子の 6 員環の層状構造が積層してつくられている。黒リンは 400 °C でも発火しない（**図 14-3**）。

14-3 リンの水素化物

直鎖状**ホスフィン**（phosphine）では P_nH_{2n+2}（n = 1～9）まで知られている。環状や縮環状のポリホスフィンも知られている。熱的に不安定であり，P の核数が多くなると不安定化する傾向がある。最も単純なのはホスフィン PH_3*2 であり，悪臭を放ち，有毒で空気中で発火する物質である（融点 −134 ℃，沸点 −87.8 ℃）。PH_3 の結合角の ∠ 93.6° は NH_3 の 107.8° よりも小さい。これは，s 軌道の不活性電子対効果のため，H との s 軌道電子の結合よりも p 軌道電子の割合が大きくなるからである。また，VSEPR モデルでは，電気陰性度が P（χ_P = 2.19）と H（χ_H = 2.20）ではほとんど同じで，結合電子対間の反発が弱くなるためこのような構造になる。PH_3 は，ホスフィン酸（次亜リン酸）を加熱することによって得られる。（$2H_3PO_2 \rightarrow PH_3 + H_3PO_4$ または $3H_3PO_2 \rightarrow PH_3 + 2H_3PO_3$）また，工業的には塩基性溶液中で黄リンの不均化によって PH_3 が得られる。（$P_4 + 3OH^- + 3H_2O \rightarrow PH_3 + 3H_2PO_2^-$）

*2 IUPAC の正式な名称は**ホスファン**（phosphane）。

14-4 リンの酸化物

白リン P_4 を O_2 下で燃焼させると $P^V{}_4O_{10}$ が得られ，O_2 を制限して燃焼させると $P^{III}{}_4O_6$ が得られる（**図 14-4**）。そして，その燃焼の中間体として $P^{III}P^V{}_3O_9$ と $P^{III}{}_2P^V{}_2O_8$，$P^{III}{}_3P^VO_7$ のすべてが存在することが分かっている（**図 14-5**）。

$P^{III}{}_4O_6$ は，4 つの $P^{III}\cdots P^{III}$ 間に 1 つの O 原子が架橋したアダマンタン型の構造をとる。そして，$P^V{}_4O_{10}$ は，アダマンタン型の構造をもつ $P^{III}{}_4O_6$ の 4 つの P 原子の末端にそれぞれ O 原子を付けて，P^V=O 結合したものである。この燃焼の中間体の $P^{III}P^V{}_3O_9$ と $P^{III}{}_2P^V{}_2O_8$ および $P^{III}{}_3P^VO_7$ は，$P^V{}_4O_{10}$ から末端の O 原子を 1 つずつ取り除いた構造をもつ。$P^{III}{}_4O_6$ はエーテルやベンゼンに溶けるが，各 P 原子が非共有電子対をもつためルイス塩基として働き，H_2O と反応してホスホン酸 H_3PO_3 を生じる。（$P_4O_6 + 6H_2O \rightarrow 4H_3PO_3$）$P^V{}_4O_{10}$ は $P^{III}{}_4O_6$ の O_2 による

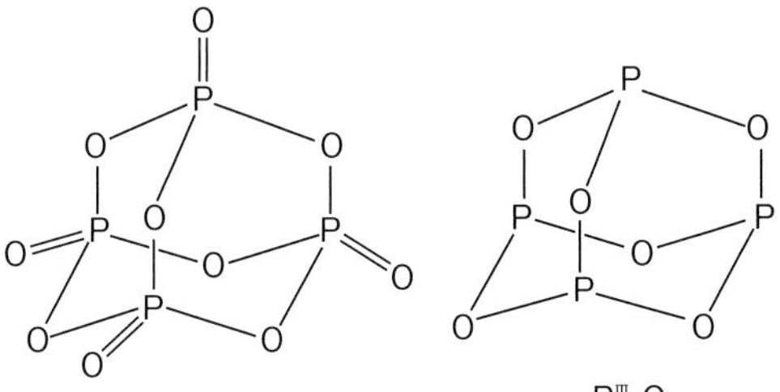

$P^{V}_4O_{10}$

$d_{P-O(b)} = 160$ pm

$d_{P-O(t)} = 140$ pm

$P^{III}_4O_6$

$d_{P-O(b)} = 165$ pm

$\angle P-O-P = 128°$

$\angle O-P-O = 99°$

図 14-4　典型的な酸化リン P_4O_{10} および P_4O_6 の分子構造
b: bridge，t: terminal

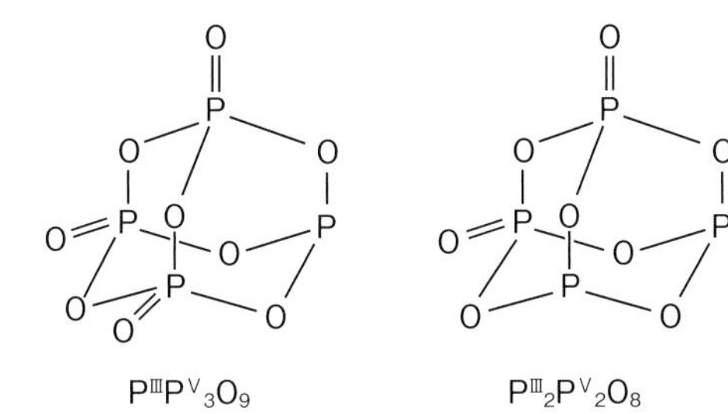

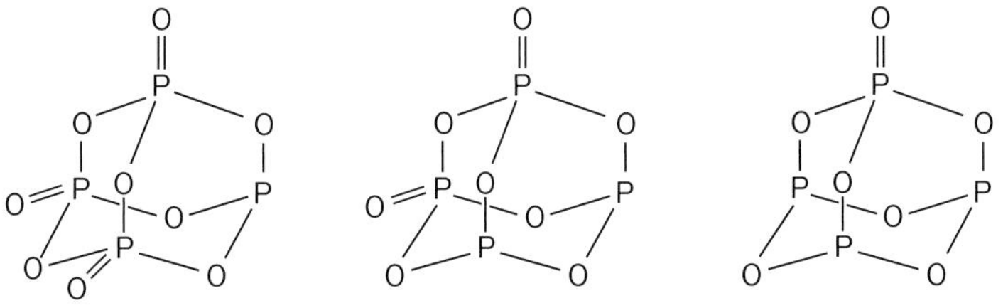

$P^{III}_3P^{V}O_7$

図 14-5　その他の酸化リンの構造

直接酸化によってもつくられる。また，$P^{III}_4O_6$ は CH_2Cl_2 中 −78 °C で O_3 と反応し，亜リン酸オゾニド ($P_4O_6(O_3)_4$) を生成する (**図 14-6**)。$P^{V}_4O_{10}$ は白色の粉末であり，100 °C 以下では最も強力な脱水剤の 1 つである。$P^{V}_4O_{10}$ を加水分解するとリン酸が得られる。($P_4O_{10} + 6H_2O \rightarrow 4H_3PO_3$)

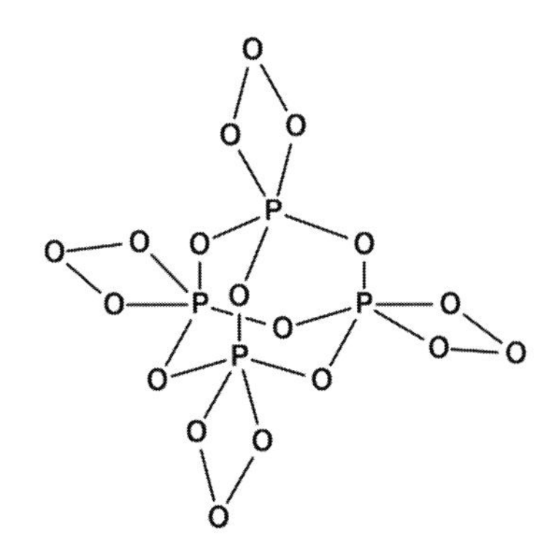

図 14-6　亜リン酸オゾニド $P_4O_6(O_3)_4$ の構造

14-5　リンのオキソ酸

ホスフィン酸 (次亜リン酸) H_3PO_2 は，白リン P_4 とアルカリ水溶液の反応で $H_2PO_2^-$ が得られる。($P_4 + 3NaOH + 3H_2O \rightarrow 3NaH_2PO_2 + PH_3$) ホスフィン酸塩は還元剤であり，水溶液中ではかなり強い一塩基酸である。($H_3PO_2 + H_2O \rightleftarrows H_3O^+ + H_2PO_2^-$　p$K_a = 1.24$) $NaH_2PO_2 \cdot H_2O$ は無電解 Ni メッキなどの還元剤として使用される。メッキされた Ni の P の含有量によって，例えば高い P 含有量 (11 ～ 13%) では酸に対する耐性があり，P 含有量が 4%以下ではアルカリ腐食に対して耐性が高まる。H_3PO_2 は加熱によって不均化し，温度によってホスホン酸 H_3PO_3 やオルトリン酸 H_3PO_4 が得られる。($2H_3PO_2 \rightarrow PH_3 + H_3PO_4$ または $3H_3PO_2 \rightarrow PH_3 + 2H_3PO_3$) H_3PO_2 は 2 つの H 原子が P 原子に直接結合している。この直接結合した 2 つの H 原子は解離しないため，一塩基酸として働くのである。そのため，H_3PO_2 よりも $H_2P(O)(OH)$ と表記した方が分かりやすいであろう (**図 14-7**)。

H_3PO_3 (亜リン酸) は，P_4O_6 あるいは PCl_3 を H_2O で加水分解したときに得られる。($PCl_3 + 3H_2O \rightarrow H_3PO_3 + 3HCl$) H_3PO_3 は無色の潮解性の結晶 (融点 70 °C) であり，水素結合で連結した三次元ネットワークの構造をもつ。H 原子の 1 つが P 原子と直接結合しているため，25 °C で p$K_{a1} = 1.50$ と p$K_{a2} = 6.78$ の二塩基酸として働く。$HP(O)(OH)_2$ と表記できるが，エステルになるときには $P(OR)_3$ のような構造に異性化する。H_3PO_3 も還元剤であり，加熱すると H_3PO_4 へ不均化する。($4H_3PO_3 \rightarrow PH_3 + H_3PO_4$) HPO_3^{2-} を含む塩はホスホン酸塩 (phosphonate) と呼ぶが，亜リン酸塩 (phosphite) とも呼ばれる。亜リン酸トリアルキル $P(OR)_3$ などのエス

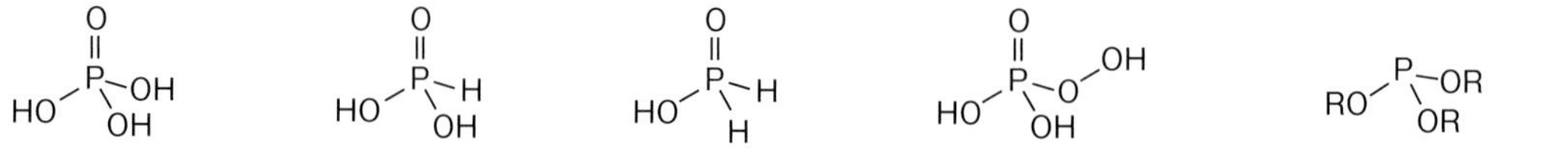

リン酸（オルトリン酸）H_3PO_4　亜リン酸（ホスホン酸）H_3PO_3　次亜リン酸（ホスフィン酸）H_3PO_2　ペルオキソリン酸 H_3PO_5　亜リン酸トリアルキル $P(OR)_3$

図 14-7 各種リン酸誘導体の構造

テル類も phosphite と呼ばれるため，しばしば混同される。ペルオキソリン酸 H_3PO_5 は強力な酸化剤であり，H_3PO_5 は H_3PO_4 の電解による陽極酸化や P_4O_{10} と H_2O_2 の反応で得られる。

通常リン酸と呼ばれるのはオルトリン酸 H_3PO_4 である。リン酸塩鉱物と H_2SO_4 の直接反応でも，P_4O_{10} の加水分解でも得られる三塩基酸である*3。純粋な H_3PO_4 は無色の結晶であり（融点 42.35 °C），～400 °C 以下では酸化性のない安定な物質である。高温では金属による還元反応や，石英などと反応する。H_3PO_4 の水素結合は濃厚水溶液でも残存しており，粘性液体の原因になっている。濃度 < 50% の水溶液では，H_3PO_4 同士よりも H_2O との水素結合が優先される。リン酸エステルは $OP(OR)_3$ の酸化（$2P(OR)_3 + O_2 \rightarrow 2OP(OR)_3$）や，塩化ホスホリル $POCl_3$ と ROH の反応で得られる。（$POCl_3 + 3ROH \rightarrow OP(OR)_3 + 3HCl$）リン酸トリブチル $OP(O^nBu)_3$ などは，水溶液中から $[UO_2]^{2+}$ や Pu^{4+} などの金属イオンを抽出するための溶媒抽出剤として使用される。

14-6 縮合リン酸

H_3PO_4 は，200 °C 以上に加熱すると縮合反応が起こり，3つの隣接する H_3PO_4 が脱水して O 原子で橋架けした構造をとる（**図 14-8**）。この縮合反応は加熱温度と加熱時間に関係して，より複雑な縮合リン酸をつくることができる。原理的には低い pH 条件での縮合反応は有利であるが，この反応自体は非常に遅いため pH には左右されない。（$2PO_4^{3-} + 2H^+ \rightleftarrows P_2O_7^{4-} + H_2O$）

縮合リン酸の構造において，H_3PO_4 単位の OH 基の数が縮合リン酸の構造を決める因子となりうる。縮合リン酸のアニオンの構造は，鎖状構造をもつ縮合リン酸の末端では構造因子 I が生成し，鎖状部分では構造因子 II となり，三次元の架橋基としては構造因子 III をもつ（**図 14-9**）。縮合リン酸のうち，環状になっているものをメタリン酸イオン（metaphosphate ion）と呼び，鎖状になっているものをポリリン酸イオン（polyphosphate ion）あるいはオリゴリン酸イオン（oligophosphate ion）と呼ぶ。このようなリン酸イオンは，P_4O_{10} に控えめに H_2O を加えて合成できるが，このとき生成する複雑な陰イオンの混合物はペーパークロマトグラフィーなどで分けることができる。ポリリン酸は，末端の P 原子と，架橋した P 原子に OH 基があるものの，2 種類の OH 基の酸性度は異なる。末端にある 2 つの OH 基は弱酸性である。残りの架橋した P 原子にある OH 基は，P 原子当たり 1 個存在する。この OH 基は，P 原子を介して強い電子求引性の P=O 基が存在するため，強酸性を示す。この弱酸と強酸の H^+ の比が，ポリ酸の平均鎖長の目安になる。一般に平均鎖長の長いポリリン酸は，粘性の強

*3 $pK_{a1} = 2.15$ と $pK_{a2} = 7.20$，および $pK_{a3} = 12.38$（25 °C）

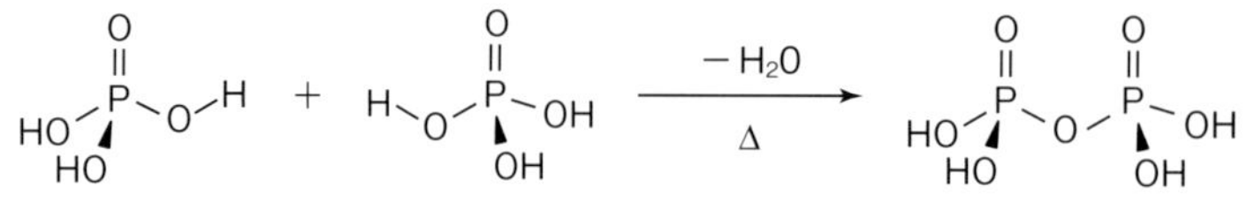

$-H_2O$, Δ

図 14-8 リン酸の脱水縮合反応

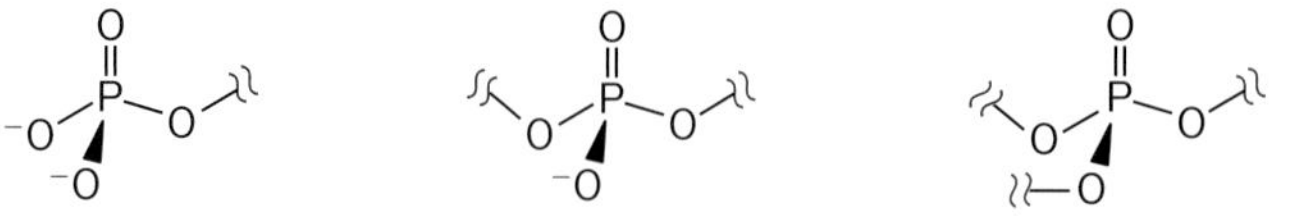

I　II　III

図 14-9 縮合リン酸の構造因子

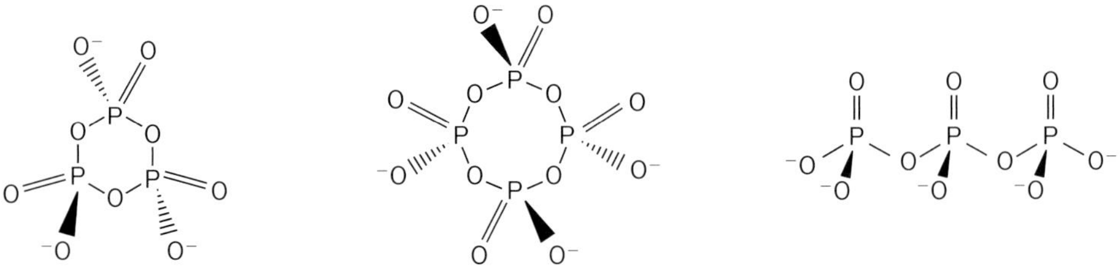

cyclo-$[P_3O_9]^{3-}$　*cyclo*-$[P_4O_{12}]^{4-}$　$P_3O_{10}^{5-}$

図 14-10 主な縮合リン酸イオンとメタリン酸イオンの構造

い液体かガラス状態である。

H_3PO_4 同士を 240 °C に加熱すると，縮合して二リン酸（ピロリン酸）$H_4P_2O_7$ が得られ（$2H_3PO_4 \rightarrow H_4P_2O_7 + H_2O$），さらに加熱すると三リン酸 $H_5P_3O_{10}$ の縮合リン酸が得られる。（$H_3PO_4 + H_4P_2O_7 \rightarrow H_5P_3O_{10} + H_2O$）この三リン酸塩の $Na_5P_3O_{10}$ は，洗濯用や食洗機洗剤，工業用洗剤のビルダーとして使われており，硬水中の Ca^{2+} や Mg^{2+} と錯形成し，軟化してイオンとの沈殿生成を防ぐ。さらに，タンパク質と結合して保湿効果をもち，ハムやベーコンなどの保存料として利用されている。メタリン酸イオンで重要な *cyclo*-$[P_3O_9]^{3-}$ と *cyclo*-$[P_4O_{12}]^{4-}$ は，次のように合成されている。NaH_2PO_4 を H_2O 蒸気の存在下，加熱すると，主に *cyclo*-$[P_3O_9]^{3-}$ が生じる。一方，P_4O_{10} を冷却した NaOH あるいは $NaHCO_3$ 水溶液で処理するか，もしくは，H_3PO_4（75%）と $Cu^{II}(NO_3)_2$ をゆっくりと 400 °C まで加熱すると，*cyclo*-$[P_4O_{12}]^{4-}$（**図 14-10**）が得られる。

14-7 ハロゲン化リン

P は単体のハロゲン X_2 と反応すると PX_3 や PX_5 を生じる*4。この中で PCl_3 と PCl_5 を中心にハロゲン化リンについて述べていこう。

PCl_3 は，リン化合物の合成原料として非常に重要である。工業的には PCl_3（融点 −93.6 °C，沸点 76.1 °C）自身を溶媒にして，Cl_2 ガスと赤リンを反応させて合成される。（$2P$（赤リン）$+ 3Cl_2 \rightarrow 2PCl_3$）湿った空気中で発煙し，水と反応してホスホン酸 H_3PO_3 を生成する。（$PCl_3 + 3H_2O \rightarrow H_3PO_3 + 3HCl$）**図 14-11 (a)** に示したように，PF_3 は PCl_3 に AsF_3 を反応させて合成する。（$PCl_3 + AsF_3 \rightarrow PF_3 + AsCl_3$）$PCl_3$ は三角錐型構造をとるが，非共有電子対を含めると正四面体構造である。PCl_3 はルイス塩基としての性質があり，金属イオンなどのルイス酸と反応する。人体のヘモグロビンなどと PCl_3 は錯形成するため，非常に毒性が強い。また，PCl_3 を O_2 で処理すると塩化ホスホリル $POCl_3$ を生じる。PCl_3 に過剰のハロゲン X_2 を反応させると PCl_3X_2 が生じ，NH_3 を反応させるとアンモノリシスにより $P(NH_2)_3$ を生じる。

5 価のハロゲン化リン PX_5 は，分子性のものは PF_5 と気相と液相の PCl_5 だけで，三方両錐構造をもつ。固相では正四面体型イオンの PCl_4^+ と正八面体型イオンの PCl_6^- が存在し，CsCl 型のイオン性固体になっている。$MeNO_2$ のような極性溶媒中ではイオン化している（**図 14-11 (b)**）。（$2PCl_5 \rightleftarrows PCl_4^+ + PCl_6^-$ または $PCl_5 \rightleftarrows$

*4 しかし，PI_5 は知られていない。P^V 原子によって I^- が酸化され，PI_3 と I_2 に分解してしまうからである。

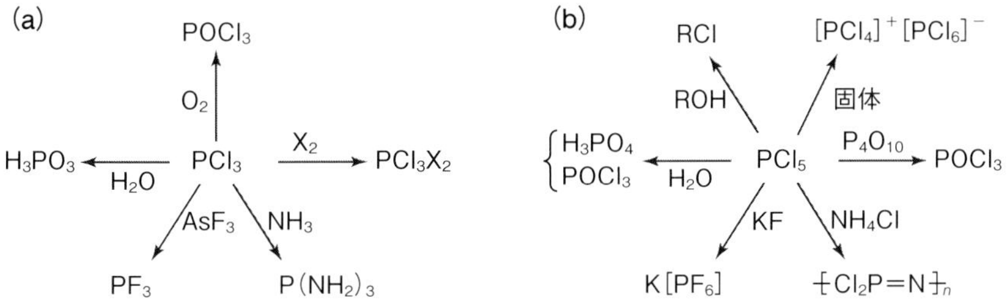

(a)
$PCl_3 \xrightarrow{O_2} POCl_3$
$PCl_3 \xrightarrow{X_2} PCl_3X_2$
$PCl_3 \xrightarrow{H_2O} H_3PO_3$
$PCl_3 \xrightarrow{AsF_3} PF_3$
$PCl_3 \xrightarrow{NH_3} P(NH_2)_3$

(b)
$PCl_5 \xrightarrow{ROH} RCl$
$PCl_5 \xrightarrow{固体} [PCl_4]^+[PCl_6]^-$
$PCl_5 \xrightarrow{P_4O_{10}} POCl_3$
$PCl_5 \xrightarrow{H_2O} H_3PO_4, POCl_3$
$PCl_5 \xrightarrow{KF} K[PF_6]$
$PCl_5 \xrightarrow{NH_4Cl} -[Cl_2P{=}N]_n-$

図 14-11 PCl_3 と PCl_5 の反応スキーム

$PCl_4^+ + Cl^-$）そのため，PCl_5 は $TiCl_4$ や $NbCl_5$ のような Cl^- 受容体と反応するとき PCl_4^+ 塩となる。（$2\,PCl_5 + 2\,TiCl_4 \rightarrow ([PCl_4]_2)^{2+}[Ti_2Cl_{10}]^{2-}$）（$PCl_5 + NbCl_5 \rightarrow [PCl_4]^+[NbCl_6]^-$）固相の PBr_5 もイオン性固体であるが，PCl_5 と違って固相では PBr_4^+ と Br^- に，気相では PBr_3 と Br_2 に分かれている。結晶の PF_5 は**図 14-12** のように三方両錐構造をもつので，結晶中ではアキシアル位にある F_{ax} と P の結合距離は $d_{Fax-P} = 158$ pm，エクアトリアル位にある F_{eq} と P の結合距離は $d_{Feq-P} = 152$ pm と異なっている。しかし，溶液中で ^{19}F-NMR のピークは1組の二重線しか測定されない。つまり，NMR の時間スケールでは P−F 結合が1種類しか測定されない。これは，アキシアル位とエクアトリアル位の P−F 結合が絶えず入れ替わっている（fluxional motion）ことを意味している。この分子が**ベリーの擬回転**（Berry pseudo-rotation）という機構で結合を切らずに運動できることから説明される（**図 14-13**）。

図 14-11 (b) のように，PCl_5 は過剰の水と反応して H_3PO_4 と HCl を生じるが（$2\,PCl_5 + 8\,H_2O \rightarrow 2\,H_3PO_4 + 10\,HCl$），等量の水と反応させた場合には $POCl_3$ が生じる。（$PCl_5 + H_2O \rightarrow POCl_3 + 2\,HCl$）$PCl_5$ に KF を反応させると，KPF_6 が得られる。この PF_6^- は，比較的カチオンと相互作用のないイオンとして，錯体の結晶化などに使われている。（$6\,KF + PCl_5 \rightarrow KPF_6 + 5\,KCl$）$PCl_5$ と P_4O_{10} の反応では $POCl_3$ が得られるし（$6\,PCl_5 + P_4O_{10} \rightarrow 10\,POCl_3$），ROH との反応では RCl が得られる。（$PCl_5 + 5\,ROH \rightarrow 5\,RCl + H_3PO_4 + H_2O$）$PCl_5$ と NH_4Cl の反応では，$-X_2P{=}N-$ 結合をもつホスファゼン化合物が得られる。（$n\,PCl_5 + n\,NH_4Cl \rightarrow \text{⫞}Cl_2P{=}N\text{⫟}_n + 4n\,HCl$）

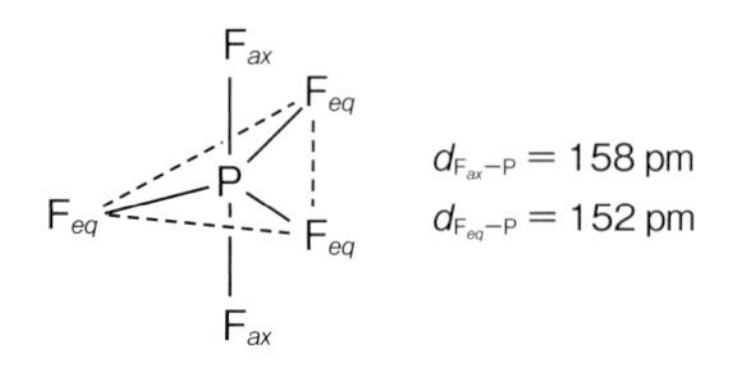

図 14-12　PCl_5 の構造

14-8　P−N 化合物

−P=N− 結合をもつ**ホスファゼン**（phosphazene）は，多くの誘導体がつくられている。各 P 原子には2つの置換基が存在し，P 原子と N 原子が交互に結合した構造をもっている。モノホスファゼン $X_3P{=}NR$ が最も単純なホスファゼンであるが，環状分子や直線状化合物のポリホスファゼンが重要である。ホスファゼンの構造は−P=N−の二重結合を書くが，一般にすべての P−N 結合距離は等しい。P−N 単結合が $d_{P-N} = \sim 180$ pm であるとすると，ホスファゼンの −P=N− の二重結合は $d_{P-N} = 156 \sim 161$ pm であるのでかなり短く，～1.5 重結合である。ホスファゼンは，PCl_5 に NH_4Cl を塩化ベンゼン中で反応させて合成する（**図 14-14**）。環状と直線状の混合物ができるが，$\text{⫞}Cl_2P{=}N\text{⫟}_n$ の $n = 3, 4$ の環状化合物は，反応条件を制御すると 90% 以上の収率で得られる。

得られたホスファゼン $\text{⫞}Cl_2P{=}N\text{⫟}_n$ のうちで，環状の $n = 3, 4$ の三量体 *cyclo*-$(-Cl_2P{=}N-)_3$ や，四量体 *cyclo*-$(-Cl_2P{=}N-)_4$ が重要である（**図 14-15**）。三量体の *cyclo*-$(-Cl_2P{=}N-)_3$ は平面構造をとり，P−N 結合距離は $d_{P-N} = 158$ pm である。四量体の *cyclo*-$(-Cl_2P{=}N-)_4$ はヒダ状構造をもち，いす形構造が安定である。この四量体もすべて同じ P−N 結合距離をもち，$d_{P-N} = 156$ pm である。*cyclo*-$(-Cl_2P{=}N-)_3$ では，共鳴構造を描くことがで

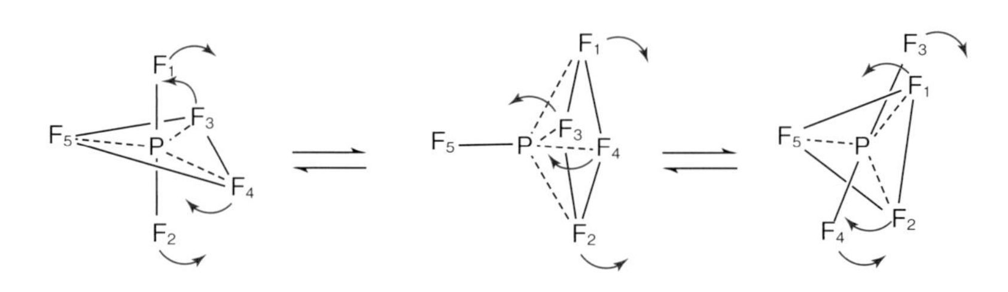

図 14-13　PCl_5 のベリーの擬回転メカニズム

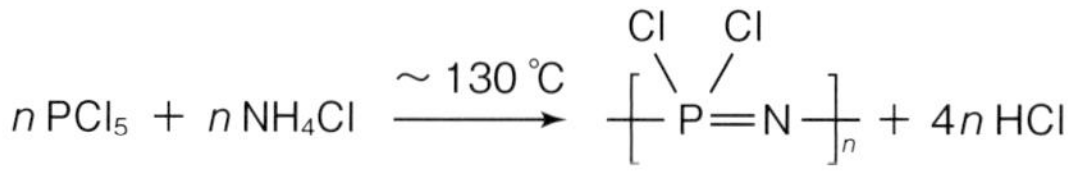

$$n\,PCl_5 + n\,NH_4Cl \xrightarrow{\sim 130\,℃} \left[\overset{Cl\ \ Cl}{\overset{\backslash\ /}{P}}{=}N \right]_n + 4n\,HCl$$

図 14-14　ホスファゼン化合物の合成

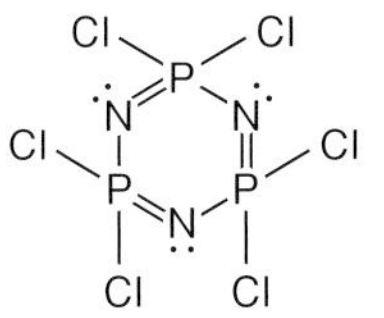

cyclo-(-$Cl_2P{=}N$-)$_3$

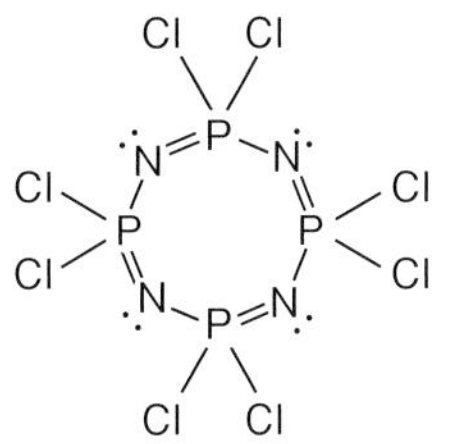

cyclo-(-$Cl_2P{=}N$-)$_4$

図 14-15 主な環状ホスファゼンの構造

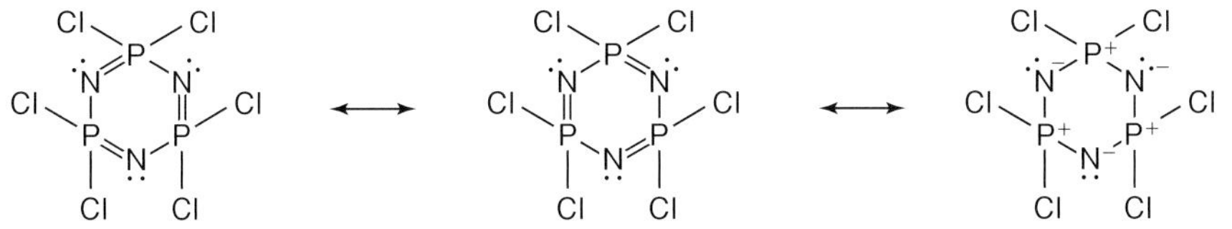

図 14-16 環状ホスファゼン *cyclo*-(-$Cl_2P{=}N$-)$_3$ の共鳴構造

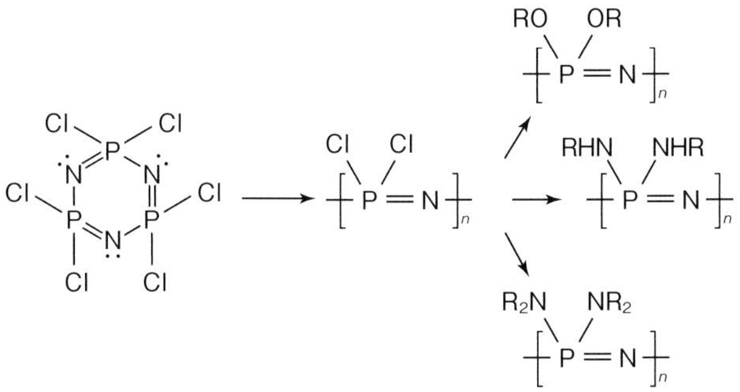

図 14-17 環状ホスファゼン *cyclo*-(-$Cl_2P{=}N$-)$_3$ からの高分子誘導体の合成

きる（**図 14-16**）。6 員環での結合を P_3N_3 の面内方向と面内に垂直の方向を利用して，N$(2p_z)$-P$(3d\pi)$ の軌道の重なりを考慮する。この基底状態での最大の軌道重なりは，電子の非局在化は残すが節面を形成するため，芳香族性をもたない。しかし，P$(3d\pi)$ 軌道の結合はほとんど関与していないという結果もあり，図の一番右のようなイオン性の共鳴構造の寄与も考えられる。強く局在化した $P^{\delta+}-N^{\delta-}$ の存在は，P_3N_3 が芳香族性をもたないことと一致する。

三量体の *cyclo*-(-$Cl_2P{=}N$-)$_3$ は，250 °C 以上で加熱溶解し，開環重合して直線型ポリジクロロホスファゼン ⟮$Cl_2P{=}N$⟯$_n$ を生じる。この重合体は加水分解されて不安定であるが，*cyclo*-(-$Cl_2P{=}N$-)$_3$ と同じように OR 基，NHR 基，NR_2 基に容易に変換され，その誘導体はそれぞれ ⟮$((RO)_2P{=}N)_n$⟯，⟮$((RHN)_2P{=}N)_n$⟯，⟮$((R_2N)_2P{=}N)_n$⟯ になる（**図 14-17**）。例えば ⟮$((RO)_2P{=}N)_n$⟯ では，耐水性のポリマーになるし，CF_3CH_2 基を置換した ⟮$((CF_3CH_2)_2P{=}N)_n$⟯ では生体に対して不活性になり，人工血管や組織をつくるのに利用できる。このようなホスファゼンポリマーの多くは，難燃材として用いられる。

Column【金星にも生物がいる？ —PH_3 の観測—】

ホスフィン PH_3 は，太陽系の惑星である金星の 50 km 上空の大気に，地球の数千倍の濃度で存在する。PH_3 は地球上では主に微生物によって生成され，動物の腸内や湿地帯などで観測される。太陽系の土星や木星のようなガス状惑星では，大きな圧力や重力による強烈な嵐などによって PH_3 が発生する。しかし，岩石惑星の金星では，PH_3 を発生するメカニズムは生物以外では考えられない。さらに，PH_3 は光によって絶えず分解されており，金星の大気中の PH_3 は何らかのプロセスで補充されなければならない。金星の表面温度は 420 ℃ 以上あり，密度の高い大気は，地球の海抜ゼロメートル地点における気圧の 90 倍を超える表面気圧を示している。しかも，金星の雲は 80% 以上が H_2SO_4 からなる強酸性の雰囲気である。

図 金星の表面模様（© NASA）

金星の地表から 31 km 上空の雲は，気温が 30 ℃，気圧は地球と同様に 1 atm になる。金星では雲に覆われた日が百万年以上も続いている。地球の大気圏には微生物が住んでいることから，かつて金星の環境が温和だったころに地表で暮らしていた H_2SO_4 を食べる生物が大気圏へと移動して，地表の環境が悪化する中で大気圏に留まった可能性はある。これらの生物から PH_3 が発生しているのだろうか。しかし，これほど強い酸性の環境中で，生物が存在できるはずがないという説もあり，金星では，今まで知られていない地質学的な理由か化学反応によって，PH_3 がつくられている可能性もある[56)]。

第15章 酸素

酸素 (oxygen) は16族のカルコゲンに属する。O原子は地殻を構成する物質のほぼ半分 (～47%) を占めている。地殻の存在割合は第1位であり，大気中にも21%含まれている。太陽系内の惑星大気として，これだけ O_2 を含む惑星は希である。地球上の O_2 は主に生物の光合成によって生成されたと考えられている。O_2 は高温でハロゲンや貴ガス，窒素を除くほとんどの元素と反応する。そのため，イオン半径は酸化物を基準に見積もられている。O_2 は二重結合性 ($\Delta H = 496\ \mathrm{kJ\ mol^{-1}}$) であり，常磁性をもち，固体や液体状態の O_2 は青色を示す。この O_2 の常磁性は分子軌道法が発展するまで説明できなかった。

15-1 O_2 の発見

O_2 はすでに1700年代前半に発見されていたが，当時は「ものが燃えるのは，フロギストン (火の素: phlogiston) という物質を失うためである」というフロギストン説が主流であった。そして，実際に O_2 はフロギストン説を後押しする材料として使われていた。O_2 は激しく物質を燃焼させるが，O_2 にはフロギストンが不足しており (脱フロギストン空気; dephlogisticated air)，燃える物質からフロギストンを奪い取り，その燃焼を助ける働きをすると考えられていた。そのため，O_2 と燃焼した物質は質量が減ることになる。しかし，ラボアジェ (Lavoisier, A.) は1774年に行った実験で，Hg を O_2 中で加熱すると最後に赤い燃え残りを生じることを見つけた。そして，フロギストンを失ったはずの赤い物質の質量が増加しており，Hg と減少した O_2 の質量の和が赤い物質の HgO に等しいことを明らかにして，質量保存の法則を発見した。この事実により，フロギストン説が否定されたのである。

15-2 O_2 の性質

"oxygen" は，ラボアジェがギリシア語の "酸を生むもの" から名付けたものである。しかし，酸とは H^+ であり，O_2 と酸は違っていた。ラボアジェの間違った解釈が，250年経った現在でも訂正されないまま，世界的な名前として定着している。O_2 は疎水性であり，エーテルやクロロホルムなどの疎水性の有機溶媒中によく溶ける。例えば，有機溶媒を空気中で容器に注いだだけで，O_2 が飽和濃度に達してしまう。アルコールやエーテル，ベンゼンなどの有機溶媒は，空気中で電子スペクトルを測定すると，O_2 と電荷移動 (CT) 反応を起こしたスペクトルが得られる。*N,N*-ジメチルアニリンは空気中で黄色に変色するが，O_2 を溶媒から除くと無色になる。O_2 が飽和した中性の水溶液はかなり良い酸化剤となる。Cr^{2+} や Fe^{2+} は純水中では酸化されないが，O_2 を含む水中ではすぐに Cr^{3+} や Fe^{3+} まで酸化される。例えば $[Co^{III}(NH_3)_6]Cl_3$ の錯体を合成するときに，活性炭を触媒として水溶液に空気をバブリングすることで，Co^{2+} から Co^{3+} へ酸化することが知られている。

15-3 光合成

光合成 (photosynthesis) は，光と H_2O と CO_2 から糖と O_2 をつくり出す精密な反応過程である。式15-1のような炭素固定が主な反応とみなされている。

$$6\,CO_2 + 6\,H_2O \rightarrow C_6H_{12}O_6 + 6\,O_2 \quad (15\text{-}1)$$

光合成は地球上のすべてのエネルギーの源である。生物は生きるためのエネルギーを糖などの食物から吸収し，そのエネルギーによって成長したり，活動する。このエネルギーは，すべて太陽エネルギーに基づいた光合成から得られたものである。太古の地球環境は，CO_2 の濃度が O_2 より圧倒的に高かった。多量の CO_2 は，現在では海洋や土壌に吸収され，有機物や炭酸塩として地球上に広く分布している。そして，光合成によってこの CO_2 の炭素を固定化し，生物が生きていく源にした。光合成によって CO_2 を変換した植物を燃焼させて CO_2 を発生させれば，熱エネルギーを取り出せる。1モルの CO_2 を糖に固定するためには，480 kJ ものエネルギーが必要になる。食物だけではなく，石油・石炭などのエネルギー源も，元を正せば光合成によって得られた昔の植物の死骸から得られている。そして，私たちは光合成から得られた化石燃料を燃やして，火力発電のエネルギーを得ているのである。

生物ははじめ，H_2Oを用いないでH_2Sや有機酸から光合成していたが，次第に豊富にあるH_2Oを用いるようになり，地球上に無尽蔵にあるH_2OとCO_2と光から生物がつくられるようになった。さらに，この生物由来のO_2を使った発酵よりもエネルギー効率の高い酸素呼吸によってエネルギーを取り出すしくみが，多くの生物で見られるようになった。光合成によってH_2OとCO_2を消費し，呼吸によってO_2を消費してCO_2を発生する生物の仕組みが発明されたのである。

15-3-1 明反応

光合成は，CO_2とH_2Oから光エネルギーを利用して，**グルコース**（glucose）とO_2を生成する反応である。地球上に植物のような光合成のできる生物が増えたため，地球の大気に21％もO_2が存在することになった。生物の光合成は，光エネルギーから化学エネルギーへのエネルギーの変換を行っており，現在の科学技術でも追いつけない，～70％という優れた変換効率をもっている。まず，**図15-1**のように，細胞の**葉緑体クロロプラスト**（chloroplast）内では，**グラナ**（grana）細胞の中のチラコイド（thylakoids）膜が光を受けることでH_2Oを分解してO_2を放出する。このとき，高エネルギー化合物である **NADPH**（nicotinamide adenine dinucleotide phosphate）と**アデノシン三リン酸**（adenosine triphosphate; **ATP**）を生産する（この過程を**明反応**（light reaction）という）。そして，この高エネルギー化合物を細胞内の**ストロマ**（stroma）を通して，**カルビン回路**（Calvin cycle）で，CO_2とともにグルコースを生産する。

まず，通常の太陽光は**光子**（**フォトン**; photon）の密度が少ないため，**アンテナクロロフィル**（antenna chlorophyll）でフォトンを濃縮する（光電子捕集）。無数のMg-クロロフィルが円形状に配列したタンパク質部位でフォトンを集めて，高速で回転させながら中心部位にあるフェオフィチン（pheophytin）に受け渡す。このように，フォトン密度を高めた高エネルギー電子によってPS II（光化学系II複合体）の活性中心であるP680の強い酸化力をもつクロロフィル二量体（special pair）を光励起する。そして，励起電子とラジカルカチオンの電荷分離状態をつくる。酸化されたP680のラジカルカチオンの再還元のため，H_2Oを分解した電子がチロシンを介してP680へ供給される。H_2Oの分解には，酸素発生部位OEC（oxygen evolution complex）に存在する**図15-2**のような$CaMn_4$クラスターによってH_2Oを酸化（$2H_2O \rightarrow O_2 + 4H^+ + 4e^-$）し，$O_2$と$H^+$および励起電子を出して，$CaMn_4$クラスター自身を還元する（図でのⓌは$H_2O$である）。この励起電子によってP680が再還元され，結果としてO_2が生成する。$CaMn_4$クラスターには4つのH_2Oが配位しており，酸化されるH_2Oの1つまたは2つは，配位されたH_2Oであると考えられている。

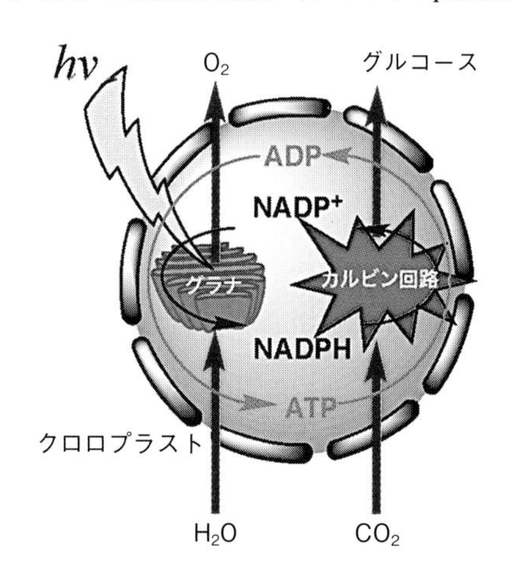

図15-1 葉緑体クロロプラスト

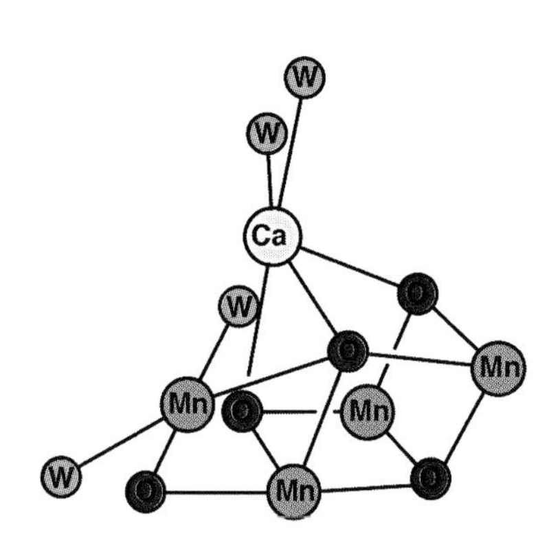

図15-2 OECの$CaMn_4$クラスター

さらに，P680で励起された電子は，**図15-3**のようにプラストキノン（plastoquinone; PQ）（PQ → H_2PQ）とシトクロムb_6f複合体（Cyt b_6f）によってH^+を発生し，励起電子をPCET（プロトン共役電子移動）現象によってプラストシアニン（plastocyanin; PC）まで移動する。この電子をさらに移動させ，PS Iの活性中心クロロフィルP700に送り，再びフォトンによって電子を励起させる。この励起電子はフェレドキシン（ferredoxin; Fd）（光化学系I複合体）に伝えられてFdを還元し，こ

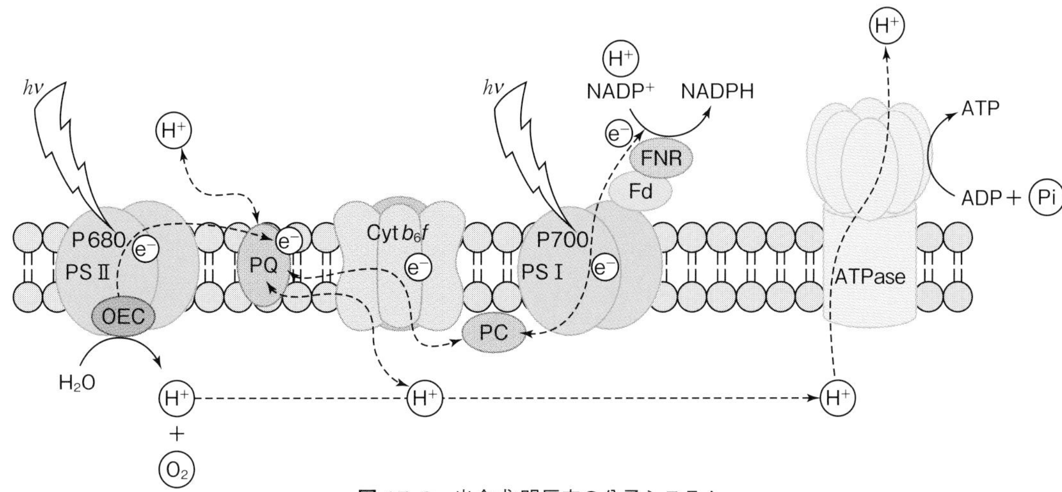

図 15-3 光合成 明反応の分子システム

の還元型 Fd からフェレドキシン-NADP$^+$ オキシドリダクターゼ（ferredoxine-NADP oxidoreductase；FNR）へ還元エネルギーが伝えられ，NADP$^+$ を還元して高エネルギー化合物の NADPH を形成する。一方，OEC で H_2O の分解によって発生した H^+ と，Cyt b_6f の電子移動によって発生した H^+ は，チラコイド内に濃縮され，その濃度勾配によりエネルギーが高くなる。そして，ATP 合成酵素（ATP synthetase）の内部を通過してチラコイド膜外のストロマへ移動する。この間に，H^+ 濃度差によるエネルギーによって，ATP 合成酵素をマシンのように回転させることで，ADP から高エネルギー化合物 ATP を再生する。

15-3-2 暗反応 —カルビン回路—

一連の「二酸化炭素の固定・還元・基質の再生産」の過程が**カルビン回路**を構成する。**図 15-4** のようなカルビン回路が 3 回転することにより，3 分子の二酸化炭素が固定化され，1 分子のグリセルアルデヒドリン酸を生成する。この過程で，明反応によって生じた NADPH および ATP が消費される。明反応を含めて光合成の収支をまとめると式 15-2 のようになる。

$$6\,CO_2 + 12\,NADPH + 18\,ATP + 12\,H^+ \rightarrow C_6H_{12}O_6 + 6\,H_2O + 12\,NADP^+ + 18\,ADP + 18\,\text{リン酸} \quad (15\text{-}2)$$

CO_2 を還元して炭水化物に同化する系（CO_2 固定化）なので，外からエネルギーが供給されることが必要である。このエネルギー源として NADPH や ATP が必要であり，葉緑体のチラコイド膜系で行われる明反応から供給される。1 分子の CO_2 を固定化するために，2 分子の NADPH と 3 分子の ATP が必要である。CO_2 固定を行う過程で，13 の酵素触媒段階があり，カルボキシル化，還元反応，5 炭糖の RuBP（リブロース二リン酸）の再生産の 3 つに大別される。

カルボキシル化の過程は，以下の酵素によって触媒される。まず RubisCO（リブロース二リン酸カルボキシラーゼ / オキシゲナーゼ）により，CO_2 と RuBP から 2 分子の 3 炭糖のホスホグリセリン酸（PGA）を生じる。次の還元過程では，PGA が PGK（ホスホグリセリン酸キナーゼ）により ATP を消費してビスホスホグリセリン酸に変換され，さらに GAPDH（グリセルアルデヒドリン酸デヒドロゲナーゼ）により NADPH を消費して GAP（グリセルアルデヒドリン酸）に還元される。GAP の一部は，TPI（トリオースリン酸イソメラーゼ）により DHAP（ジヒドロキシアセトンリン酸）に変換され，

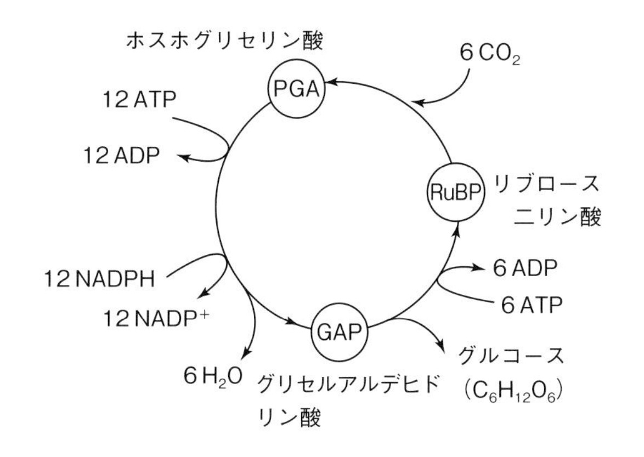

図 15-4 カルビン回路

細胞質に輸送される。次のRuBP再生過程では，三,四,六,七炭糖間で一連の縮合・転移反応が行われて五炭糖が生成し，CO_2受容体であるRuBPが再生される。

15-4 Oの同位体

Oには3種の同位体が，それぞれ^{16}O(99.759%)，^{17}O(0.0374%)，^{18}O(0.2039%)の割合で存在する。水の分留によって濃縮された各同位体のH_2Oを得ることができる。^{18}Oは97 atm%まで，^{17}Oは4 atm%まで濃縮でき，標識化合物として購入可能である。^{18}OはO化合物のトレーサーとして利用できる。$H_2{}^{18}O$は**陽電子断層撮影**(positron emission tomography；**PET**)に用いられ，ガン細胞の診断とその位置の特定に役立っている。^{17}Oの核スピンは$I = 5/2$で，共鳴周波数が異なる核磁気共鳴スペクトルNMRの測定に使われる。水中にあるわずかな$H_2{}^{18}O$は，$H_2{}^{16}O$より"重い"ために，蒸発するときに海水中に残る。そのため，氷河期の氷晶には暖かい間氷期に比較して$H_2{}^{18}O$量が～0.1%ほど多くなる。例えば，有孔虫などの化石の^{18}O同位体測定を行うと，氷河期だったかどうか判定することができる。

15-5 Oの同素体

O_3(ozone)は，常磁性のO_2とは異なって反磁性の物質である。O_2に無声放電(紫外線)を照射することで10%の収率まで得られる。($3O_2 \rightarrow 2O_3$) この反応では原子状Oが生成し，O_2と結合する。O_2 / O_3の分別液化では，純粋なO_3が爆発性の液体として得られる。O_3の気体は不安定な淡青色で，独特の臭気(電気臭)があり，微量でも長時間吸入すると有害である。

太陽スペクトルの200～320 nmに観測される吸収線がO_3によるものと判断された。低緯度よりも高緯度で活発に生成される。また，O_3の大部分は対流圏ではなく成層圏に存在する。

上空の成層圏(～25 km)付近にO_3が分散し，オゾン層を形成している(12-6節参照)。分散しているO_3を地球上の一箇所に層として集めると～1 mm程度の小さな層になる。この薄い層のO_3が生物に有毒な紫外線を除去する。このオゾン層がなければ生物は生きられない。チャップマン(Chapman, S.)らが提唱した純酸素モデルでは，大気中のO_2が太陽の紫外線によって光分解され，2つのO原子になる(式15-3)。このO原子がO_2と結合してO_3が形成される(式15-4)。そして，Oとの再結合でO_3は消滅する(式15-6)。生成したO_3が安定化するためには，過剰なエネルギーを除去する大気中のN_2やO_2などが存在しなければいけない。反応式15-3と式15-5が，生物に有害な紫外線を防ぐ反応である。

紫外線($\lambda < 240$ nm)によるO_3発生

$$O_2 + h\nu \rightarrow 2O \quad (15\text{-}3)$$

$$O + O_2 \rightarrow O_3 \quad (15\text{-}4)$$

紫外線(230 nm $< \lambda <$ 340 nm)によるO_3消失

$$O_3 + h\nu \rightarrow O + O_2 \quad (15\text{-}5)$$

$$O + O_3 \rightarrow 2O_2 \quad (15\text{-}6)$$

O_3は折れ曲がり構造をとる。**図15-5**のように2つの共鳴構造をとる。

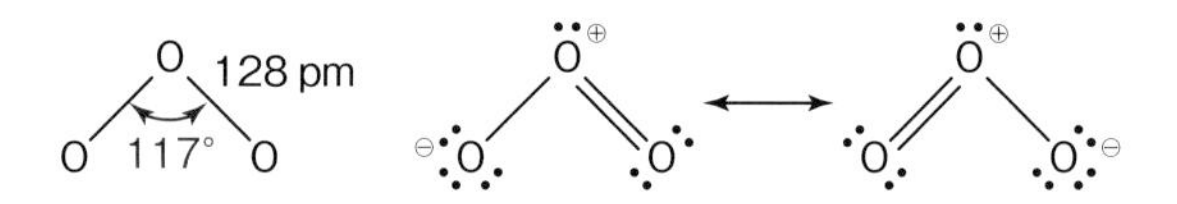

図15-5 O_3とその共鳴構造

O原子の結合が，二重結合O_2(O=O)と単結合H_2O_2(HO−OH)の間の結合長d_{O-O} = 128 pmとなっている(式15-7)。

$$O_2\,(1.21\,\text{Å}) < O_3\,(1.28\,\text{Å}) < H_2O_2\,(1.49\,\text{Å}) \quad (15\text{-}7)$$

15-5-1 O_3による酸化

式15-8の反応は定量的であり，O_3量の決定に用いられる。

$$O_3 + 2KI + H_2O \rightarrow I_2 + 2KOH + O_2 \quad (15\text{-}8)$$

酸性溶液でO_3の酸化力は非常に強く，O_3よりも強い酸化剤はF_2, XeO_4, O原子しかない。($O_3 + 2H^+ + 2e^- \rightarrow O_2 + H_2O$ $E^\circ = +1.65$ V) 例えば，O_2の酸化電位はO_3のほぼ半分である。($O_2 + 4H^+ + 4e^- \rightarrow 2H_2O$ $E^\circ = +0.82$ V) O_3の酸化力はpHに依存し，pH = 7のときに$E^\circ = +1.65$ Vであるが，pH = 0では$E^\circ = +2.07$ Vである。また，pH = 14で$E^\circ = +1.24$ Vとなり，高濃度の塩基はO_3を安定化する。O_3が半分の量になる寿命は，25 °C / 1 MのNaOH水溶液中で～2分であるが，5 Mで40分，20 Mで83時間である。このような強い酸化力は水の浄化などに利用されている。

15-6 過酸化物と超酸化物

小さなLi^+は，小さなO^{2-}と反応し，大きなアルカリ

表 15-1 アルカリ金属の酸化物・過酸化物・超酸化物

アルカリ金属	Li	Na	K	Rb	Cs
酸化物	Li_2O 酸化物 (oxide)	Na_2O_2 過酸化物 (peroxide)	KO_2 超酸化物 (superoxide)	RbO_2 超酸化物 (superoxide)	CsO_2 超酸化物 (superoxide)

金属イオンは，サイズが大きく電荷が広がった超酸化物イオンO_2^-と安定な化合物をつくり，中間サイズのNa^+は過酸化物O_2^{2-}と化合物をつくる（**表 15-1**）。アルカリ土類金属イオンがO_2と反応すると過酸化物O_2^{2-}塩が主生成物として得られ，副生成物には超酸化物O_2^-塩が含まれる。超酸化物塩や過酸化物塩は，CO_2からのO_2の再生に用いられる。($2M_2O_2 + 2CO_2 \rightarrow 2M_2CO_3 + O_2$) KO_2はスペースシャトルや潜水艦，消防隊の酸素タンクのO_2源として利用されている。($4MO_2 + 2CO_2 \rightarrow 2M_2CO_3 + 3O_2$)

アルカリ金属イオンの超酸化物塩は，乾燥状態では安定であるが，水溶液では不均化する。水溶液中ではO^{2-}やO_2^-およびO_2^{2-}はすぐに加水分解し，ほとんど存在しない（式15-9～15-11）。

$$O^{2-} + H_2O \rightarrow 2OH^- \ (K > 10^{22}) \quad (15\text{-}9)$$

$$O_2^{2-} + H_2O \rightarrow HO_2^- + OH^- \quad (15\text{-}10)$$

$$2O_2^- + H_2O \rightarrow O_2 + HO_2^- + OH^- \quad (15\text{-}11)$$

15-7 オキソOとヒドロキソOH化合物

金属イオン酸化物やシリカ系材料，ポリ酸材料，無機鉱物材料など，M−O^{2-}−MやM−OH^-−Mで架橋する化合物，あるいはM=OやM−OH，O=M=Oなどが末端にくる，二重結合のオキソ基や，ヒドロキシ基をもつ材料がよく知られている。**図 15-6**には，いくつかのオキソ基やヒドロキシ基をもつ化合物を構造ごとに分類した。

15-7-1 ポリ酸

ポリ酸（polyoxometalate：POM）は，金属オキソ酸がいくつか縮合した多核クラスター構造をもつ陰イオンである。モリブデンMoやタングステンW，バナジウムVなどの，4～7族の前周期金属のポリ酸がよく知られている。モリブデン酸イオン（$[MoO_4]^{2-}$）やタングステン酸イオン（$[WO_4]^{2-}$），バナジン酸イオン（$[VO_4]^{2-}$）などは，酸性の水溶液中で縮合し，多核のクラスター化合物を形成する。金属酸化物が分子状に溶解したものとみなせる。

多くのポリ酸では，いくつかの酸化物イオンO^{2-}が配位しているため，金属イオンはMo^{VI},V^{V},W^{VI}などの高酸化数をもつものが多い。高酸化数をもつポリ酸は，オキ

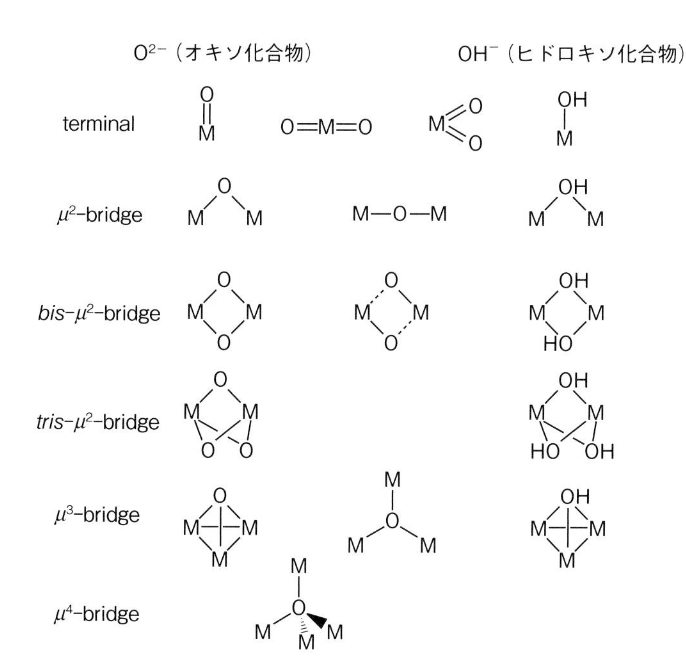

図 15-6 オキソOとヒドロキソOH化合物の架橋構造

第15章

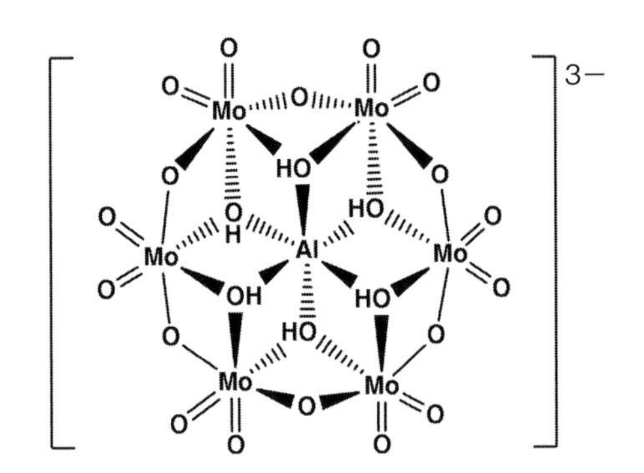

図 15-7 アンダーソン型ポリ酸 $[Al(OH)_6Mo_6O_{18}]^{3-}$

ソ化合物となることが多く，M＝O, O＝M＝O, M−O−M などの構造からなる。このポリ酸には，1 種類の金属イオンだけでつくられているイソポリ酸（isopoly acid）と，P, Si, Al, Nb, Mn などの異なった種類の元素が導入されたヘテロポリ酸（heteropoly acid）が存在する。よく見られるポリ酸に，アンダーソン型，ケギン型，ドーソン型がある。例えば**図 15-7** に示したアンダーソン型ポリ酸は，モリブデン酸の中心に Al^{3+} が挿入されたコイン形の構造をもつ。このポリ酸の場合，Mo^{VI}−O−Mo^{VI} のように高酸化状態を架橋するのは，O^{2-} のオキソ化合物である。しかし，Al^{3+} の周りに配位しているのは OH^- であり，ヒドロキソ化合物を形成している。これは，比較的酸化数の低い Al^{3+} に配位しているために，Mo^{VI}−OH−Al^{III} が安定化されたことによる。金属イオン間を架橋する H_2O 基，OH^- 基，O^{2-} 基はしばしば見られる構造である。一般に $H_2O < OH^- < O^{2-}$ の順に高い金属イオンの酸化状態を安定化できる。

また，ポリ酸の中には超巨大な分子性の構造物をつくるものが知られている。**図 15-8** に示したように，ジャイアントポリ酸（giant polyoxometalate）といわれ分子量 > 25000 以上のものもある。このような強大なポリ酸が単結晶として得られるのもポリ酸の特徴である。あまりに巨大すぎて，生成する成分の組成が一義的に決まらない。例えば，Mo_{154} のジャイアントリングポリ酸（giant ring-shaped polyoxometalate）の組成は $(NH_4)_{(25\pm5)}[Mo_{154}(NO)_{14}O_{420}(OH)_{28}(H_2O)_{70}]\cdot$*ca*.350 H_2O であり，Mo_{132} のケプレート（Keplerate-type polyoxometalate）の組成は $(NH_4)_{42}[Mo_{132}Mo_{60}O_{372}(CH_3COO)_{30}(H_2O)_{72}]\cdot$*ca*.300 $H_2O\cdot$*ca*.10 CH_3COONH_4 となっている[57,58]。

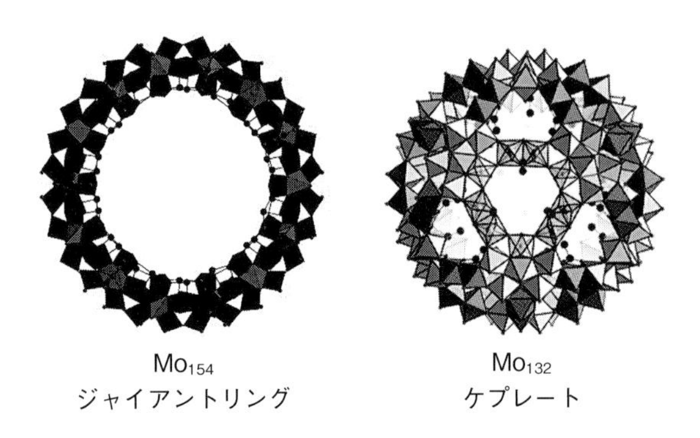

図 15-8 ジャイアントリングポリ酸とケプレート構造（Passadls *et al*., 2018 [57] より転載）

15-7-2 層状金属酸化物

層状金属酸化物のうち，$[Li_xCoO_2]_n$（x = 1 〜 2）は，Li^+ のカチオン層と $([CoO_2]^{x-})_n$ のアニオン層が 2 層に分かれて積層した構造をもつ（**図 15-9**）。中心部分の Co は Co^{2+} か Co^{3+} のどちらかであるが，Co^{2+} の量が多いほど Li^+ の x も大きくなる。Co は 4 配位正四面体構造をとり，O^{2-} 基が 4 つの Co^{2+} あるいは Co^{3+} に架橋した μ^4-O 基による構造をもっている。この構造が二次元シートをつくり，層間に Li^+ イオンを出し入れする。この層状金属酸化物は電気をよく流すことができる。そのため，リチウム電池の正極材料として使われている。

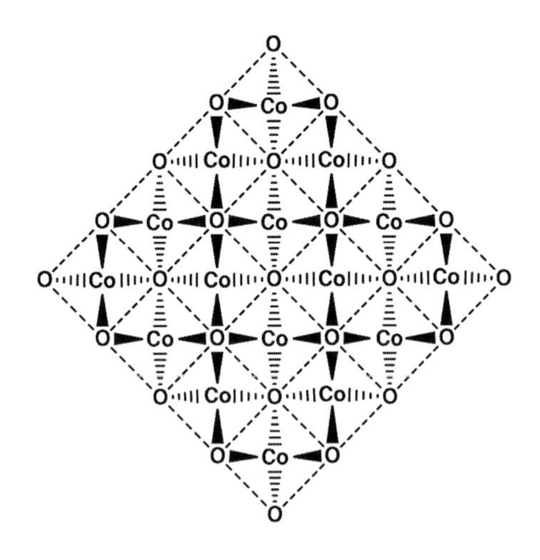

図 15-9 層状金属化合物 $([CoO_2]^{x-})_n$（x = 1 〜 2）

15-8 O_2 と O_2 誘導体の結合状態と性質

15-8-1 O_2 の酸化還元体

図 15-10 のように，O_2 の酸化還元体の性質は分子軌道に基づいて理解できる。O_2 自身はフント則により，$2\pi^*$ 軌道で縮退している 2 つの軌道に，不対電子が 2 つ

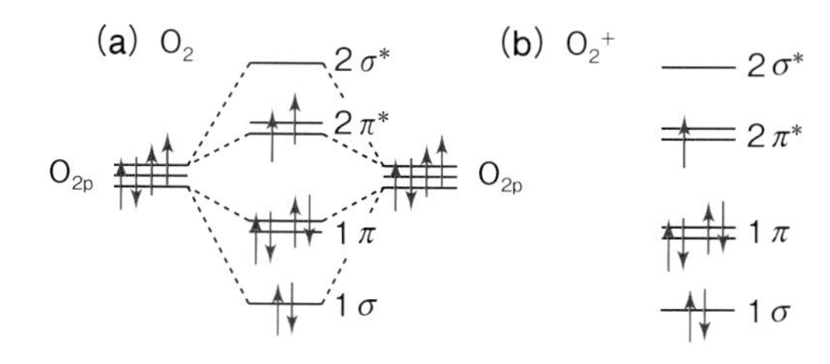

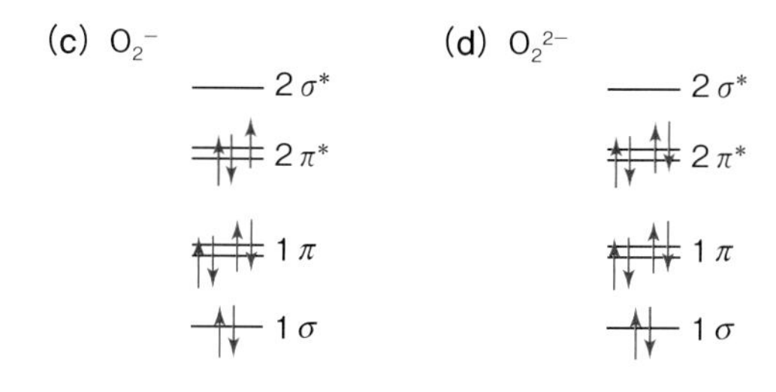

図 15-10 O_2 の酸化還元体のエネルギー準位図

スピン平行に入っている。そのため常磁性を示す。O_2 の誘導体には，酸化還元によって $2\pi^*$ 軌道に電子を出し入れすることで，O_2^+（ジオキシゲニルイオン），O_2^-（超酸化物イオン），O_2^{2-}（過酸化物イオン）などのイオンが存在する。

O_2 は二重結合（結合次数 2.0）をもつが，O_2 誘導体のうちで最も強い結合をもつものは結合次数が 2.5 の O_2^+ である。そのため，O_2^+ の $d_{O\cdots O}$ 結合距離は最も短く，O_2^+ の結合エネルギーの IR の ν（O⋯O）は，最も大きな振動数 [cm^{-1}] をもつ（**表 15-2**）。O_2 の誘導体の中で最も結合の弱いものは，結合次数が 1.0 の O_2^{2-} である。そのため，O_2^+ とは逆に結合距離は最も長く，結合エネルギーは最も小さく，最も小さな ν（O⋯O）[cm^{-1}] をもつ。磁性については，最も大きな常磁性をもつものが不対電子を 2 つもつ O_2（$S = 1$）であるが，O_2^- と O_2^+ は不対電子を 1 つ（$S = 1/2$）しかもたない。そして，O_2^{2-} は不対電子をもたないため，反磁性である。このように，MO 法によって O_2 誘導体の性質を予測することができる。O_2^+ は非常に強い酸化剤によって $[O_2]^+[PtF_6]^-$ などの化合物をつくる。（$PtF_6 + O_2 \rightarrow [O_2]^+[PtF_6]^-$）

15-9 過酸化水素 H_2O_2

純粋な H_2O_2 は無色の液体（沸点 150 °C，融点 −0.43 °C）で，H_2O より密度が高い（1.44; 25 °C）。H_2O_2 は解離して弱酸として働く。（$H_2O_2 + H_2O \rightleftarrows H_3O^+ + HO_2^-$ $K_a = 2.4 \times 10^{-12}$; 25 °C）誘電率が 93（25°C）と高い溶媒であるが，その強い酸化力と痕跡量の重金属イオンによって触媒的に分解することから，使用は限られる。（$2H_2O_2 \rightarrow 2H_2O + O_2$ $\Delta H^\circ = -99$ kJ mol^{-1}）

痕跡量の重金属イオンによる H_2O_2 の事故が毎年のように報告されている。H_2O_2 溶液を運ぶタンクローリーはしばしば爆発することがある。そのタンクローリーは，H_2O_2 を運ぶ前に $CuCl_2$ などの重金属塩を含む溶液を輸送していたが，タンク内の洗浄が不完全であったため，溶液中で Cu^{2+} が触媒となって H_2O_2 の分解が起こり爆発した。H_2O_2 は，例えば半田（はんだ）付けした基板上の Pb やタンク内部の鉄さびでも激しく分解する。そのため，H_2O_2 の高濃度水溶液には，痕跡量の重金属を除去するため錯化剤（8-ヒドロキシキノリン）や吸収剤（$Na_2[Sn(OH)_6]$）が安定剤としてわずかに加えられている。

痕跡量の重金属イオンに基づく H_2O_2 の接触分解で生成する O_2 は，H_2O_2 から生じるものであり，H_2O から生じるものではない。すなわち，酸化剤が O−O 結合を壊すのではなく，O_2^{2-} から $2e^-$ を除去するだけである。これは，$H_2(^{18}O)_2$ のトレーサーを用いた反応で，得られた O_2 はすべて $(^{18}O)_2$ であり，O−O 結合は切断されていないことから明らかである。

H_2O_2 は曲がった鎖状構造をもち，O−O 結合の周り

表 15-2 酸素分子と酸素分子誘導体イオンの性質

	酸化数（結合次数）	イオン名	結合距離 [pm]	磁性（スピン）	結合エネルギー†2 [kJ mol^{-1}]	IR ν（O⋯O）[cm^{-1}]
O_2^+	+0.5 (2.5)	dioxygenyl ion†1（ジオキシゲニルイオン）	112	常磁性 ($S = 1/2$)	643	1905
O_2	0 (2.0)	dioxygen（酸素）	121	常磁性 ($S = 1$)	494	1580
O_2^-	−0.5 (1.5)	superoxide ion（超酸化物イオン）	135	常磁性 ($S = 1/2$)	395	1097
O_2^{2-}	−1.0 (1.0)	peroxide ion（過酸化物イオン）	149	反磁性 ($S = 0$)	126	802

†1 文献[59] 参照。 †2 文献[60] より。

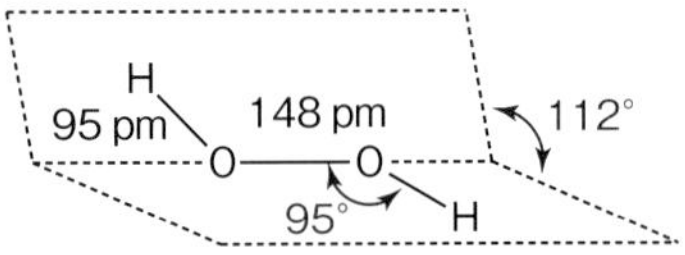

図 15-11 H_2O_2 の構造

の内部回転によるポテンシャルは低い。液体では，水素結合によって H_2O より高い密度で会合している。∠H−O−O−H の二面角は気相中では 112° をとっているが，周囲の水素結合などで変わり，固相では 90～180° まで変化する（**図 15-11**）。

15-9-1 フェントン反応

フェントン（Fenton）反応は，H_2O_2 と $Fe^{II}SO_4$ などの水溶液中の反応であり，Fe^{2+} と Fe^{3+} は触媒として働く。HO· と OOH· が発生し，汚染物質や工業排水の酸化に用いられる。$CHCl{=}CCl_2$ や $CCl_2{=}CCl_2$ などの分解も行うことができる強力な反応である。$Fe^{2+} \rightarrow Fe^{3+}$ の酸化反応（式 15-12）が H_2O_2 によって引き起こされるとき，HO· が生じる。一方，$Fe^{3+} \rightarrow Fe^{2+}$ の還元反応（式 15-13）も H_2O_2 によって起こり，OOH· が生じる。この酸化反応と還元反応の両方が H_2O_2 で起こり，強力なラジカル化剤である HO· や OOH· を生じて有機物などを分解することができる（式 15-14）。$Fe^{IV}{=}O$ がラジカル活性種の代りに発生しているという報告もある。

$$Fe^{2+} + H_2O_2 \rightarrow Fe^{3+} + OH^- + HO\cdot \quad (15\text{-}12)$$

$$Fe^{3+} + H_2O_2 \rightarrow Fe^{2+} + OOH\cdot + H^+ \text{（不均化反応）} \quad (15\text{-}13)$$

$$2H_2O_2 \rightarrow HO\cdot + OOH\cdot + H_2O \quad (15\text{-}14)$$

15-9-2 H_2O_2 の合成

1）アントラキノールの自動酸化

アントラキノールを有機溶媒中で空気酸化する方法（自動酸化）で H_2O_2 を合成できる。酸化したアントラキノンを，H_2O_2 の 20% 溶液から溶媒抽出によって取り除いた後，H_2 / Pd または Ni で還元することで，アントラキノールに戻る。これを繰り返すことで，30～60% の高濃度の H_2O_2 を得ている（式 15-15）。

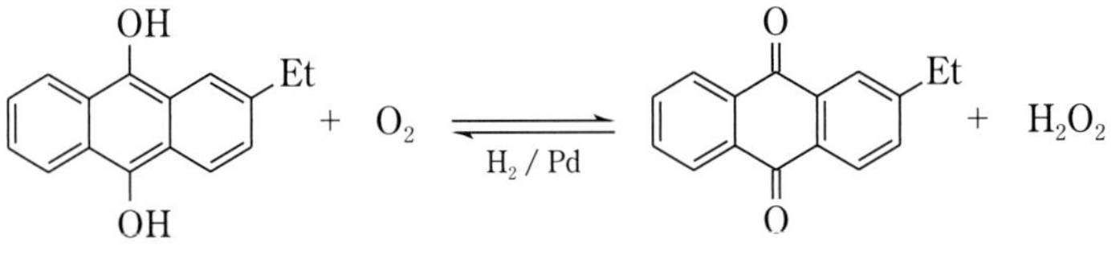

2）ペルオキソ二硫酸アンモニウム $(NH_4)_2[S_2O_8]$ の加水分解

$(NH_4)_2[S_2O_8]$ を加熱加水分解すると H_2O_2 が得られる（式 15-16）。この反応は二段階からなり，**図 15-12** のカロ酸（Caro's acid）といわれるペルオキソ硫酸（HSO_5^-）を生成する反応は速い（式 15-17）。H_2O とカロ酸が反応して H_2O_2 をつくる反応は遅い（式 15-18）が，H_2O_2 を分解する逆反応も存在する（式 15-19）。そのため，H_2O_2 とカロ酸が消費される競争反応を避けるため，減圧下で加水分解を行い，H_2O_2 を蒸留し，～30 w% の溶液をつくる。この溶液から分留すれば，90～98% の H_2O_2 溶液が得られる。

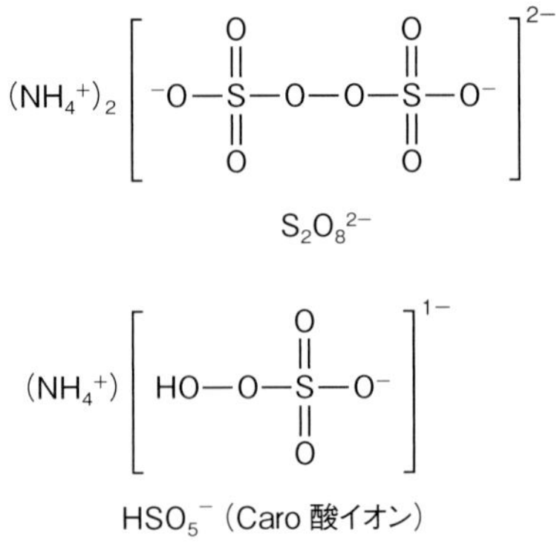

図 15-12 ペルオキソ二硫酸イオンとペルオキシ硫酸イオン（Caro 酸イオン）

$$(NH_4)_2[S_2O_8] + 2H_2O \xrightarrow{\Delta} 2(NH_4)HSO_4 + H_2O_2 \quad (15\text{-}16)$$

$$S_2O_8^{2-} + H_2O \rightarrow HSO_5^- + HSO_4^- \text{（速い）} \quad (15\text{-}17)$$

$$HSO_5^- + H_2O \rightarrow HSO_4^- + H_2O_2 \text{（遅い）} \quad (15\text{-}18)$$

$$HSO_5^- + H_2O_2 \rightarrow HSO_4^- + H_2O + O_2 \quad (15\text{-}19)$$

3）分子状の O_2 による第二級アルコールの酸化

式 15-20 のように，15～20 atm，～100 °C で，気相あるいは液相で ^iPrOH を酸化してアセトンと H_2O_2 にする。アルデヒドや酸の過酸化物を生じるが，H_2O / H_2O_2 / Me_2CO / ^iPrOH の混合物を分留して精製する。

(15-15)

$$Me_2CHOH + O_2 \rightarrow Me_2C{=}O + H_2O_2 \quad (15\text{-}20)$$

15-9-3 H_2O_2 の酸化還元反応

H_2O_2 と還元性のある有機化合物が混合すると爆発の危険がある。H_2O_2 とヒドラジン NH_2NH_2 の反応は爆発的で，ロケットの推進材料として使用されている（13-6-4 項参照）。H_2O_2 は酸性溶液中で酸化剤（$H_2O_2 + 2H^+ + 2e^- \rightarrow 2H_2O$ $E^\circ = 1.77\,V$）にも還元剤（$H_2O_2 \rightarrow O_2 + 2H^+ + 2e^-$ $E^\circ = -0.68\,V$）にも使用できる。酸化剤としての反応は，標準電極電位が 0.68～1.77 V の範囲にある。そのため，H_2O_2 は酸性溶液中では非常に強力な酸化剤であり，塩基性溶液中では還元剤として働く。（$H_2O_2 + 2OH^- \rightarrow O_2 + 2H_2O + 2e^-$ $E^\circ = -0.15\,V$）酸性溶液中で H_2O_2 が還元剤として使用できるのは，MnO_4^-（$2MnO_4^- + 5H_2O_2 + 6H^+ \rightarrow 2Mn^{2+} + 8H_2O + 5O_2$）や Cl_2（$Cl_2 + H_2O_2 \rightarrow 2HCl + O_2$）のような極めて強い酸化剤に対してのみである。

15-10 フッ化酸素 ―OF_2 と O_2F_2―

OX_2 のハロゲン化酸素では，F > Cl > Br > I の順に不安定になる。2% の NaOH 水溶液に F_2 を通じることで OF_2 が得られる（**図 15-13**）。（$2NaOH + 2F_2 \rightarrow OF_2 + 2NaF + H_2O$）$OF_2$ は次亜フッ素酸 HOF の無水物とみなされるが，H_2O と反応しても HOF は得られず，分解して O_2 と HF に変化する。（$H_2O + OF_2 \rightarrow O_2 + 2HF$）中性の水溶液で 25 ℃ ではこの反応は非常に遅いが，濃いアルカリ性の水溶液では速く進む。（$OF_2 + 2OH^- \rightarrow O_2 + 2F^- + H_2O$）$OF_2$ はガラスを冒さず，水にやや溶けるが，水溶液は酸性を示さない。125 ℃ まで安定であり，HF(*aq*) 中で最も安定になる。しかし，強い酸化力があり，Cl_2, Br_2, I_2 などのハロゲン分子，あるいは水蒸気と OF_2 は室温で爆発的に反応する。放電下では，H_2, CH_4, CO とも爆発的に反応する。

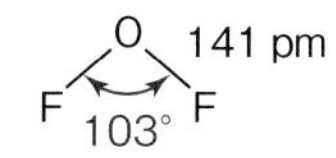

図 15-13 OF_2 の構造

4 K の Ar マトリックス中で OF_2 に紫外線を照射すると OF・ラジカルが発生し，昇温とともに O_2F_2 になる。また，O_2 と F_2 の低温での高圧放電からも得られる。この O_2F_2 は，低温で O_2F・ラジカルを生じ，強力な酸化的

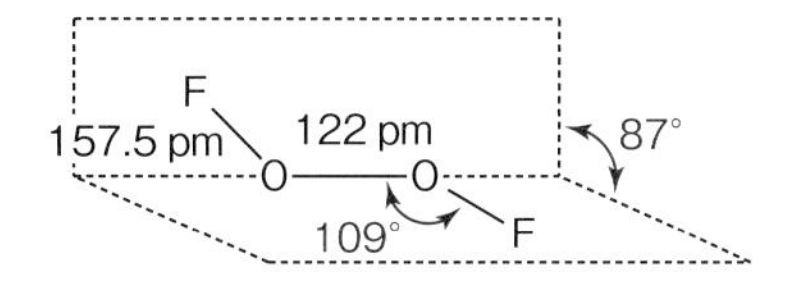

図 15-14 O_2F_2 の構造

フッ素化剤であり，室温やそれ以下で反応する。O−F 結合距離が 157.5 pm と非常に長いことから，解離して F・ラジカルを与えやすい。O−O の結合距離は短く二重結合性をもつ（**図 15-14**）。BF_3 と反応してジオキシゲニル塩を生じる。（$2O_2F_2 + 2BF_3 \rightarrow 2[O_2]^+[BF_4]^- + F_2$）

15-11 励起状態の O_2 の化学

15-11-1 O_2 の化学的励起状態

O_2 の基底状態は，二重に縮退している反結合性 $2\pi^*$ 軌道に 2 つの不対電子がスピン平行で存在する基底三重項状態（$^3\Sigma_g^-$）である（**図 15-15**）。そのため，光によって励起されると，2 つの異なる方向をもつスピンがそれぞれ別々の軌道に入った $^1\Sigma_g^+$（158 kJ mol^{-1}）と $^1\Delta_g$（95 kJ mol^{-1}）の 2 種類の励起一重項状態をもつ。そして，この励起一重項状態は化学反応を行うのに充分な寿命をもち，例えば，共有結合で互いに逆向きの共有電子対をもつ一重項状態と求電子的に反応しやすい。さらに，一重項状態（$^1\Delta_g$）の O_2 は化学的手法で発生させることができる。H_2O_2 を Cl_2 や ClO^- で酸化すると発生する（式 15-21, 15-22）。このとき，発生する励起 O_2 は泡で捉えられて，赤色の化学発光を示す。

$$H_2O_2 + Cl_2 \rightarrow 2Cl^- + 2H^+ + {}^1O_2\,({}^1\Delta_g) \quad (15\text{-}21)$$
$$H_2O_2 + ClO^- \rightarrow Cl^- + H_2O + {}^1O_2\,({}^1\Delta_g) \quad (15\text{-}22)$$

一重項状態（$^1\Delta_g$）の O_2 は各種の不飽和有機物と反応

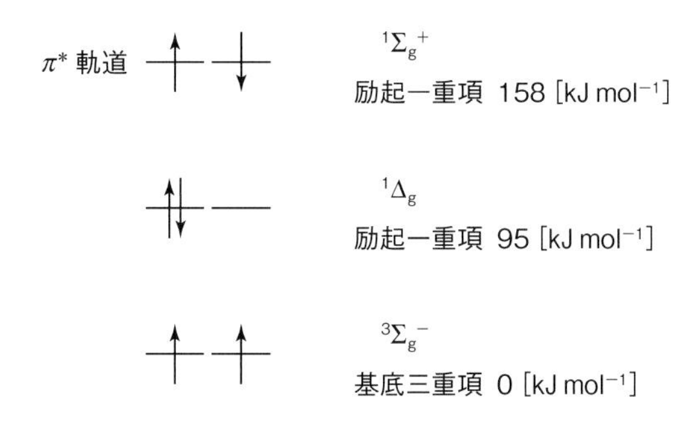

図 15-15 O_2 の励起状態

して特殊な酸化を引き起こす。例えば，1,3-ジエンへのディールス-アルダー（Diels-Alder）反応のような1,4-付加反応は極めて典型的なものである（式15-23, 15-24）。

$$\text{diene} + {}^1O_2 \longrightarrow \text{cyclic peroxide (O–O)} \qquad (15\text{-}23)$$

$$R_2C{=}CR_2 + {}^1O_2 \longrightarrow \text{R}_2\text{C–CR}_2\text{ (O–O dioxetane)} \qquad (15\text{-}24)$$

15-11-2 O_2 の光化学的励起状態

$$^1\mathrm{Sem} \rightarrow {}^1\mathrm{Sem}^* \rightarrow {}^3\mathrm{Sem}^* + {}^3O_2 \rightarrow {}^1\mathrm{Sem} + {}^1O_2 \qquad (15\text{-}25)$$

一重項状態（$^1\Delta_g$）の O_2 は，式15-25のように光化学的に発生させることができる。メチレンブルーのような増感剤 ^{1}Sem は光励起させると，まず一重項の高エネルギー状態 ^{1}Sem* になり，内部変換して ^{1}Sem* の最低エネルギー状態に移行し，系間交差を受けて三重項励起状態 ^{3}Sem* となる。この三重項励起状態は，同じ三重項状態に属する $^3O_2$ にエネルギーを移動しやすく，O_2 の励起一重項状態の $^1O_2$ をスピン許容過程でつくり出すことができる。

$$[\mathrm{Ru^{II}(bpy)_3}]^{2+} + h\nu \rightarrow [\mathrm{Ru^{II}(bpy)_3}]^{2+*} + {}^3O_2 \rightarrow [\mathrm{Ru^{II}(bpy)_3}]^{2+} + {}^1O_2 \qquad (15\text{-}26)$$

例えば，式15-26のように，$[\mathrm{Ru^{II}(bpy)_3}]^{2+}$ は青い光（452 nm）を吸収して励起すると $[\mathrm{Ru^{II}(bpy)_3}]^{2+*}$ の電子が励起された状態になり，この励起状態は，$^3O_2$ にエネルギーを渡して $^1O_2$ を生成する。$^1O_2$ をつくるもう1つの方法は，式15-27のように，O_3 化物の熱分解により $^1O_2$ を生成する方法である。

$$(RO)_3P + O_3 \xrightarrow[-78\,^\circ C]{} (RO)_3P(\text{–O–O–O–}) \longrightarrow (RO)_3P{=}O + {}^1O_2 \qquad (15\text{-}27)$$

15-11-3 光化学の基礎

光子を受け取った基底一重項状態 S_0 にある基質は，エネルギーを付与されて，励起一重項状態 S_n まで飛び上がる。そして，励起一重項状態 S_n の最低エネルギー状態 S_1 まで，熱放出や回転運動などで消費する内部変換によって移動し，そのまま基底一重項状態 S_0 まで落ち込んだときに放出されるエネルギーが**蛍光**（fluorescence）になる。最低励起一重項状態 S_1 から系間交差を通して励起スピンを反転し，励起三重項状態 T_n に移動する。そして，内部変換によって最低励起三重項状態 T_1 へ移動し，そこから基底一重項状態へ落ち込むときに放出するエネルギーが**りん光**（phosphorescence）になる（**図15-16**）。一般に，最低励起三重項状態 T_1 からの発光であるりん光は，基底一重項状態 S_0 に落ち込むときにスピンの反転を伴うため，寿命が蛍光よりも長いことが知られている。

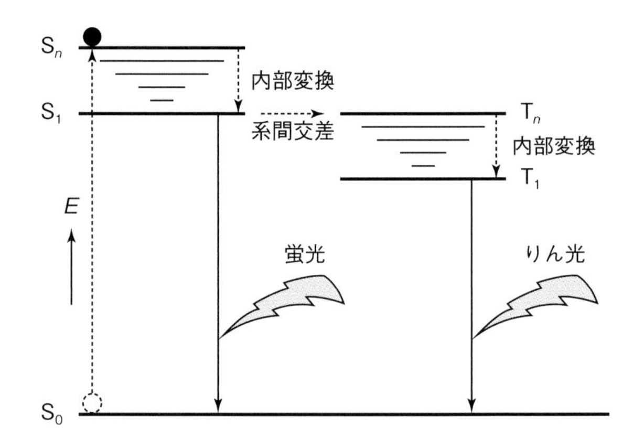

図15-16 励起光電子の緩和過程

15-12 酸素錯体

15-12-1 天然酵素の酸素錯体

天然の酵素やタンパク質などは，空気中の O_2 と直接反応することで，O_2 の運搬や保存，基質の酸素化（酸化），光合成の H_2O の分解による O_2 の発生など，酵素の中の金属活性中心による O_2 の配位が酸素活性化の引き金になっている。例えば，呼吸で O_2 を細胞内に供給するためには，Fe イオン，Cu イオンを含む3種類の酸素運搬体が知られている。

まず，赤血球に存在するヘモグロビン（**図15-17**）は，Fe^{2+} のヘム鉄（ポルフィリン鉄錯体）が中心となって O_2 を配位する。Fe^{3+} と超酸化物イオンになり，$\mathrm{Fe^{III}}$–O_2^- として配位安定化されて，肺から体内の細胞へと O_2 を運搬する（**図15-18**）。このようなヘム鉄を使う酸素貯蔵体としては，筋肉に O_2 を供給するミオグロビンも，ヘモグロビンに似た結合部位をもつことが知られて

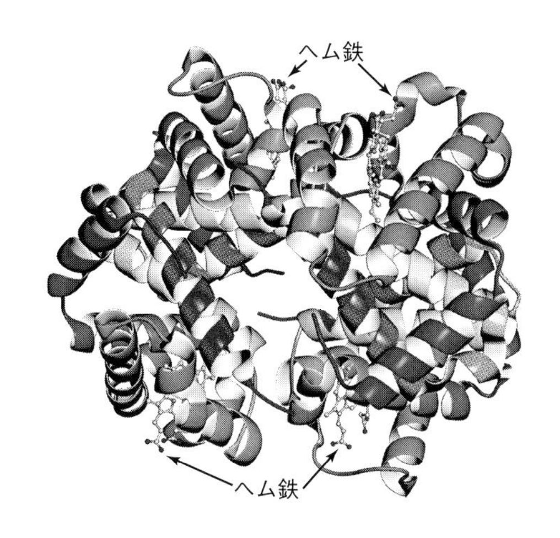

図 15-17　ヘモグロビンの結晶構造
（PDB：2dhb）Molecule of the Month © Goodsell, D. S. and RCSB PDB licensed under CC 表示 4.0 国際

いる。

また，ヘモシアニンは，エビやカニ（節足動物），タコやイカ（軟体動物）の青い血に見られる。この青い血は Cu イオンの色である。はじめ 2 つの Cu^+ で存在し，O_2 が配位すると $Cu^{I}\cdots O=O\cdots Cu^{I} \rightarrow Cu^{II}\cdots O^{-}-O^{-}\cdots Cu^{II}$ の Cu^{2+} となる。そのため，O_2 は $O_2{}^{2-}$ の過酸化物イオンまで還元され，μ-η^2:η^2 の形で安定化できる（**図 15-19**(a)）。

一方，ヘム鉄ではない 2 核 Fe 錯体をもつヘムエリトリンは，ゴカイなどの海洋生物の血に存在する，2 つの Fe^{2+} からなる（**図 15-19**(b)）。2 つの Fe^{2+} は 5 つのヒスチジンなどのイミダゾール環によって直接配位され，グルタミン酸とアスパラギン酸の 2 つの COO^- 基によって架橋配位されている。$Fe^{II}-OH-Fe^{II}$ の 1 つの Fe^{2+} に O_2 が配位し，$Fe^{II}-O-Fe^{III}\cdots O-OH$ として HO_2 の超酸化物状態で水素結合によって安定化し，end-on 型の酸素錯体となる。同じような 2 核 Fe 錯体の構造は，メタンなどをヒドロキシル化するメタンモノオキシゲナーゼ（MMO）の活性中心にも存在している。

15-12-2　人工の酸素錯体

金属含有酵素の活性部位を低分子で再現して，人工的に酵素と同じような触媒をつくろうとする試みが知られている。例えば**図 15-20**(a) に示したように，コールマン（Collman, J. P.）らは，イミダゾールを配位した Fe-ポルフィリン金属錯体に水素結合できる ^{t}Bu アミドの置換基をもつ鎖を 4 つ生やしたものが，Fe^{2+} に O_2 を可逆

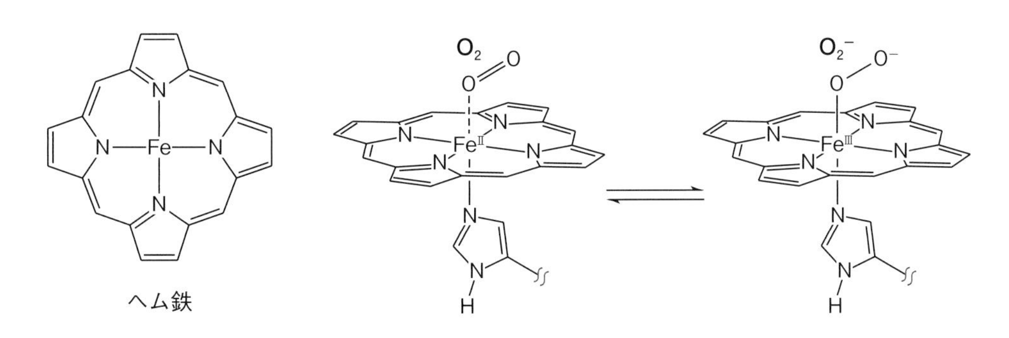

図 15-18　ヘモグロビンなどの天然酵素のヘム鉄の酸素錯体

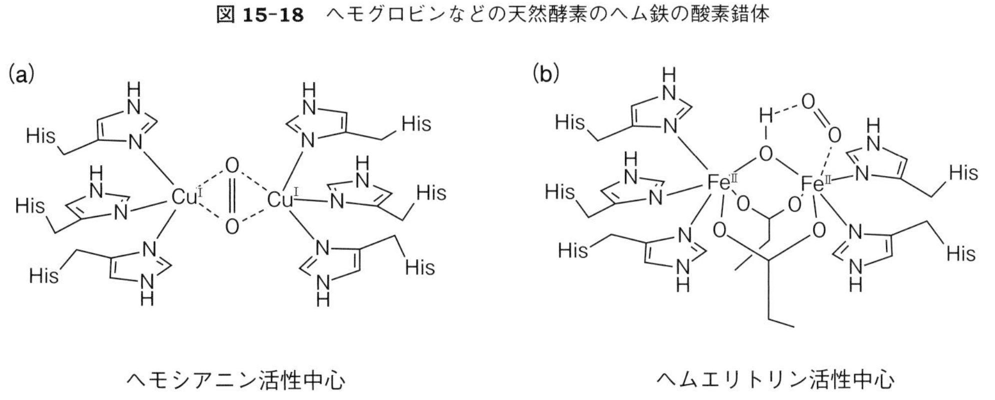

(a)　ヘモシアニン活性中心

(b)　ヘムエリトリン活性中心

図 15-19　金属含有酵素の活性中心の酸素錯体

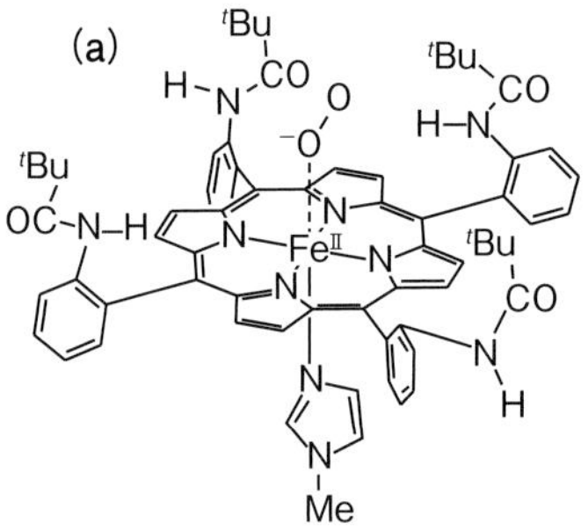

(a) ピケットフェンスポルフィリン

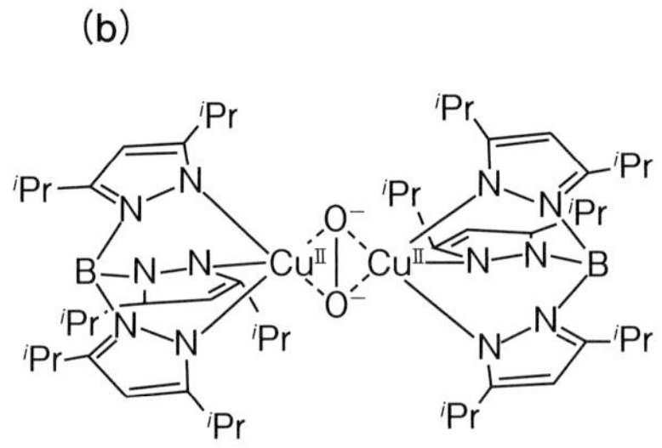

(b) ヘモシアニン北島モデル

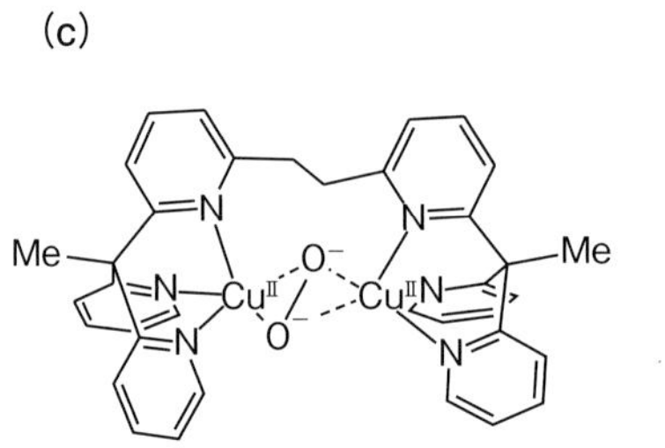

(c) ヘモシアニン機能モデル

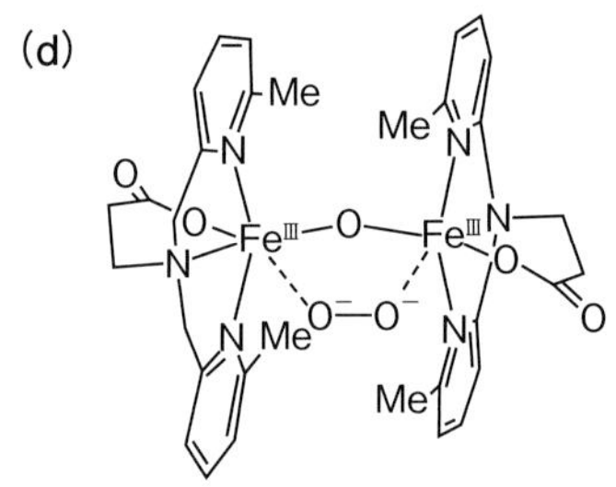

(d) ヘムエリトリン機能モデル

図 15-20 分子設計による人工金属酵素活性中心

的に配位できることをみつけた[61]。O_2 の分圧に依存して，$Fe^{II} \cdots O_2 \rightleftarrows Fe^{III} \cdots O_2{}^-$ のように，O_2 を $O_2{}^-$ の超酸化物イオンで可逆に吸脱着することが確認された。このピケットフェンスポルフィリン錯体は，赤血球のヘモグロビンモデルといわれている。**図 15-20 (b)** は，ヘモシアニンをモデル化した酸素錯体である。北島信正らによって発見された。立体的に嵩高い ^{i}Pr 基をピラゾリルボレート配位子に付けた Cu 錯体は，2 つの Cu^+ 錯体で O_2 を μ-η^2:η^2 の形で挟み込み，ヘモシアニンと同じような形で O_2 を吸着・活性化できる初めての錯体である。この酸素錯体は，$Cu^{I} \cdots O{=}O \cdots Cu^{I} \rightleftarrows Cu^{II}-O^--O^--Cu^{II}$ のように O_2 を $O_2{}^{2-}$ の過酸化物イオンの形で可逆的に吸脱着できる。また，**図 15-20 (c)** は，小寺政人らによって開発された，ヘモシアニンや銅含有モノオキシゲナーゼなどの活性中心の機能モデルになっている[62]。触媒活性を目指して，配位子自体の酸素活性種や副反応をなるべく避けるように設計した分子である。一方，**図 15-20 (d)** は鈴木正樹らによるヘムエリトリンモデルであり，2 つの Fe^{II} 錯体を $Fe^{II}-OH-Fe^{II}$ 結合で連結した二核構造をもつ。$Fe^{II} \cdots O{=}O \cdots Fe^{II} \rightleftarrows Fe^{III}-O^--O^--Fe^{III}$ のように，O_2 を $O_2{}^{2-}$ の過酸化物イオンの形で可逆に吸脱着できる[63]。

第16章 硫 黄

硫黄 (sulfur) は，火山や温泉地帯で黄色の結晶として単体のSが産出され，その他は主に地殻鉱物中に含まれている。例えば黄鉄鉱 FeS*1 や黄銅鉱 $CuFeS_2$，閃亜鉛鉱 ZnS，方鉛鉱 PbS，あるいは石膏 (gypsum) $CaSO_4$ やエプソム塩 $MgSO_4 \cdot 7H_2O$ のような硫酸塩として存在する。硫黄は古代から知られている元素であり，英名の「sulfur」は，ラテン語で「燃える石」を意味する言葉に由来する。ワインの酸化防止剤や干し柿の漂白剤として SO_2 塩を加えたり，タイヤのゴムに硫黄を加える (加硫する) ことでタイヤを頑強にできる。木星の惑星「イオ」の表面には，黄や赤，白，黒色など色彩に富んだ化合物が存在する。これは，イオの火山活動による噴火で流出した硫黄系の化合物といわれている。そして，イオの火山噴出物の煙からも S_2 や S_3 が観測されている。

硫黄を含む硫化物の鉱床からは，フラッシュ法 (Frasch process) によって単体のSが単離される。この方法では，～170 ℃の加圧水蒸気を鉱床に吹き付けてSを融解し，圧縮空気で地表に導くことでSを取り出す。現在では，エネルギーコストがかからない，天然ガスや原油から単離するクラウス法 (Claus process) が主流である。また，天然ガスや原油からS成分を取り出すことは，酸性雨などの環境対策のためにも重要である。この手法では，天然ガスに30％も含まれる H_2S ガスを空気中で1000～1400 ℃で加熱酸化して SO_2 をつくる。これを活性炭やアルミナの触媒存在下，200～300 ℃で残りの H_2S と反応させることで単体のSが単離してくる。($2H_2S + SO_2 \rightarrow 3S + 2H_2O$)

S原子が連結して高分子をつくりやすい性質 (カテネーション) をもつことは，S−S単結合の265 kJ mol^{-1} もの大きな結合エネルギーが原因である。これより大きな結合エネルギーをもつ単結合は，C−C結合 (330 kJ mol^{-1}) とH−H結合 (436 kJ mol^{-1}) だけである。このS−S結合は $d\pi$-$p\pi$ の多重結合性があり，$p\pi$-$p\pi$ の結合生成は非常に弱くなる。SO_4^{2-} のS−O距離が短いのは，σ 結合に加えて，O原子の満たされた $p\pi$ 軌道からS原子の空 $d\pi$ 軌道に電子が流れ込むことによって $d\pi$-$p\pi$ の多重結合を有するからである。しかし，最近の研究では，ns軌道と np軌道の価電子が主に使われているため，d軌道の寄与はほとんどないという説もある。

S系化合物である硫化水素 H_2S (hydrogen sulfide) は卵が腐ったような悪臭をもつが，アルキルチオール RSH (alkylthiol) は，それにも増して強い悪臭をもつ物質である。例えばエタンチオール EtSH (ethanethiol) は，ニラとニンニク，タマネギが混ざった臭いがして，世界一臭い物質としてギネスブックに認定・登録されている。また，チオフェノール ArSH (thiophenol) は，さらにタイヤが燃えた臭いが加わったような悪臭をもつ。*t*-ブチルチオール ^{t}BuSH (*t*-butylthiol) は，プロパンガスや天然ガスの臭い付けに使われており，この物質を実験で扱った諸君は，たとえドラフトで使っても，周囲にガス漏れのような騒ぎを引き起こし，消防車や緊急車両を呼んだ経験があるかもしれない。2-アミノ-エタンチオール $H_2N-CH_2CH_2-SH$ (2-amino-ethanethiol) のようにRSHにアミノ基 ($-NH_2$ 基) をもつものは，生ゴミの腐った腐敗臭をもつ。このような悪臭物質を実験で扱ったときは，人間の鼻の能力に注意すべきである。人間の嗅覚はすぐに悪臭物質に慣れてしまうので，洋服に染み付いた悪臭物質を判別できない。電車などで帰宅する際は，他の乗客から避けられないように気をつけてほしい。

16-1 硫黄の同素体

硫黄はカテネーションをする傾向があるため，炭素と同様に，硫黄の同素体は**図 16-1** のように非常に数が多い。環状構造をもつ *cyclo*-S_n の同素体は，現在 $S_6, S_7, S_8, S_9, S_{10}, S_{11}, S_{12}, S_{18}, S_{20}$ まで，X線結晶構造解析によりその構造が明らかになっている。室温で最も安定な同素体は α-Sからなる斜方硫黄であり，その繰返し単位は王冠状のジグザグ構造をもつ *cyclo*-S_8 からなる。93 ℃まで加熱すると，やはり *cyclo*-S_8 からなる単斜硫黄 (β-S)

---

*1 色が金に似ているため「fool's gold」(まがいものの黄金) とも呼ばれる。

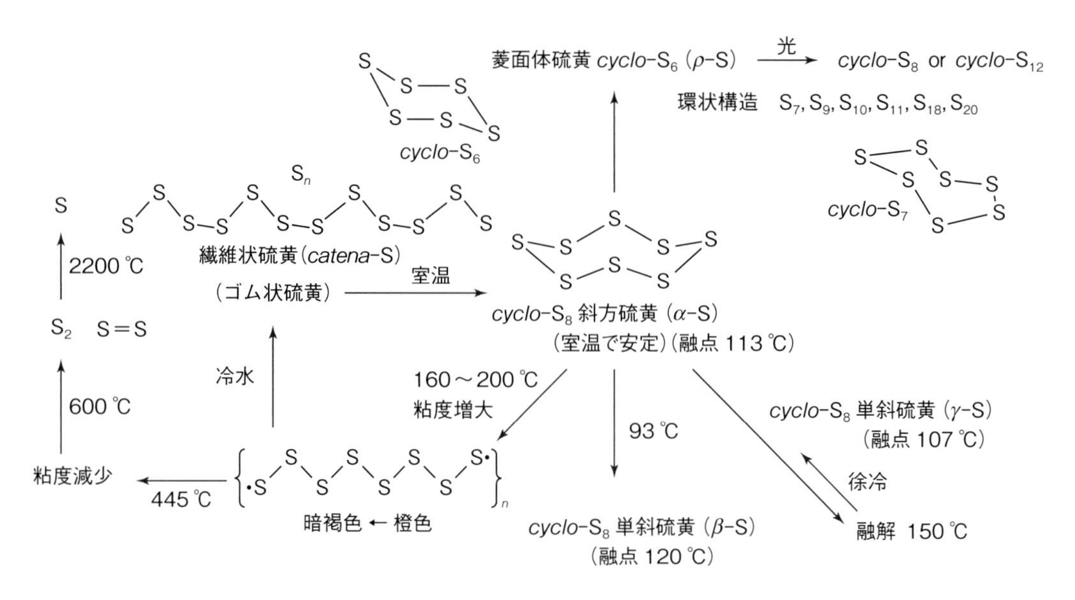

図 16-1　硫黄の同素体スキーム

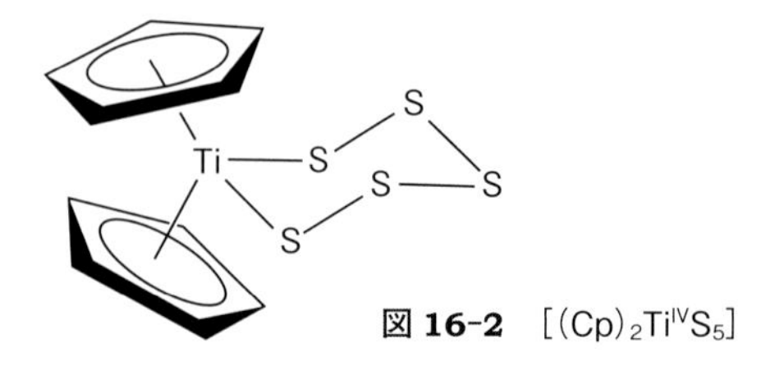

図 16-2　$[(Cp)_2Ti^{IV}S_5]$

に変化する。また，いったん150 ˚Cまで加熱融解させた後ゆっくり冷やしていくと，*cyclo*-S_8からなる単斜硫黄（γ-S）に変化する。*cyclo*-S_6からなる菱面体硫黄（ρ-S）は，乾燥ジエチルエーテル溶液中でS_2Cl_2とH_2S_4の環化反応から得られる。($S_2Cl_2 + H_2S_4 \rightarrow S_6 + 2HCl$) この*cyclo*-$S_6$の$\rho$-Sは，光分解して*cyclo*-$S_8$と*cyclo*-$S_{12}$になる。最近では，**図 16-2**のような$[(Cp)_2Ti^{IV}S_5]$を$S_yCl_2$と反応させて，一連の*cyclo*-$S_{y+5}$の環状同素体が合成されている。

安定なα-Sを160 ˚C以上にして融解させると，*cyclo*-S_8の環状構造が切断されて重合し，高分子鎖を形成するため粘性が高くなっていく。このとき，α-Sを高温にして融解させた黄色の溶融物は，両末端でラジカルS·が発生するため，次第に暗褐色を呈するようになる。300 ˚Cで融解したα-Sを冷水で急冷することで，準安定な繊維状硫黄（*catena*-S）あるいはゴム状硫黄ともいわれるものがつくられる。この*catena*-Sはらせん状の無限鎖構造をもっており，室温で放置すると安定なα-S（*cyclo*-S_8）にゆっくりと戻っていく。α-Sをさらに加熱して融解していくと粘性が大きくなっていくが，445 ˚Cより高い温度では粘性が低くなる傾向がある。これは，Sの高分子鎖が過熱により切断され，より短い鎖状低分子S_n化合物に変化するからである。さらに，600 ˚C以上の加熱ではS_2やS_3のような化合物が生成し，原子状のSは2200 ˚C以上で観測される。

直線鎖構造をもつS_5は，**図 16-3**のように*cis*形と*trans*形が存在する。このうち，*trans*形には*trans-d*形と*trans-l*形の2つのキラルな光学異性体が存在する。*cyclo*-S_6や*cyclo*-S_8の環状構造をもつものはすべて*cis*形をとる。しかし，*cyclo*-S_{18}などの大きな環状構造をもつものは，*cis*形と*trans-d*形と*trans-l*形が混合して現れる環状構造をもつ。

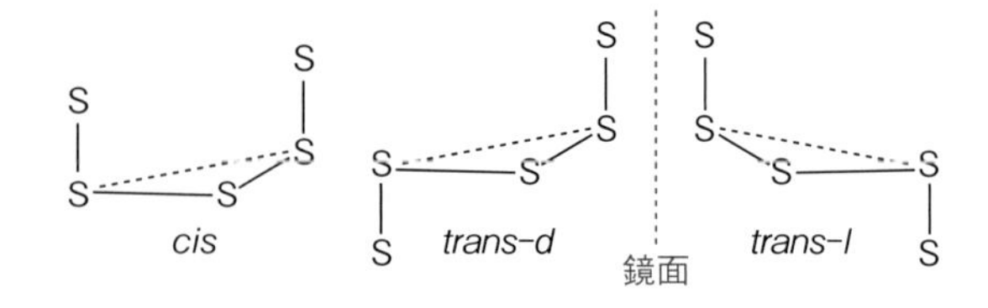

図 16-3　直鎖状S_5の構造異性体

16-2　ポリスルファン（H_2S_n）とポリスルフィドイオン（S_n^{2-}）およびS_n^+とS_n^-ラジカル

液体SO_2中でAsF_5によって*cyclo*-S_8を酸化すると，S_4^{2+}, S_8^{2+}, S_{19}^{2+}などのカチオンを含む塩が得られる。($S_8 + 3AsF_5 \rightarrow [S_8]^{2+}([AsF_6]_2)^{2-} + AsF_3$) AsF_5は，酸化した相手から電子をもらってF^-の添加剤として働く性

質がある。$(AsF_5 + 2e^- \rightarrow AsF_3 + 2F^-)$ $(AsF_5 + F^- \rightarrow AsF_6^-)$

cyclo-S_8 は**電子適正化合物**（electron precise compound）の1つであり，オクテット則を満たす環状構造をもっている（オクテット環状化合物）。一般に，オクテット環状化合物の最外殻電子数は“$6n$”（n は原子数）と表せる。そのため，*cyclo*-S_8 の最外殻電子数は $6 \times 8 = 48$ 個となる。この電子適正化合物の分子軌道は，結合性軌道の HOMO まで完全に電子で飽和している。そのため，余分な電子対（$2e^-$）は反結合性軌道に入り，環状化合物の結合を切断するように働く。また，環状化合物 *cyclo*-S_8 の満たされた結合性軌道の HOMO から電子対（$2e^-$）が抜けて S_8^{2+} をつくるとき，最外殻電子数は 46 個となり，逆に1つの結合をつくるように働く。よって *cyclo*-S_8 は $2e^-$ 酸化することで環の形を変え，環の中央部に**渡環相互作用**（transannular interaction）によって新たに1つの S…S 結合をつくる。赤色の S_8^{2+} は，不純物の S_5^+ などのカチオンラジカルが含まれるため青色に見えることがある（**図 16-4**）。

H_2S_n（$n > 2$）をもつ物質を**ポリスルファン**（polysulfane）と呼ぶ。この H_2S_n の合成は，まず Na_2S の水溶液に *cyclo*-S_8 を溶解し，Na_2S_n（$n > 2$）などの**ポリスルフィド塩**（polysulfate）をつくる。それを酸性にするとポリスルファンの黄色い油状物が生成し，分別蒸留によって H_2S_n（$n = 2 \sim 6$）が得られる。また，次のように H_2S とジクロロスルファン S_nCl_2 との反応によっても H_2S_n をつくることができる。$(2H_2S + S_nCl_2 \rightarrow 2HCl + H_2S_{n+2})$

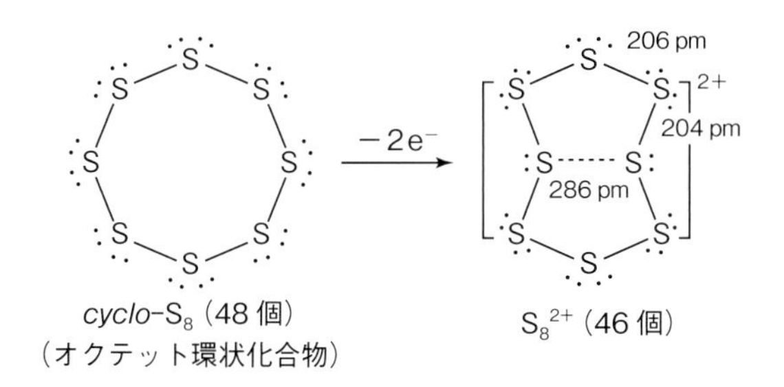

図 16-4　オクテット環状 S_8 と S_8^{2+}

S_2^- や S_3^- のアニオンラジカルは，非常に不安定であるが深い青色を示す。このアニオンラジカルは，DMSO などの溶液中でアルカリ金属硫化物として観測されるのみであり，安定な塩として単離されない。しかし，昔から知られているラピスラズリ（lapis lazuli）という群青色の顔料に使われた宝石の青色は S_2^- や S_3^- を含み，$Na_8[Al_6Si_6O_{24}]([S_n]_2)$（$n = 2, 3$）のように鉱物中で安定に存在している。

ポリスルフィドイオン S_n^{2-} は，対応する H_2S_n の脱プロトン化反応では得られない。$(NH_4)_2S_5$ などのように，NH_3 溶液に S と H_2S を懸濁させたもの $(2NH_3 + H_2S + 0.5S_8 \rightarrow (NH_4)_2S_5)$，あるいは Cs_2S_5 のように，アルカリ金属イオンなどのポリスルフィド塩はよく知られている。$(2Cs_2S + S_8 \rightarrow 2Cs_2S_5)$ S_3^{2-} は 103° で折れ曲がった構造をもつ。4個以上の S_n^{2-} の鎖では金属イオンの配位子としてキレート配位するものがあり，$[AsPh_4][Au^{I}S_9]$ や $[NH_4]_2[Pt^{IV}S_{15}]$ はその典型的な例である。PPh_4S_6 の中の S_6^- のアニオンラジカルは，2種類の S−S 結合からなるいす形構造をもつ（**図 16-5**）。

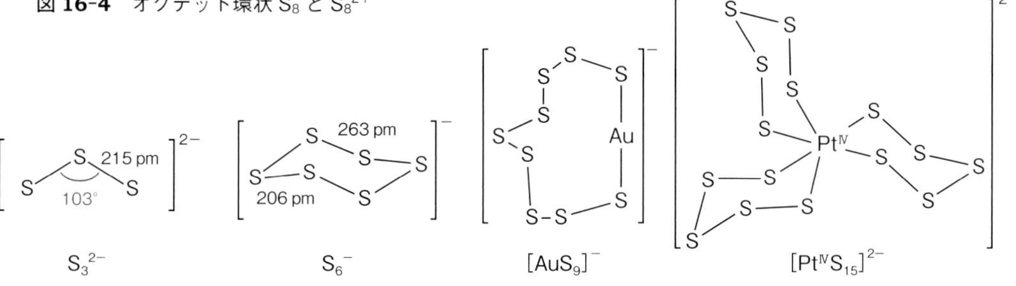

図 16-5　ポリスルフィドイオンとその金属錯体の例

16-3　硫黄の酸化物

二酸化硫黄 SO_2 と三酸化硫黄 SO_3 は，硫黄の酸化物では特に重要である。どちらも S が電子受容体として働くルイス酸であり，SO_3 の方がより強くて硬い。そのため，SO_3 は固体中で O 原子で橋架けした三量体構造 $(SO_3)_3$ をとる。SO_2 と SO_3 以外で安定な酸化物には S_2O $(SOCl_2 + Ag_2S \rightarrow S_2O + 2AgCl$; 157 ℃) や S_8O $(H_2S_7 + SOCl_2 \rightarrow S_8O + 2HCl)$ などがある（**図 16-6**）。

SO_2 は，S や H_2S の燃焼や硫化物の鉱石を焙焼するとき，あるいは $CaSO_4$ の還元反応 $(CaSO_4 + C \rightarrow CaO +$

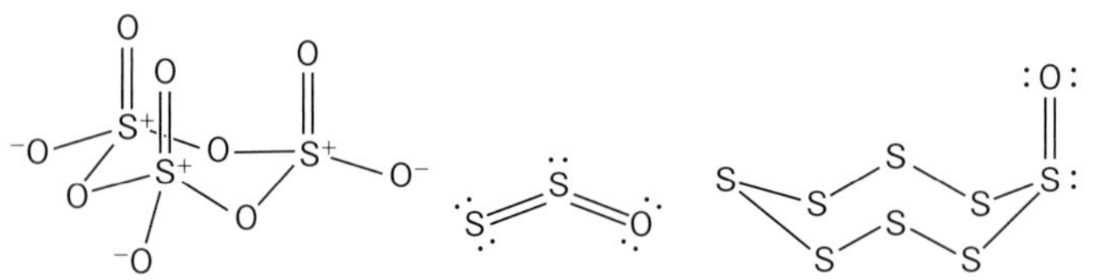

図 **16-6**　主な硫黄の酸化物の構造

SO_2 + CO；> 1350 ℃）により大量に合成されている。SO_2 は酸性雨の原因になる物質である。実験室系では亜硫酸ナトリウム Na_2SO_3 に濃 HCl を混ぜて発生させる。（$Na_2SO_3 + 2HCl \rightarrow SO_2 + 2NaCl + H_2O$）$SO_2$ は X_2（X = F, Cl）と反応して SO_2X_2 を与える。SO_2 は水に溶かすと亜硫酸 H_2SO_3 溶液を生じる。しかし，水溶液中で H_2SO_3 として存在しているものはわずかであり，かなりの量が SO_2 のまま溶け込んでいる。水溶液中で生じる HSO_3^- には2つの異性体 $[H-SO_3]^-$ と $[HO-SO_2]^-$ が知られている（**図 16-7**）。酸性では SO_2 は弱い還元剤であるが，塩基性では還元力がわずかに強くなる。濃 H_2SO_4 では Cu と反応し SO_4^{2-} を還元して SO_2 を与える。（$Cu + 2H_2SO_4 \rightarrow CuSO_4 + SO_2 + 2H_2O$）$SO_2$ は2つの共鳴構造が描け，∠O−S−O = 119° の三角形である（**図 16-8**）。

最も重要な反応としては，V_2O_5 触媒の存在下で空気中の O_2 によって SO_2 を酸化して SO_3 を生成し，硫酸 H_2SO_4 をつくる接触法（contact process）がある。高温では SO_2 を生成する逆方向に SO_3 をつくる平衡が移動してしまい，また空気の圧力が高いほど SO_3 の収率が高くなる。そのため，480 ℃で反応が行われ，SO_3 の収率は 98% を超える。SO_3 から H_2SO_4 をつくるためには，まず SO_3 を濃硫酸に吸収させた発煙硫酸（oleum）とする。SO_3 を直接水に吸収させると大量に発熱するため，蒸発してミストになってしまう。そのため，SO_3 は直接水に吸収させない。（$2SO_2 + O_2 \rightleftarrows 2SO_3$　$\Delta H^\circ = -96$ kJ mol^{-1}）

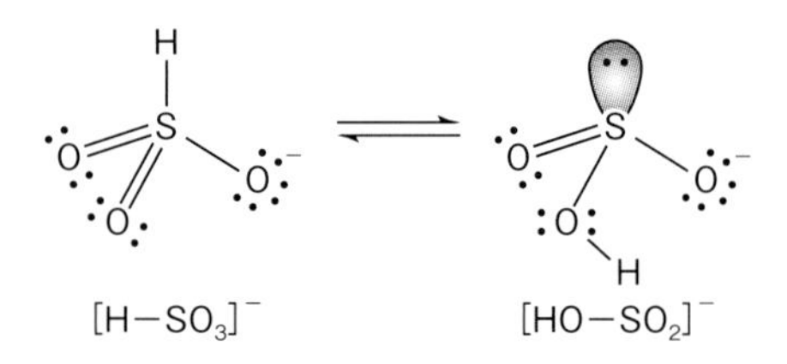

図 **16-7**　亜硫酸水素イオンの異性体

図 **16-8**　SO_2 の共鳴構造

SO_3 は平面三角形の構造をとり，S−O 結合距離のすべてが同じ（気相で 142 pm）である。その結合距離も通常の S−O 単結合より短いために，共鳴して多重結合性を含む。オクテットを満たすようにルイス構造を描くと，**図 16-9**（a）のように，中心 S 原子の形式電荷が +2 価となってしまう。ポーリングの電気的中性の原理からすると，形式電荷は小さい方が安定である。この小さな形式電荷をもつために，SO_3 のルイス構造は**図 16-9**（b）のように，超原子価構造で +1 価の S 原子での共鳴構造とみなせる。

16-4　オキソ酸アニオン

主な S を含むオキソ酸アニオンを**図 16-10** に示した。S のオキソ酸アニオンの酸化還元は，溶液の pH に大きな影響を受ける。SO_2 は酸性溶液中で容易に還元されるから，酸化剤として使用される。一方，SO_3^{2-} は塩基性溶液中では還元剤として働く。SO_2 は酸化力が強いた

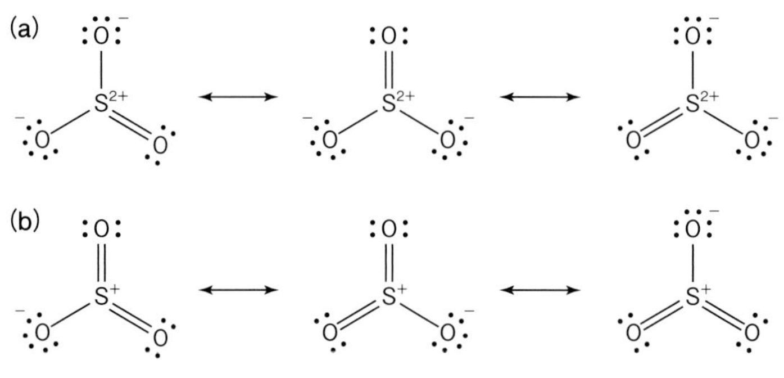

図 **16-9**　SO_3 の共鳴構造

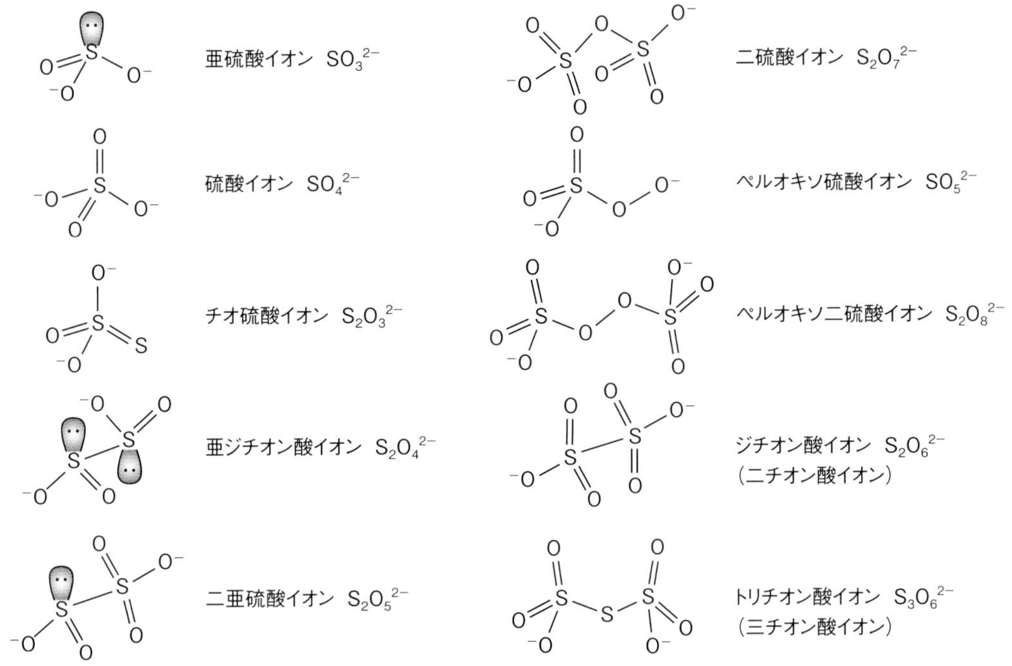

亜硫酸イオン SO_3^{2-}

二硫酸イオン $S_2O_7^{2-}$

硫酸イオン SO_4^{2-}

ペルオキソ硫酸イオン SO_5^{2-}

チオ硫酸イオン $S_2O_3^{2-}$

ペルオキソ二硫酸イオン $S_2O_8^{2-}$

亜ジチオン酸イオン $S_2O_4^{2-}$

ジチオン酸イオン $S_2O_6^{2-}$
(ニチオン酸イオン)

二亜硫酸イオン $S_2O_5^{2-}$

トリチオン酸イオン $S_3O_6^{2-}$
(三チオン酸イオン)

図 16-10 種々の硫黄のオキソ酸アニオン

め，ワインなどの穏やかな殺菌剤や防腐剤として使用される。ペルオキソ二硫酸イオン（$S_2O_8^{2-}$）とペルオキソ硫酸イオン（SO_5^{2-}）は，強力で有用な酸化剤であり，その塩はいずれも室温で結晶性の固体である。この反応性は H_2O_2 の性質と類似しており，弱い O−O 結合に由来する。（$S_2O_8^{2-} + 2e^- \rightarrow 2SO_4^{2-}$ $E^\circ = +2.01$ V）$K_2S_2O_8$ を加熱すると，O_2 と O_3 の混合物が生成する。ペルオキソ硫酸 H_2SO_5 は不安定であり，分解して H_2O_2 を発生する。

亜ジチオン酸イオン（$S_2O_4^{2-}$）は，酸として単離できず塩のみで存在する強力な還元剤である。これは，S−S 結合が 239 pm*2 と非常に長く，結合が弱いことに起因する。$Na_2S_2O_4$ の水溶液には $\cdot SO_2^-$ のラジカルアニオンが存在する。

ジチオン酸イオン（$S_2O_6^{2-}$）も，塩のみで安定な S のオキソ酸である。溶液は強酸で，塩は結晶として単離できる。S−S 結合が 213 pm と長く，固体中では SO_3 基同士がねじれ構造で存在している。この $S_2O_6^{2-}$ は容易に酸化還元されないが，S−S 結合が弱いため溶液中ではゆっくりと分解する。（$S_2O_6^{2-} \rightarrow SO_2 + SO_4^{2-}$）

亜硫酸イオン（SO_3^{2-}）と二亜硫酸イオン（$S_2O_5^{2-}$）も，やはり塩のみで存在する。よい還元剤であり，漂白剤やワインなどの添加剤としても使われている。$S_2O_5^{2-}$ は酸性条件で分解して，HSO_3^- と SO_3^{2-} を生じる。（$S_2O_5^{2-} + H_2O \rightarrow 2HSO_3^-$）（$HSO_3^- + H^+ \rightleftarrows SO_2 + H_2O$）1 つプロトン化した HSO_3^- の溶液中では，2 つの異性体（$[H-SO_3]^-$ と $[HO-SO_2]^-$）の混合物を与える。SO_2 で飽和した $NaHSO_3$ 溶液を蒸発乾固させると，NaS_2O_5 が生成する。（$2HSO_3^- \rightleftarrows H_2O + S_2O_5^{2-}$）

硫酸 H_2SO_4 は，強酸（$pK_{a1} = -2$，$pK_{a2} = 1.92$）であり，**自己プロトリシス**（autoprotolysis）*3 が大きい。分子間の水素結合ネットワークが発達しているため，非常に粘調な無色の液体である。無水 H_2SO_4 が高い伝導率をもつことは，自己プロトリシスが大きいことを意味している。（$2H_2SO_4 \rightarrow H_3SO_4^+ + HSO_4^-$ $K = 2.7 \times 10^{-4}$）この自己プロトリシスは H_2O よりも 10 倍以上大きい。また，H_2SO_4/HNO_3 が反応してニトロイルイオン NO_2^+ が生じる。これは芳香族のニトロ化などに使われる。（$HNO_3 + 2H_2SO_4 \rightarrow NO_2^+ + H_3O^+ + 2HSO_4^-$）$H_2SO_4$ のルイス構造でも，オクテットを満たすためには，S の形式電荷が +2 価になってしまう。そのため，超原子価化合物として S の空 d 軌道を使ったルイス構造を考えると，S の形

*2 通常の S−S 結合は 206 pm。

*3 分子間で H^+ を授受してイオン化すること。

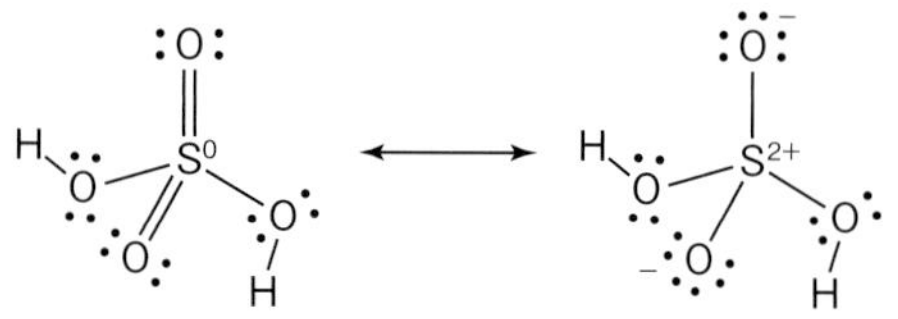

図 **16-11**　H_2SO_4 の共鳴構造

式電荷が0価と安定になる（図 **16-11**）。ポリ硫酸イオン（$^{-}O_3S(OSO_2)_nOSO_3^{-}$）の K^+ 塩は得られているが，酸としては単離できない。二硫酸 $H_2S_2O_7$ や三硫酸 $H_2S_3O_{10}$ は発煙硫酸中に存在する。

チオ硫酸イオン（$S_2O_3^{2-}$）も塩として安定であるが，酸の形では分解する。やや強い還元剤であり，チオ硫酸ナトリウム $Na_2S_2O_3$ は Na_2SO_3 とSの反応から得られる。（$Na_2SO_3 + 1/8\,S_8 \rightarrow Na_2S_2O_3$）$S_2O_3^{2-}$ は Ag^+ の優れた錯化剤である。$Na_2S_2O_3$ 水溶液は，露光した写真フィルムから，未反応の AgBr を取り除くために使われていた。$[Ag(S_2O_3)_3]^{5-}$ では，すべての $S_2O_3^{2-}$ 配位子は，S原子で Ag^+ に配位している。（$AgBr + 3\,Na_2S_2O_3 \rightarrow Na_5[Ag(S_2O_3)_3] + NaBr$）また，$Na_2S_2O_3$ 水溶液は，Cl_2 や Br_2 でゆっくりと酸化されて SO_4^{2-} になる。そのため，漂白する際の過剰な Cl_2 や，水槽や水道水からカルキ成分（Cl_2）を取り除くのに使用される。

ポリチオン酸 $H_2S_nO_6$ は，ワッケンローダー液（Wackenroder solution）といわれる SO_2 の濃厚溶液に，0 ˚C 以下で H_2S を通じて得られるコロイド状Sを含む分散溶液から見出された。ポリチオン酸イオン $S_nO_6^{2-}$ は，SO_3^- 基に鎖状のSがつながったS−S−…結合をもつ。$S_3O_6^{2-}$ や $S_4O_6^{2-}$ などの新しい合成法も開発されている。

16-5　硫黄のハロゲン化物

cyclo-S_8 は反応性が高く，空気中で青い炎を上げて燃焼し，SO_2 を生じる。また，F_2, Cl_2, Br_2 などのハロゲンと反応し，それぞれ SF_6, S_2Cl_2, S_2Br_2 を生じるが，I_2 とは反応しない。しかし，液体 SO_2 中で AsF_3 の存在下，過剰な I_2 と反応させると，$[S_2I_4]^{2+}([AsF_6]_2)^{2-}$ が得られる。この $[S_2I_4]^{2+}$ は，“book opening” 型の構造をもち（図 **16-12**），2つの I_2^+ がS=S結合に配位して，正電荷が分子全体に非局在化している。S=S結合は184 pmの結合距離をもち，これはS−S単結合の206 pmよりも短く，多重結合性が現れている。

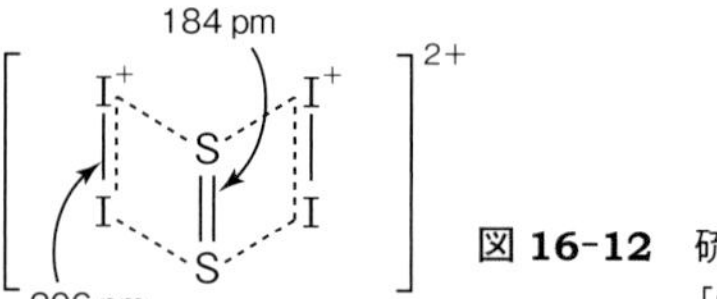

図 **16-12**　硫黄とヨウ素の化合物 $[S_2I_4]^{2+}$

主なSとCl, Fの化合物の構造を図 **16-13** に示す。SF_4 と S_2F_2 は，高温で SCl_2 に HgF_2 を反応させて得られる。（$3\,SCl_2 + 3\,HgF_2 \rightarrow SF_4 + 3\,HgCl_2 + S_2F_2$）$S_2F_2$ は，FS−SF と F_2S=S の2つの異性体があり，容易に FS−SF から F_2S=S へ異性化する。FS−SF の構造は二面角で88°であり，S−S結合は189 pm（F_2S=S異性体は186 pm）と短く，多重結合性を有する。異性体の FS−SF と，F_2S=S は，ともに不安定であり，SF_4 とSに不均化しやすい。（$2\,S_2F_2 \rightarrow SF_4 + 3\,S$）$SF_4$ の合成は，SCl_2 と NaF を〜80 ˚C，MeCN 中で反応させる方法が最も優

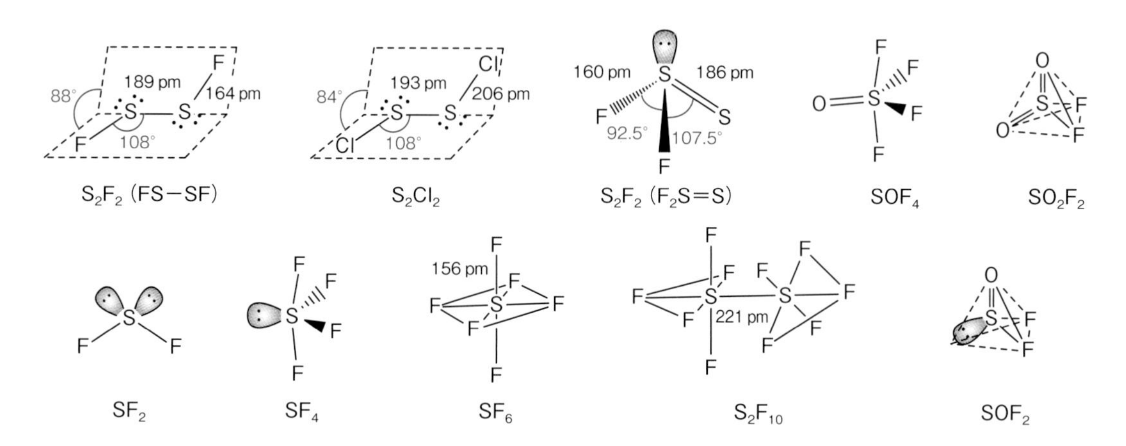

図 **16-13**　主な硫黄と塩素，フッ素の化合物の構造

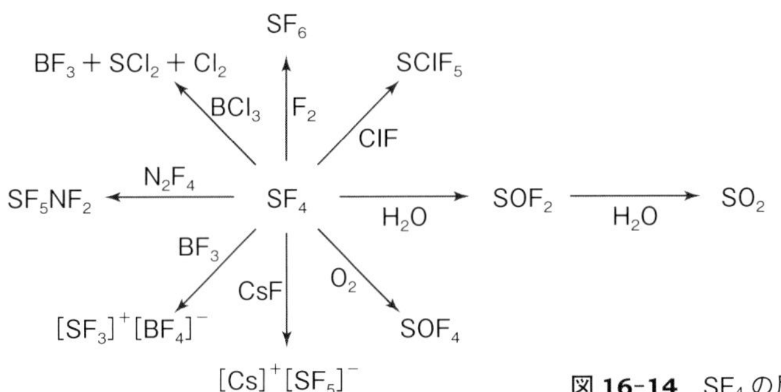

図 **16-14** SF_4 の反応スキーム

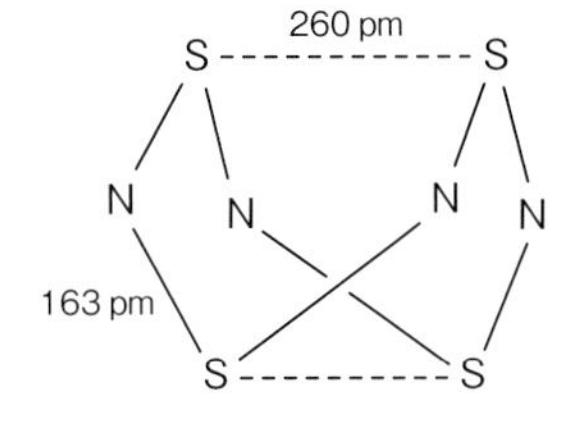

図 **16-15** S_4N_4 の構造

れている。($3\,SCl_2 + 4\,NaF \rightarrow SF_4 + S_2Cl_2 + 4\,NaCl$) SF_4 は選択的なフッ素化剤として働き，VSEPR モデルより予想される歪んだ三方両錐構造をもつ。SF_6 は SF_4 に F_2 を直接反応させてつくられる。正八面体構造をもち，非常に安定で化学的に不活性な性質をもつ。大気中に放出されると寿命が長く，温室効果ガスとして地球温暖化に影響するので，排出量が制限されている。また，S を F_2 中で燃焼させて SF_6 を合成するときに少量の S_2F_{10} が生成する。この S_2F_{10} はねじれ型構造をもち，S−S 結合の距離は 221 pm であり，単結合の S−S 結合距離よりも長い。そのため，S_2F_{10} は強力な酸化剤であり，~180 ℃に加熱すると不均化する。($S_2F_{10} \rightarrow SF_4 + SF_6$)

SF_4 の反応で重要なものを**図 16-14** にまとめた。SF_4 に ClF と N_2F_4 を反応させると，それぞれ $SClF_5$ と SF_5NF_2 のような SF_5 基をもつ化合物が得られる。SF_4 に BF_3 と CsF を反応させると，それぞれ SF_3^+ カチオンと SF_5^- アニオンが得られる。SF_4 に BCl_3 を反応させると SCl_2 が生成し，O_2 で燃焼させると SOF_4 が得られる。SOF_4 も SF_4 と同じく歪んだ八面体構造をもつ。SF_4 を加水分解すると，はじめ正四面体型の SOF_2 が得られるが，さらに H_2O で反応させると SO_2 を生じる。$SOCl_2$ を SbF_3 によってフッ素化すると，フッ化チオニル SOF_2 が得られる。さらに SOF_2 は F_2 と反応して SOF_4 を与える。正四面体構造をもつ二フッ化スルフリル SO_2F_2 は，SO_2Cl_2 を NaF でフッ素化するか ($SO_2Cl_2 + 2\,NaF \rightarrow SO_2F_2 + 2\,NaCl$)，$Ba(SO_3F)_2$ の加熱分解で得られる。($Ba(SO_3F)_2 \rightarrow SO_2F_2 + BaSO_4$)

S の塩化物では S_2Cl_2 と SCl_2 が重要である。S_2Cl_2 は S_2F_2 や H_2O_2 と同様な構造をもつが，有機物の塩素化やゴムの加硫に使用される。また，塩化チオニル $SOCl_2$ ($SO_2 + PCl_5 \rightarrow SOCl_2 + POCl_3$) と二塩化スルフリル SO_2Cl_2 ($SO_2 + Cl_2 \rightarrow SO_2Cl_2$; 活性炭触媒) も重要であるが，$H_2O$ により容易に加水分解される。($SOCl_2 + H_2O \rightarrow SO_2 + 2\,HCl$) 塩化アシルの合成や酸化剤，塩素化剤，無水金属塩の合成に使われている。

16-6 硫化窒素とポリチアジル $(SN)_n$

1970 年代に，S と N の化合物からつくられた**ポリチアジル** (polythiazyl) $(SN)_n$ の高分子重合体が，~0.3 K 以下の温度で超伝導体になることが判明した。$(SN)_n$ のように，金属ではない物質の超伝導現象の研究は，ここ数十年で急激に発展してきた領域である。この $(SN)_n$ の中で最もよく知られているものは，四窒化四硫黄 (四硫化四窒素) S_4N_4 である。

S_4N_4 は，S_2Cl_2 の CCl_4 溶液に ~50 ℃で NH_3 を通すことで得られる。($6\,S_2Cl_2 + 16\,NH_3 \rightarrow S_4N_4 + 12\,NH_4Cl + S_8$) 反磁性の橙色固体 (融点 178 ℃) で，加熱や衝撃で爆発するゆりかご状の構造をもつ (**図 16-15**)。1 つの平面内にある 4 つの N 原子が，上下の S 原子で架橋された形をとる。S−N 結合距離 (163 pm) は，S と N の共有結合半径の和 178 pm と比較しても短く，非局在化した π 結合をもつからである。S_4N_4 の S−S 結合は，260 pm と長く弱い。この S−S 結合を含む極限構造式を**図 16-16** に示した。$N^{\delta-}$ 原子は求核的であり，$S^{\delta+}$ 原子は求電子的である。π 結合が非局在化する様子が分かる。BF_3 のようなルイス酸は N 原子と反応し，付加物 (adduct) をつくる。

16-2 節で述べたように，*cyclo*-S_8 はオクテット環状化合物であり，“$6n$” を満たすような $48\,e^-$ の最外殻電子

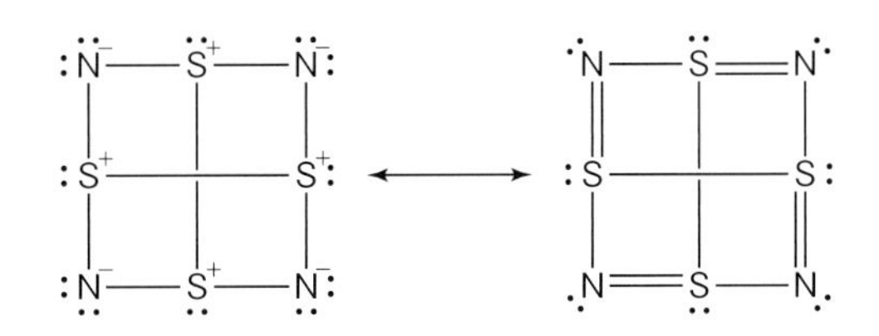

図 **16-16** S_4N_4 の共鳴構造

第16章

数をもつ電子適正化合物である。一方，S_4N_4 は $6\,e^- \times 4 + 5\,e^- \times 4 = 44\,e^-$ の最外殻電子数をもつことから，オクテット環状化合物では渡環相互作用で2本の新たな結合をつくることができる。そのため，S−S間に2つの結合ができていると考えてよい。

S_4N_4 をEtOH中 $Sn^{II}Cl_2$ で還元すると，王冠形の環状テトライミド四硫黄（四硫黄テトライミド）$S_4N_4H_4$ が得られる（**図16-17**）。*cyclo*-S_8 のS原子を1つおきにNHに置換した化合物で，すべてのS−N結合距離は同じ165 pmである。これらの誘導体で，NH基同士が隣接したものはない。

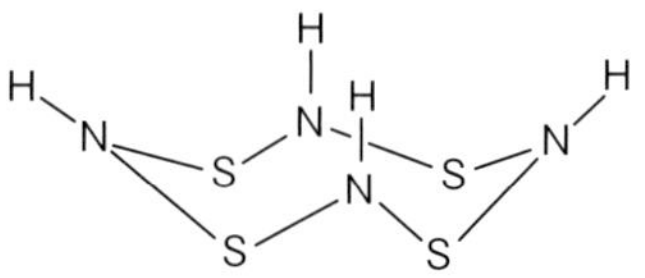

図16-17 $S_4N_4H_4$ の構造

S_4N_4 のハロゲン化は，$S^{\delta+}$ 原子上で起こるが，しばしば環状構造を保てなくなる。S_4N_4 をF化すると，三重結合をもつSN化合物のフッ化チアジル（NSF）や三フッ化チアジル（NSF_3）が得られる（**図16-18**）。このNSF

図16-18 NSFと NSF_3 の構造

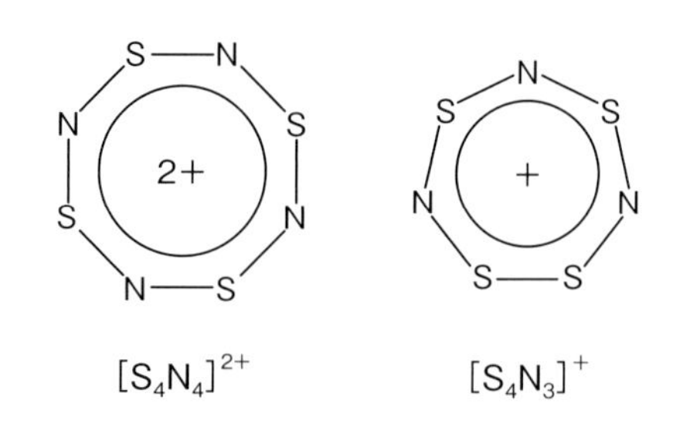

図16-19 平面構造をもつ $[S_4N_4]^{2+}$ と $[S_4N_3]^+$

は，室温でゆっくりと三量化し $S_3N_3F_3$ となる。S_4N_4 を AsF_5 や SbF_5 で酸化すると，$[S_4N_4]^{2+}$ を含む塩 $[S_4N_4](AsF_6)_2$ が得られる。塩の中では $[S_4N_4]^{2+}$ が平面構造をとる。非局在化した結合をもつ平面構造としては，$[S_4N_3]^+$ も知られている（**図16-19**）。

S_4N_4 は，～300 ℃で熱したAgワイヤー中を通すと分解し，S_4^{2+} と等電子構造をもつ S_2N_2 となる。S_2N_2 は，非局在化したS−N結合（165 pm）をもつ平面構造である（**図16-20**）。S_2N_2 は不安定な分子であり，固体のまま室温でゆっくり重合し，光沢のある黄金色のポリチアジル $(SN)_n$ に変化する。この $(SN)_n$ は共有結合性化合物であるが，金属的な電子の流れをもち，～250 ℃では分解するが，～150 ℃では昇華精製することができる。$(SN)_n$ は0.3 K以下で超伝導になり，電気伝導度はHgの1/4である。$(SN)_n$ の一次元鎖内は，S−N間で163 pmと159 pmの2種類あり，一次元鎖間同士は，S…S間が350 pmで，分子間結合はない（**図16-21**）。この $(SN)_n$ の極限構造を**図16-22**に示した。

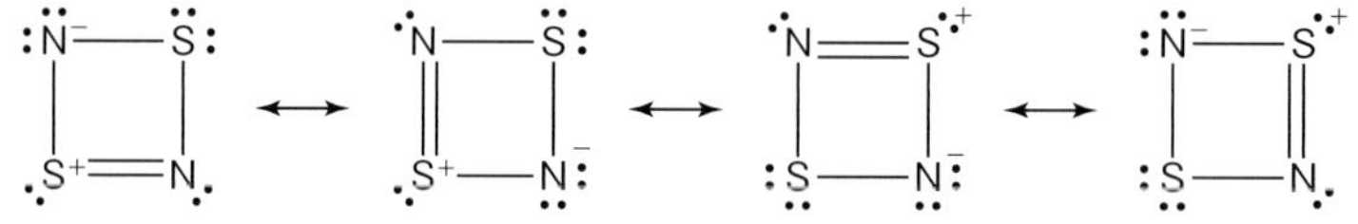

図16-20 S_2N_2 の共鳴構造

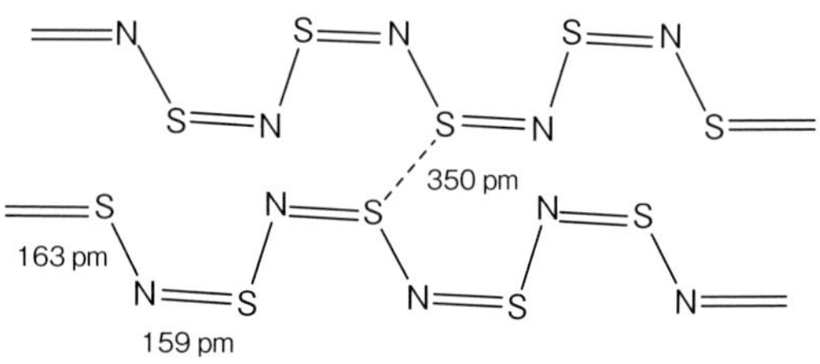

図16-21 $(SN)_n$ の一次元鎖構造

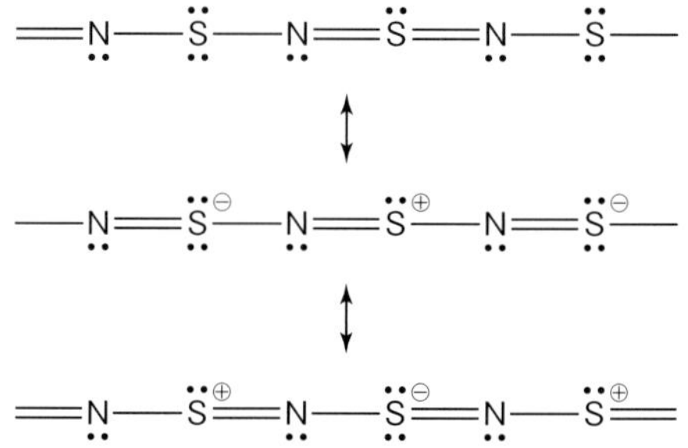

図16-22 ポリチアジルの極限構造

第17章 ハロゲン

17族のハロゲン（halogen）[*1]は，$(n\mathrm{s})^2(n\mathrm{p})^5$の最外殻電子を7つもち，1つの電子をもらうと閉殻構造の安定なアニオンX^-になる。一般にハロゲンは反応性が高いため，天然では必ずX^-化合物として存在する。X^-化合物は水への溶解性が高く，X^-は海水やかん水（鹹水）中に存在する。X_2をつくるためには，X^-を酸化することが多い。しかし，F^-（$E^\circ = +2.85\ \mathrm{V}$）や$Cl^-$（$E^\circ = +1.36\ \mathrm{V}$）は極めて高い酸化電位をもつため容易に酸化されず，非常に強い酸化剤が必要である。工業的には電解酸化法でのみフッ素F_2や塩素Cl_2が得られる。一般に電解質水溶液を使ったらF^-を酸化できない。なぜなら，H_2Oの酸化電位E°が$+1.23\ \mathrm{V}$であり，F_2が発生してもすぐにH_2Oが酸化されてしまうからである。臭素Br_2やヨウ素I_2は，Br^-やI^-が溶けている水溶液にCl_2を吹き込むことで，水溶液から遊離してくる。

ハロゲンX_2の色は，F_2（無色）→Cl_2（黄緑色）→Br_2（赤褐色）→I_2（紫色）と変化する。その吸収スペクトルは，次第に長波長側に移動して吸収エネルギーが低くなる。これは，X_2の色はHOMO-LUMOのエネルギー差に相当し，族番号を下に行くにつれて吸収エネルギーが低くなるからである。Br_2の主生産国はイスラエルやアメリカで，イスラエルの死海にはBr^-が$4 \sim 5\ \mathrm{g\ L^{-1}}$あり，$Br_2$の世界的な生産拠点の1つである。$Br_2$はMeBrの製造に最も多く使われており，これは農産物の殺虫剤（燻蒸剤）として使用されてきた。現在では，カメラのフィルムはほとんど見られなくなったが，AgBrなどは写真の感光剤として使われていた。アスタチンAtは1940年に，カリフォルニア大学のサイクロトロンで$^{209}_{83}\mathrm{Bi}(\alpha, 2\mathrm{n})^{211}_{85}\mathrm{At}$によって初めてつくられた。しかし，$^{211}_{85}\mathrm{At}$の半減期が7.2時間であるように，$_{85}\mathrm{At}$の同位体はいずれも不安定であり，最も長い半減期をもつ同位体$^{210}_{85}\mathrm{At}$でも8.1時間しかない。そのため，化学的な性質はほとんど知られていない。テネシンTsの超重元素は安定な島の領域（2-9-3項参照）に位置しており，数十～数百ミリ秒の寿命をもつ。Tsは相対論的な効果によって，他のハロゲンとかなり異なった挙動を示す。ここではAtとTsはハロゲンとして詳細には取り扱わないことにする。

また，ハロゲン元素の名称は，F（fluorine）は「流れる（fluo）」あるいは「蛍石（fluorite）」を意味するラテン語から来ている。Cl（chloride）は「黄緑色（chloros）」，Br（bromine）は「悪臭を放つもの（bromos）」，I（iodine）は「紫色（idodes）」，At（astatine）は「不安定（astatos）」といったギリシャ語に由来する。Ts（tennessine）は「テネシー州」から命名されたものである。

17-1 ハロゲンの合成と性質

17-1-1 フッ素

F原子は，蛍石CaF_2（fluorite），氷晶石Na_3AlF_6（cryolite），フッ素リン灰石$3Ca_3(PO_4)_2 \cdot Ca(F, Cl)_2$（fluorapatite）から精製される。安定同位体$^{19}\mathrm{F}$（$I = 1/2$）は1つしかなく，全元素中で最も精密な質量数18.998403163(6)[*2]をもつ。F_2はガラス容器を溶かすといわれているが，純粋なF_2であればガラス容器を溶かさず，ガラス容器で化学実験ができる。ところが，わずかなH_2Oと反応してHFを生じるとガラス容器を溶かしてしまう。この場合，HFをわずかに含む水溶液にNaFやKFのフッ化物塩の無水物を添加すると$M^+[FHF]^-$のようなF化物塩をつくり，HFの影響を取り除くことができる。

Fを含む化合物のほとんどは，HFを用いてつくられている。HFは主に蛍石に濃H_2SO_4を作用してつくられる。（CaF_2 + 濃H_2SO_4 → $CaSO_4 + 2HF$）CCl_3F（フロン-11）やCCl_2F_2（フロン-12）などのフロン類は，12-6節で述べたように，冷媒・噴霧剤・消火剤に使われてきたが，成層圏のオゾン層を破壊する原因物質であり，現在の使用は規正されている。$^{235}\mathrm{U}$の同位体濃縮にはUF_6の製造が必要である。F_2の現在の主要な用途は，UF_6をつくるために大量に使用される。UF_6は昇華性があり，$^{235}UF_6$と$^{238}UF_6$の質量の違いを利用して，遠心分離装置

---

*1 ギリシャ語の「塩をつくる」という言葉に由来する。

*2 日本化学会原子量専門委員会の原子量表（2021年）による。

によって同位体分離できる。^{235}U の誘導核分裂を起こすため，臨界濃度まで ^{235}U の同位体濃度を高めることができる。また，上水道や歯磨き粉に F 化物を加え，虫歯予防に利用されている。F 化物は，歯のヒドロキシアパタイトからつくられたエナメル質を，酸に溶けにくいフルオロアパタイトに変化させるからである。

17-1-2　フッ素の融解塩電解酸化合成法

ここでは，F_2 を得るための電解合成法を紹介する（**図 17-1**）。F_2 は非常に反応性が高く，あらゆるものを酸化する。そのため，F_2 を得るにも工夫が必要である。通常は陽極を炭素電極に（$2F^- \rightarrow F_2 + 2e^-$），陰極を鋼の容器にした電解槽（$2H^+ + 2e^- \rightarrow H_2$）を用いて，HF 中に溶解させた KF 溶液を電気分解することで，陽極の炭素電極から F_2 が発生する。鋼の容器は KF/HF = 1/2～1/3 の溶液中で酸化被膜の不動態を形成し，それ以上溶解することを防ぐ。陰極の鋼の容器からは H_2 が放出される。

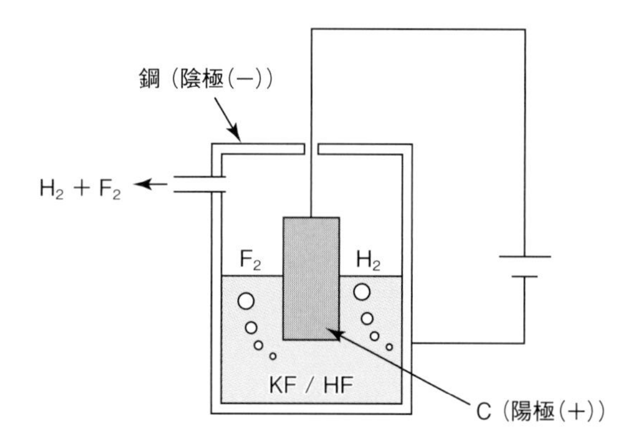

図 17-1　F_2 の融解塩電解酸化合成法

17-1-3　塩　素

Cl_2 は NaCl を用いたクロロアルカリ電解法により製造されるが，同時に生成される NaOH の製造も重要である。また，Cl_2 は第一次世界大戦で毒ガス兵器として使われた有毒物質である。吸い込むと呼吸器の炎症を引き起こす。実験室系では，MnO_2 を濃 HCl で溶かすときに発生する黄緑色の気体として得られる。（$MnO_2 + 4HCl \rightarrow MnCl_2 + Cl_2 + 2H_2O$）Cl 化した有機物は，1,2-ジクロロエテンや塩化ビニルのように高分子工業用に利用されるため重要である。

Cl_2 は，使用水溶液中で不均化を起こして ClO^- と H^+ を生じるので，NaClO 塩の水溶液と同じように漂白剤に使用される。工業的な漂白剤は NaClO の濃度が 15% であり，家庭用では 5% 以下である。Cl_2 は製紙やパルプ工業で漂白剤として使われていたが，法律によって制限された。工業用では二酸化塩素 ClO_2 によって処理した汚水は毒性を生じないため，パルプの漂白に加えて飲料水の処理にも使用される。他の酸化性の漂白剤とは異なり，ClO_2 はセルロースの骨格を攻撃しないため，パルプ強度を保つことができる。また，ClO_2 は 2008 年に流行した鳥インフルエンザ対策のため，空間消毒薬として使用された。さらし粉（bleaching powder）は $Ca(ClO)_2$ と $CaCl_2$ の混合物であり，海水・貯水池・下水道・プールの消毒薬として大量に用いられている。マスタードガスのような毒ガス化学兵器がまかれた地域の汚染除去にも使われる。

17-1-4　塩素の合成法

1）かん水の電解酸化

かん水（brine）を電気分解する。この場合，Hg を使用するため環境汚染が問題となる（式 17-1）。

$$Na^+ + Cl^- \rightarrow \frac{1}{2}Cl_2 + Na \text{（Hg 電極などに溶ける）} \tag{17-1}$$

2）ディーコン法

HCl と O_2 から Cl_2 と H_2O を得る方法をディーコン法（Deacon process）という。Cl_2 の生成には平衡が有利ではないが，触媒に $CuCl_2$ を用いて 400～450 °C で加熱する。発生した H_2O を濃 H_2SO_4 で除去すると平衡が右に傾き，Cl_2 が得られる（式 17-2）。$CH_2{=}CH_2$ を塩素化して $CH_2Cl{-}CH_2Cl$ を生成することでも平衡を右へ傾けることが可能であり，熱分解して Cl_2 と塩化ビニルが得られる（式 17-3）。

$$4HCl + O_2 \rightleftarrows 2Cl_2 + 2H_2O \quad \text{（}CuCl_2\text{ 触媒，400～450 °C）} \tag{17-2}$$

$$4HCl + O_2 + 2CH_2{=}CH_2 \rightleftarrows 2CH_2Cl{-}CH_2Cl + 2H_2O \tag{17-3}$$

3）クロロアルカリ槽中における NaCl の電気分解

図 17-2 のように，陽極からは Cl_2（$2Cl^- \rightarrow Cl_2 + 2e^-$）が発生し，陰極からは H_2（$2H_2O + 2e^- \rightarrow 2OH^- + H_2$）が発生する。このとき電解液として，陽極では NaCl 水溶液を，陰極では薄い NaOH 水溶液を用いる。

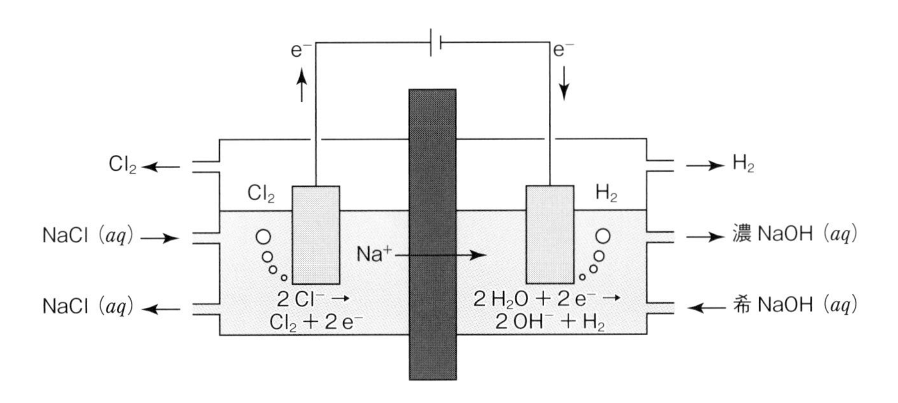

図 17-2　クロロアルカリ槽中における NaCl 水溶液の電気分解

陽極と陰極を隔てるのは陽イオン交換膜であり，Na^+ のみ通過させることができる。陽極で Cl_2 が発生する反応が進むと，Na^+ が溶液中に濃縮されていく。この Na^+ は，陽イオン交換膜を通して陰極の溶液へ移動する。陰極では H_2 が発生するとともに OH^- が濃縮され，陽イオン交換膜を通過した Na^+ と NaOH を形成するので，薄い NaOH 水溶液を濃い NaOH 水溶液にして回収できる。このように，陽極では NaCl 水溶液を流動させ，陰極では NaOH を回収しながら，Cl_2 と H_2 を発生する。陽極での H_2O の酸化を防止するため，RuO_2 のような陽極材料を用いる*3。

17-1-5　臭　素

化学的に酸化力の強い Cl_2 を酸化剤として，海水やかん水中の Br^- を酸化して得られる。($2\,Br^- + Cl_2 \rightarrow 2\,Cl^- + Br_2$; pH ~3.5) かん水から得られる常温常圧での暗赤色の液体である。O_2 で充分に酸化できるはずだが，O_2 による酸化は熱力学的に不利である。酸性溶液中では熱力学的に有利に進むが，大きな過電圧をもつため反応は進行しない。

かつては，自動車燃料のガソリンにアンチノック剤として Et_4Pb 剤を添加していた。この鉛 Pb を揮発性の $PbBr_2$ として放出させるため 1,2-$C_2H_4Br_2$ を添加していた。現在はガソリンの無鉛化が進んで Et_4Pb 剤の添加は行われなくなった。また，MeBr は土壌の殺菌に使われる他，米などの害虫除去のための燻蒸剤として使用されていた。しかし，MeBr はオゾン層を破壊する物質として，製造が制限されている。臭素化ジフェニルエーテル

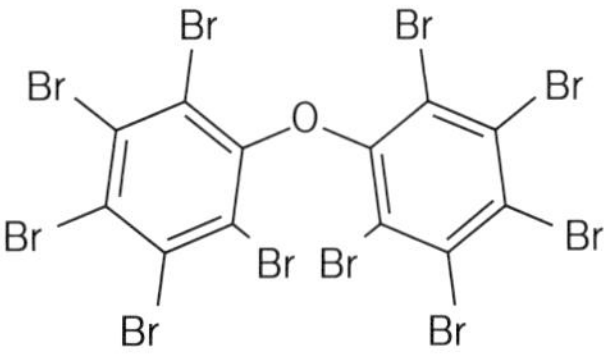

図 17-3　臭素化ジフェニルエーテルの構造

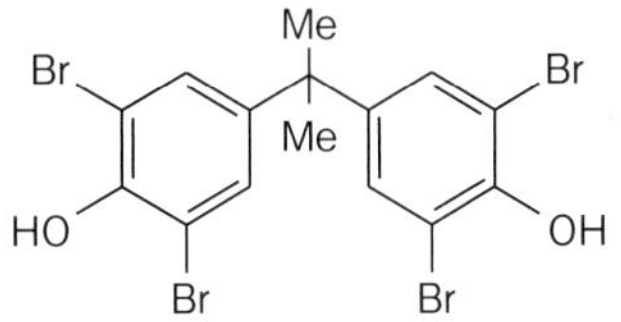

図 17-4　TBBPA の構造

$(C_6Br_5)_2O$ (**図 17-3**) は，繊維や電子機器・電子部品のプラスチック難燃剤として用いられる。また，テトラブロモビスフェノール A (TBBPA) (**図 17-4**) は，プリント基板や電子部品の難燃剤として使用されている。含臭素化難燃剤が知られているが，生体内に蓄積される問題を引き起こしている。

17-1-6　ヨ ウ 素

I_2 ははじめ海藻を焼いた灰から得られたが，現在，チリ硝石の不純物として含まれている $NaIO_3$ や $Ca(IO_3)_2$ から得られている。そのため，チリが I_2 の 60% を生産しており，輸出量は世界第 1 位である。日本の南関東ガス田 (千葉県) の天然ガス鉱床にあるかん水に I^- が多量に含まれており，現在日本は世界の 30% を占める第 2 位の I_2 輸出国になっている。ヨウ素はヒトの甲状腺ホルモンなどに含まれており，生体に必須な元素である。

*3　O_2 発生に対する過電圧が Cl_2 発生に対するよりも高い。

第 17 章

チェルノブイリ原発事故では，放射性ヨウ素が甲状腺に取り込まれ崩壊することで，子供たちの甲状腺ガンが多発した。融解したI_2の電気伝導性は**自己イオン化** (autoionization) による。($3I_2 \rightleftarrows I_3^+ + I_3^-$)

医薬品として患部の消毒に用いられるヨードチンキは，EtOH 中にKI_3を溶かしたものである。水溶性のポリビニルピロリドンにI_2を吸着させたイソジンなどは，うがい薬に使われている。ヨウ素デンプン反応は，らせん状デンプンにI_3^-が捉えられ，分子間でI_5^- (電荷移動錯体) を形成して青紫色に発色する。ある種のヨウ素含有有機物は，X 線造影剤として用いられている。心臓や，中枢神経，尿路など，臓器の機能障害の診断に用いられる。エリスロシンは赤色 3 号といわれる合成着色料である (**図 17-5**)。ヨウ素が 58 w% も含まれているため，殺菌性もある。Br_2を得るのと同様に，I_2はI^-の水溶液をCl_2や$CuSO_4$，$Fe_2(SO_4)_3$を加えて酸化するか，I^-の酸性水溶液をMnO_2で酸化することで合成される。

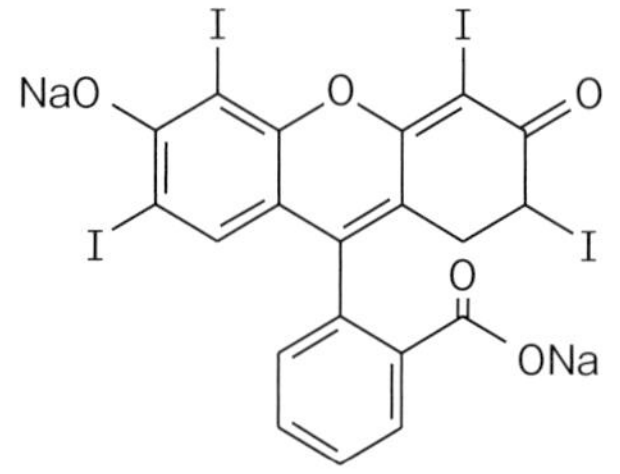

図 17-5 エリスロシンの構造

17-2 ハロゲンの性質 (表 17-1)

① F は他のハロゲン X と比較して非常に大きなイオン化エネルギーをもつため，酸化数は 0 と −1 しかとらない。他の X は，0 と −1 の酸化数の他に，+1, +3, +5, +7 など正の高い酸化数をとる。

② 重いハロゲン分子X_2ほど 2 つの原子軌道の重なりが小さくなるため，解離エネルギーや結合エネルギーは減少する。小さなX_2であるF_2の解離エネルギーがCl_2よりも小さいのは，F_2の 2 つの原子間がより接近しており，非共有電子対間の電子反発が大きくなるからである。

③ F_2の還元電位は極めて高く，多くの物質を酸化して，$I^{VII}F_7$や$Pt^{VI}F_6$などの高酸化状態の化合物をつくる。これは，F_2の解離エネルギーが小さく解離しやすいために F 原子として反応しやすいことや，生成した F 化合物も，F との結合エネルギーが非常に大きく安定化するからである。また，例えば C−F 結合の場合，F の電気陰性度χ_Fが最も高いため，$^{\delta+}C-F^{\delta-}$結合のように分極し，イオン結合性が大きく現れて安定化する。

表 17-1 ハロゲンのイオン化エネルギー・解離エネルギー・還元電位

イオン化エネルギー [$kJ\ mol^{-1}$]	F 1673	>>	Cl 1250	>	Br 1135	>	I 1000
X_2解離エネルギー [$kJ\ mol^{-1}$]	F_2 159	<	Cl_2 243	>	Br_2 193	>	I_2 151
還元電位 [V]	F_2 2.85	>>	Cl_2 1.36	>	Br_2 1.07	>	I_2 0.54

17-3 C−F 結合の共有結合性とイオン結合性

ハロゲンX_2の X−X 間距離を半分にすることで，X の共有結合半径は容易に求められる。この方法は，一般にハロゲン化物 A−X と B−X をつくる原子 A と原子 B の共有結合分子 A−B の原子間距離を推測するのに役立つ。ところが F の場合，結合相手の原子 E の種類によっては，イオン半径がかなり変動する。その実測値が理論値よりかなり短くなるのは，F の電気陰性度χ_Fが元素の中で最も大きく，$E^{\delta+}-F^{\delta-}$結合の分極を生じて，イオン結合性が現れるからである (C−F 結合 132 pm; 理論値 149 pm)。このように，分極効果によって結合エネルギーも大きくなる。χがより小さなχ_Cとχ_Pをもつ C−F 結合エネルギー (486 $kJ\ mol^{-1}$) や P−F 結合エネルギー (490 $kJ\ mol^{-1}$) は，大きなχ_Nをもつ N−F 結合エネルギー (272 $kJ\ mol^{-1}$) よりも大きくなる。

17-4 分子性 F 化物の性質

電気陰性度χが高いイオンや高酸化状態にある金属イオンは，ハロゲン X と分子状のハロゲン化合物をつくる傾向がある。ハロゲン化合物の分子内の結合は強い共有結合性であるため，その分子間が弱いファンデルワールス力によって集積する分子性化合物をつくりやすい。すなわち，**図 17-6** のように，F 自身は分極しないで相手の原子を分極させる傾向が強い。結晶内の F…F 間の相互作用は，F の分極率が低いのでファンデルワールス力以外の力が働かない。そのため，テフロン (17-4-1 項) などは摩擦係数が極めて低くなる。そして分子間

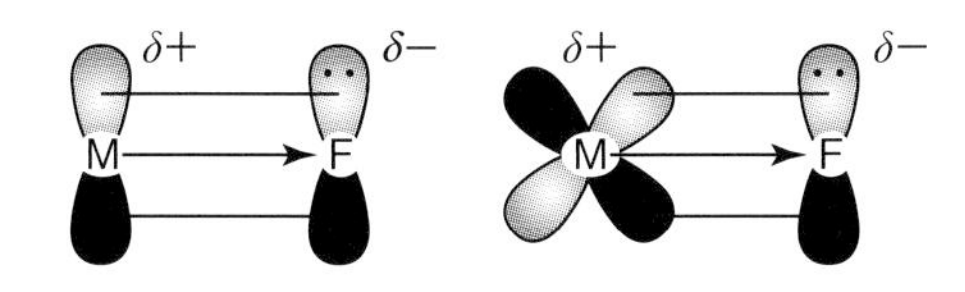

図 17-6　フッ素による分極性化合物

相互作用が弱いため，気体，揮発性液体，昇華性固体をとるものが多い。SiF_4 は融点−86.8 °C，沸点−94.8 °C であり，分子量は 104 と大きいが，融点と沸点は低くなる。

CF_3 基は χ_{Cl} に匹敵する χ_{CF_3} をもち，一種の大きな擬ハロゲン原子とみなせる。そのため CF_3COOH は強酸である。NF_3 や $N(CF_3)_3$ は，非共有電子対が F 原子によって引き寄せられるため塩基性がなくなる。金属イオンの配位結合では，$M-CF_3$ を形成すると金属イオンが求電子置換を起こすようになる。F 原子は，高酸化状態を安定化する能力が O 原子に次いで大きい。高酸化状態をもつ F 化合物の例は，$I^{VII}F_7$, $Pt^{VI}F_6$, $Bi^{V}F_5$, $KAg^{III}F_4$ などがある。また，$Cu^{I}Cl$, $Cu^{I}Br$, $Cu^{I}I$ などは存在するが，$Cu^{I}F$ は知られていない。これは，$Cu^{I}F$ がすぐに Cu^0 と $Cu^{II}F_2$ に不均化してしまうからである。

17-4-1　テフロン＝ポリテトラフルオロエチレン

テフロン（teflon）® $\mathrm{+CF_2-CF_2+_n}$*4（**図 17-7**）はデュポン社の商品名で，摩擦係数が小さく，耐熱性・耐薬品性および撥水・撥油性に優れており，HF に対しても耐性がある。主にフライパン，歯車，ベアリングに使用されて，350 °C 以上で分解する。薄膜にすると，屈曲性の大きなゴムと金属の中間的な性質になる。テフロンは酸や塩基，あるいは有機溶剤に対して安定であり，冒されたり，膨潤したりしない。しかし，高温高圧の F_2 や溶融アルカリ金属にわずかに冒される。液体アンモニアに Na を溶かした "blue solution" を使うバーチ（Birch）還元などでは，しばしばテフロンの撹拌子が真っ黒になることがある。電気的な絶縁性にも優れており，絶縁抵抗や絶縁破壊の値はプラスチックの中で最も高く，15～20 kV の高電圧下でも高い絶縁性を保つ。耐熱性も，−100～260 °C の広い範囲で長時間使用できる。テフロンの融点は 327 °C であり，テフロンの静摩擦係数は 0.04 と氷に匹敵し，どんな固体潤滑剤よりも低い。原爆製造で使われる UF_6 は腐食性が大きいため，テフロンの容器を使うことによって，初めて安全に取り扱うことができるようになった。

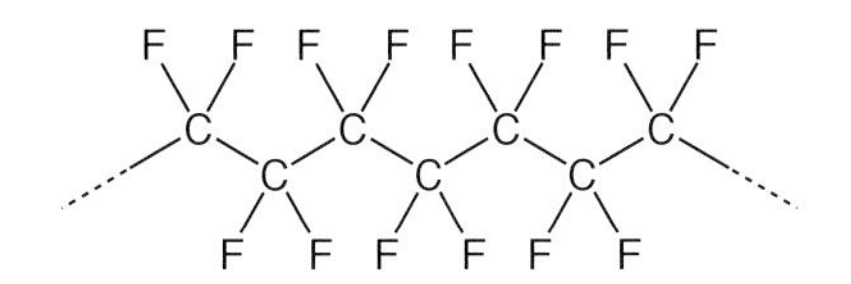

図 17-7　テフロンの構造

*4　poly-tetrafluoroethylene，"PTFE" と略すことが多い。

17-4-2　テフロンが丈夫な理由

① ハロゲンの中では，F の共有結合半径（138 pm）が H の共有結合半径（110 pm）と最も近い。C−H の H を F に置換しても，他のハロゲン原子に比較してポリエチレン鎖自体の歪みが小さいため，頑強である。

② $\chi_C \ll \chi_F$ であることから，C−F 結合はすでに $C^{\delta+}-F^{\delta-}$ の分極を生じている。すなわち C がすでに酸化された状態にあり，加熱しても O_2 では酸化されず耐熱性がある。

③ C−F 結合の F は，Cl のように空の d 軌道をもたないため，F では H_2O が配位するようなオクテットの膨張がありえない。そのため，加水分解などに強い。

④ C−F 基は，水と油のどちらもはじく性質（撥水性・撥油性）をもつため，摩擦係数が低い。F 原子自身は，分極率が低く，分散力（ファンデルワールス相互作用）も弱い。

17-5　ハロゲン間化合物

ハロゲン間化合物（interhalogen compound）は，X と Y の異なったハロゲン原子からなる XY_n 型（n = 1, 3, 5, 7）の分子状化合物である。より電気陰性度の低い X が中心原子になる。ハロゲン間化合物は極めて反応性が高い物質で，H_2O や有機物と激しく反応する。F のハロゲン間化合物 XF_n は無機化合物の強力な F 化剤であり，N_2 で希釈すると有機物の F 化にも使える。実際の構造は，反応性の高い F や Cl が重ハロゲン原子の Br や I を配位している化合物が多い。

XF_n は，生成時にエネルギーが放出され安定化する。XY は，X_2 と Y_2 の 2 つの成分の中間の性質をもつ。例えば融点と沸点を比較してみると，ICl（融点 27 °C，沸点 97 °C）は，Cl_2（融点−101 °C，沸点−35 °C）と I_2（融点 114 °C，沸点 184 °C）の中間の性質をもつ。また，

第17章

VSEPRモデルによって構造予測できるものが多い。最も安定なXY_nはClFであるが，IClやIBr（融点～41 ℃）も結晶として得られる。BrFは不均化しやすく（$3BrF \rightleftarrows BrF_3 + Br_2$），BrClは不安定である。（$2BrCl \rightleftarrows Br_2 + Cl_2$）$ClF_3$は強力なF化剤であり，核燃料の同位体分離に必要な$UF_6$を製造するのに使われる。（$U + 3ClF_3 \rightarrow UF_6 + 3ClF$）高次のハロゲン間化合物のほとんどはF化合物であるが，中性のXY_nで＋7価の酸化数をもつものはIF_7だけである。

カチオン性ハロゲン間化合物の$[ClF_6]^+$は存在するが，中性のハロゲン間化合物のClF_7やBrF_7が存在しないのは，隣接したF間の非共有電子対同士の反発による*5。XY_nはすべて酸化剤であり，ClF_3は生成時にエネルギーを放出するため，熱力学的にはF_2より弱い酸化剤である。しかし，ClF_3がF化する反応速度はF_2よりも速いため，F_2よりも強力なF化剤といえる。

XY_nを融解させると電気伝導性を示すのは，自己イオン化反応による。（$3IX \rightleftarrows [XI_2]^+ + [IX_2]^-$； X = Cl, Br）$BrF_3$の固体は，自己イオン化（$2BrF_3 \rightleftarrows [BrF_2]^+ + [BrF_4]^-$）と，Fによる架橋構造のため電気伝導性を有する。また，この解離によって他のハロゲン化物塩を，XY_nのルイス酸性やルイス塩基性によって溶解することができる。（$KF + BrF_3 \rightarrow KBrF_4$）$XY_5$は$ClF_5$, BrF_5, IF_5しかない。主なXY_nの反応性は，$ClF_3 > BrF_5 > BrF_3 > IF_7 > ClF > IF_5 > BrF$　である。中心のXの酸化数が増加するほどX－Y結合は弱くなる傾向にあるが，反応性は配位したFの増減には関係ない*6。

図 17-8 に主なXY_nの構造を示す。BrClのXY型の化合物では，XとYの周りにそれぞれ3つの非共有電子対がある。非共有電子対を考えると三方逆プリズム構造をとるが，結合電子対のみを考えると直線型の構造である。ClF_3やBrF_3のXY_3型化合物では，Xの周りに5つの電子対がある三方両錐型をとる。VSEPRモデルより，3個のF原子は，アキシアル位に2つ，エクアトリアル位に1つ配位した歪んだT字形構造になる。実際の構造では，2つの非共有電子対の静電反発によりアキシアル位の2つのF原子がやや歪むことになる。XF_5型は5つの結合電子対と1つの非共有電子対をもち，結合電子対のみを考えると4つのF原子が歪んだ四角錐構造をもつ。1つの非結合電子対を考えると，歪んだ八面体構造になる。XY_7型の化合物はIF_7だけであり，五方両錐構造をもつ。ICl_3は，2つの非共有電子対と，3つのCl原子との結合電子対をもっており，Cl原子の橋架け構造による二量体I_2Cl_6をつくる。非共有電子対はトランスの位置にくるため，それぞれのI原子は平面4配位構造をもつ。すべての分子は，非結合電子対と結合電子対との反発のため歪むものと考えられる。

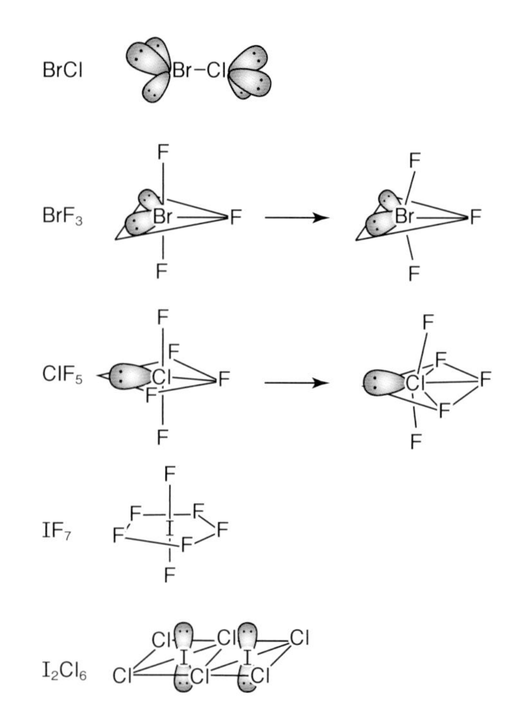

図 17-8　ハロゲン間化合物の構造

17-5-1　ポリハロゲニウムイオン

発煙H_2SO_4中のI_2やBr_2は，酸化されて青色で常磁性のI_2^+やBr_2^+のハロゲニウムカチオンになる。これらカチオンの結合長は，それぞれのハロゲン分子よりも短くなっている。これは**図 17-9** で示すように，分子軌道のエネルギー準位で電子が満たされた反結合性$2\pi^*$軌道から電子が1つ取り除かれ，結合次数が1.5重結合へ増えるためである。さらに高次のポリハロゲニウムイオンには，X_2^+, X_3^+（X = Cl, Br, I），X_5^+（X = Br, I）などが知られている（**図 17-10**）。I_3^+は中心I原子に2つの非結合電子対が存在するため，Td型の構造をとることがVSEPRモデルから分かる。

*5　Brは最大酸化数の＋7をとりにくい。

*6　同じ中心ハロゲン原子Xの場合には，F原子が多いほど反応性は高くなる。

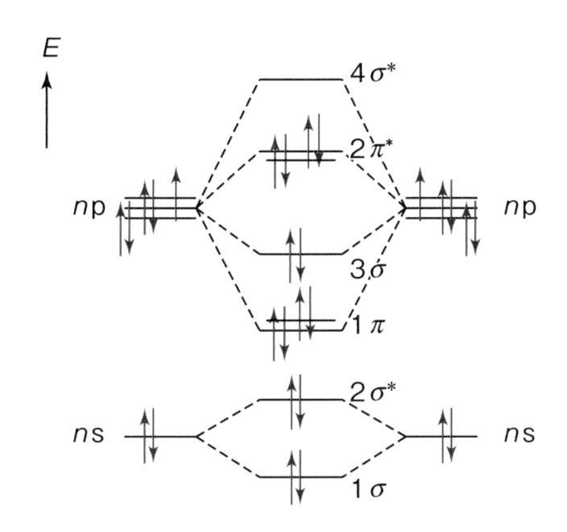

図 17-9 ハロゲン分子 X_2 の分子軌道

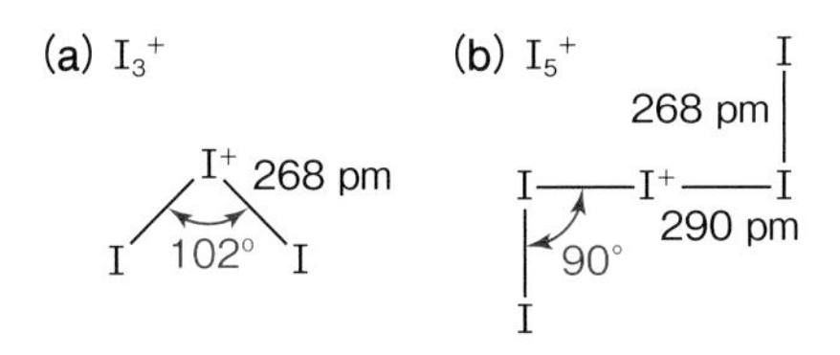

図 17-10 I_3^+ と I_5^+ の構造

BF_3, AsF_5, SbF_5 の強いルイス酸性によって，F のハロゲン間化合物 XF_{n+1} の F を引き抜くとポリハロゲニウム塩 $[XF_n]^+$ を生成する。$[ClF_2]^+$ や $[IF_6]^+$ のポリハロゲニウムイオン ($ClF_3 + SbF_5 \rightarrow [ClF_2]^+[SbF_6]^-$) ($AsF_5 + IF_7 \rightarrow [IF_6]^+[AsF_6]^-$) は，固体中での X 線回折から，$F^-$ の引き抜きが不完全で，アニオンとカチオンは F^- によって弱く架橋されたままである (**図 17-11**)。

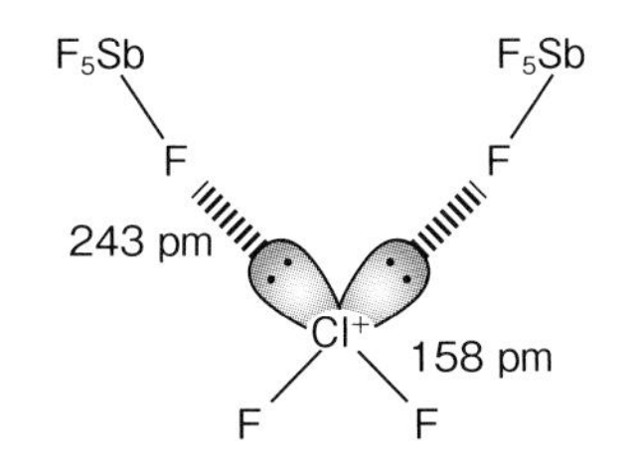

図 17-11 $[ClF_2]^+[SbF_6]^-$ の構造

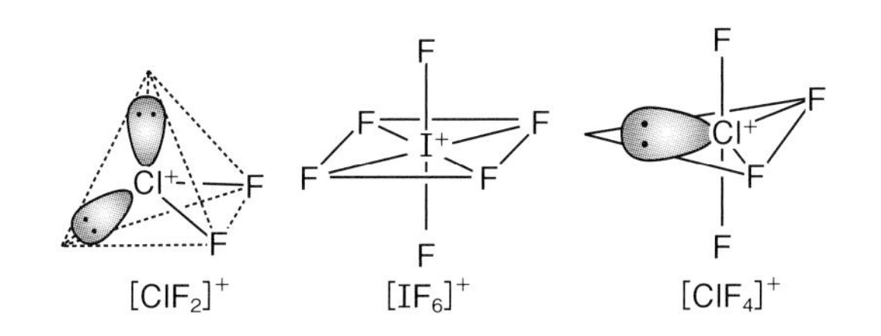

図 17-12 主なポリハロゲニウム陽イオンの構造

$[ClF_2]^+$ や $[IF_6]^+$，$[ClF_4]^+$ の VSEPR モデルの構造を**図 17-12** に示す。I_2 を濃 NH_3(*aq*) 中に加えると，3 つの I^+ と N^{3-} からつくられる $NI_3 \cdot NH_3$ の黒色粉末が得られる。この $NI_3 \cdot NH_3$ は極めて不安定な酸化還元状態であり，わずかな振動や衝撃で爆発する。($2NI_3 \cdot NH_3 \rightarrow N_2 + 3I_2 + 2NH_3$)

17-5-2 ポリヨウ化物イオン

ポリハロゲン化物イオン X_n^- のうち，Cl_3^- や Br_3^-，I_3^- はよく知られているが，F_3^- はまだ知られていない。I 原子は最も多くのポリヨウ化物イオン I_n^- や I_n^{2-} を形成する[*7]。I_2 は水に難溶 (3.4 mg L^{-1}; 25 °C) であるが，I^- があると I_3^- (三ヨウ化物イオン) を形成して水溶液に対する溶解度が上がる (I_2 (9.7 g) + KI(3.6 g) mL^{-1}; 25 °C)。I^- はルイス塩基，I_2 はルイス酸と考えると，ルイス酸・塩基反応による化合物となる。I_n^- の I^- と I_2 との付加物の結合はあまり強くない。また，I_2 の原子間距離 266 pm に比較して，I^- と I_2 との結合は 294 nm とかなり長くなっている。**図 17-13** のように I_3^- の構造は，中心の I^- 上の 3 つの非結合電子対はエクアトリアル位にあり，2 つの I 原子がアキシアル位に結合した直線構造 (非共有電子対を含めると三方両錐構造) をもつ。

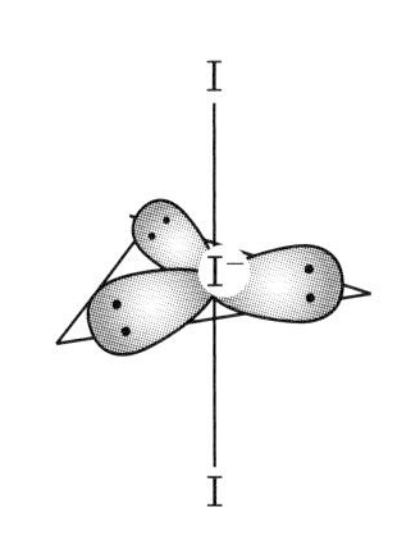

図 17-13 I_3^- の構造

I_3^- はさらに I_2 と反応して，($(I_2)_n(I^-)$) の組成をもつ −1 価の大きなポリヨウ化物イオン I_n^- を生成するが，I_3^- は最も安定な I_n^- である。単離された塩の構造は，カチオンの種類によって大きく変化する。より大きな I_n^- の固体を安定化するには，より大きなカチオンが必要である (**図 17-14**)。KI_3 の I_3^- は ($(I_2)(I^-)$) の組成をもつが，2 つの I−I 間は d_{I-I} = 294 pm と等しくなり，I_2 の d_{I-I} = 266 pm とは異なる。一方，CsI_3 では ∠I−I−I = 176° の角度で曲がっており，d_{I-I} = 283 pm と

*7 I_n^- ($n \geq 3$: 奇数) I_n^{2-} ($n \geq 4$: 偶数)

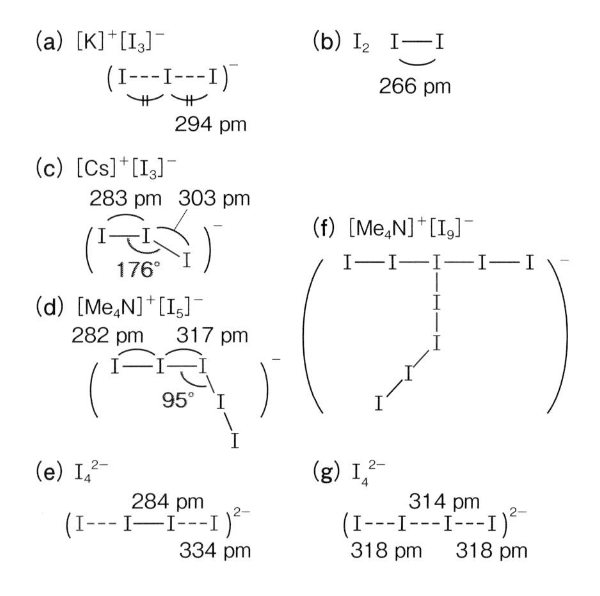

図 17-14 主なポリヨウ化物イオン

303 pm が存在し，非等価になっている。$[Me_4N]^+[I_5]^-$（$I_5^- = I^- + 2I_2$）では，5つのIのうち2つの I_2（$d_{I-I} = 282$ pm）が I^- を介して95°の結合角で連結しており，I^- と I_2 距離 $d_{I-I^-} = 317$ pm と非等価な構造をもつ。$[Me_4N]^+[I_9]^-$（$I_9^- = I^- + 4I_2$）は，3つの I_2 と1つの I_3^- が結合した複雑な構造をもつ分子イオンである。

ポリヨウ化物イオンのうち I_n^{2-} の組成をもつものは，$I_4^{2-}(2I^- + I_2)$, $I_8^{2-}(2I^- + 3I_2)$, $I_{10}^{4-}(4I^- + 3I_2)$ のような偶数の $(I^-[I_2]_nI^-)$ も存在する。図 17-14 の I_4^{2-} は，(e) $I_2 + 2I^-$ と (g) I_4^{2-} の2種類の構造が知られている。ポリヨウ化物イオンを含む固体は電気伝導性を示す。これは，ポリヨウ化物イオンの鎖に沿って，電子や正孔のホッピングやイオンリレーが起こるためとされている。

17-5-3 ポリハロゲン化物イオン

いくつかのハロゲン間化合物 XY_n は，X^- に対して Y はルイス酸として働く。その結果，ポリハロゲン化物イオンになり，この場合中心の X^- は，ポリヨウ化物イオンとは異なって高原子価状態をとるものが多くなる。**図 17-15** のように，$[BrF_4]^-$ は平面型のアニオンである。VSEPR モデルから，トランス位の非共有電子対も考えると八面体構造をもつ。（$BrF_3 + CsF \rightarrow CsBrF_4$）この種のイオンは構造に例外があり，$[ClF_6]^-$ と $[BrF_6]^-$ では，中心の X^- は非共有電子対を1つもつのに，構造に

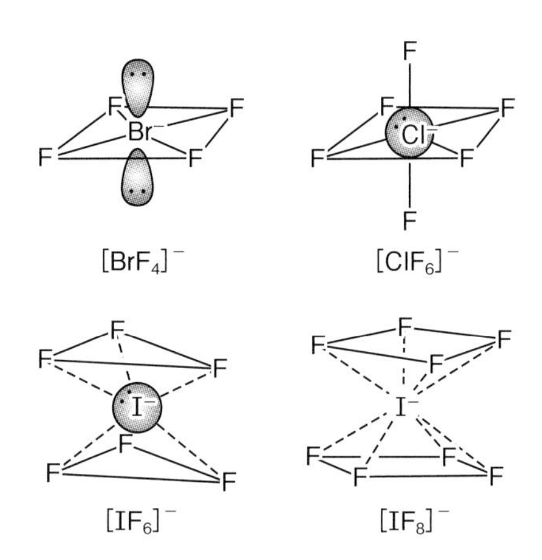

図 17-15 ポリハロゲン間化合物アニオンの構造

無関係で八面体構造をとる。このように，立体的に不活性な非共有電子対は，等方性の s 軌道に入ると考えられている。$[ClF_6]^-$ と $[BrF_6]^-$ では，それぞれ 3s 軌道と 4s 軌道に非共有電子対が入るとする。一方，$[IF_8]^-$ は四方逆プリズム構造，$[IF_6]^-$ は歪んだ三方プリズム型をとる。$[IF_6]^-$ も1つの非共有電子対をもつが，これも立体的に不活性な電子対とみなす。

17-6 ハロゲン酸化物

F の酸化物は OF_2 と O_2F_2 のみである。Cl の酸化物は，酸化数が +1, +3, +5, +7 のものが知られている。二酸化塩素 ClO_2 と酸化二塩素 Cl_2O は，はじめに発見された酸化物で，爆発性がある（**図 17-16**）。ClO_2 は酸化剤として使いやすい。ClO_2 の製造では，ClO_3^- と H_2SO_4 を用いる反応は危険を伴う。（$2NaClO_3 + SO_2 \rightarrow 2ClO_2 + Na_2SO_4$；濃 H_2SO_4 酸性）そのため，$H_2C_2O_4$ を用いた安全な方法が開発された。（$2KClO_3 + 2H_2C_2O_4 \rightarrow K_2C_2O_4 + 2ClO_2 + 2CO_2 + 2H_2O$）F の酸化物 OF_2 では，電気陰性度が $\chi_F > \chi_O$ なので“フッ化酸素”と呼ぶが，他のハロゲン酸化物では $\chi_O > \chi_X$ になるため“酸化ハロゲン”と呼ばれる。ClO_2, Cl_2O, Cl_2O_3, Cl_2O_7 などは，熱よりも衝撃に敏感に反応して爆発する。それぞれの Cl 原子の酸化数は，+4, +1, +3, +7 価になる。

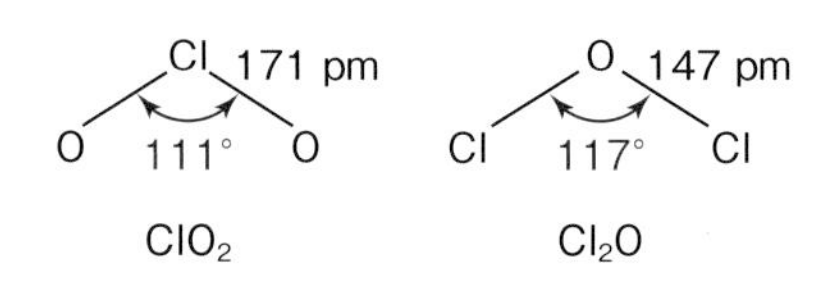

図 17-16 ClO_2 と Cl_2O の構造

Cl_2O_6は，混合酸化状態のイオン性固体$[ClO_2]^+[ClO_4]^-$とみなす。Cl_2O_6は不安定で，ClO_2とClO～ClO_3，およびO_2に分解する。これらすべてのCl酸化物は，生成時に吸熱反応で不安定化されるため，加熱すると爆発する。ClO_2は生成時に大きなエネルギーを吸収するので（$\Delta H_f^\circ(g) = +104.60\ \mathrm{kJ\ mol^{-1}}$），分解を防ぐために希薄にしておく。紙パルプの漂白や汚水や飲料水の消毒，さらし粉（$Ca(ClO)_2 \cdot CaCl_2 \cdot 2H_2O$）の原料になる。しかし，$Cl_2$や$ClO_2$が微量の有機物と反応して発ガン性のクロロカーボン類を発生するため，飲料水の漂白には，O原子に基づく漂白剤が使われるようになってきた。また，ClO_2はラジカル種であるにもかかわらず，二量体化の傾向を示さない。これは，ClO_2のラジカル電子が，$\cdot NO_2$ラジカルよりも非局在化しているからである。ルイス構造はオクテットを満たしておらず，超原子価化合物となる。Cl_2OはH_2Oに溶解するが，ゆっくりとHClと$HClO_3$に加水分解するため，HOClの無水物とみなせる。（$Cl_2O + H_2O \rightarrow 2HOCl$）

Iは元素単体I_2とO_2が反応し，熱力学的に安定な酸化物を与える。（$2I_2 + 5O_2 \rightarrow 2I_2O_5\ \Delta H^\circ = -158.1\ \mathrm{kJ\ mol^{-1}}$）$I_2O_5$（$O_2I-O-IO_2$）は強力な酸化剤であり，室温でCOを酸化できる。（$I_2O_5 + 5CO \rightarrow I_2 + 5CO_2$）これはCOの定量に使うことができ，生じた$I_2$をヨウ素滴定によって定量すればよい。$I_2O_5$は$HIO_3$の脱水によって合成されるが，逆に$I_2O_5$を水に溶かすと$HIO_3$になる。（$2HIO_3 \rightleftarrows I_2O_5 + H_2O$）

17-7 ハロゲンのオキソ酸

過塩素酸$HClO_4$以外のすべてのハロゲンのオキソ酸は，水溶液中でのみ安定化する。$HClO_4$は無水で得ることができる。Clのオキソアニオンは熱力学的に安定な酸化剤である（**表 17-2**）。

17-7-1 ポーリングの規則

単核オキソ酸$EO_n(OH)_m$（$m = 1$）の酸性度の強さを推定する2つの経験則として，**ポーリングの規則**（Pauling's rules）がある。これは，オキソ酸にOH基とO=E基がある場合に，このO=E基の数によってオキソ酸の酸性度を大まかに決定できるというものである。その第1規則は，$pK_a = 8$から$5 \times$（O=E基の数n）を差し引いたpK_aをオキソ酸がもつというものである。一方，第2の規則は，例えば炭酸やシュウ酸あるいはリン酸のように，分子内にOH基を2つ以上もつ多塩基酸$EO_n(OH)_m$（$m > 1$）は$pK_{a1}, pK_{a2}, \cdots pK_{an}$で，プロトンの解離が1回起こるごとに$pK_a$は5ずつ増加するというものである。

① 中心元素Eのオキソ酸の化学式が$EO_n(OH)_m$（$m = 1$）で表されるとき，酸解離定数のpK_aは式17-4の関係式で表される。

$$pK_a = -\log K_a = 8 - 5n \quad (17\text{-}4)$$

② 多塩基酸のpK_aの値は，$m > 1$の酸のプロトン解離が1回起こるごとに5ずつ増加する。

17-7-2 次亜ハロゲン酸，亜ハロゲン酸 HXO, HXO_2

一般に，ハロゲンを塩基性水溶液に溶かすと次亜ハロゲン酸HXOや亜ハロゲン酸HXO_2が得られる。（$X_2 + 2OH^- \rightleftarrows XO^- + X^- + H_2O$）逆に，HXOを水に溶かすと塩基性になる。このとき，XO^-からX_2をつくる平衡定数は有利であり，Cl_2（$K = 7.5 \times 10^{15}$），Br_2（$K = 2.0 \times 10^8$），I_2（$K = 30$）など，重いX_2ほど反応速度は遅くなる。しかし，XO^-の不均化平衡定数（$3XO^- \rightleftarrows 2X^- + XO_3^-$）も大きく，不均化によってハロゲン酸イオン$XO_3^-$と$X^-$をつくるため，複雑な反応になる。

第17章

表 17-2 塩素酸類の性質と構造

化学式（酸化数）	名称	pK_a	$EO_n(OH)$	形（点群）	ポーリング則（pK_a）
ClO^-（+1）	次亜塩素酸イオン (hypochlorite ion)	7.53 (弱酸)	Cl(OH)	直線（C_∞）	8
ClO_2^-（+3）	亜塩素酸イオン (chlorite ion)	1.92	ClO(OH)	折れ線（C_{2v}）	3
ClO_3^-（+5）	塩素酸イオン (chlorate ion)	−1.2	ClO_2(OH)	三方錐（C_{3v}）	−2
ClO_4^-（+7）	過塩素酸イオン (perchlorate ion)	−10 (強酸)	ClO_3(OH)	四面体（Td）	−7

次亜塩素酸イオン ClO^- の不均化は室温以下では遅く，室温の塩基性 Cl_2 溶液は，高純度の ClO^- 溶液が得られる。熱水中 75 ℃ では不均化速度は速く，高収率で塩素酸イオン ClO_3^- になる。ところが，次亜臭素酸イオン BrO^- の不均化はかなり速いため，BrO^- の合成は 0 ℃ 以下で行い，その溶液は 0 ℃ 以下でしか保存できない。50〜80 ℃ で定量的に臭素酸イオン BrO_3^- が得られる。($3Br_2 + 6OH^- \rightarrow 5Br^- + BrO_3^- + 3H_2O$) 次亜ヨウ素酸イオン IO^- の不均化反応は非常に速いため，通常はヨウ素酸イオン IO_3^- が定量的に得られる。HXO 溶液をつくるには，$Hg^{II}O$ を H_2O 中に懸濁させ，X_2 を通じる。($2X_2 + 2HgO + H_2O \rightarrow HgO \cdot HgX_2 + 2HXO$)

さらし粉は，$CaCl_2$ と $Ca(OH)_2$, $Ca(OCl)_2$ の潮解性をもたない混合物であり，CaO に Cl_2 を作用させてつくる。($2CaO + 2Cl_2 \rightarrow Ca(OCl)_2 + CaCl_2$) ClO^- が酸化剤として反応が速いのは，Cl 原子の周りが立体的に空いており，反応する基質が接近しやすいからである。ClO_4^- は，基質の接近を O 原子が阻むため，反応が非常に遅くなる。X_2 の H_2O に対する溶解度 (25 ℃) は，Cl_2(0.091 M), Br_2(0.21 M), I_2(0.0013 M) である。Cl_2 の飽和溶液には HClO がかなり含まれ，Br_2 の飽和溶液では次亜臭素酸 HBrO の濃度は HClO より小さい。I_2 の場合には，次亜ヨウ素酸 HIO の濃度は無視できるほど小さい。Br_2 の溶解度は Cl_2 よりも大きいが，HBrO への平衡反応が小さいため，HBrO の濃度は小さい。F のオキソ酸は，非常に不安定な次亜フッ素酸 HOF しか知られていない。これは F が −1 価の酸化数しかもたないためである。HOF は氷と F_2 の反応から得られる不安定な物質で V 字構造をとっており，HOF の角度 (97.2°) は大きな分極効果の静電引力のため小さくなっている。($F_2 + H_2O\ (s) \rightleftarrows HOF + HF$)

HXO_2 は不安定で，亜ヨウ素酸 HIO_2 は知られていない。亜塩素酸 $HClO_2$ は，塩基性溶液では沸騰させても安定であるが，酸性溶液では素早く分解する。$HClO_2$ ($pK_a = 1.92$) は比較的強い酸である。$HClO_2$ の生成は，$Ba(ClO_2)_2$ を H_2SO_4 で処理することにより得られる。($Ba(ClO_2)_2 + H_2SO_4 \rightarrow 2HClO_2 + BaSO_4$) ClO_2^- や BrO_2^- は，いずれも不均化反応を引き起こす。($5HClO_2 \rightarrow 4ClO_2 + Cl^- + H^+ + 2H_2O$) 反応速度は pH に依存して，塩基性では ClO_2^- はゆっくり分解するが，BrO_2^- は不安定ですぐに不均化する。($2HXO_2 \rightarrow HXO + HXO_3$) 例えば，$HClO_2$ の不均化は，実際に観測される ClO_2 と ClO_3^- の比率によって反応速度の相対的な大きさが求められる。($4HClO_2 \rightarrow 2H^+ + 2ClO_2 + ClO_3^- + Cl^- + H_2O$)

17-7-3 ハロゲン酸，過ハロゲン酸 HXO_3, HXO_4

塩素酸 $HClO_3$ と過塩素酸 $HClO_4$ はともに強酸であるが，純粋な化合物として単離できない。ハロゲン酸の水溶液は，一般に $Ba(XO_3)_2 + H_2SO_4 \rightarrow BaSO_4 + 2HXO_3$ で得られる。ハロゲン酸の中でヨウ素酸 HIO_3 は，無色の安定な固体として単離できる。酸性溶液でも塩基性溶液でも，ClO_3^- は溶液中で不均化するが，BrO_3^- とヨウ素酸イオン IO_3^- は不均化しない。しかし，ClO_3^- の不均化は非常に遅いため，熱力学的には安定である。HIO_3 は，I_2O_5 と H_2O を反応させるか，HNO_3 で I_2 を酸化する ($10HNO_3 + I_2 \rightarrow 2HIO_3 + 10NO_2 + 4H_2O$) ことにより生成する。$NaClO_3$ は，ClO_2 の製造や除草剤として用いられる。$KClO_3$ は花火やマッチの成分として利用される。

17-7-4 過塩素酸塩 $MClO_4$

$HClO_4$ は 70〜72 w% で市販されており，H_2O と $HClO_4$ は 72.5% で共沸混合物をつくり，203 ℃ で沸騰する。熱濃過塩素酸は，有機物を激しく酸化分解する。$LiClO_4$ や $NaClO_4$ などの過塩素酸塩 $MClO_4$ は，H_2O に溶けやすいが，大きな陽イオンをもつ $CsClO_4$, $RbClO_4$, $KClO_4$ の溶解度は低くなる。$KClO_4$ は 2.1 g / 104 g (25 ℃·H_2O) 溶けるので，重量分析では，EtOH を加えて溶解度をさらに落として使われる。ClO_4^- で重要な化学的性質は，錯体のカウンターアニオンとしてよく使われることで，非常に弱い共役塩基であるため，金属イオンに配位する傾向がほとんどない。ただし，爆発する危険性もあるので，カウンターアニオンとしては，同様に弱い共役塩基性をもつ $CF_3SO_3^-$, PF_6^-, BF_4^- を使うことが多い。

17-7-5 過臭素酸 $HBrO_4$

ClO_4^- と過ヨウ素酸イオン IO_4^- は，19 世紀からすでに知られていたが，過臭素酸イオン BrO_4^- は 1960 年まで知られていなかった。塩基性水溶液中で，BrO_3^- に F_2 を作用することで合成できる。($BrO_3^- + F_2 + 2OH^- \rightarrow BrO_4^- + 2F^- + H_2O$) 過ハロゲン酸イオン XO_4^- の中で，BrO_4^- が最も強い酸化剤である。BrO_4^- の還元は ClO_4^- よりも速いが，これは BrO_4^- の方

Column【安全マッチ】

nicobatista/Shutterstock.com

安全マッチは，木の棒に付いた頭薬と箱に付いた側薬からなる。頭薬を側薬にこすりつけると頭薬が発火する。マッチの頭薬は 150～200 °C で燃え出すが，箱の側薬が燃え出すのは～260 °C である。熱だけで燃えるとしたら，マッチ棒が先に燃え出す。箱側の側薬とマッチ棒の頭薬がこすり合わされ，その摩擦によって化学反応が起こって燃焼する。頭薬の $KClO_3$ は酸化剤で O_2 を出す働きがあるが，側薬の赤リンと反応してまず火がつき，その火が頭薬の松脂(まつやに)などに燃え移る仕組みである。マッチが水に濡れると $KClO_3$ が溶け出してしまうので，乾かしても使用できない。頭薬の成分は $KClO_3$，硫黄，にかわ，ガラス粉，松脂，ケイ藻土など，側薬の成分は赤リン，Sb_2S_3（摩擦材料），塩化ビニルなどである。

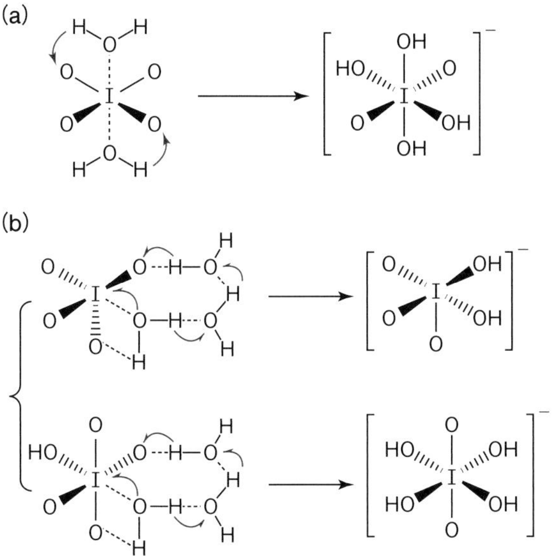

図 **17-17**　IO_4^- の水和　(a) 一段階機構と (b) 二段階機構

が外圏機構[*8]によって速やかに電子移動を行うからである。過臭素酸 $HBrO_4$ の水溶液は，分解することなく 6 M（55 w%）まで濃縮できる。しかし，3 M の水溶液はステンレスを簡単に酸化し，12 M の溶液ではちり紙などに触れると爆発する。

17-7-6　過ヨウ素酸 HIO_4

過ヨウ素酸水溶液の中で，四面体型の IO_4^- は，$[IO_4(OH_2)]^-$（$[H_2IO_5]^-$）や $[IO_4(OH_2)_2]^-$（$[H_4IO_6]^-$）のような水和したイオンで存在する。強酸性水溶液中では，パラ過ヨウ素酸の H_3IO_5 や，オルト過ヨウ素酸 H_5IO_6 として存在し，非常に弱い酸である。（$H_5IO_6 \rightleftarrows H^+ + [H_4IO_6]^-$　$K = 10^{-3}$；pH $= 3.29$）$[H_4IO_6]^-$ は，1 つの H^+ を放出して $[H_3IO_6]^{2-}$ と平衡状態にある。（$[H_4IO_6]^- \rightleftarrows H^+ + [H_3IO_6]^{2-}$　$K = 10^{-7}$；pH $= 6.7$）また，$[H_4IO_6]^-$ は過ヨウ素酸イオン IO_4^-[*9] に 2 つの H_2O を水和することによっても得られる。（$[H_4IO_6]^- \rightleftarrows IO_4^- + 2H_2O$　$K = 0.025$；酸性条件）濃い酸の水溶液では H^+ の付加が起こって，$[I(OH)_6]^-$ を生じる。**図 17-17** には，IO_4^- に 2 つの H_2O が配位して $[H_4IO_6]^-$ を生じる，一段階と二段階の H_2O が配位するメカニズムを示す。塩基性溶液中では**図 17-18** のように，$[H_2I_2O_{10}]^{4-}$（$2IO_4^- + 2OH^- \rightarrow [H_2I_2O_{10}]^{4-}$）と二量化している。

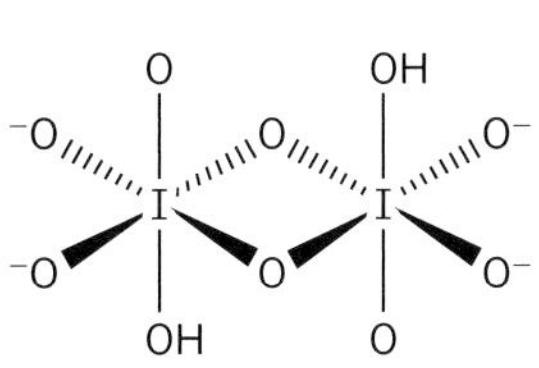

図 **17-18**　IO_4^- の二量化体 $[H_2I_2O_{10}]^{4-}$

*8　分子間の接触によって電子を移動する機構。
*9　IO_4^- はメタ過ヨウ素酸イオン（メタ過ヨウ素酸 HIO_4）とも呼ばれる。

第18章 貴ガス

貴ガス (noble gas) は，希ガス (rare gas)，不活性ガス (inert gas) とも呼ばれる。$n s^2 n p^6$ の閉殻の電子配置をもつ元素であるため，化学反応に対してほぼ不活性であり，しばしば単原子分子として存在する。日本では従来は“希ガス”とされていたが，英語表記では“noble gas”が一般的であるため，日本化学会では2015年に“貴ガス”を使用するように推奨している。化学的に不活性な性質は周期が進むにつれて緩和され，第5周期のキセノンXeでは多くの化合物が知られているため，完全に不活性ガスとはいえない。貴ガスは気体の充填剤，ヘリウム-ネオンレーザー，潜水呼吸用ガス，ネオンサイン，白熱電球の封入ガス，麻酔薬，冷媒として使われる。貴ガスは高いイオン化エネルギーと負の電子親和力をもつ。イオン化エネルギーが大きくなるのは，周期表のいちばん右側で閉殻を形成し，最も有効核電荷が大きくなるからである。また，負の電子親和力をもつのは，電子が入る場合に新しい殻軌道を占めなければならないからである。

18-1 貴ガス化合物の発見

アルゴンArが地球の大気中に多く含まれている。これは空気中のCO_2よりも多く，希なガスでもない。貴ガスの化合物は，1962年にカナダのバートレット (Bartlet, N.) によって合成されたヘキサフルオロ白金酸キセノン ($[Xe]^+[PtF_6]^-$) が最初である。バートレットは，O_2 (12.20 eV) とXe (12.13 eV) がほぼ同じイオン化エネルギーをもつことに注目した。O_2を酸化できる$Pt^{VI}F_6$は$[O_2]^+[PtF_6]^-$をつくることができる。そのため，Xeを酸化してXe^+をつくれるのではないかと考えた。バートレットらが合成した実際の化合物は$[Xe]^+([PtF_6]_x)^-$ $(1 < x < 2)$ であり，純粋な$[Xe]^+[PtF_6]^-$ではなかったが，初めての貴ガス化合物であった。1962年は，他にXeF_4やXeF_2, XeF_6が合成された年でもある。Xe化合物の最も重要な酸化数は$+2, +4, +6$である。Xe以外の貴ガス元素では，ラドンRnはF_2と反応してRnF_2を与え，クリプトンKrもF_2と反応してKrF_2を与える。Arの化合物は，ArとF_2からHArFが極低温下で観測されただけで，単離はされていない。ネオンNeやヘリウムHeについての貴ガス化合物の報告はない。

18-2 貴ガスの製造と性質

宇宙では，HeはHに次いで2番目に多い元素である。しかし，Heは地殻にほとんど含まれていない。非常に軽いため，地球の重力によって保持されないで宇宙空間に放出されてしまうからである。地球上でHeは，放射性元素のα崩壊からつくられている。米国・東欧の天然ガスの採掘と同時に不純物として産出し，低温分留により抽出される。NeやArは，大気中にそれぞれ1.82×10^{-3}%および0.93%含まれており，地殻中にある元素よりも豊富に存在している。Ne, Ar, Kr, Xeは，沸点の違いを利用した低温蒸留法によって液体空気から分留される。

Heは密度が低く，燃焼しないので，風船や飛行船に用いられる。そして，沸点が4 Kと非常に低いため極低温の冷却剤として使用され，大気圧下でどんなに冷却しても固体にならない (三重点をもたない) 唯一の物質である。量子効果により，低温で液化しても，0 Kに到るまで液体のままで存在する。そのため，NMRやMRIで使用する超伝導磁石の冷媒としても使われている。^4Heを2.178 K以下にすると，HeII相に転移して超流動現象を示す。これは，^4Heがまったく粘性を示さず，原子1個が通れる隙間さえあれば漏れ出す現象である。また，重力に逆らって容器の表面を厚さ数百個の原子の薄膜で上ることもできる。

Arは，空気に不安定な物質の合成や，溶接時に酸化を防止するガスブランケット，あるいは冷媒として使用される。宇宙では^{36}Arが最も多く，超新星爆発によって多量につくられている。それでは，地球の大気にはなぜ^{36}Arではなく^{40}Arが0.93%も含まれているのであろうか。これは，地殻中に含まれている^{40}Kの陽電子崩壊により，^{40}Arが生成されるためである。^{40}Kは現在でも地殻中に多量に存在し，生体内にも存在するため，内部被曝がしばしば問題になる。

Rnは，ウランUおよびトリウムThの放射性崩壊の産物であり，放射線を発生するため有害である。土壌・地下の岩盤にかなりの濃度のUやラジウムRaが含まれると，許容量を超えるRnが建物内に見出される。少量のRnは，ラドン温泉があるように，ホルミシス効果（200ページのコラム参照）により，体内の免疫系を高める効果があると信じられている。この治療では，$^{223}RaCl_2$から放射性崩壊によって生じたRnが使われる。

オガネソン$_{118}Og$はメンデレーエフの周期表で最後の元素である。$_{118}Og$以上の原子番号をもつ元素が発見されれば，メンデレーエフの周期表理論が破れることになり，科学の進歩にとって非常に重要な一里塚になるかもしれない。$_{118}Og$は放射性元素であり，寿命は1 ms以下であるが，安定な島の周辺にあるため予想よりも安定である。

貴ガスの主な性質を**表 18-1**にまとめた。貴ガスは重くなるにつれて分極しやすくなり，相互作用が大きくなるため沸点が高くなる。HeとRnの蒸発熱を比較すると，Rnの方が～200倍も大きくなる。HeからXeと周期が進むにつれて，イオン化エネルギーも減少していき，OやFのイオン化エネルギーよりも小さくなる。

18-2-1 原子量の逆転

通常，原子番号が大きくなるほど原子量が大きくなる。これは，陽子が増えるとともに，増えた陽子の原子核を安定に保つために，中性子も増えなければいけないからである。しかし，$_{18}Ar$と$_{19}K$では，$_{19}K$の方が原子番号が大きいのだが，原子量は$_{18}Ar$の方が大きいという原子量の逆転が起こっている。$_{18}Ar$と$_{19}K$の原子量はそれぞれ39.948(1)と39.0983(1)である。原子量はすべての安定同位体の存在比を考慮して決めるものなので，質量数が大きな安定同位体が多いほど，原子量が大きくなる。$_{18}Ar$の安定同位体は，主に^{36}Ar（0.337％），

表 18-1 貴ガスの性質

元素	元素名（原子番号）	最外殻電子配置	イオン化エネルギー [kJ mol^{-1}]	沸点 [K]	大気中容量 [%] ×10^4	電子親和力 [kJ mol^{-1}]
He	ヘリウム（2）	$1s^2$	2370	4.2	5.2	−48.2
Ne	ネオン（10）	$2s^2 2p^6$	2080	27.1	18.2	−115.8
Ar	アルゴン（18）	$3s^2 3p^6$	1520	87.3	9340.0	−96.5
Kr	クリプトン（36）	$4s^2 4p^6$	1350	120.3	11.4	−96.5
Xe	キセノン（54）	$5s^2 5p^6$	1170	166.1	0.08	−77.2
Rn	ラドン（86）	$6s^2 6p^6$	1040	208.2	−	−
Og	オガネソン（118）	$7s^2 7p^6$	−	−	−	−

Column【潜水病】

人が水中で潜水をしているときは，水圧によって加圧された状態で空気を吸っていることになる。すると，N_2の分圧が上がり，N_2が体内組織にたくさん溶解するようになる。そして，潜水から浮上して減圧状態になるとN_2の体積が膨張し気泡を形成するため，窒素酔いと呼ばれる麻酔作用が働く。これが潜水病と呼ばれるものである。深度60 m以上の深海部での潜水では，ほとんどの人が激しい麻酔作用により意識を失う。

通常のダイビング用の空気は$N_2/O_2 = 2/8$であるが，深海潜水時の空気は$He/O_2 = 4/1$の混合ガスを使用している。このとき，貴ガスであるHeは，加圧してもN_2より水に溶けにくいため麻酔作用が起こりにくい。以上の理由から，He/O_2の空気が潜水病対策として利用されている。一方で，Heの熱伝導度は空気の6倍もあり，体内の熱損失が大きい。そのため，He/O_2を空気として使用する潜水では，ヒーターなどで体を温めながら作業をする必要がある。また，ダイビングを行ったあとは，飛行機への搭乗や高山に登ることなど，気圧の低い高度への移動は危険であり，24時間は控えた方がよい。

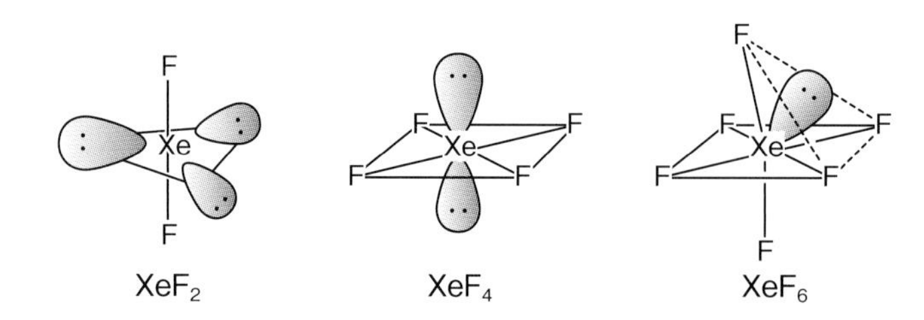

図 18-1 XeF_2, XeF_4 および XeF_6 の分子構造

^{38}Ar (0.063%)，^{40}Ar (99.60%) で，^{40}Ar がほとんどを占める。それに対して $_{19}K$ は，^{39}K (93.26%)，^{40}K (0.012%；半減期 1.248×10^9 年)，^{41}K (6.73%) で，^{39}K が最も多いためである。このような逆転現象は周期表の中ではしばしば見られる。

18-3 キセノンのフッ素化物

フッ化キセノン XeF_n $(1 < n < 6)$ は，Xe と F_2 の直接結合で合成される。F_2 の割合が高く，F_2 の圧力が高ければ，n 数が大きな高次のフッ化物の生成が有利になる（式 18-1 ～ 18-3）。しかし，これらの化合物は分離が難しく，XeF_2, XeF_4, XeF_6 は平衡があり，混合物としてつくられる。XeF_2 は Xe の酸化数が +2 価のものであり，XeF_4 と XeF_6 はそれぞれ +4 価と +6 価の化合物である。XeF_2 と XeF_4 は，VSEPR モデルによって非共有電子対を含めて考えると，それぞれ三方両錐および八面体構造をとる。結合電子対のみだと直線および平面 4 配位構造をとる。その結果，**図 18-1** のような構造をもつが，XeF_6 の構造は特殊であり，結合電子対だけだと歪んだ八面体構造をとっている。XeF_2 の分解は，酸性では遅いが塩基性では速い。($XeF_2 + 2OH^- \rightarrow Xe + 1/2O_2 + 2F^- + H_2O$) いずれも優れた酸化剤であり，例えば Cl^-, Ag^+, Cr^{3+} を，それぞれ Cl_2, Ag^{2+}, Cr^{6+} に速やかに酸化する性質をもつ。XeF_2 は Xe と F_2 の気体に太陽光を当てるだけで得られる。

$$Xe + F_2 \rightarrow XeF_2 \ (400\ ^\circ C,\ 1\ atm) \qquad (18\text{-}1)$$

$$Xe + 5F_2 \rightarrow XeF_4 + 3F_2 \ (600\ ^\circ C,\ 6\ atm) \qquad (18\text{-}2)$$

$$Xe + 3F_2 \rightarrow XeF_6 \ (300\ ^\circ C,\ > 50\ atm) \qquad (18\text{-}3)$$

XeF_6 は極めて反応性が高い。XeF_6 は歪んだ八面体構造をとり，固体の XeF_6 は $[XeF_5]^+$ を含んでおり，溶液中では Xe_4F_{24} の四量体を生成する（**図 18-2**）。XeF_6 は結晶固体中では，$[(XeF_5)^+F^-]_4 + [(XeF_5)^+F^-]_6$ の混合物となっている。XeF_6 は，F 原子がつくる三角形の面の 1 つが開いて 1 つの非共有電子対 (Lp) を取り込むような構造をもつ。この XeF_6 の Lp は流動的であり，別の三角形の面へも移動できる。

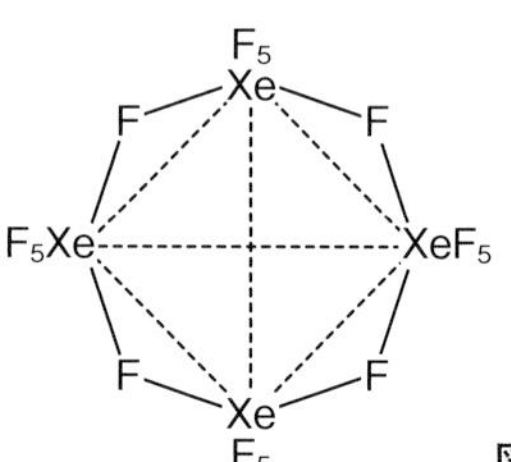

図 18-2 Xe_4F_{24} の構造

18-3-1 フッ化キセノン XeF_n の反応

XeF_n は，ハロゲン間化合物 XY_n に似て強い酸化剤であり，F^- と反応して $[XeF_5]^-$, $[XeF_7]^-$, $[XeF_8]^{2-}$ のような錯体をつくる。XeF_6 は，H_2O ($XeF_6 + 3H_2O \rightarrow XeO_3 + 6HF$) や SiO_2 ($2XeF_6 + 3SiO_2 \rightarrow 2XeO_3 + 3SiF_4$) との酸化物の複分解反応を起こして XeO_3 を生成する。XeF_n は強い酸化力をもち，H_2O ($2XeF_2 + 2H_2O \rightarrow 2Xe + 4HF + O_2$) や Pt ($XeF_4 + Pt \rightarrow Xe + PtF_4$) を酸化する。ハロゲン間化合物と同様に XeF_n は強いルイス酸として働き，強い F 受容体へ F^- を移動することによって $[XeF_{n-1}]^+$ を生じる。($XeF_2 + SbF_5 \rightarrow [XeF]^+[SbF_6]^-$) これらは XY_n の $[ClF_2]^+[SbF_6]^-$ とよく似ており（17-5-1 項参照），$[XeF]^+$ は F^- と橋架け構造により，SbF_6^- と会合している（**図 18-3**）。XeF_2 は，AsF_5 や BrF_5 のような 5F 化合物 (MF_5) とは $[XeF]^+[MF_6]^-$, $[Xe_2F_3]^+[MF_6]^-$,

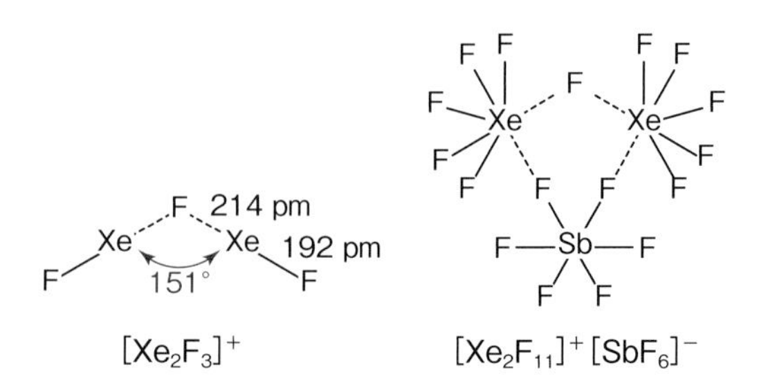

図 18-3 $[Xe_2F_3]^+$ と $[Xe_2F_{11}]^+[SbF_6]^-$ の構造

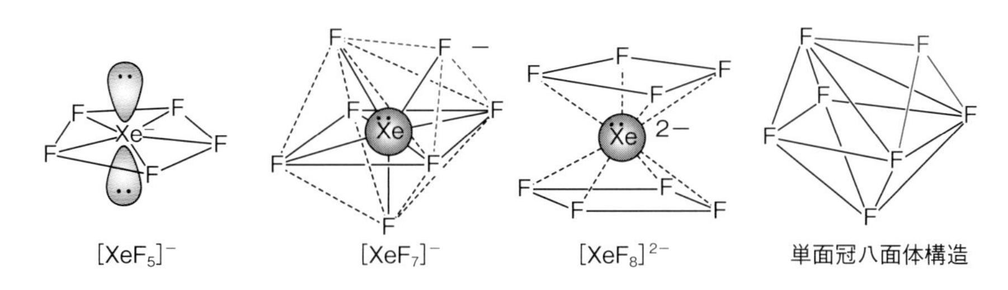

図 18-4　$[XeF_5]^-$, $[XeF_7]^-$, $[XeF_8]^{2-}$ の構造

$[Xe_2F_{11}]^+[MF_6]^-$を生成する。

XeF_4 に MeCN 中でルイス塩基の F^-を作用させると，$[XeF_5]^-$が得られる。($XeF_4 + Me_4NF \rightarrow Me_4N^+[XeF_5]^-$) XeF_6 と F^-が反応すると，$[XeF_7]^-$($XeF_6 + RbF \rightarrow Rb[XeF_7]$ や $[XeF_8]^{2-}$ ($2RbXeF_7 \rightarrow XeF_6 + Rb_2[XeF_8]$ などを生じる。$[XeF_5]^-$は5つの結合電子対だけで考えると平面五角形をとるが，VSEPR モデルでは2個の非共有電子対がアキシアル位を占める五方両錐構造をとる。**図 18-4** で示すように，$[XeF_7]^-$は融解した BrF_5 中で Cs^+の共存下再結晶すると $Cs[XeF_7]$ の結晶が得られる。それによると，単面冠八面体構造をもち，八面体内では $d_{Xe-F} =$ 193 pm と 197 pm であるが，面冠している F^-は $d_{Xe-F} =$ 210 pm であった。この八面体の親構造はかなり歪んでいることが分かる[64]。$[XeF_8]^{2-}$は四方逆プリズム構造をもつ。$[XeF_7]^-$と $[XeF_8]^{2-}$の構造は，VSEPR モデルによると，さらに1つの非共有電子対を加える必要があるため当てはまらない。1つの非共有電子対は，Xe の内側の混成していない 5s 軌道に入っているとすると，立体的に不活性になり合理的に説明される。この考え方は，$TeCl_6^{2-}$などの八面体構造を説明することにも使用されている。

18-3-2　フッ化キセノン XeF_n の加水分解反応

XeF_6 を注意しながら加水分解すると $XeOF_4$ が得られる。($XeF_6 + H_2O \rightarrow XeOF_4 + 2HF$) 一方，$XeF_6$ を完全に加水分解するか ($XeF_6 + 3H_2O \rightarrow XeO_3 + 6HF$)，$XeF_4$ を加水分解した後に不均化させると，XeO_3 が生成する。($6XeF_4 + 12H_2O \rightarrow 2XeO_3 + 4Xe + 3O_2 + 24HF$) ところが，$XeF_2$ の加水分解では，分解が起こるだけである。($2XeF_2 + 2H_2O \rightarrow 2Xe + O_2 + 4HF$) XeO_2F_2 は，XeF_6 から $XeOF_4$ を生成する部分的な加水分解反応と，XeO_3 を生じる完全加水分解反応の中間生成物として単離することはできない。しかし，$XeOF_4$ と XeO_3 から XeO_2F_2 を ($XeOF_4 + XeO_3 \rightarrow 2XeO_2F_2$)，あるいは XeF_6 と XeO_3 から XeO_2F_2 を ($XeF_6 + 2XeO_3 \rightarrow 3XeO_2F_2$) つくることができる。このような，フッ化キセノン XeF_n とフッ化酸化キセノン XeO_nF_{4-n} の反応性を，ヒューストン (Huston, J. L.) らは，ラックス-フラッド (Lux-Flood) の酸塩基の定義 (18-3-3 項) によって体系化している。

18-3-3　ラックス-フラッドの酸塩基の定義

ラックス (Lux, H.) とフラッド (Flood, H.) は，酸塩基

Column【ヘリウムボイスチェンジャー】

貴ガスの He を吸うと，ドナルド・ダックの声のように高くて面白い声が出る。He は空気に比べて分子量の小さなガスで動きやすい。そのため，音を空気の ~3 倍速く伝えることができる。肺で空気を吸って吐き出すときに声帯が震えて声が出る。He は空気よりも速く音を伝え，声帯で共鳴する声の振動数も高くなるため，面白い声が出るのである。He とは反対に空気よりも重たい CO_2 のような分子では，逆に低い声になる。パーティーなどで使うヘリウムボイスチェンジャーは，$He/O_2 = 4/1$ になるようにつくられているが，100% の He を使うと面白い声を出す前に窒息して倒れてしまうので，間違っても吸わないよう注意されたい。

© 萬遊社

の挙動をO^{2-}の受け渡しによって定義した。主にH^+などを含まない無機融解物に用いられている。一般に式18-4のように，$CaSiO_3$の生成をラックス-フラッドの定義で考えてみると，塩基はO^{2-}供与体であるCaOとなり，酸はO^{2-}受容体であるSiO_2になる。

$$CaO + SiO_2 \rightarrow CaSiO_3 \quad (18\text{-}4)$$

ヒューストンらは，このラックス-フラッドの定義をXeF_nに適用して，式18-5のような，Xe化合物の相対的酸性度の順序を見出した[65]。

$$XeF_6 > XeO_2F_4 > XeO_3F_2 > XeO_4 > XeOF_4 > XeF_4 > XeO_2F_2 > XeO_3 \approx XeF_2 \quad (18\text{-}5)$$

XeF_nはF^-を供与し，あるいはO^{2-}を受容するので，ラックス-フラッドの酸である。XeF_6は最も強いF^-供与体の酸で，XeF_2は最も弱いF^-供与体の酸である。一方，$XeOF_4$などは，O^{2-}を受容すれば酸として働き，O^{2-}を供与すれば塩基として働く。また，F^-を受容すれば塩基として働き，F^-を供与すれば酸として働く。この系列中の左側にあるものほど，相対的な酸性度が強く，それより右側にあるものは塩基として作用する。左側にあるものと右側にあるものを反応させると，その中間にあるものを生成する。例えば，XeF_6とXeO_3を反応させると，その中間にある$XeOF_4$を生じる。($2XeF_6 + XeO_3 \rightarrow 3XeOF_4$) XeF_6はO^{2-}を受け取るので(F^-を放出するので)酸である。また，XeO_3はO^{2-}を放出するので(F^-を受け取るので)塩基になる。XeにFの配位が多いほど，F^-を挿入する力が強い酸である。そのため，XeF_6の代りにXeF_4を用いると反応は遅くなる。したがって，XeF_nではXeにFの配位が少ないほど，F^-を挿入する力が弱い酸になる($XeF_6 > XeF_4 > XeF_2$)。XeO_3はO^{2-}を放出する塩基であるが，XeO_nではXeにO^{2-}の配位が多いほどO^{2-}を放出する反応性が高くなり強い塩基となる($XeO_4 > XeO_3$)。$XeOF_4$とXeO_3を反応させると，その中間にあるXeO_2F_2を生じる。($XeOF_4 + XeO_3 \rightarrow 2XeO_2F_2$) XeF_6には石英やガラス容器は使えない。式18-6～式18-8のように，石英でもXeF_6に段階的に溶解する。

$$SiO_2 + 2XeF_6 \rightarrow 2XeOF_4 + SiF_4 \quad (18\text{-}6)$$

$$3SiO_2 + 2XeF_6 \rightarrow 2XeO_3 + 3SiF_4 \quad (18\text{-}7)$$

$$3H_2O + XeF_6 \rightarrow XeO_3 + 6HF \quad (18\text{-}8)$$

Column【空き家を換気する理由？】

貴ガスのラドンRnは放射性ガスの一種である。^{238}Uや^{232}Thなど，土壌や建材に含まれている放射性化合物の崩壊によって発生する。Rnは放射性崩壊の際にα線を出すため，発ガン性物質である。RaやUを多く含む土壌や岩石の多い地域の住宅は，放射性崩壊でRnが発生し，屋内でのRn濃度が高くなる。そのため，石造りの家，地下室などの空気中ではRn濃度の調査が行われる。特に冬場では窓の開閉が減り，暖房により屋内の気圧が外気に比べて下がるため，土壌からのRnを吸い上げて屋内Rn濃度が上昇するので注意が必要である。

Rnは気体であるため，吸い込んでもすぐ呼気として排出されやすいが，Rnの崩壊物質である$^{218}_{84}Po$や$^{214}_{82}Pb$は固体であるため，吸い込むと肺胞や気管支に付着し，体外に排出されにくい。家の中を換気するのはRnを追い出す意味がある。Rnのうち，$^{222}_{86}Rn$ ($\leftarrow ^{226}_{88}Ra \leftarrow ^{238}_{92}U$)のことを3.8日の半減期をもつラドン(radon: Rn)といい，$^{220}_{86}Rn$ ($\leftarrow ^{224}_{88}Ra \leftarrow ^{232}_{90}Th$)のことを55秒の半減期をもつトロン(thron: Tn)と呼ぶ。放射性同位体が放つ少量の放射線は健康に役立つという概念は，ホルミシス効果として知られており，人体の循環器障害の改善や，悪性腫瘍の成長を阻害するなどの効能が信じられている。放射能泉(ラドン温泉・ラジウム温泉)とは，RnやRaが少量含まれるものである。ラドン温泉やラドン洞窟は世界中に存在し，療養のために利用されている。

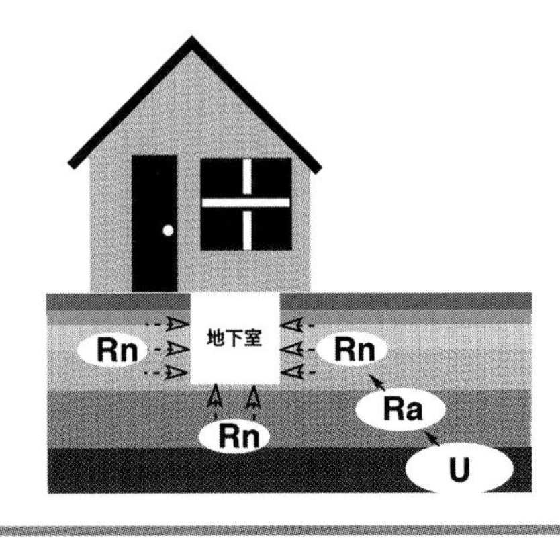

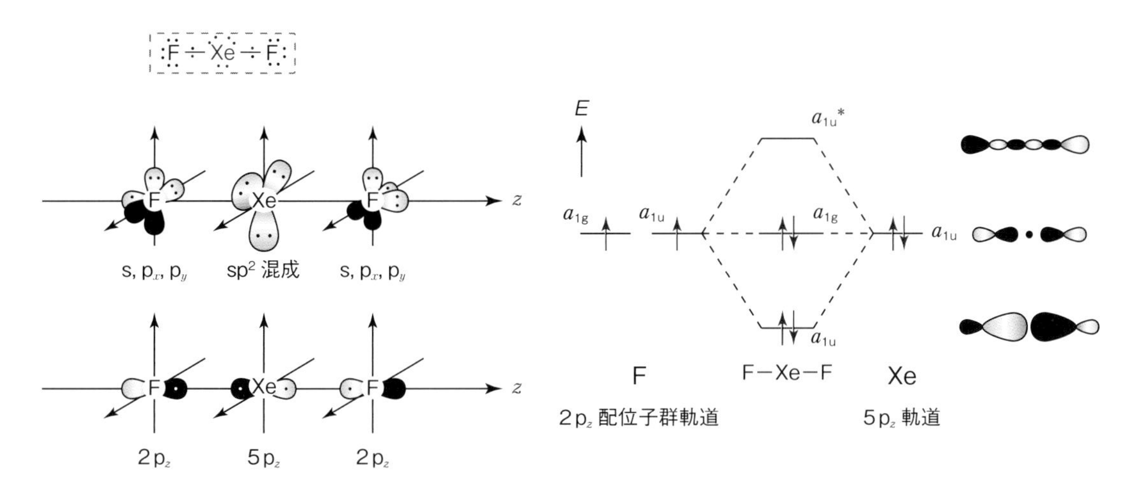

図 18-5　XeF_2 の 3 中心 4 電子結合の分子軌道

18-3-4　キセノンのフッ素化合物の 3 中心 4 電子結合

XeF_2 は，3 つの分子軌道に $4e^-$ が充填される。結合次数 0.5 の 2 つの XeF 結合を含む直線状の F−Xe−F 分子を考える。通常，VSEPR モデルでは，Xe の 4 つの非共有電子対の 1 つを，超原子価構造として 2 つの電子に分けて，空の d 軌道上に昇位させ，2 つの F 原子を配位させる。しかし，分子軌道理論では 3 中心 4 電子結合を考え，空の d 軌道を使うことはない。

XeF_2 は z 軸方向に直線状に結合しているものとする。Xe の $(5p_x, 5p_y, 5s)$ 軌道からの結合は sp^2 混成軌道を形成し，z 軸に対して垂直に非結合性の 3 組の非共有電子対を収容する。残りの Xe の $5p_z$ 軌道は，2 つの F 原子の $2p_z$ の群軌道 (a_{1g}, a_{1u}) との結合に利用される。F の $2s, 2p_x, 2p_y$ の軌道もまた非結合性であり，3 つの非共有電子対を F に収容している。その結果，Xe の $5p_z$ 軌道の 2 つの電子と，2 つの F の $2p_z$ 軌道の 1 つの電子が結合する形となる。XeF_2 の分子軌道では，非結合性の a_{1g} 軌道と結合性の a_{1u} 軌道に 4 つの電子が満たされることになり，F−Xe−F の 3 中心 4 電子結合を形成する。XeF_2 は 3 つの MO に $4e^-$ が充填され，1 つの満たされた結合性軌道で 2 つの Xe−F 結合をつくるため，結合次数は 0.5 となる。通常，不対電子として使われている電子対を 2 つに分けて，それぞれ F 原子の配位に使うのである。**図 18-5** で描いたように，2 つの F 原子と 1 つの Xe 原子の電子対で非結合性軌道まで満たされた F−Xe−F 結合をつくり安定化する。

XeF_4 は，2 組の 3 中心 4 電子結合をもつとすると平面四角形である。これは，Xe に存在する z 軸と垂直な $5p_y$ あるいは $5p_x$ のどちらかの軌道の非共有電子対を使って 3 中心 4 電子結合をつくることができる。さらに，残った $5p_y$ あるいは $5p_x$ のどちらかの軌道の非共有電子対を使うことによって，XeF_6 は 3 つの 3 中心 4 電子結合をもち，正八面体構造をとることが予想される。しかし，実際の XeF_6 は正八面体構造をとらずに歪んだ八面体構造をとっているため，この 3 中心 4 電子結合の理論だけでは説明が付かない（**図 18-6**）。

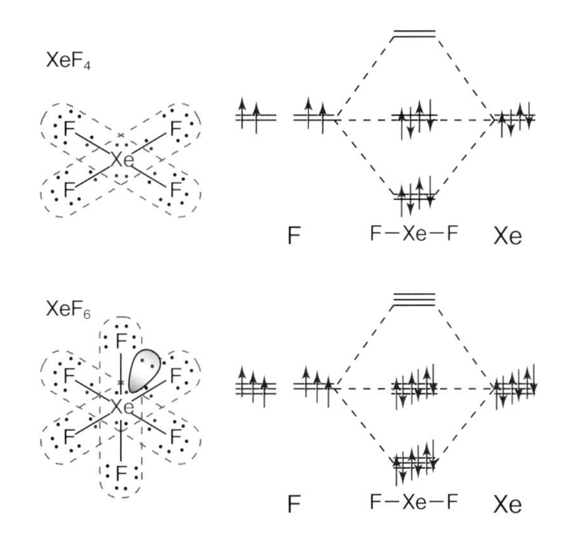

図 18-6　XeF_4 と XeF_6 の 3 中心 4 電子結合の分子軌道

18-4　Xe−O 化合物

Xe−O 化合物の生成は吸熱反応であり，Xe と O_2 の直接反応でつくることはできない。XeO_3 は極めて爆発性が強く危険である。XeO_3 の処理は，I^- を加えることで Xe に定量的に還元分解させる。($XeO_3 + 9I^- + 6H^+ \rightarrow Xe + 3H_2O + 3I_3^-$) 例えば，過キセノン酸カリウム K_4XeO_6 の合成では，まず，XeF_6 の加水分解を行い ($XeF_6 + 3H_2O \rightarrow XeO_3 + 6HF$)，生じた XeO_3 は塩基性水溶液中で不均化して $[HXeO_4]^-$ を生じる。($XeO_3 + OH^- \rightarrow [HXeO_4]^-$) さらに，$[HXeO_4]^-$ は塩基性水溶液中で Xe^0 と Xe^{VIII} の化合物に不均化し，H_2O によってゆっくり酸化分解し，$[XeO_6]^{4-}$ を生じる。($2[HXeO_4]^- + 2OH^- \rightarrow [XeO_6]^{4-} + Xe + O_2 + 2H_2O$) すなわち，$XeF_6$ を KOH 水溶液に通じてやると，一段階で K_4XeO_6 を合成できる。酸性水溶液では速やかに還元される。($2[H_2XeO_6]^{2-} + 2H^+ \rightarrow 2[HXeO_4]^- + 2H_2O + O_2$) $[XeO_4]^{2-}$ は，濃 H_2SO_4 に $Na_4[XeO_6]$ や $Ba_2[XeO_6]$ を添加することによってつくられる強力な酸化剤である。

18-5 貴ガスクラスレート

クラスレートはかご状化合物とも呼ばれ，ガスハイドレートの 5^{12} クラスターや $5^{12}6^2$ クラスターなどのように空洞骨格をもつ結晶で，その空孔にイオンや小分子などを取り込んだ結晶性化合物である (10-10 節参照)。無機化合物では，イオンを取り込んでかごの中を自由に動けるラットリング (rattling) 運動のような，特殊な伝導体物性や誘電体物性などの研究が行われている。この中で，貴ガスを含む物質が知られている。

1,4-ジヒドロキノン (HQ) (β-ヒドロキノン) は，**図 18-7** のように Ar, Kr, Xe などと包接化合物をつくり，クラスレート化合物 $0.866Xe \cdot 3(1,4\text{-}C_6H_4(OH)_2)$ を形成する。このような有機物であるが，水素結合によって結晶化して，その空孔内に貴ガス原子を取り込んでいることが明らかになった。He と Ne について包接化合物をつくらないのは，小さすぎて結晶空孔内を通り抜けてしまい，捕まえることができないためである。Ar, Kr, Xe などを輸送する媒体や，放射性貴ガス元素を取り込んで放射線の線源とする用途が知られている。

18-6 貴ガスクラスレートハイドレート

H_2O を Ar, Kr, Xe の存在下，高圧下で凍らせると，$Ar \cdot 6H_2O$, $Kr \cdot 6H_2O$, $Xe \cdot 6H_2O$ などのクラスレートハイドレートが得られる。このうち，Xe ハイドレートは

Column【イオンエンジン】

太陽電池のエネルギーで Xe^+ をつくり，これを電界の中に放出すると，Xe^+ は負電極に向かって～145000 km h^{-1} で加速する。例えばロケットのエンジンに用いると，機体は Xe^+ と同量の逆向きの運動量を反作用によって得られる (すなわち，イオンが加速する反作用により機体が加速する)。負電極は格子状になっており，加速された Xe^+ が電極に衝突しないで通過できる。その後，Xe^+ と同等な量の電子を放出し，機体を電気的中性に保っている。

Xe をイオンエンジンの燃料とする理由は，Xe が単原子分子であり，また貴ガスの中でも最もイオン化エネルギーが小さく，2 原子以上からなる気体分子に比較してもイオン化エネルギーが小さいので，充分に加えたエネルギーを加速に使用できるからである。貴ガスなので他の物質と反応しにくく，貴ガスの中でも質量が大きいため加速効率が良い。惑星探査機「はやぶさ」の 1 号機でも，Xe のイオンエンジンが使われていた。これまでは燃料を燃やすことで加速していた

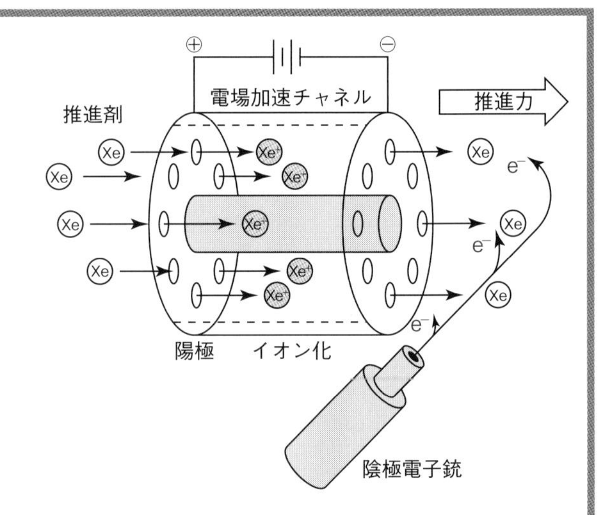

図 イオンエンジンの仕組み

探査機は，イオンエンジンでは Xe をイオン化して電圧を掛け，加速して推進力を得ている。「はやぶさ」は Xe が 66 kg も積み込まれ，4 万時間以上の可動性能をもっていた。

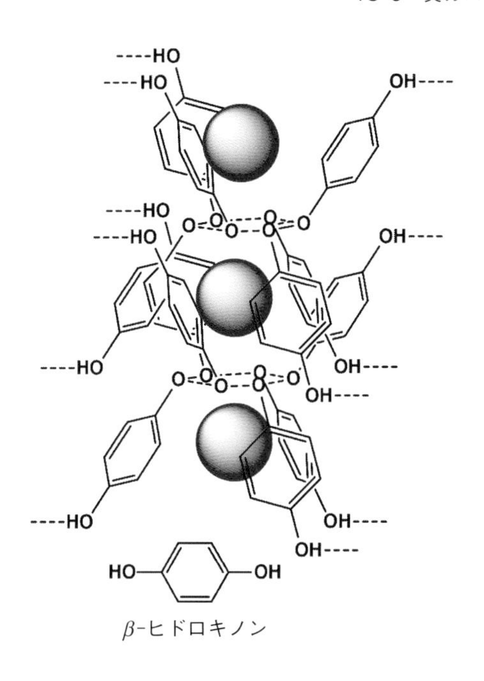

図 18-7　貴ガスクラスレート

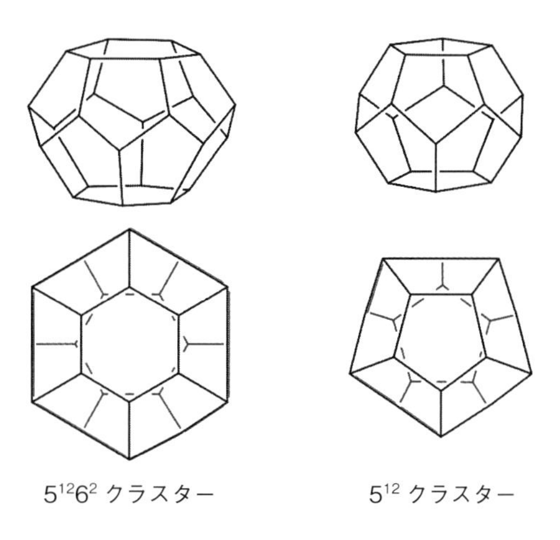

図 18-8　貴ガスハイドレートの構造単位

よく調べられている。それは，通常のメタンハイドレートでは 0 ℃で 26 atm もの高圧が必要であるが，Xe ハイドレートの場合は，0 ℃で 1.5 atm 程度でつくることができるからである。Kr ハイドレートは 14.5 atm，Ar ハイドレートに至っては 95.5 atm の圧力が必要になってくる。

Xe ハイドレートは，ガスハイドレートの I 型の構造をとる。この I 型構造は，**図 18-8** に示した，十二面体の 5^{12}（五角形が 12 個）と十四面体の $5^{12}6^2$（五角形が 12 個と六角形が 2 個）のハイドレートクラスターからなる。このクラスターに Xe の大きさや性質が合うため，常圧近くで簡単に合成されるのだろう。このような Xe ハイドレートは，1961 年にポーリング（Pauling, L.）らによって，Xe ガスの生体に対する麻酔効果の原因として指摘された。すなわち，Xe ガスを吸引すると脳内に Xe ハイドレートのようなものがつくられて，神経を遮断して意識がなくなるという説が唱えられた。動物の冬眠などでも体温が低下し，このようなガスハイドレートがつくられることが原因という説もあるが，いまだに証明はされていない。

引 用 文 献

〈第 **1** 章〉

1）『百億個の太陽』NHK スペシャル未知への大紀行〈3〉，日本放送出版協会（2001）.

2）Mann, A. : *Nature*, **579**, 20-22（2020）. doi:org/10.1038/d41586-020-00590-8

3）教養化学編集委員会 編：『理工系の基礎 教養化学』丸善出版（2016）.

4）Haubois, X. *et al.* : *A & A*, **508**, 923-932（2009）. doi:org/10.1051/0004-6361/200912927

〈第 **2** 章〉

5）上蓑義朋：*Isotope News*, No.712, 67-71（2013）.

6）理化学研究所仁科加速器科学研究センター https://www.nishina.riken.jp/research/nucleus.html

7）Oganesson, Y.：https://www.newswise.com/articles/nuclear-scientists-eye-future-landfall-on-a-second-island-of-stability

〈第 **3** 章〉

8）Zuo, J. M. *et al.*：*Nature*, **401**, 49-52（1999）. doi:10.1038/43403

9）Scerri, E. R.：*J. Chem. Ed.*, **77**, 1492（2000）. doi:org/10.1021/ed077p1492

10）Mulder, P.：*International J. Philosophy Chem.*, **17**, 24-35（2011）. ISSN 1433-5158

11）Pham, B. Q. and Gordon, M. S.：*J. Phys. Chem.*, **121**, 4851-4852（2017）. doi:10.1021/acs.jpca.7b05789

〈第 **6** 章〉

12）Allen, L. C.：*J. Am. Chem. Soc.*, **111**（25）, 9115-9116（1989）. doi:org/10.1021/ja00207a026

〈第 **9** 章〉

13）Toma, H. E. and Creutz, C.：*Inorg. Chem.*, **16**, 545-555（1977）. doi:org/10.1021/ic50169a008

〈第 **10** 章〉

14）Weir, S. T., Mitchell, A. C. and Nellis, W. J.：*Phys. Rev. Lett.*, **76**, 1860（1996）. doi:org/10.1103/PhysRevLett.76.1860

15）Drozdov, A. P. *et al.*：*Nature*, **525**, 73-76（2015）. doi:org/10.1038/nature14964

16）Amoretti, M. *et al.*：*Nature*, **419**, 456-459（2002）. doi:org/10.1038/nature01096

17）Belot, J. *et al.*：*J. Phys. Chem. B*, **108**, 6922-6926（2004）. doi:org/10.1021/jp0496710

18）Yamaguchi, S. *et al.*：*Proc. Natl. Acad. Sci. USA*, **106**, 440-444（2009）. doi:org/10.1073/pnas.0811882106

19）Pearson, D. G. *et al.*：*Nature*, **507**, 221-224（2014）. doi:org/10.1038/nature13080

20）前野紀一：『氷の科学（新版）』北海道大学図書刊行会（2004）.

21）Frank, H. S. and Wen, W.-Y.：*Discuss. Farad. Soc.*, **24**, 133-140（1957）. doi:org/10.1039/DF9572400133

22）Zarinabadi, S. and Samimi, A.：*Australian J. Basic and Applied Sci.*, **5**（12）, 741-745（2011）. ISSN 1991-8178

〈第 **11** 章〉

23）Jolly, W.L. 著，小玉剛二 訳：『非金属の化学』現代化学の基礎 第 3，東京化学同人（1968）.

24）Leigh, G. J. ed.：Nomenclature of Inorganic Chemistry: Recommendations 1990 Issued by the Commission on the Nomenclature of Inorganic Chemistry, Blackwell Scientific Publication（1990）.

25）Zhao, D. and Xie, Z.：*Coord. Chem. Rev.*, **314**, 14-33（2016）. doi:10.1016/j.ccr.2015.07.011
26）Juhasz, M. *et al.*：*Angew. Chem. Int. Ed.*, **43**, 5352-5355（2004）. doi:10.1002/anie.200460005
27）Naito, H., Morisaki, Y. and Chujo, Y.：*Angew. Chem. Int. Ed.*, **54**, 5084-5087（2015）. doi:10.1002/anie.201500129
28）Chowdry, V. *et al.*：*J. Am. Chem. Soc.*, **95**, 4560-4565（1973）. doi:org/10.1021/ja00795a017
29）Hawthome, M. F. *et al.*：*J. Am. Chem. Soc.*, **90**（4）, 879-896（1968）. doi:org/10.1021/ja01006a008
30）Gutowski, M. and Autrey, T. *et al.*：*Angew. Chem. Int. Ed.*, **44**, 3578-3582（2005）. doi:org/10.1002/anie.200462602
31）Stephens, F. H., Pons, V. and Baker, R. T.：*Dalton Trans.*, 2613-2626（2007）. doi:10.1039/b703053c
32）Tian, Y. *et al.*：*Nature*, **493**, 385-388（2013）. doi:10.1038/nature11728
33）Dahl, G. H. and Schaffer, R.：*J. Am. Chem. Soc.*, **83**, 3032-3034（1961）. doi:10.1021/ja01475a014

〈第 12 章〉

34）日本化学会 編：『化学便覧 基礎編（改訂 4 版）』丸善（1993）.
35）榎　敏明：電気学会誌, **114**, 13-17（1994）.
36）Bundy, F. P. *et al.*：*Nature*, **176**, 51-53（1955）. doi:10.1038/176051a0
37）Rosseinsky, M. J. *et al.*：*Phys. Rev. Let.*, **66**, 2830-2832（1991）. doi:org/10.1103/PhysRevLett.66.2830
38）Bowser, J. R., Jelski, D. A. and George, T. F.: *Inorg. Chem.*, **31**,154-155（1992）. doi:org/10.1021/ic00028a002
39）Muhr, H. J. *et al.*：*Chem. Phys. Lett.*, **249**, 399-405（1996）. doi:org/10.1016/0009-2614(95)01451-9
40）Guo, T., Jin, C. and Smalley, R. E.：*J. Phys. Chem.*, **95**, 4948-4950（1991）. doi:org/10.1021/j100166a010
41）Kurotobi, K. and Murata, Y.：*Science*, **333**, 613-616（2011）. doi:10.1126/science.1206376
42）Komatsu, K. *et al.*：*J. Org. Chem.*, **63**, 9358-9366（1998）. doi:org/10.1021/jo981319t
43）Iijima, S.：*Nature*, **354**, 56-58（1991）. doi:org/10.1038/354056a0
44）Strano, M. S. *et al.*：*Science*, **301**, 1519-1522（2003）. doi: 10.1126/science.1087691
45）O'Connell, M. J. *et al.*：*Science*, **297**, 593-596（2002）. doi:10.1126/science.1072631
46）Arnold, M. *et al.*：*Nat. Nanotech.*, **1**, 60-65（2006）. doi:org/10.1038/nnano.2006.52
47）Tanaka, T. *et al.*：*Appl. Phys. Express*, **1**, 114001（2008）. doi:org/10.1143/APEX.1.114001
48）Smith, B. W. *et al.*：*Nature*, **396**, 323-324（1998）. doi:org/10.1038/24521
49）Omachi, H. *et al.*：*Acc. Chem. Res.*, **45**, 1378-1389（2012）. doi:org/10.1021/ar300055x
50）Povie, G. *et al.*：*Science*, **356**, 172-175（2017）. doi:10.1126/science.aam8158
51）Hummers, W. S. and Offeman, R. E.：*J. Am. Chem. Soc.*, **80**, 1339（1958）. doi:org/10.1021/ja01539a017
52）Stankovich, S. *et al.*：*Nature*, **442**, 282-286（2006）. doi:org/10.1038/nature04969

〈第 13 章〉

53）Kuriyama, S. *et al.*：*Nat. Comm.*, **7**, 12181（2016）. doi:org/10.1038/ncomms12181
54）Anderson, J. S., Jonathan, R. and Peters, J. C.：*Nature*, **501**, 84-87（2013）. doi:org/10.1038/nature12435
55）Asashiba, K., Miyake, Y. and Nishibayashi, Y.：*Nat. Chemistry*, **3**, 120-125（2011）. doi:org/10.1038/nchem.906

〈第 14 章〉

56）Greaves, J. S. *et al.*：*Nature Astronomy*, 14 Sep.（2020）. doi:org/10.1038/s41550-020-1174-4

〈第 15 章〉

57）Passadls, S., Kabanos, T. A., Song, Y. -F. and Miras, H. N.：*Inorganics*, **6**（3）, 71（2018）.
doi:org/10.3390/inorganics6030071

58) Saito, M. and Ozeki, T.：*Dalton Trans.*, **41**, 9846-9648 (2012). doi:org/10.1039/C2DT30582H

59) Vaska, L.：*Acc. Chem. Res.*, **9**, 175-183 (1976). doi:org/10.1021/ar50101a002

60) Dauglas, B. E., McDaniel, D. H. and Alexander, D. H. 著，日高人才・安井隆次・海崎純男 訳：『無機化学（上)』第3版，東京化学同人 (1997).

61) Collman, J. P. *et al.*：*J. Am. Chem. Soc.*, **95**, 7868-7870 (1973). doi:org/10.1021/ja00804a054

62) Lopez, I. *et al.*：*Chem. Commun.*, **54**, 4931-4934 (2018). doi:10.1039/c8cc01959b

63) Suzuki, M.：*Bull. Jpn. Soc. Coord. Chem.*, **61**, 2-16 (2013). doi:org/10.4019/bjscc.61.2

〈第18章〉

64) Ellern, A., Mahjoub, A.-R. and Seppelt, K.：*Angew. Chem. Int. Ed.*, **35**, 1123-1125 (1996). doi:org/10.1002/anie.199611231

65) Huston, J. L.：*Inorg. Chem.*, **21**, 685-688 (1982). doi:org/10.1021/ic00132a043

索　引

アルファベット

ギリシャ文字，数字

化学式索引

著者略歴

田所（たどころ）　誠（まこと）

1987年　東京理科大学理学部第一部化学科 卒業
1989年　東京理科大学大学院理学研究科化学専攻修士課程 修了
1992年　九州大学大学院理学研究科化学専攻博士後期課程 単位取得退学
　　　　博士（理学）
1992年　岡崎国立共同研究機構 分子科学研究所 相関分子科学第一 助手
1994年　大阪市立大学理学部化学科 助手（1996年〜講師）
1998年　大阪市立大学大学院理学研究科 助教授
2005年　東京理科大学理学部第一部化学科 助教授（2007年〜准教授）
2008年　同 教授　現在に至る。

東京理科大学の大学院修士過程では山村剛士先生に師事して「生物無機化学」を学び，また九州大学大学院の博士課程では木田茂夫先生・大川尚士先生に師事して「錯体化学」を学んだ。分子研時代は現大阪大学名誉教授の中筋一弘先生の元で「構造有機物性化学」を研究した。現在の専門は，「錯体物性化学」「水クラスター科学」「新規分子導体」「プロトン−電子連動型錯体」など。趣味はアウトドアで，山登り・スキー・釣り。あるいは，神楽坂でおいしいものを食べ歩くこと。学生の成長を見守ることが，このうえなく楽しみである。

現代無機化学

2021年6月20日　第1版1刷発行

検印省略

定価はカバーに表示してあります．

著作者　田所　誠
発行者　吉野和浩
発行所　東京都千代田区四番町8-1
電話　03-3262-9166（代）
郵便番号　102-0081
株式会社　裳華房
印刷所　中央印刷株式会社
製本所　株式会社　松岳社

一般社団法人
自然科学書協会会員

ISBN 978-4-7853-3520-5

化学でよく使われる基本物理定数

量	記 号	数 値
真空中の光速度	c	$2.997\,924\,58 \times 10^{8}$ m s^{-1} (定義)
電気素量	e	$1.602\,176\,634 \times 10^{-19}$ C (定義)
プランク定数	h	$6.626\,070\,15 \times 10^{-34}$ J s (定義)
	$\hbar = h/(2\pi)$	$1.054\,571\,818 \times 10^{-34}$ J s (定義)
原子質量単位	$m_{\mathrm{u}} = 1\,\mathrm{u}$	$1.660\,539\,066\,60\,(50) \times 10^{-27}$ kg
アボガドロ定数	N_{A}	$6.022\,140\,76 \times 10^{23}$ mol^{-1} (定義)
電子の静止質量	m_{e}	$9.109\,383\,701\,5\,(28) \times 10^{-31}$ kg
陽子の静止質量	m_{p}	$1.672\,621\,923\,69\,(51) \times 10^{-27}$ kg
中性子の静止質量	m_{n}	$1.674\,927\,498\,04\,(95) \times 10^{-27}$ kg
ボーア半径	$a_0 = \varepsilon_0 h^2/(8 m_{\mathrm{e}} e^2)$	$5.291\,772\,109\,03\,(80) \times 10^{-11}$ m
真空の誘電率	ε_0	$8.854\,187\,812\,8\,(13) \times 10^{-12}$ C^2 N^{-1} m^{-2}
ファラデー定数	$F = N_{\mathrm{A}} e$	$9.648\,533\,212 \times 10^{4}$ C mol^{-1} (定義)
気体定数	R	$8.314\,462\,618$ J K^{-1} mol^{-1} (定義)
		$= 8.205\,736\,608 \times 10^{-2}$ dm^3 atm K^{-1} mol^{-1} (定義)
		$= 8.314\,462\,618 \times 10^{-2}$ dm^3 bar K^{-1} mol^{-1} (定義)
セルシウス温度目盛におけるゼロ点	T_0	273.15 K (定義)
標準大気圧	P_0, atm	$1.013\,25 \times 10^{5}$ Pa (定義)
理想気体の標準モル体積	$V_{\mathrm{m}} = RT_0/P_0$	$2.241\,396\,954 \times 10^{-2}$ m^3 mol^{-1} (定義)
ボルツマン定数	$k_{\mathrm{B}} = R/N_{\mathrm{A}}$	$1.380\,649 \times 10^{-23}$ J K^{-1} (定義)
自由落下の標準加速度	g_{n}	$9.806\,65$ m s^{-2} (定義)

数値は CODATA (Committee on Data for Science and Technology) 2018 年推奨値。
(　) 内の値は最後の 2 桁の誤差 (標準偏差)。